"十二五"职业教育国家规划教材

经全国职业教育教材审定委员会审定

肉制品加工技术

第二版

浮吟梅　赵象忠　主　编

化学工业出版社

·北京·

《肉制品加工技术》（第二版）以肉类生产企业为依托，以满足职业岗位需要为中心，以肉制品加工的理论知识为基础，以培养学生的实践技能为目的，系统地介绍了肉制品加工的原料、辅料的应用与加工技术，冷鲜肉及各类中西式肉制品的加工技术和质量控制等内容，涵盖冷鲜肉腌腊肉制品、酱卤制品、熏烤制品、干肉制品、肠类制品、成型火腿、肉类罐头等肉制品加工类型，书中融入了现代肉制品企业所采用的新技术和成果。本书按照项目进行安排，参照《肉制品加工工技能（国家职业）标准》的要求设置技能目标，并将每个项目分解为若干单元，单元里安排有相应的任务，同时配有相应的任务工单，汇集为《肉制品加工技术项目学习手册》，便于教师在实践中采用理实一体化教学。数字化教学资源包括教学课件、图片库、试题库等，方便师生直观教学，可从 www.cipedu.com.cn 下载使用。

本书既可作为高职高专院校食品类专业师生的教学用书，又可供从事肉类加工的行业企业技术人员和管理人员参考，也可作为相应岗位人员培训和考试用书。

图书在版编目（CIP）数据

肉制品加工技术/浮吟梅，赵象忠主编. —2 版.
北京：化学工业出版社，2016.6（2024.9 重印）
"十二五"职业教育国家规划教材
ISBN 978-7-122-26878-5

Ⅰ.①肉… Ⅱ.①浮…②赵… Ⅲ.①肉制品-食品
加工 Ⅳ.①TS251.5

中国版本图书馆 CIP 数据核字（2016）第 085791 号

责任编辑：迟　蕾　梁静丽　李植峰　　　　装帧设计：张　辉
责任校对：边　涛

出版发行：化学工业出版社（北京市东城区青年湖南街 13 号　邮政编码 100011）
印　　装：涿州市般润文化传播有限公司
787mm×1092mm　1/16　印张 27　字数 420 千字　2024 年 9 月北京第 2 版第 11 次印刷

购书咨询：010-64518888　　　　　　　　售后服务：010-64518899
网　　址：http://www.cip.com.cn

凡购买本书，如有缺损质量问题，本社销售中心负责调换。

定　　价：58.00 元

《肉制品加工技术》(第二版)编审人员名单

主　　编　浮吟梅　赵象忠
副 主 编　殷微微　白晓娟　李建芳
编　　者　(按照姓名汉语拼音排列)
　　　　　白晓娟　　(晋中职业技术学院)
　　　　　蔡永敏　　(内蒙古农业大学职业技术学院)
　　　　　程丽英　　(郑州工程技术学院)
　　　　　浮吟梅　　(漯河职业技术学院)
　　　　　高秀兰　　(内蒙古商贸职业学院)
　　　　　郭祖锋　　(商丘职业技术学院)
　　　　　郝慧敏　　(鹤壁职业技术学院)
　　　　　胡献丽　　(南京雨润食品有限公司)
　　　　　贾　娟　　(漯河职业技术学院)
　　　　　李建芳　　(信阳农林学院)
　　　　　林祥群　　(新疆石河子职业技术学院)
　　　　　马振兴　　(河南质量工程职业学院)
　　　　　殷微微　　(黑龙江农业职业技术学院)
　　　　　赵象忠　　(甘肃畜牧工程职业技术学院)
　　　　　赵永敢　　(漯河医学高等专科学校)
　　　　　张　昂　　(濮阳职业技术学院)
　　　　　张国庆　　(北京农学院)
　　　　　张　松　　(漯河双汇集团技术中心)
　　　　　张　烨　　(呼和浩特职业学院)
主　　审　张　胜　(漯河职业技术学院)

前　言

食品工业承担着为我国 13 亿人口提供安全放心、营养健康食品的重任，是国民经济的支柱产业和保障民生的基础性产业。"十二五"时期，我国食品工业继续保持快速增长，有力带动了农业、流通服务业及相关制造业发展，对"扩内需、增就业、促增收、保稳定"发挥了重要的作用。《食品工业"十二五"发展纲要》（简称《纲要》）提出肉类加工业的发展方向与重点是稳步发展猪肉、牛羊肉和禽肉加工，优化肉类食品结构，提高冷鲜肉比重，扩大小包装分割肉的生产，加强肉、蛋制品的精深加工，加强对名优传统肉类食品资源的挖掘，推动传统肉类禽蛋食品的工业化生产，提高产品质量，实现规模化，扩大市场占有率。

肉制品加工是食品行业的一个重要领域，也是高等职业院校食品类专业学习的重要内容之一，因此在国家大力发展职业技术教育的大背景下，越来越多的高等职业院校开设了肉制品加工课程。但是由于高等职业教育发展时间短，现有教材难以完全满足现阶段教学改革及行业发展的实际情况，因此亟需既能反映现代肉制品工业发展的新技术，又适合于高等职业教育以理论为基础、以培养技能型人才为主要目的的教材。本教材第一版虽然也对学生的技能培养有一定的体现，但是在教材内容的整体安排、学生动手能力的训练以及配套资源建设方面还有一定的欠缺，还不能很好地体现高职教育的职业性和实践性，因此本次根据高职教育的特点和《纲要》的精神对第一版教材进行了修订，修订后的教材具有以下特点。

本书突破了传统的内容体系。高等职业教育重在培养高素质技术技能型人才，知识结构、专业结构、能力结构等与普通高等教育不同，体现在以岗位或岗位群为依据，主要掌握必需的基础理论（以够用为度）、高层次的应用技术，具有某种实用的价值以及高层次的专业技能。本教材的修订建立在食品类高职学生职业分析、肉制品不同品种模块的教学分析、肉制品加工课程分析的基础上，根据肉制品加工工种专项能力的需要将《肉制品加工技术》教材分成理论知识、技能训练两大部分。每个项目根据职业岗位的技能目标分为若干单元，并设计相应的技能训练任务，技能训练针对性强，效果好。对《纲要》中特别提到的冷鲜肉的加工、分割肉的加工、名优传统肉制品的加工和肉制品的深加工都增加了内容的比重。

根据以上原则在传统教材内容的基础上，结合多年的教学和企业实践经验，对教材内容进行有机整合，教学时可根据需要进行项目和任务的选择与安排，适应项目导向、任务引领的课程改革发展形势，同时配有精心设计的进一步强化技能训练的任务工单汇集成《肉制品加工技术项目学习册》，便于教师在实践中采用理实一体化教学。

第二版教材项目分割清晰，排列从易到难，知识点明确，技能目标根据《肉制品加工工技能（国家职业）标准》要求进行确定，既有利于学生技能的掌握，又有利于学生建立系统的肉制品加工知识体系。同时结合社会和行业发展，新增了冷鲜肉和肉丸制品项目，提高了学生的适应性和竞争能力。

为了确保教材内容真正体现行业特色和岗位需求，确保教材中的生产技术代表生产一线的实际情况，引入了企业技术人员参与编写与修订，修订版教材的技术要点规范，具有很高的准确性和实用性。

本教材同时配套有教学课件、图片库、试题库等数字化教学资源，可从 www. cipedu. com. cn 下载使用。

由于肉制品发展历史悠久，世界各地肉制品种类繁多，各具特色，且随着社会进步和现代化程度的提高，新的品种和新的加工方法日新月异，但难免会有欠缺或遗漏之处，恳请各位师生和读者批评指正。

编者
2016 年 3 月

第一版前言

食品工业的发展直接关系到国计民生，也是衡量一个国家、一个民族经济发展水平和人民生活质量的重要标志。经过改革开放 30 年的快速发展，我国食品工业呈现出快速发展的势头，成为国民经济发展中增长最快、最具活力的产业之一，对提高城乡居民生活水平、推动相关产业发展、扩大就业、带动农民增收等做出了重要贡献。"十一五"时期国家又提出了《食品工业"十一五"发展纲要》（以下简称《纲要》），《纲要》明确提出肉类工业发展方向和目标是大力发展冷却肉、分割肉和熟肉制品，扩大低温肉制品、功能性肉制品的生产，积极推进中式肉制品工业化生产步伐；在稳步发展猪肉产品的同时，重点发展牛羊肉、禽肉制品；稳步提高机械化屠宰的比重，完善肉品加工全程质量控制体系，保障肉类食品安全。

肉制品加工业是食品行业的一个重要分支，肉制品加工技术是大专院校食品类专业的主干课程，因此在国家大力发展职业技术教育的大背景下，越来越多的高等职业院校开设了肉制品加工课程。但是由于高等职业教育发展时间短，缺乏与之配套适应的教材，许多学校采用的是本科教材或食品类的非教材用书，不能满足我国人才市场对职业教育的需要。在这种情况下亟需能反映现代肉制品工业发展的技术新理论，适合于高等职业教育以理论为基础、以掌握技能为主要目的的教材。

本书以广大高等职业技术院校培养技能型人才的需要为基础，以国家的《纲要》为指导，与肉类企业的生产实际相结合，系统地介绍了肉制品加工的原料肉的性质及品质特点、肉的贮藏保鲜技术、肉制品加工的辅料、畜禽的屠宰和分割肉加工技术以及各种中西式肉制品的加工技术。本书对《纲要》中特别提到的冷鲜肉的加工、分割肉的加工及西式肉制品的加工都做了重点阐述，另外还对同类教材很少涉及而目前市场占有率较高的肉丸制品的加工做了详细阐述。

本书注重体现"高职"特色，内容编排方面在"够用、管用"的理论基础上以技能性的知识为主，对于每类肉制品中有代表性的制品都阐述了具体的关键技术及质量控制措施，课后的习题也以提高学生的职业技能、配合技能鉴定为中心，具有灵活多样、涵盖广的特点。相关章后还有相应的实验实习或工厂企业参观的实训内容，进一步强化并熟练掌握职业需要的相应技能。

本书编写人员均来自各高职院校多年从事肉制品课程教学的教师或肉类企业的技术人员。本书绪论和第七章由李玉环编写，第一章由刘开华编写，第二章由李福泉编写，第三章由程丽英编写，第四章由郭祖峰编写，第五章由吴晓彤编写，第六章由蔡永敏编写，第八章由浮吟梅编写，第九章和第十二章的第二节由徐恩峰编写，第十章和第十一章由慕永利编写，第十二章第一节由冯月荣编写。全书由张胜教授审稿。

在本书的整个编写过程中得到了双汇集团技术中心的大力支持，该中心的博士、高级工程师张春晖主任和陈松工程师对本书的编写提出了许多宝贵的建设性的指导意见，使之更能与肉制品企业行业生产实际相结合，使教材内容更适合企业的用人需要。

由于肉制品发展历史悠久，世界各地肉制品种类繁多，各具特色，且随着社会进步和现代化程度的提高，新的品种和加工方法不断涌现，尽管编者尽了最大的努力，书中也难免会有不足和疏漏之处，恳请各位师生和读者不吝批评指正。

编　者

2008 年 3 月

目　录

绪　论

【学习目标】

　　通过绪论的学习，明确肉、肉制品加工的概念；明确肉制品应具备的特点；了解肉制品加工的简单历史；了解之前我国肉制品加工存在的问题；了解肉制品加工的发展趋势；明确肉制品加工技术的学科特点、学习要求。

一、肉制品加工及其主要内容

　　肉制品加工的目的是将屠宰动物合理地转化为动物性食品；抑制微生物生命活动，防止有害物质的产生与残留，保证肉制品的安全性和稳定性；添加和改变某些成分，科学调制配方，强化功能，使其符合食品营养学和营养生理学要求；改善品质，注重色、香、味、形和质地，增加美度，以提高食品的食用价值和商品价值；适应国内外市场的需求。

　　基于上述目的，确定本课程学习的主要内容，包括肉制品加工基础知识、畜禽的屠宰加工与肉宰后变化、原料肉的保鲜技术、肉制品加工辅料、腌腊肉制品加工技术、灌肠制品加工技术、西式火腿制品加工技术、酱卤制品加工技术、熏烤制品加工技术、干制品加工技术、肉类罐头加工技术以及其他肉制品加工技术。

二、肉制品加工常用术语

　　通常所说的"肉"，广义地讲，凡是作为人类食物的动物体组织均可称为"肉"，不仅包括动物的肌肉组织，而且还包括心、肝、肾、肠、脑等器官在内的所有可食部分。然而，现代人类消费的肉主要来源于家禽、家畜和水产动物，如猪、牛、羊、马、鸡、鸭、鹅、鱼、虾、蟹、贝等。狭义地讲，肉指动物的肌肉组织和脂肪组织以及附着于其中的结缔组织、微量的神经和血管。因为肌肉组织是肉的主体，它的特性支配着肉的食用品质和加工性能，因而肉品研究的主要对象是肌肉组织。

　　肉又有许多约定俗成的名称，如"瘦肉"或称为"精肉"（lean meat）是指剥去脂肪的肉；"肥肉"主要指脂肪组织。西方国家常把牛羊肉、猪肉称为"红肉"（red meat），把禽肉和兔肉称为"白肉"（white meat）；我国将家禽屠宰后的胴体称为"白条肉"，将内脏称为"下水"（gut），鸡、鸭、鹅等禽类的肉称为"禽肉"（poultry meat），野生动物的肉称为"野味"。

　　在肉类食品生产中，把刚宰后不久的肉称为"鲜肉"（fresh meat）；经过一段时间的冷处理，使肉保持低温而不冻结的肉称为"冷却肉"（chilled meat）；经过低温冻结后的肉又可叫做"冷冻肉"（frozen meat）；按不同部位分割后包装的肉称为"分割肉"（cut meat）；提取骨头上的肉称为"剔骨肉"（boneless meat）；利用某些设备和技术，经过一定的工艺流程将原料肉加工成半成品或者可以直接食用的产品称为"肉制品"（meat product）。

三、肉制品的分类

世界上肉制品种类繁多，加工程度和加工方法各异，风味也各种各样。仅法国产的灌肠类制品就有 1550 多种；我国的传统名优肉制品就有 500 多种，而且新产品还不断涌现。

世界各个国家、各个地区，由于地理环境、物产资源、宗教信仰、饮食习惯的不同，导致肉制品品种繁多。各个国家根据自己的实际情况和监督管理的需要，将肉制品进行不同的分类，所以目前尚未有国际通用的肉制品分类方法。

肉制品根据加工程度分，可分为粗加工（屠宰加工）制品和再制肉制品。粗加工肉制品是指白条肉，其基本特点保持着肉的天然形状和结构；再制肉制品是对白条肉的进一步加工，其基本特点是不同程度地改变了其天然形状和结构。再制肉制品根据其熟化程度分为生肉制品和熟肉制品。生肉制品虽然经过了精细加工，但在食用前还要进一步熟制。例如分割小包装冷冻肉、中式腊肠、培根等肉制品。

我国习惯上把国内生产的肉制品特别是传统肉制品称为中式肉制品，把国外生产的肉制品或者从国外引进的肉制品品种称为西式肉制品。根据肉制品加工过程中使用的方法可以将其分为腌腊制品、发酵制品、熏烤制品等。事实上，很多肉制品在加工过程中都是用了几种加工方法，有时只不过以某一种方法为主罢了。根据肉制品的成型，可将其分为灌肠制品、罐头制品等，而成型不同的肉类制品，其内含物使用的加工方法有时却是类似的。还有用生产地名加上生产工艺来分类的方法等。

为了能使大家对各种肉制品都有所接触，本书结合以上几种分类方法将肉制品大致分为腌腊制品、罐头制品、酱卤制品、熏烤制品、干肉制品、肠类制品、成型火腿和其他类肉制品如油炸肉制品、肉丸类制品等。

四、肉制品的特点

对原料肉进行加工转变的过程如腌制、灌肠、酱卤、熏烤、蒸煮、脱水、冷冻以及一些食品添加剂的使用等，称为肉制品加工。无论采用什么加工方法，所制成的肉制品均应具有下列特点。

（1）滋味鲜美、香气浓郁　肉中有蛋白质、核酸类生物大分子，在加工过程中降解，产生许多多肽、氨基酸、核苷酸等呈味成分，赋予肉制品鲜美的滋味。在肉制品的加工过程中，一些芳香前体物质经脂类氧化、美拉德反应以及硫胺素降解产生挥发性物质，赋予熟肉制品独特的芳香气味，再配以种类繁多的香辛料和调味料的使用，这就不仅使肉制品香味浓郁，而且不同肉制品风味各具特色。

（2）色泽诱人　在肉中存在的血红蛋白和肌红蛋白，是两种色素蛋白质。特别是肌红蛋白可与氧或一氧化氮结合生成氧合肌红蛋白或一氧化氮-肌红蛋白，这两种结合蛋白使肉呈深红色或暗红色。因此，鲜肉切割后或经过腌制加工后产生诱人的色泽。

（3）利于肉的质构的结着性　肉中存在肌球蛋白，这些蛋白都是可溶解于一定浓度的中性盐溶液中的结构蛋白质，特别是肌球蛋白，在腌制时可以从不溶状态转变为溶解状态而成为溶胶，这种溶胶能形成巨大的凝聚体，将水分子与脂肪封闭在凝聚体的网状结构里，这就是肉具有很高结着性或形成肉糜乳胶的原因。

（4）热可逆胶凝性 肉中存在胶原蛋白，当含有水分的肉加热时，胶原蛋白首先缩到其体积的2/3，然后被水解成明胶。这种明胶在冷却后能形成凝胶，利用此特点可加工水晶肴肉、羊肉冻等肉制品。这种肉冻受热时则会熔化，冷却可再次生成凝胶。

五、中国肉制品加工行业现状与发展趋势

1. 中国肉制品加工行业现状

中国肉类工业包括畜禽的屠宰，肉的冷却、冷冻与冷藏，肉的分割，肉制品加工与副产品综合利用以及肉的包装营销。随着中国肉类生产的发展和肉类消费水平的提高，肉类生产、加工、贮藏、保鲜、包装、运输等方面都有了很大发展，肉类加工科技水平和质量显著提高。

目前中国有肉类加工企业3728个左右，从业人员47.46万人左右。其中出口注册厂200多家，获进出口经营权的企业有36家左右。我国常见的肉类制品主要有腌腊、酱卤、烧烤、油炸、干制等传统中式制品及香肠、火腿等西式制品。值得一提的是，西式肉制品逐步为国人所接受，已占肉制品份额的40％。总的来讲，中国肉制品产量较小，远不能满足国内肉类生产与消费的需求。我国肉类制品中可以分为两大类：一类是中国传统风味的中式肉制品，约有500多个名、特、优产品，其中一些产品，如金华火腿、广式腊肠、南京板鸭、德州扒鸡、道口烧鸡等传统名特产品，早已蜚声国内外；另一类是西式肉制品，如香肠类、火腿类、培根类、肉糕类、肉冻类。目前在肉制品加工行业形成了双汇、金锣、雨润、得利斯、唐人神等大型企业和名牌产品，品种有高温低温、中式西式等七大系列近1000个品种，肉类总产量7245万吨。

2. 中国肉制品加工存在的主要问题

虽然中国畜产品加工业和发达国家相比，仍存在很多不足，主要体现在畜产品的加工装备落后、加工率比较低、产品品种少、标准体系不健全、产品质量差等方面。

（1）产业结构不合理 近年来畜产品加工业一直存在"初加工、低档次产品多，深加工、高档优质产品少"的不合理现象。如我国肉类、蛋类总产量均居世界第一，但产品主要以原料及半成品为主，冷冻白条肉、分割肉、白条鸡、鸭及畜禽初级加工品约占50％～70％，而商品化鲜肉及冷却肉等比例很小，熟肉制品不足总产量的5％，其中高温肉制品占了40％以上，而商品化优质低温肉制品和发酵肉制品比例却极低。同时，方便、快捷、具有保健功能的畜产品等在整个畜产品加工业中所占的比重依然很小，工业化程度也较低。

（2）加工装备与工艺技术水平低 从总体看，中国畜产品加工业的技术水平低，主要表现为：一是技术装备水平低；二是企业生产技术水平低，多数企业生产能耗和物耗偏高，生产效率低，加工制品质量差，加工成本高，产品生产水平和档次低；三是社会化生产组织和管理技术水平低。

（3）标准体系待完善 中国畜产品加工业的质量标准体系、检验监测体系、食品安全体系及质量认证体系建设相对滞后，在发达国家已普遍接受的SSOP、GMP、HACCP、ISO 9000和ISO 14000等质量管理与控制体系及标准，只在我国一些出口型或大型企业开始实施。国家对内销企业还没有HACCP体系认证的强制性要求。

（4）基础研究薄弱，科技成果转化率不高 中国畜产品加工领域基础研究起步较晚，应用研究和高技术研究较为薄弱，学科间的相互渗透不够，缺乏自主技术创新。我国畜产品加工科技成果转化率低，据预测只有30％，而发达国家科研成果转化率一般为60％～80％。

3. 肉制品加工行业的发展趋势

根据国家产业政策，中国将把发展肉类行业作为发展现代市场经济和推进未来产业化的重要内容之一，从改善投资环境、推进科技进步、调整产品结构、深化企业改革方面推进肉类行业的改革与发展。

目前及今后几年我国肉类工业的发展趋势主要是：第一，食品安全卫生纳入法制轨道；第二，调整畜禽结构，适应市场需要；第三，大力发展质量、品种、效益型肉类加工业；第四，更好地发挥成本、生产能力优势；第五，改革肉类产销体制；第六，扩大对外开放、参与市场竞争；第七，加大传统肉制品工业化技术研究开发的力度；第八，大力发展冷却肉；第九，发展绿色肉类食品加工；第十，发展高科技含量的保健肉制品。

《中国食品工业"十二五"发展纲要》指出，未来十年的发展方向与重点是进一步调整生产结构，稳步发展猪肉、牛羊肉和禽肉加工；优化肉类食品结构，提高冷鲜肉比重，扩大小包装分割肉的生产，加强肉、蛋制品的精深加工，实现"变大为小、变粗为精、变生为熟、变裸品为包装品、变废为宝、变害为利"，促进资源的综合利用；加强对名优传统肉类食品资源的挖掘，推动传统肉类禽蛋食品的工业化生产，提高产品质量，培育一批在国际市场上具有明显竞争优势的民族特色品牌；支持区域性骨干肉类食品企业整合产业供应链，实现规模化，扩大市场占有率。

在产业布局方面要结合大中城市屠宰企业的外移，利用原有屠宰厂的场地、设施，发展肉制品加工企业或物流企业；严格控制新增屠宰产能，原则上不再新建生猪、羊年屠宰量在20万头以下、牛年屠宰量在5万头以下、禽年屠宰量在2000万只以下的企业，限制年生产加工量3000吨以下的西式肉制品加工企业；推动畜禽主产区集中发展大型屠宰和加工骨干企业，主销区侧重发展肉制品加工、分割配送中心，减少活畜（禽）跨区域调运。

六、学习本课程的基本要求

肉品工业原料来源于畜牧业生产、原料品质的优劣，直接影响加工用途和产品质量。因此，要有畜牧学基础，对肉用畜禽生产和品质有所了解并提出要求；在不同层次的加工中，掌握不同产品性状和质量变化因素，需要畜禽解剖学和组织学、家畜生理学、生物化学、食品化学、营养学等学科知识。肉是易腐食品，如何保持营养卫生，提高其食用价值和贮藏性，还必须了解食品微生物学、家畜病理学、人畜共患病学、动物性食品卫生学、食品冷藏学及有关物理化学及机械工程类各学科的知识基础，对学习、学好本门专业课程有很大的帮助。

高职高专肉制品加工技术课程要求学生在掌握有关基础知识的基础上，要明确各主要类型肉制品加工的基本原理，从理论上掌握其加工的基本技能，力争通过实习与实训，成为理论联系实际、具有独立工作能力和开拓精神的肉制品加工业的专门技术人才。

本课程的学习思路是：首先学习肉制品加工必需的基础知识，如肉的组成与性质、肉制品加工的辅助原料、畜禽屠宰加工与肉的检验、原料肉的保鲜等。其次，以项目为单位学习各主要类型肉制品的加工原理特别是加工技术。在每一项目中先介绍此类产品的基本知识、一般生产方法，再具体介绍一些代表品种的制作，便于举一反三；对于典型的肉制品均介绍其在生产过程中的质量控制，更有利于学生对实际生产技术的掌握，突出职业教育特点。

需要说明的是，肉制品加工技术课程是一门实践性很强的课程，在学习中一定要注重理论联系实际——注重理论知识在实践中的应用，注重加强实践操作训练，用理论指导实践，在实践中创新，方能达到最理想的学习效果。

思 考 题

1. 肉制品加工技术学习的主要内容是什么?

2. 肉制品应当具备哪些特点?

3. 中国肉制品加工存在哪些问题?

4. 我国肉类工业的发展趋势如何?

5. 你打算如何学好肉制品加工技术这门课程?

项目一

肉制品加工原料

【产品介绍】

　　本项目主要介绍了原料肉的理化性质与品质评定、肉的质量检验两大方面的内容。

　　肉组织结构主要分为肌肉组织、脂肪组织、结缔组织和骨组织四大部分，其中肌肉组织是最重要的组成部分。肉的化学成分主要有水分、蛋白质、脂肪、浸出物、维生素和矿物质。

　　宰后肉经历僵直、成熟、腐败过程。刚屠宰的肉柔软且具有较小弹性，经过一定时间出现僵直现象，此时的肉肉质硬，持水性差，加热后质量损失很大，不适于加工。经过一段时间后，肉的僵直情况会缓解，肉质变软，持水性变好，风味提高，此过程为肉的成熟。最后肉会在微生物的作用下发生品质劣变，甚至失去食用价值，也就是肉的腐败。在肉制品加工中要控制尸僵、促进成熟、防止腐败。

　　肉的物理性质主要指肉的容重、比热容、热导率等，肉的食用品质主要指肉的颜色、风味、嫩度、保水性等。肉的质量检验一般从感官、理化、微生物等三方面进行。肉的感官检验主要从视觉、嗅觉、味觉、触觉、听觉几个方面进行；肉的理化检验主要通过测定挥发性盐基氮、pH 值、硫化氢等来进行；肉的微生物检验主要包括触片镜检和测定细菌总数两种方法。

学习单元一　原料肉的理化性质与品质评定

※ 【知识目标】

1. 了解肉的形态结构和化学组成。
2. 熟悉肉的成熟和腐败。
3. 熟悉肉的物理性质及品质评定。

※ 【技能目标】

1. 能理解肉的不同组织与肉的食用品质和加工性能的关系。

2. 能根据肉的加工与食用需要对肉的不同变化时期进行控制。

3. 正确对原料肉进行食用品质评定。

一、肉的组织结构与化学成分

1. 肉的组织结构

肉（胴体）主要由肌肉组织、脂肪组织、结缔组织和骨组织四大部分组成，还包括神经、血管、腺体、淋巴结等。其中四大组织的构造、性质及含量的多少直接影响到肉的食用品质、加工用途及商品价值，组成比例因动物的种类、品种、年龄、性别、营养状况、肥瘦程度和生产条件不同而异。其组成的比例大致为：肌肉组织 50%～60%，脂肪组织 15%～45%，骨组织 5%～20%，结缔组织 9%～13%。在四种主要组织中，肌肉组织对肉的品质影响最大。肉的各种组织占胴体重量的比例见表 1-1。

表 1-1　肉的各种组织占胴体重量的比例　　　　　　　　　　　　　单位：%

组织名称	牛肉	猪肉	羊肉
肌肉组织	57～62	39～58	49～56
脂肪组织	3～16	15～45	4～18
骨 组 织	17～29	10～18	7～11
结缔组织	9～12	6～8	20～35
血　　液	0.8～1	0.6～0.8	0.8～1

（1）肌肉组织　　肌肉组织在组织学上可以分为三类，即骨骼肌、平滑肌和心肌。胴体上的肌肉组织主要是骨骼肌，因其在显微镜下观察有明暗相间的条纹，又称为横纹肌，俗称"瘦肉"或"精肉"，不包括平滑肌和心肌。骨骼肌占胴体 50%～60%，具有较高的食用价值和商品价值，是构成肉的主要组成部分。根据骨骼肌颜色的深浅，肉又可分为畜肉（如牛肉、猪肉、羊肉等）和禽肉（如鸡肉、鸭肉、鹅肉等）两大类。

① 肌肉的宏观结构　　家畜体上约有 600 块以上形状、大小各异的肌肉，但基本结构是一样的。肌肉的基本构造单位是肌纤维，每根肌纤维外面包一层结缔组织膜，称肌内膜，也叫肌纤维膜；50～150 根肌纤维聚集成束，称为肌束，外面包的结缔组织膜称肌束膜，这样形成的小肌束也称为初级肌束；由数十根初级肌束集结在一起称为次级肌束；许多次级肌束集结在一起形成肌肉，再包以结缔组织，即肌外膜。这些分布在肌肉中的结缔组织既起着支架的作用，又起着保护作用，血管、神经通过三层膜穿行其中，伸入到肌纤维的表面，以提供营养和传导神经冲动。此外，还有脂肪沉积其中，使肌肉断面呈现大理石样纹理。肌束膜和肌束一起形成腱，附着在骨骼上。当把肌肉横切时，在断面上表现为颗粒状，颗粒小，纹理清晰，说明结缔组织膜发达，肌纤维粗糙，肉质较低。肉颗粒的大小取决于动物的种类、品种、年龄、肥度等，同种动物肉，不同部位也不尽一致。肌肉的结构见图 1-1。

② 肌肉的微观结构　　肌肉组织和其他组织一样，也是由细胞构成的，但肌细胞是一种特殊化的细胞，呈长线状，不分支，直径为 10～100μm，长度为 1～40mm，最长可达 100mm。肌纤维本身具有的膜叫肌膜，它由蛋白质和脂质组成，具有很好的韧性，因而可承受肌纤维的伸长和收缩。肌膜的性质、组成、构造相当于体内其他的细胞膜。

在显微镜下可以观察到肌纤维细胞沿着细胞纵轴平行、有规则排列，呈明暗相间的条纹，所以称横纹肌，其肌纤维是由肌原纤维、肌浆、细胞核和肌鞘构成。肌肉的微观结构见图 1-2。

肌原纤维是构成肌纤维的主要组成部分，直径 0.5～3μm。肌肉的收缩和伸长就是由肌

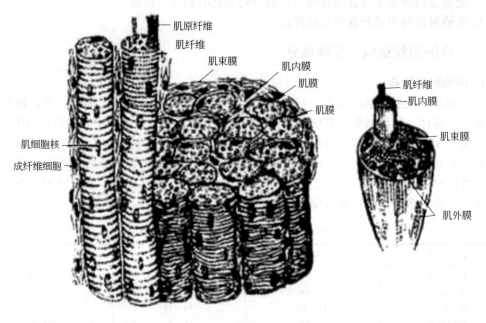

图 1-1 肌肉的结构

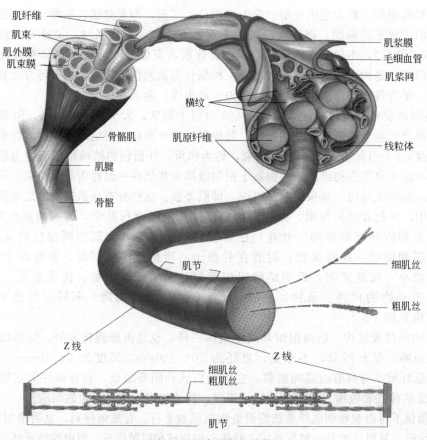

图 1-2 肌肉的微观结构

原纤维的收缩和伸长所致。肌原纤维具有和肌纤维相同的横纹，横纹的结构是按一定周期重复，周期的一个单位叫肌节，肌节是肌肉收缩和舒张最基本的功能单位，同时也是肌原纤维的基本重复构成单位。静止时的肌节长度约为 $2.3\mu m$，肌节两端是细线状的暗线，称为 Z 线。肌原纤维由肌丝组成，肌丝可以分为粗丝和细丝。粗丝又叫肌球蛋白丝，细丝又叫肌动蛋白丝，两者平行整齐地交替排列于整个肌原纤维，细丝分布在 Z 线上。当肌肉收缩时，Z 线上的细丝平行伸入粗丝之间，肌节变短；而当肌肉松弛时，Z 线上的细丝向粗丝两边滑动，肌节变长，这就是肌肉伸缩的原理。

肌浆为肌纤维的细胞质，填充于肌原纤维间和核的周围，是细胞内的胶体物质，呈红色，含有大量的肌溶蛋白质、肌红蛋白和参与糖代谢的多种酶类，其中肌红蛋白呈红色，是形成肉颜色的主要因素。由于肌肉的功能不同，在肌浆中肌红蛋白的数量不同，从而使不同部位的肌肉颜色深浅不一。

（2）结缔组织　结缔组织是肉的次要成分，起支持和连接作用，它将动物体内不同部位联结和固定在一起的组织，分布于体内各个部位，构成器官、血管和淋巴管的支架，包围和支撑着肌肉、筋腱和神经束，将皮肤连结于肌体。结缔组织是由细胞、纤维和无定形基质组成的，一般占肌肉组织的 9.0%～13.0%，其中对肉制品加工影响较大的是纤维，纤维成分主要包括胶原纤维、弹性纤维、网状纤维。胶原纤维、弹性纤维、网状纤维中分别含有胶原蛋白、弹性蛋白和网状蛋白 3 种蛋白质。

① 胶原纤维　胶原纤维因呈白色，故称白纤维，广泛分布于皮、骨骼、血管壁及肌内膜、肌束膜中。胶原纤维呈波纹状，直径 $1\sim12\mu m$，韧性大、弹性小，每条纤维由更细的胶原原纤维组成。其主要成分是胶原蛋白，约占胶原纤维固形物的 85%。胶原蛋白是机体中最丰富的简单蛋白，相当于机体总蛋白质的 20%～25%。

② 弹性纤维　弹性纤维又称黄纤维，具有弹性，直径 $0.2\sim12.0\mu m$。弹性蛋白在黄色的结缔组织中含量多，为弹性纤维的主要成分，约占弹性纤维固形物的 25%。弹性蛋白在很多组织中与胶原蛋白共存，但在皮、腱、肌内膜、脂肪等组织中含量很少，而在韧带与血管壁中含量最多。弹性纤维弹性大，但韧性不及胶原蛋白，其抗断力仅为胶原蛋白的 1/10。

③ 网状纤维　网状纤维为疏松结缔组织的主要成分，网状纤维主要由网状蛋白构成。网状蛋白属于糖蛋白类，为非胶原蛋白。

结缔组织的含量取决于年龄、性别、营养状况及运动等因素，老龄、公畜、消瘦及使役的动物其结缔组织含量高。同一动物不同部位的结缔组织含量也不同。一般来说，前躯由于支持沉重的头部结缔组织较后躯发达，下躯较上躯发达。羊胴体各部位的结缔组织含量见表 1-2。

表 1-2　羊胴体各部位的结缔组织含量

部位	结缔组织含量/%	部位	结缔组织含量/%
前肢	12.7	后肢	9.5
颈部	13.8	腰部	11.9
胸部	12.7	背部	7.0

结缔组织中的 3 种纤维蛋白为非全价蛋白，不易被消化吸收，能增加肉的硬度，降低肉的食用价值，但可以加工胶冻类食品。例如牛肉结缔组织的吸收率为 25%，而肌肉组织的吸收率为 69%。由于各部的肌肉结缔组织含量不同，其硬度不同，剪切力大小不同，见表 1-3。

表 1-3　牛肉 105℃ 煮制 60min 的硬度

肌肉	胶原蛋白含量/%	剪切力值/kPa
背最长肌	12.64	220
半膜肌	11.22	230
前臂肌	14.46	260
胸肌	20.26	260

另外，肉质的软硬不仅取决于结缔组织的含量，而且还取决于结缔组织中胶原蛋白分子间的交联程度。交联程度越高，肉质越老。例如老龄动物结缔组织交联程度比幼龄动物高，肉质硬。

（3）脂肪组织　脂肪组织是仅次于肌肉组织的第二个重要组成部分，具有较高的食用价值。对于改善肉质、提高风味均有影响。脂肪组织中脂肪占 87%～92%，水分占 6%～10%，蛋白质占 1.3%～1.8%，另外还有少量的酶、色素和维生素等。脂肪在活体组织内起着保护组织器官和提供能量的作用，并对改善肉压、提高风味均有影响。脂肪在肉中的含量变动较大，决定于动物种类、品种、年龄、性别及肥育程度。

脂肪的构造单位是脂肪细胞，脂肪细胞或单个或成群地借助于疏松结缔组织联结在一起。细胞中心充满脂肪滴，细胞核被挤到周边，外层有一层膜，为胶状的原生质构成，细胞核即位于原生质中。脂肪细胞是动物体内最大的细胞，直径为 $30～120\mu m$，最大者可为 $250\mu m$，脂肪细胞愈大，里面的脂肪滴愈多，因而出油率也愈高。脂肪细胞的大小与畜禽肥育程度及不同部位有关。如牛肾周围的脂肪细胞直径肥育牛为 $90\mu m$，瘦牛为 $50\mu m$；脂肪细胞的直径皮下脂肪为 $152\mu m$，而腹腔脂肪为 $100\mu m$。

脂肪在体内的蓄积，因动物种类、品种、年龄、肥育程度不同而异。猪脂肪多蓄积在皮下、肾周围及大网膜；羊脂肪多蓄积在尾根、肋间；牛脂肪主要蓄积在肌肉内；鸡脂肪蓄积在皮下、腹腔及肠周围。脂肪蓄积在肌束内最为理想，这样使肉的柔弱性、致密性、风味明显改善，肉呈大理石样，肉质较好。

（4）骨组织　骨组织的食用价值和商品价值较低。骨组织和结缔组织一样也是由细胞、纤维性成分和基质组成，但不同的是基质已经钙化，所以很坚硬，起支撑机体和保护器官的作用，同时又是钙、镁、钠等元素的贮存组织。

骨由骨膜、骨质和骨髓构成，骨膜包围在骨骼表面，里面有神经、血管。

骨骼根据构造的致密程度分为密质骨和松质骨（图 1-3）。骨的化学成分中水占 40%～50%，胶原蛋白占 20%～30%，无机质主要成分是钙和磷，占 20%。不同动物骨组织的比例为：牛肉 15%～20%，猪肉 12%～20%，羊肉 24%～40%，鸡肉 8%～17%，兔肉 12%～15%。

将骨骼粉碎可以制成骨粉，作为饲料添加剂，还可以熬出骨油和骨胶，制作骨素、骨精和骨髓浸膏。另外，利用超微粒粉碎机制成的骨泥，是肉制品的良好添加剂，也可以作为其他食品以强化钙和磷，但大量骨骼只能作工业用。

2. 肉的化学成分

肉是由许多不同的化学物质组成，主要包括水分、蛋白质、脂肪、浸出物、维生素和矿物质等化学成分。这些化学物质大多是人体所必需的营养成分，这些营养成分的含量和性质决定着肉的食用品质，特别是肉中的蛋白质，是人们饮食中优质蛋白的主要来源。

畜禽肉类的化学成分因动物的种类、性别、年龄、营养状态及畜禽的部位而有变动，且宰后由于肉内酶的作用，对其成分也有一定的影响。畜禽肉的化学组成见表 1-4。

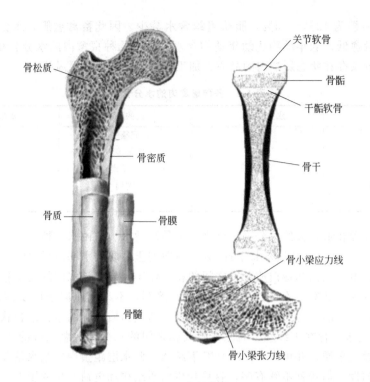

图 1-3 骨的结构

表 1-4 畜禽肉的化学组成

名　称	含量/%					热量/(J/kg)
	水分	蛋白质	脂肪	糖类	灰分	
牛肉	72.92	20.07	6.48	0.25	0.92	6186.4
羊肉	75.17	16.35	7.98	0.31	1.92	5893.8
肥猪肉	47.40	14.54	37.34	—	0.72	13731.3
瘦猪肉	72.55	20.08	6.63	—	1.10	4869.7
马肉	75.90	20.10	2.20	1.33	0.95	4305.4
鹿肉	78.00	19.50	2.25	—	1.20	5358.8
兔肉	73.47	24.25	1.91	0.16	1.52	4890.6
鸡肉	71.80	19.50	7.80	0.42	0.96	6353.6
鸭肉	71.24	23.73	2.65	2.33	1.19	5099.6
骆驼肉	76.14	20.75	2.21	—	0.90	3093.2

另外，由于部位不同，肉的组成也不一样。例如猪肉各部位的化学组成见表1-5所示。

表 1-5 猪肉各部位的化学组成

部位名称	水分含量/%	蛋白质含量/%	脂肪含量/%	灰分含量/%
腿肉	74.02	20.52	4.46	1.00
背肉	73.39	22.38	3.20	1.03
里脊	75.28	18.72	5.07	0.93
肋骨肉	65.02	17.05	17.14	0.78
肩肉	61.50	17.47	20.15	0.88
腹肉	58.40	15.80	25.09	0.71

（1）水分 水是肉中含量最多的成分，不同组织水分含量差异很大，肌肉含水70%，

皮肤为 60%，骨骼为 12%～15%，脂肪组织含水甚少。因此畜禽愈肥，水分的含量愈少，其胴体水分含量愈低；老年动物比幼年动物含水量少。几种畜禽肉的水分含量见表1-6。肉中水分含量多少及存在状态影响肉的品质、加工特性、贮藏性甚至风味。

表1-6　各种畜禽肉的水分含量

肉的种类	水分含量/%	肉的种类	水分含量/%
肥猪肉	47.4	肥犊牛	72.31
瘦猪肉	72.55	肥绵羊肉	47.91
肥阉牛肉	54.42	山羊肉	75.76
肥牦牛肉	70.96	鸭肉	71.24
瘦鸡肉	76.22	鹅肉	77.00

肉中的水分存在形式大致可分为结合水、不易流动水、自由水 3 种。

① 结合水　结合水约占肌肉水分的 5%，由肌肉蛋白质亲水基所吸引的水分子形成一紧密结合的水层。由于它们和蛋白质分子之间的相互作用，导致该水层的性质稳定。它的蒸汽压极低，冰点约为 -40℃，不能作为其他物质的溶剂，不易受肌肉蛋白质结构或电荷的影响，甚至在施加严重的外力作用下，也不能改变其与蛋白质分子的紧密结合状态。

② 不易流动水　存在于纤丝、肌原纤维及膜之间的水分，占总水分的 60%～80%。这些水分能溶解盐及溶质，并可在 -1.5～0℃ 下结冰。此水层距蛋白质亲水基较远，水分子虽然有一定的朝向性，但排列不够有序，容易受蛋白质结构和电荷变化的影响，同时也易受到外力的影响，因此，肉的保水性能主要取决于此类水的保持能力。

③ 自由水　存在于细胞外间隙中能够自由流动的水，约占水分总量的 15%。这部分水没有被束缚在肉蛋白中，很容易从肉中游离出来。

（2）蛋白质　肌肉中蛋白质占 18%～20%，分为 3 类：肌原纤维蛋白，占总蛋白的 40%～60%；肌浆蛋白，占 20%～30%；结缔组织蛋白，约占 10%。不同动物骨骼肌中不同种类蛋白质的含量见表 1-7。

表 1-7　不同动物骨骼肌中不同种类蛋白质的含量　　　　单位：%

种类	哺乳动物	禽类	鱼肉
肌原纤维蛋白	49～55	60～65	65～75
肌浆蛋白	30～34	30～34	20～30
结缔组织蛋白	10～17	5～7	1～3

这些蛋白质的含量因动物种类、分解部位不同而有一定差异（表 1-8）。

表 1-8　肌肉中蛋白质的构成比例　　　　单位：%

种类	肌原纤维蛋白			肌浆蛋白	结缔组织蛋白
	肌球蛋白	肌动蛋白	肌动球蛋白		
家兔肉	38	14	—	28	20
小牛肉	30	20	1	24	25
猪肉	19	32	32	20	29
马肉	4	9	35	16	36

① 肌原纤维蛋白　肌原纤维是肌肉的收缩单位，由丝状的蛋白质凝胶所构成。这些平行排列的纤维丝参与肌肉的收缩过程，常为肌肉的结构蛋白质，或肌肉的不溶性蛋白质。肌原纤维蛋

白的含量随肌肉活动而增加，并因静止或萎缩而减少。而且肌原纤维蛋白与肉的某些重要品质特性（如嫩度）密切相关。肌原纤维蛋白主要包括肌球蛋白、肌动蛋白、肌动球蛋白和2～3种调节性结构蛋白质等（表1-9）。

表1-9　肌原纤维蛋白的种类和含量

名称	含量/%	名称	含量/%
肌球蛋白	45	γ-肌动蛋白素	<1
肌动蛋白	20	肌酸激酶	<1
原肌球蛋白	5	55000 Da蛋白	<1
肌原蛋白	5	F-蛋白	<1
联结蛋白	6	I-蛋白	<1
N线	3	细丝蛋白	<1
C-蛋白	2	肌间线蛋白	<1
M-蛋白	2	波形蛋白	<1
α-肌动蛋白素	2	联丝蛋白	<1
β-肌动蛋白素	<1		

a. 肌球蛋白　肌球蛋白也叫肌凝蛋白，是肌肉中含量最高也是最重要的蛋白质，约占肌肉总蛋白质的1/3，占肌原纤维蛋白的50%～55%，是粗丝的主要成分，构成A带。肌球蛋白不溶于水或微溶于水，而在离子强度0.2以上的盐溶液中溶解，在0.2以下则呈不稳定的悬浮状态，其等电点为pH5.4。肌球蛋白具有ATP酶的活性，Ca^{2+}可将其激活，而Mg^{2+}起抑制作用。肌球蛋白对热很不稳定，热凝固温度为45～50℃，能够形成热凝胶，该特性直接影响碎肉或肉糜类制品的质地、保水性和风味等。肌球蛋白与肌肉收缩直接相关，能够和肌动蛋白形成肌动球蛋白。

b. 肌动蛋白　肌动蛋白也叫肌纤蛋白，是溶于水的蛋白质，占肌原纤维蛋白总量的12%～15%，是构成细丝的主要成分，不具备凝胶形成特性，能溶于水及稀的盐溶液。肌动蛋白热凝固温度较低，为30～35℃。它是以球状的肌动蛋白（G-肌动蛋白）和纤维状肌动蛋白（F-肌动蛋白）的形式存在，是肌肉收缩的主要蛋白质。肌动蛋白的等电点比肌球蛋白低，为pH4.7。

c. 肌动球蛋白　肌动球蛋白又称肌纤凝蛋白。肌动球蛋白的溶液具有明显的流动双折射性，其黏度非常高。肌动球蛋白也具有ATP酶的活性，但与肌球蛋白ATP酶有所不同，Ca^{2+}、Mg^{2+}都能使其活化。肌动球蛋白在离子强度为0.4以上的盐溶液中处于溶解状态。高浓度的肌动球蛋白易形成凝胶。

肌动球蛋白是肌动蛋白和肌球蛋白的复合物，是肌肉收缩时肌动蛋白和肌球蛋白的存在状态。当动物被屠宰后，由于没有能量供应使其分解为肌动蛋白和肌球蛋白而形成尸僵。

② 肌浆蛋白　肌浆是浸透于肌原纤维内外的液体，含有机物与无机物，一般占肉中蛋白质含量的20%～30%。通常将磨碎的肌肉压榨便可挤出肌浆。它包括肌溶蛋白、肌红蛋白和肌粒中的蛋白质等。这些蛋白质易溶于水或低离子强度的中性盐溶液，是肉中最易提取的蛋白质。又因其提取液的黏度很低，故常称为肌肉的可溶性蛋白质。这些蛋白质不是肌纤维的结构成分，将其提取后，肉的特征、形态及性质没有明显的改变。这些蛋白质也不直接参与肌肉收缩，其功能主要是参与肌纤维中的物质代谢。肌肉中肌浆酶蛋白的含量见表1-10。

表 1-10　肌肉中肌浆酶的含量

肌浆酶	含量/(mg/g)	肌浆酶	含量/(mg/g)
磷酸化酶	2.0	磷酸甘油激酶	0.8
淀粉-1,6-糖苷酶	0.1	磷酸甘油醛脱氢酶	11.0
葡萄糖磷酸变位酶	0.6	磷酸甘油变位酶	0.8
葡萄糖磷酸异构酶	0.8	烯醇化酶	2.4
果糖磷酸激酶	0.35	丙酮酸激酶	3.2
缩醛酶(二磷酸果糖酶)	6.5	乳酸脱氢酶	3.2
磷酸丙糖异构酶	2.0	肌酸激酶	5.0
甘油-3-磷酸脱氢酶	0.3	一磷酸腺苷激酶	0.4

a. 肌溶蛋白　肌溶蛋白属清蛋白类的单纯蛋白质，存在于肌原纤维间，因能溶于水，故容易从肌肉中分离出来。等电点为 pH6.3，加热到 52℃时即凝固。

b. 肌红蛋白　肌红蛋白是一种复合性的色素蛋白质，是肌肉呈现红色的主要成分。肌红蛋白由一条肽链的珠蛋白和一分子亚铁血红素结合而成。肌红蛋白有多种衍生物，如呈鲜红色的氧合肌红蛋白、呈褐色的高铁肌红蛋白、呈鲜亮红色的一氧化氮-肌红蛋白等。这些衍生物与肉及其制品的色泽有直接的关系。肌红蛋白的含量，因动物的种类、年龄、肌肉的部位而不同。凡是动物生前活动较频繁的部位，肌红蛋白含量高，肉色较深，例如四肢肌肉颜色较背部肌肉深。

c. 肌浆酶　肌浆存在大量可溶性肌浆酶，其中解糖酶占 2/3 以上。肌肉中主要的肌浆酶见表1-10。从表中看出在肌浆中缩醛酶和肌酸激酶及磷酸甘油醛脱氢酶含量较多。白肌纤维中糖酵解酶含量比红肌纤维多 5 倍，这是因为白肌纤维主要依靠无氧的糖酵解产生能量，而红肌纤维则氧化产生能量，所以红肌纤维糖酵解酶含量少，而肌红蛋白、乳酸脱氢酶含量高。

d. 肌粒蛋白　肌粒中的蛋白质可分为肌核、肌粒体及微粒体中的蛋白质，主要为三羧基循环酶及脂肪氧化酶系统，这些蛋白质定位于线粒体中，在离子强度 0.2 以上的盐溶液中溶解，在 0.2 以下则呈不稳定的悬浮液。另外一种重要的蛋白质是 ATP 酶，是合成 ATP 的物质，定位于线粒体的内膜上。

③ 结缔组织蛋白　结缔组织蛋白属于硬蛋白质，是构成肌内膜、肌束膜、肌外膜和筋腱的主要成分，主要包括胶原蛋白、弹性蛋白、网状蛋白及黏蛋白等，存在于结缔组织的纤维及基质中（表 1-11）。

表 1-11　结缔组织蛋白的含量　　　　　　　　　单位:%

成分	白色结缔组织	黄色结缔组织
胶原蛋白	30.0	7.5
弹性蛋白	2.5	32.0
黏蛋白	1.5	0.5
可溶性蛋白	0.2	0.6

a. 胶原蛋白　胶原蛋白在白色结缔组织中含量多，是构成胶原纤维的主要成分，约占胶原纤维固形物的 85%。胶原蛋白性质稳定，具有很强的延伸力，不溶于水及稀溶液，在酸或碱溶液中可以膨胀，不易被一般蛋白酶水解，但可以被胶原蛋白酶水解。胶原蛋白含有大量的甘氨酸、脯氨酸和羟脯氨酸，后二者为胶原蛋白所特有，其他蛋白质不含或含量甚微。

胶原蛋白遇热收缩，热收缩温度随动物的种类有较大差异，一般鱼类为45℃，哺乳动物为60～65℃。但当热温度大于热收缩温度时，胶原蛋白就会逐渐变成明胶。变为明胶的过程并非水解的过程，而是氢键断开，原胶原分子的三条螺旋被解开，因而易溶于水中，当冷却时就会形成明胶。明胶易被酶水解，也易被消化。在肉品加工中，可利用胶原蛋白的这一性质加工肉冻类制品。

b. 弹性蛋白　弹性蛋白在黄色结缔组织中含量多，是弹力纤维的主要成分，约占弹力纤维固形物的75%，高度不可溶，胶原纤维中也有，约占7%。其氨基酸组成有1/3为甘氨酸，脯氨酸、缬氨酸占40%～50%，不含色氨酸和羟脯氨酸。弹性蛋白不被胃蛋白酶、胰蛋白酶水解，可被弹性蛋白酶（存在于胰腺中）水解。

弹性蛋白属硬蛋白，对酸、碱、盐都稳定，煮沸不能分解。弹性蛋白是一种具有高弹性的纤维蛋白，其在韧带和血管中分布较多，在肌肉中一般只有胶原蛋白的1/10。

c. 网状蛋白　在肌肉中，网状蛋白为构成肌内膜的主要蛋白，含有约4%的结合糖类和10%的结合脂肪酸，其氨基酸组成与胶原蛋白相似，用胶原蛋白酶水解，可产生与胶原蛋白同样的肽类。它经常同脂类与糖类相结合而存在。网状蛋白是构成肌内膜的主要蛋白，对酸、碱比较稳定。

（3）脂肪　肉中脂肪分两种：一种是皮下脂肪、肾脂肪、网膜脂肪、肌肉间脂肪等，称为"蓄积脂肪"；另一种是肌肉组织内脂肪、神经组织脂肪、脏器脂肪等，称作"组织脂肪"。"蓄积脂肪"主要成分为中性脂肪，最常见的脂肪酸为棕榈酸、油酸、硬脂酸，其中棕榈酸占中性脂肪的25%～30%，其他70%为油酸、硬脂酸和高度不饱和脂肪酸。"组织脂肪"主要成分为磷脂。肉中磷脂含量和肉的酸败程度有很大关系，因为磷脂含不饱和脂肪酸的百分率比脂肪高得多。

动物性脂肪主要成分是甘油三酯（三脂肪酸甘油酯），占96%～98%，还有少量的磷脂和固醇。动物脂肪是混合甘油酯，含饱和脂肪酸多则熔点、凝固点高，含不饱和脂肪酸多则熔点和凝固点低。因此脂肪酸的性质决定了脂肪的性质。肉类脂肪有20多种脂肪酸，其中饱和脂肪酸以硬脂酸和软脂酸居多；不饱和脂肪酸以油酸居多，其次是亚油酸。不饱和脂肪酸中亚油酸、次亚油酸、二十碳四烯酸是构成动物组织细胞和功能代谢不可缺少的成分。不同动物的脂肪酸组成不同，见表1-12。磷脂以及固醇所构成的脂肪酸酯类是能量来源之一，也是构成细胞的特殊成分，它对肉类制品质量、颜色、气味具有重要作用。

表 1-12　不同动物脂肪的脂肪酸组成　　　　　　　　　　　　　单位：%

种类	油酸含量	棕榈酸含量	亚油酸含量	硬脂酸含量
猪脂肪	40.0	26.2	10.3	18.4
牛脂肪	33.0	18.5	2.0	41.7
羊脂肪	31.0	23.2	7.3	34.7
鸡脂肪	52.0	18.0	17.0	8.0

在动物的四大组织中，脂肪的含量变动范围最大，为2%～40%，脂肪含量的多少直接影响肉的多汁性和嫩度，脂肪酸的组成在一定程度上决定了肉的风味，因此脂肪对肉的食用品质具有重要作用。

（4）浸出物　浸出物是指除蛋白质、盐类、维生素外能溶于水的浸出性物质，包括含氮浸出物和无氮浸出物。

① 含氮浸出物　含氮浸出物为非蛋白质的含氮物质，如游离氨基酸、磷酸肌酸、核苷

酸类（ATP、ADP、AMP、IMP）及肌苷、尿素等。这些物质为肉滋味的主要来源，如 L-谷氨酸和 L-天冬氨酸的钠盐和酰胺都是具有鲜味的物质。磷酸肌酸可分解成肌酸，肌酸在酸性条件下加热则为肌酐，可增强熟肉的风味。核苷酸中最主要的是 ATP，肉中的 ATP 含量因动物的种类、肌肉的部位不同而异。动物死后，在 ATP 酶的作用下，ATP 分解成 ADP、AMP，AMP 经脱氨基作用生成 IMP（次黄嘌呤核苷酸，或称肌苷酸），IMP 是肉中的重要呈味成分。

② 无氮浸出物 无氮浸出物为不含氮的可浸出的有机化合物，包括糖类化合物和有机酸。糖类包括糖原、葡萄糖、核糖，有机酸主要是乳酸及少量的甲酸、乙酸、丁酸、延胡索酸等。

糖原在动物死后的肌肉中进行无氧酵解，生成乳酸。肌糖原含量多少，对肉的 pH、保水性、颜色等均有影响，并且影响肉的加工和贮藏性。刚屠宰的动物乳酸含量不超过 0.05%，但经 24h 后增至 1.00%~1.05%。

除去糖原、乳酸之外，浸出物中还会有微量的丙酮酸、琥珀酸、柠檬酸、苹果酸和延胡索酸等三羧酸循环中的有机酸成分。此外，还含有约 0.03% 的肌醇。

（5）维生素 肉类中含有维生素 A、维生素 B_1、维生素 B_2、烟酸、叶酸、维生素 C、维生素 D 等，是人们获取 B 族维生素的主要食物来源，特别是烟酸。除此之外，动物器官中含有大量维生素，尤其是脂溶性维生素，如肝脏中含有大量的维生素 A，肉中主要维生素含量如表 1-13 所示。

表 1-13 肉中主要微生物含量 单位：mg/100g

畜肉	维生素 A	维生素 B_1	维生素 B_2	烟酸	泛酸	生物素	叶酸	维生素 B_6	维生素 B_{12}	维生素 D
牛肉	微量	0.07	0.20	5.0	0.4	3.0	10.0	0.3	2.0	微量
小牛肉	微量	0.10	0.25	7.0	0.6	5.0	5.0	0.3	—	微量
猪肉	微量	1.0	0.20	5.0	0.6	4.0	3.0	0.5	2.0	微量
羊肉	微量	0.15	0.25	5.0	0.5	3.0	3.0	0.4	2.0	微量

肉是 B 族维生素的良好来源，这些维生素主要存在于瘦肉中。猪肉的维生素 B 含量受饲料影响，在 0.3~1.5mg/100g 之间；羊、牛等反刍动物的肉中维生素含量不受饲料的影响，因为其维生素的来源主要依赖瘤胃（第一胃）内微生物的作用。同种动物不同部位的肉其维生素含量差别不大，但不同动物肉的维生素含量有较大的差异。

（6）矿物质 肉类中的矿物质含量一般为 0.8%~1.2%。几种肉中主要矿物质含量见表 1-14。肉中含有大量的矿物质如钾、磷、铁、钙、镁等，尤以钾、磷含量最多。这些无机盐在肉中有的以游离状态存在，如镁、钙离子；有的以螯合状态存在，如肌红蛋白中含铁，核蛋白中含磷。肉的钙含量较低，而钾和钠几乎全部存在于软组织及体液之中。钾和钠与细胞膜的通透性有关，可提高肉的保水性。肉中尚含有微量的锰、铜、锌、镍等，其中锌与钙一样能降低肉的保水性。

表 1-14 几种肉中主要矿物质含量 单位：%

成分	K	Na	Ca	Mg	P	S	Cl	Fe
牛肉	0.338	0.084	0.012	0.024	0.495	0.575	0.076	0.0043
猪肉	0.169	0.042	0.006	0.012	0.247	0.288	0.038	0.0021
兔肉	0.479	0.067	0.026	0.048	0.579	0.498	0.051	0.008
鸡肉	0.560	0.128	0.015	0.061	0.580	0.292	0.060	0.013

二、肉的成熟与腐败

动物刚屠宰后，肉中的热还没有散失，柔软且具有较小的弹性，这种处于生鲜状态的肉称作热鲜肉。经过一定时间，肉的伸展性消失，肉体变为僵硬的状态，这种现象称为死后僵直，此时若将肉加热食用是很硬的，而且持水性也差，因此加热后质量损失很大，不适于加工。如果继续贮藏，其僵直情况会缓解，肉变得柔软，同时持水性增加，风味提高，此过程称为肉的成熟，工业上也称为肉的排酸。最后肉会在微生物的作用下发生品质劣变，甚至失去食用价值，也就是肉的腐败。

1. 肉的成熟

畜禽屠宰后，肉内部发生了一系列生物化学变化，结果使肉变得柔软、多汁，并产生特殊的滋味和气味。肌肉必须经过僵直、解僵的过程，才能成为"肉"，成熟过程要经历僵直和自溶两个过程。

（1）肉的僵直　畜禽屠宰后经过一段时间，肌肉组织由弛缓变为紧张，肌肉失去弹性、硬度变大、透明度消失、关节失去活性的状态称为死后僵直，也叫"尸僵"。牲畜宰杀后肉开始很柔软，但是在宰后 8～10h 开始僵直，并且可持续 15～20h。鱼类的僵直期较短，在 1～7h 开始僵直，而家禽的僵直期则更短。

① 僵直的机理　动物在宰杀后由于酵解作用，肉体内的糖原降解为乳酸，仅生成 2 个 ATP（正常有氧条件下每个葡萄糖可氧化生成 38 个 ATP），正常供给肌肉能量的 ATP 中断，从而导致肌质网崩裂，内部保存的 Ca^{2+} 被释放出来，Ca^{2+} 含量增高，促使粗丝中肌球蛋白 ATP 酶活化，又加快了 ATP 的减少，促使 Mg-ATP 复合体解离。肌球蛋白和肌动蛋白结合成为肌动球蛋白，由于 ATP 的不断减少，因而反应不可逆，引起永久性收缩，即死后僵直。

② 僵直的类型　由于动物宰杀前的状态不同，因此产生宰后不同的僵直类型，通常分为三类：酸性僵直、碱性僵直和中间型僵直。

a. 酸性僵直　宰前保持安静状态，未经激烈活动的动物肌肉的僵直，此条件下肌肉僵直的迟滞期较长，而急速期非常短，并因温度不同而肌肉的收缩程度有所差异。僵直最终 pH 多在 5.7 左右。

b. 碱性僵直　发生于宰前处于疲劳状态的动物，宰后僵直的迟滞期、急速期非常短，肌肉显著收缩。僵直结束时 pH 几乎不变，仍保持中性，一般 pH 在 7.2 左右。

c. 中间型僵直　发生于宰前经断食的动物，宰后肌肉僵直的迟滞期短，而急速期较长，肌肉产生一定收缩，僵直结束时 pH 为 6.3～7.0。

③ 尸僵时的主要变化

a. ATP 的变化　由于无氧酵解导致生成的 ATP 远远少于正常降解，且供给停止，因此肌肉中 ATP 含量急剧减少。

b. pH 值的变化　由于动物死后，糖原分解为乳酸，同时磷酸肌酸分解为磷酸，酸性产物的蓄积使肉的 pH 值下降。尸僵时肉的 pH 值降低至糖酵解酶活性消失不再继续下降时，达到最终 pH 值或极限 pH 值。极限 pH 值越低，肉的硬度越大。

c. 冷收缩　宰后肌肉的收缩速度未必温度越高，收缩越快。牛肉、羊肉、鸡肉在低温条件下也可产生急剧收缩，尤其以牛肉最为明显，称为冷收缩。冷收缩最小的温度范围：牛肉为 14～19℃，禽肉为 12～18℃。因此牛肉与禽肉冷却时应避开冷收缩区的时间和温度

（温度低于 10℃，时间在 12h 之内）。采用电刺激的方法可防止冷收缩带来的不良影响。

d. 解冻僵直　如果宰后迅速冷冻，这时肌肉还没有达到最大僵直，在肌肉内仍含有糖原和 ATP，在解冻时，残存的糖原和 ATP 作为能量使肌肉收缩形成僵直，此种僵直称为解冻僵直。解冻僵直会引起强烈收缩，并有大量肉汁流失。因此肉要在形成最大僵直后再进行冷冻，以避免解冻僵直的发生。

④ 尸僵开始和持续时间　尸僵的时间根据动物种类、宰前状态、温度、宰杀方法而不同。僵直发生的时间：放血致死为 4.2h，电致死为 2.0h，药物致死为 1.2h。另有研究表明，尸僵开始的时间很大程度上取决于温度。例如牛肉保存在 37℃（比一般屠宰后处理的温度高）时，可在屠宰后 4h 进入僵直状态。一般在正常屠宰情况下肉在达到最大尸僵以后，即开始软化进入自溶阶段。尸僵持续的时间和开始的时间相对应，进入尸僵阶段越缓慢，持续的时间越长。不同动物尸僵开始和持续时间见表 1-15。

表 1-15　不同动物尸僵开始和持续时间

种类	开始时间/h	持续时间/h
牛肉尸	死后 10	15～24
猪肉尸	死后 8	72
鸡肉尸	死后 2.5～4.5	6～12
兔肉尸	死后 1.5～4	4～10
鱼肉尸	死后 0.1～0.2	2

⑤ 僵直阶段肉的特征　处于僵直阶段的肉弹性差，肌纤维粗糙硬固，肉汤不透明，有不愉快的气味，持水性差，食用价值及滋味较差，不能直接作为餐饮和肉制品加工企业原料。

（2）自溶　肌肉达到最大僵直以后，继续发生着一系列生物化学变化，逐渐使僵直的肌肉变得柔软多汁，并获得细致的结构和美好的滋味，这一过程称为自溶或僵直解除。尸僵 1～3d 后即开始缓解，肉的硬度降低并变得柔软，持水性回升。

（3）成熟　成熟和自溶没有严格的界限，在自溶过程中肉就开始变得成熟，也可以认为自溶是僵直和成熟的一个过渡，或者说成熟是自溶的延续。

① 成熟过程肉的变化

a. 物理变化　在成熟过程中，肉的 pH 发生显著变化。从最低点（pH5.4～5.6）逐渐回升，持水性提高，结合水的能力增大，肉的柔软性提高，肉质变嫩，肉的风味提高。

b. 化学变化　肉在成熟过程中，水溶性非蛋白含氮化合物会增加。由于成熟过程中组织蛋白酶的作用，使一些蛋白质分解产生非蛋白类含氮物质，其表现为游离氨基酸含量增加，主要有酪氨酸、苏氨酸、甘氨酸。肌浆蛋白质溶解性随成熟时间的推移而变化，开始下降，随后逐渐增高。构成肌浆球蛋白中的 N 一端数量增加，而相应的氨基酸如谷氨酸、甘氨酸、亮氨酸等都随之增加。

② 成熟与肉的滋味和香味的关系　肉在成熟过程中产生的核苷酸、氨基酸、短肽等主要是由蛋白质在酶的作用下水解产生的，而次黄嘌呤主要是 ATP 降解的产物，首先 ATP 转变成 AMP，AMP 经磷酸酶作用释放出磷酸，变为肌苷（次黄嘌呤核苷），再进一步脱去核糖生成次黄嘌呤。这些物质都是形成肉的风味和滋味的重要物质。

③ 成熟的温度和时间　肉成熟所需要的时间同温度成正相关。以牛肉为例，在 80%～85% 的湿度条件下，0℃时 10d 左右可达到成熟的最佳状态；12℃经过 5d 便可达到成熟状态；18℃时经 2d 成熟；29℃时经几小时就完全成熟。但温度过高，由于微生物活动加剧，

肉易腐败。在工业生产的条件下，常把胴体放在 2～4℃ 冷库内，保持 2～3d 使其适当成熟。猪肉成熟较牛肉快得多，倒挂在 0℃ 冷藏室内 18～24h 就达到适当成熟，可以供加工使用。原料肉成熟温度和时间不同，肉的品质也不同。成熟方法与肉品质量的关系见表 1-16。

表 1-16　成熟方法与肉品质量的关系

温度/℃	成熟方法	时间	肉品质量	贮藏性
0～4	低温成熟	时间长	肉质好	耐贮藏
7～20	中温成熟	时间较短	肉质一般	不耐贮藏
>20	高温成熟	时间短	肉质劣化	易腐败

不同种类的畜禽肉成熟的时间也不同。通常在 1℃、硬度消失 80% 的情况下，成年牛肉成熟需 5～10d，猪肉 4～8d，马肉 3～5d，鸡肉 0.5～1d，羊肉和兔肉 8～9d。

成熟的时间愈长，肉愈柔软，但风味并不相应地增强。牛肉以 1℃、11d 成熟为最佳；猪肉不饱和脂肪酸较多，时间长易氧化使风味变劣；羊肉自然硬度小（结缔组织含量少），通常 2～3d 成熟。

④ 影响肉成熟的因素

a. 物理因素

（a）温度　温度高，成熟则快。高温和低 pH 值环境下不易形成硬直肌动球蛋白。中温成熟时，肌肉收缩小，因而成熟的时间短。

（b）电刺激　刚宰后的肉尸，经电刺激 1～2min，可以促进软化，同时可以防止"冷收缩"（羊肉）。电刺激不仅防止低肉的温冷缩，而且还可促进嫩化。

（c）机械作用　肉成熟时，将臀部挂起，腰大肌、半腱肌、半膜肌、背最长肌短缩均被抑制，可以得到较好的嫩化效果。

b. 化学因素　极限 pH 值愈高，肉愈柔软。但较高的 pH 值，肉成熟后易形成 DFD 肉（dark，firm and dry muscle）。

c. 生物学因素　肉内蛋白酶可以促进软化。在宰后，木瓜酶的肌内注射（木瓜酶的作用最适温度≥50℃）可达到嫩化，如羊肉，在每千克肉中注入 30mg 木瓜酶，在 70℃ 加热后，可降低"冷收缩"引起的硬度增大，具有明显的嫩化效果。另外，在宰前注射肾上腺素，使糖原下降，从而提高肌肉的 pH 值，也可达到嫩化效果。

但是，化学方法和生物方法往往造成肉的质量下降。因此，许多类似的方法仍在探讨中。肉屠宰后的变化引发肌肉的僵直、解僵和成熟等特有变化，该变化对肉及其加工产品的质量有重要影响。牛肉的肌纤维较为粗大，成熟过程较长，故而肌肉成熟的条件控制和成熟程度将决定着鲜肉及加工制品的食用和商业价值。成熟好的牛肉质地柔嫩多汁、滋味鲜美，相反，未完成成熟的牛肉不易煮熟，肉质粗硬、保水性差、缺乏风味，不具备可食肉的特征。

⑤ 成熟肉的特征　肉的成熟包括从糖原的分解到肉的尸僵，然后解僵自溶的全过程。经过成熟的肉其性质和滋味同未经成熟的肉相比较，有显著的提高。成熟的肉煮熟后柔软多汁，有肉的特殊滋味和气味，而未成熟的肉则坚硬、干燥，缺乏肉的特殊滋味和气味。成熟肉的肉汤透明，具有肉汤所特有的滋味和气味，而未成熟肉的肉汤浑浊，缺乏那种特有的滋味和气味。

经过恰当成熟的肉有以下几个明显特征，这也是判断肉成熟的标准。

a. 表面层有干涸薄膜，用手触摸，光滑微有沙沙的声响。

b. 肉汁较多，切开时断面有肉汁流出。

c. 肉的组织柔软具有弹性。

d. 肉呈酸性反应。

e. 具有肉的特殊香味。

（4）肉成熟过程中的异常变化　家畜屠宰后处理不当，有可能使肉质改变，造成肉的食用价值降低。一般体现在以下几个方面。

① DFD 肉

a. DFD 肉的特征　最终 pH 值高、颜色深、持水性高、质地硬、风味差、货架期短。

b. DFD 肉产生的原因　牲畜在屠宰前已耗尽其能量，屠宰后就不再有正常能量可利用，使肌肉蛋白保留了大部分电荷和结合水，肌肉中含水分高，使肌原纤维膨胀，从而吸收了大部分射到肉表面的光线，使肉呈黑色。

深色肉的质地"发黏"，由于 pH 较高，因而持水性较强。在腌制和蒸煮过程中水分损失也少，但盐分渗透受到限制，从而改善了微生物的生长条件，结果大大缩短了保存期。深色肉经常有未腌制色斑。牛肉和猪肉都会出现 DFD 现象。但应注意的是 DFD 肉不可与成年畜肉或自然存在、颜色较深的肉相混淆。DFD 肉不适合生产块状膜制包装的火腿（在 2℃时 7d 之内发生腐烂）、可随时分成份的小包装火腿（在 2℃时 2～3d 发生变质）、生肠和腌制品，适合生产肉汁汤、火腿肠、烤肉。

② PSE 肉 (pale, soft and exudative muscle)　在正常成熟过程中，为避免微生物的繁殖，屠宰后胴体在 0～4℃下冷却，当 pH 在 5.4～5.6 时温度也达不到 37～40℃，因此在成熟中蛋白质不会变性。但有些猪宰杀后的糖酵解速度却比正常猪要快得多，在胴体温度未充分降低时就达到了极限 pH。所以就会产生明显的肌肉蛋白变性，这种肉叫 PSE 肉。

a. PSE 肉特征　最初 pH 值低（小于 5.8）、质地柔软、肉色苍白、持水性低、表面渗水。

b. PSE 肉产生的原因　糖原消耗迅速，致使猪体在宰杀后肉酸度迅速提高（pH 下降）。当胴体温度超过 30℃时，就使沉积在肌原纤维蛋白上的肌浆蛋白变质，从而降低其所带电荷及持水性。因此，肉品随肌纤维的收缩而丧失水分，使肉软化。又因肌纤维收缩，大部分射到肉表面的光线就被反射回来，使肉色非常苍白，即使有肌红蛋白存在也不起作用。

PSE 肉在蒸煮和熏烤过程中失重迅速，致使加工产量下降，另外，PSE 肉的肌原纤维蛋白持水性低。这是因为肌原纤维蛋白被变质的肌浆蛋白所覆盖，其可溶性比正常肉中的蛋白要低。

在屠宰时，对应激性敏感的猪往往会表现出 PSE 现象。当猪受应激条件影响时，就往往消耗糖原，很快产生乳酸积存在组织中，而不像正常猪那样可通过循环系统排出。猪在宰前如经细心照料，击晕恰当，并且宰后迅速冷却避免肌浆蛋白变质，可在一定程度上减轻 PSE 现象。

PSE 肉的质量损失一般是正常肉的 2 倍。由于表面潮湿，细菌繁殖很快。这种肉不适合生产罐装火腿（有很多冻汁）、生嫩的熏制火腿（质量损失大，色泽保持度差）、生肠（坚固性差，易出皱褶）、肉汁汤（持水性差、色泽保持度差）。

2. 肉的腐败

肉中营养物质丰富，是微生物繁殖的良好培养基，如果控制不当，很容易被微生物污染，导致腐败变质。在以微生物为主的各种因素作用下，由于所发生的包括肉的成分与感官性质的各种酶性或非酶性变化及夹杂物的污染，从而使肉降低或丧失食用价值的变化叫肉的腐败。

如果说肉成熟的变化主要是糖酵解过程，那么肉变质时的变化则主要是蛋白质和脂肪分解的过程。一般把由微生物作用引起的蛋白质分解过程称作肉的腐败，肉中脂肪的分解过程叫做酸败。从动物屠宰的瞬间开始直到消费者手中都有污染的可能。屠宰过程中的胴体有多种外界微生物的污染源，如毛皮、土地、粪便、空气、水、工具、包装容器、操作工人等。

（1）**肉腐败的原因和条件**　健康动物血液和肌肉通常是无菌的，肉类的腐败实际上主要由于屠宰、加工、流通等过程受外界微生物的感染所致。由于微生物作用的结果不仅改变了肉的感官性质（如颜色、弹性、气味等），使肉的品质发生严重恶化，而且破坏了肉的营养价值；或由于微生物活动代谢产生有毒物质，引起人们食物中毒。

肉类腐败的过程是成熟过程的继续，通常由外界环境中好氧性微生物污染肉表面开始，然后又沿着结缔组织向深层扩散，特别是临近关节、骨骼和血管的地方最容易腐败。腐败细菌大致分为好氧性（芽孢杆菌属、变形杆菌属等）和厌氧性（梭菌属等）两种，好氧性细菌中的腐败细菌在肉上附着，然后在肉表面增殖，并且由微生物分泌的胶原蛋白酶使结缔组织的胶原蛋白水解形成黏液，同时产生气体，分解成氨基酸、水、二氧化碳、氨气，在有糖原存在下发酵形成乙酸和乳酸，因此产生恶臭气味，进而发生变色。之后厌氧性细菌浸入肉的内部，肉质发生改变，导致完全腐败。

刚屠宰不久的新鲜肉，通常呈酸性反应，腐败细菌不能在肉表面发展，这是因为腐败细菌分泌物中胰蛋白酶在酸性环境中不能起作用，因此腐败细菌在酸性介质中得不到同化反应所需要物质，生长和繁殖受到抑制。但是酸性介质中酵母和霉菌可以很好地繁殖，并形成蛋白质的分解产物，致使肉的 pH 升高，为腐败细菌的繁殖创造了良好的条件，因此 pH 高（pH6.8～6.9）的病畜肉类及十分疲劳时屠宰的肉更容易遭到腐败。

（2）**肉腐败时发生的变化**

① **色泽变化**　腐败肉的色泽通常可呈现出黄、红、绿、紫、褐、黑等颜色，最常见的颜色是绿色。这是由于蛋白质分解的硫化氢和肌肉中的血红蛋白形成硫化氢血红蛋白所致。另外，黏质赛氏杆菌在肉表面产生红色斑点，深蓝色假单胞杆菌产生蓝色斑点，黄杆菌在肉表面产生黄色斑点。而有些酵母则能产生白色、粉红色、灰色斑点等。

② **发黏**　微生物在肉表面大量繁殖后，使肉体表面产生黏液状物质，拉出时如丝状，并有较强的臭味，这是微生物繁殖后形成的菌落和微生物分解蛋白质的产物。发黏现象多出现于冷却肉，主要是吊挂冷却时肉体相互接触，温度下降及通风不好，导致明串珠菌、微球菌、无色杆菌或假单胞细菌的繁殖，在肉体表面产生黏液样物质。

③ **霉斑**　肉体表面有霉菌生长时，往往形成霉斑，特别是干腌制品（如金华火腿）更为常见。白色侧孢霉和白地霉产生白色霉斑；扩散青霉产生绿色霉斑；蜡叶芽枝霉在冷冻肉上产生黑色斑点。

④ **腐败味**　肉类腐败后往往伴随着一些不正常的气味。最常见的是肉类蛋白质被水解所产生的腐败味，有些微生物如梭状芽孢杆菌、变形杆菌和假单胞菌属的某些种类，可分泌蛋白质水解酶，迅速把蛋白质水解成可溶性多肽和氨基酸。而另一些微生物则可作用于氨基酸和肽，将氨基酸氧化脱羧生成胺和相应的酮酸；有些则分解氨基酸生成吲哚、甲基吲哚和硫化氢等。在蛋白质分解过程中产生的酪胺、组胺等对人体有毒，而吲哚、硫化氢等则有恶臭，是肉类变质、发臭的主要原因。除此之外，还有在乳酸菌和酵母菌的作用下产生挥发性有机酸的酸味以及霉菌生长产生的霉味。

微生物对脂肪的作用是产生酸败味的另一个重要原因。脂肪氧化酶通过 β-氧化作用氧化脂肪酸，其产物被认为是产生酸败味的主要来源。但肉中严重的酸败问题不只是由微生物所引起的，而是在空气中的氧、光线、温度以及金属离子催化作用下进行氧化的结果。因此，对环境条件的控制也是至关重要的。

（3）腐败的判断标准　腐败判断标准一般通过感官检查（利用人的感觉进行判定），同时结合化学方法判定（以新鲜肉的数值为基础）。腐败的大致标准为：pH 值 6.2 以上，挥发性盐基氮 20mg/100g 以上，氨基氮 100mg/100g 以上，TBA 值 0.5 以上，细菌数 10^6CFU/g以上。

三、肉的物理性质与品质评定

1. 肉的物理性质

（1）体积质量　肉的体积质量是指每立方米体积的质量（kg/m³）。体积质量的大小与动物种类、肥度有关，脂肪含量多则体积质量小。如去掉脂肪的牛肉、羊肉、猪肉体积质量为 1020～1070kg/m³，猪肉为 940～960kg/m³，牛肉为 970～990kg/m³，猪脂肪为 850kg/m³。

（2）比热容　肉的比热容为 1kg 肉升降 1℃所需的热量。它受肉的含水量和脂肪含量的影响，含水量多比热容大，其冻结或熔化潜热增高，肉中脂肪含量多则相反。

（3）热导率　肉的热导率是指肉在一定温度下，每小时每米传导的热量，以 kJ 计。热导率受肉的组织结构、部位及冻结状态等因素影响，很难准确地测定。肉的热导率大小取决于肉冷却、冻结及解冻时温度升降的快慢，也取决于肉的组织结构等。肉的热导率随温度下降而增大。因冰的热导率比水大，因此，冻肉比鲜肉更易导热。

（4）肉的冰点　肉的冰点是指肉中水分开始结冰的温度，也叫冻结点。它取决于肉中盐类的浓度，浓度愈高，冰点愈低。纯水的冰点为 0℃，肉中含水分 60%～70%，并且有各种盐类，因此冰点低于水。一般猪肉、牛肉的冰点为－1.2～－0.6℃。

2. 肉的品质评定

肉的食用品质主要指肉的颜色、风味、嫩度、保水性等，这些性质与肉的形态结构、组成、变化过程、加工工艺以及畜禽的种类、年龄、性别、营养状况、宰前状态、冻结的程度等因素有关，影响着肉的质量与食用价值。

（1）肉色　肉色是重要的食用品质之一，它本身对肉的营养价值和风味并无多大影响，颜色的重要意义在于它是肌肉的生理学、生物化学和微生物学变化的外部表现，通常给消费者以好或坏的印象。

肉色主要取决于肌肉的肌红蛋白和血红蛋白。血红蛋白存在于血液中，如果放血充分，肌红蛋白在肉中的比例为 80%～90%，占主导地位，因此，肌红蛋白的含量多少和化学状态变化造成不同动物、不同部位肌肉的颜色深浅不一，肉色千变万化，从紫红色到鲜红色，从褐色到灰色，有时还会出现绿色。本部分主要介绍肌红蛋白的性质和影响因素及如何保持肉色。

① 肌红蛋白与肉色的变化　肌红蛋白是肌肉肌浆中的蛋白质，在肌肉中起着运载氧的功能。肌红蛋白是一种复合蛋白质，由一条多肽链构成的珠蛋白和一个血红素组成，血红素中的铁离子在还原态（Fe^{2+}）时可与 O_2 结合，被氧化成 Fe^{3+} 后则失去 O_2，氧化与还原是可逆的。

畜禽肌肉中肌红蛋白的含量对肌肉的颜色起决定作用，另外，残留在肌肉中的血液也有一定作用，但肌肉固有的红色是由肌红蛋白决定的。一般肌红蛋白含量越多，肉的颜色越深。肌肉中肌红蛋白的含量受动物种类、肌肉部位、运动程度、年龄以及性别的影响。不同种类动物其肌红蛋白的含量不同，如牛肌肉中含量为 0.3%～1.0%、羊肌为 0.2%～0.6%、猪肌肉为 0.06%～0.4%、禽肌肉为 0.02%～0.4%。故牛肉颜色较深，禽肉颜色较浅。不同年龄动物的肌红蛋白含量也有差别，老龄者含量较高，幼龄者较低，故老龄动物肉颜色较深而幼龄较浅。一般公畜、运动多的动物或肌肉部位其肌红蛋白的含量高，颜色较深。

　　肉的颜色随着在空气中放置时间的不同而发生变化，颜色发生由暗红色→鲜红色→褐红色的变化过程，这是因为肉中的肌红蛋白受空气中氧的作用而引起的。肌红蛋白（Mb）本身是紫红色，在高氧分压下，与氧结合可生成氧合肌红蛋白，为鲜红色，是新鲜肉的象征；Mb 和氧合肌红蛋白在低氧分压环境下，均可以被氧化生成高铁肌红蛋白（氧化肌红蛋白），呈褐色，使肉色变暗；有硫化物存在时 Mb 还可被氧化生成硫代肌红蛋白，呈绿色，是一种异质肉色；Mb 与亚硝酸盐反应可生成亚硝基肌红蛋白，呈粉红色，是腌肉的典型色泽；Mb 加热后蛋白质变性呈灰褐色，是熟肉的典型色泽。肌红蛋白的三种存在形式及相互转化关系见图 1-4。

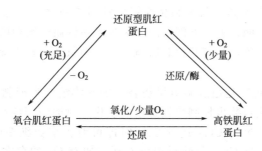

图 1-4　肌红蛋白的三种存在形式及相互转化关系

　　氧合肌红蛋白和高铁肌红蛋白的形成和转化，对肉的色泽最为重要，前者为鲜红色，代表着肉新鲜，为消费者所钟爱；而后者为褐色，是肉放置时间长久的象征。在不采取任何措施情况下，一般肉的颜色将经过 2 个转变过程：第一个是由紫红色转变为鲜红色，第二个是由鲜红色转变为褐色。以新鲜牛肉作切片，经不同时间观察可看到上述变化，即刚宰后，还原肌红蛋白和亚铁血色素结合，肉色表现为深红色；经十几分钟，亚铁血色素与氧结合，但 Fe^{2+} 未被氧化，为氧合肌红蛋白，肉色表现为鲜红色；再经几小时或几天，亚铁血色素的 Fe^{2+} 被氧化为 Fe^{3+}，高铁肌红蛋白占优势，肉色表现为褐色。

　　② 影响肉色稳定的因素

　　a. 氧分压　氧分压的高低决定了肌红蛋白是形成氧合肌红蛋白还是高铁肌红蛋白，从而直接影响到肉的颜色。肌肉色素对氧有显著的亲和力，氧充足则肉色氧化快。如真空包装的分割肉，由于缺氧呈暗红色，当打开包装后，接触空气很快变成鲜艳的亮红色。

　　b. 湿度　环境中湿度高，可在肉表面形成水汽层，影响氧的扩散，肌红蛋白氧化速度慢。湿度低且空气流速快，则加速高铁肌红蛋白的形成，使肉色褐变加快。如牛肉在 8℃冷藏，相对湿度为 70% 时，2d 褐变；而相对湿度为 100% 时，则 4d 褐变。所以，可通过增加温度的方法防止肉色的变化。

　　c. 微生物　细菌是加速肉色变化，特别是高铁肌红蛋白形成的重要因素。细菌消耗了肉表面的氧气，使肉表面局部氧分压降低，有利于高铁肌红蛋白的形成。有些细菌的代谢产物中含有硫化物，肌红蛋白与其结合形成的硫代肌红蛋白呈绿色。污染霉菌则在肉表面形成白色、红色、绿色、黑色等色斑或发出荧光。

　　d. 温度　环境温度高，一方面促进细菌的生长繁殖，从而加速高铁肌红蛋白的形成；另一方面，温度高加速肌红蛋白氧化反应进程。如牛肉 3～5℃贮藏 9d 变褐色，0℃时贮藏 18d 才变褐色。因此为了防止肉褐变氧化，尽可能在低温下贮存。

　　e. pH 值　动物屠宰后，肌肉 pH 值下降的速度和程度对肉的颜色、保水性及细菌繁殖速度都有影响。pH 较高的肉，易出现 DFD 肉，表现为颜色较黑、发硬、发干的肉（大多发生在牛肉上）。pH下降过快还造成蛋白质变性、肌肉失水、肉色灰白，即所谓的 PSE 肉（大多发生在猪肉上）。

f. 其他因素　除以上所述五种因素外，光线、冷冻处理、盐腌等也会对肉色造成影响。光线照射会使肉表面温度升高，细菌繁殖加快，使肉色变暗。快速冷冻的肉颜色较浅，慢速冷冻的肉颜色较深，这是由于冷冻速度不同，形成的冰晶大小不同引起的。冷冻过的肉解冻后易受微生物侵入繁殖也会使肉色容易变差。盐腌能促进血色素的氧化，对肉色保持不利。

③ 保持肉色的方法　通过降低贮藏温度可以延缓肉色变化。除此之外，还可以通过真空包装、气调包装和加抗氧化剂的方法来保护肉色。

a. 真空包装　真空包装是目前肉制品保鲜最常用措施之一。真空包装一方面可以降低细菌繁殖，延长肉的保质期；另一方面限制或减少了高铁肌红蛋白的形成，使肉的肌红蛋白保持在还原状态，呈紫红色，当打开包装后与空气中的氧结合在表面形成氧合肌红蛋白，呈鲜红色。

b. 气调包装　气调包装是通过调节包装袋里的气体组成来抑制需氧微生物繁殖，从而延长肉的保存时间。气调包装也控制肌红蛋白的氧化，对肉的颜色有调节作用。气调包装常用的气体有 CO_2、O_2 和 N_2。CO_2 达到 25% 时即可对大多数细菌的生长有抑制作用，在 40%～60% 时效果最佳，纯 CO_2 包装对肉色不利，如有 O_2 的存在肉色颜色较好，所以气调包装大多采用混合气体。

c. 抗氧化剂

(a) 维生素 E　维生素 E 是一种抗氧化剂，试验表明在饲料中添加维生素 E 能有效地延长肉色的保持时间，这是因为维生素 E 可降低氧合肌红蛋白的氧化速度，同时促进高铁肌红蛋白向氧合肌红蛋白转变。

(b) 维生素 C　既能抗氧化，又有抑菌作用，还具有保护肉色的作用。

④ 肉色的评定　评定方法见任务一。

(2) 保水性

① 保水性的概念　肉的保水性即持水性、系水性，是指肉在受到压力、加热、切碎、搅拌、冷冻、解冻、贮存等外力作用时，其保持原有水分与添加水分的能力。保水性是肌肉一项重要的品质特性，它不仅影响肉的色香味、营养成分、多汁性、嫩度等食用品质，还有着重要的经济价值。另外，这种特性对肉制品加工的质量和产品的数量有很大影响。

② 影响肌肉保水性的因素　影响保水性的因素有很多，宰前因素包括品种、年龄、宰前运输、囚禁和饥饿、能量水平、身体状况等。宰后因素主要有屠宰工艺、胴体贮存、尸僵开始时间、熟化、肌肉的解剖学部位、脂肪厚度、pH 值的变化、蛋白质水解酶活性和细胞结构以及加工条件（如切碎、盐渍、加热、冷冻、融冻、干燥、包装）等。而最主要的是 pH 值（乳酸含量）、ATP（能量水平）、加热和盐渍。

a. 蛋白质　肉中少量的结合水与蛋白质结合紧密，对保水性影响不大。参与肉保水性变化的主要是不易流动水。肌肉中水直接结合于蛋白质的亲水基团上，这种蛋白质称为水溶性蛋白质。水在肉中存在的状况也叫水化作用，与蛋白质的空间结构有关。蛋白质网状结构越疏松，固定的水分越多，反之则固定较少。蛋白质分子所带的净电荷对蛋白质的保水性具有两方面的意义：一方面，净电荷是蛋白质分子吸引水的强有力的中心；另一方面，由于净电荷使蛋白质分子间具有静电斥力，因而可以使其结构松弛，增加保水效果。对肉来讲，净电荷如果增加，保水性就得以提高，净电荷减少，则保水性降低。

b. pH 值　添加酸或碱来调节肌肉的 pH 值，保水性随 pH 值的高低而发生变化。pH

值对保水性的影响实质是蛋白质的净电荷效应。当 pH 值接近蛋白质等电点（pH5.0～5.4）时，正负电荷基数接近，这时肌肉的保水性最低。如果稍稍改变 pH 值，就可引起保水性的很大变化。任何影响肉 pH 值变化的因素或处理方法均可影响肉的保水性，尤以猪肉为甚。在实际肉制品加工中常用添加磷酸盐的方法来调节 pH 值至 5.8 以上，以提高肉的保水性。

c. 金属离子　肌肉中含有 Ca、Mg、Zn、Fe、Al、Sn、Pb、Cr 等多价金属元素，除前四种含量较多外，其余均属微量，它们在 100g 鲜肉中含量不超过 $0.06～0.08$mg。金属元素在肉中以结合或游离状态存在，它们在肉成熟期间会发生变化。这些多价金属在肉中浓度虽低，但对肉保水性的影响却很大。Fe^{2+} 与肉的结合极为牢固，与肉的保水性无关。而 Ca^{2+}、Mg^{2+}、Zn^{2+} 则可以使肉的保水性降低。一价金属元素如 K 含量多，也会使保水性降低；但钠的含量多时，则保水性有增加的倾向。肉中 K 与 Na 的含量较二价金属元素为多，但它们与肌肉蛋白的溶解性的作用较二价金属元素小。

d. 动物因素　畜禽种类、年龄、性别、饲养条件、肌肉部位及屠宰前后处理等，对肉保水性都有影响。兔肉的保水性最佳，依次为牛肉、猪肉、鸡肉、马肉。就年龄和性别而论，去势牛＞成年牛＞母牛，幼龄＞老龄，成年牛随体重增加而保水性降低。骨骼肌较平滑肌为佳，颈肉、头肉比腹部肉、舌肉的保水性好。

e. 宰后肉的变化　保水性的变化是肌肉在成熟过程中最显著的变化之一。刚屠宰后的肉保水性很高，但几小时甚至几十小时后就显著降低，然后随时间的推移而缓缓地增加。

（a）ATP 作用　Harem 于 1958 年发现，牛宰后保水性降低有 2/3 的原因是由于 ATP 的分解所引起，1/3 是因 pH 值的下降所致。

（b）死后僵直期　屠宰后的肉由于 ATP 的分解所引起 pH 值的下降出现死后僵直。当 pH 值降至 5.4～5.5，达到了肌原纤维的主要蛋白质肌球蛋白的等电点，即使没有蛋白质的变性，其保水性也会降低。此外，由于 ATP 的丧失和肌动球蛋白的形成，使肌球蛋白和肌动蛋白间有效空隙大为减少。这种结构的变化，则使其保水性也大为降低。而蛋白质的某种程度的变性，也是动物死后不可避免的结果。肌浆蛋白在高温、低 pH 值的作用下沉淀到肌原纤维蛋白之上，进一步影响了后者的保水性。

（c）自溶期　僵直期后（1～2d），肉的水合性徐徐升高，僵直逐渐解除，肉逐渐成熟。这是由于肉在成熟过程中，蛋白质分子被分解成较小的单位，从而引起肌肉纤维渗透压增高所致。另一方面肉蛋白质连续释放 Na^+、Ca^{2+} 等到肌浆中，结果造成肌肉蛋白净电荷的增加，使结构疏松并有助于蛋白质水合离子的形成，因而肉的保水性增加。

f. 添加剂

（a）食盐　一定浓度的食盐具有增加肉保水能力的作用。这主要是因为食盐能使肌原纤维发生膨胀。肌原纤维在一定浓度食盐存在下，大量氯离子被束缚在肌原纤维间，增加了负电荷引起的静电斥力，导致肌原纤维膨胀，使保水力增强。另外，食盐腌肉使肉的离子强度增高，肌纤维蛋白数量增多。在这些纤维状肌肉蛋白质加热变性的情况下，将水分和脂肪包裹起来凝固，使肉的保水性提高。当食盐浓度在 4.6％～5.8％时，保水性达到最强（当然受肉本身 pH 的影响很大）。通常肉制品中食盐含量在 3％左右，因此为提高黏性和保水性，有必要在制品中添加黏结剂。

（b）磷酸盐　磷酸盐能结合肌肉蛋白质中的 Ca^{2+}、Mg^{2+}，使蛋白质的羧基被解离出来。由于羧基间负电荷的相互排斥作用使蛋白质结构松弛，提高了肉的保水性。磷酸盐在较低的浓度下就具有较高的离子强度，使处于凝胶状态的球状蛋白质的溶解度显著增加，提高了肉的保水性。焦磷酸盐和三聚磷酸盐可将肌动球蛋白解离成肌球蛋白和肌动蛋白，使肉的保水性提高。肌球蛋白是决定肉的保水性的重要成分。但肌球蛋白对热不稳定，其凝固温度为 42～51℃，在盐溶液中 30℃就开始变性。肌球蛋白过早变性会使其保水能力降低。聚磷酸盐对肌球蛋白变性有一定的抑制作用，可使肌肉蛋白质的保水能力稳定。

g. 加热　肉加热时保水能力会明显降低，加热程度越高保水力下降越明显。这是由于蛋白质的热变性作用，使肌原纤维紧缩，空间变小，不易流动的水被挤出所引起的。

③ 保水性的评定方法　评定方法见任务一。

（3）嫩度

① 嫩度的概念　肉的嫩度表明了肉在被咀嚼时柔软、多汁和容易嚼烂的程度，指肉在咀嚼或切割时所需的剪切力。它是肉的主要食用品质之一，是消费者评判肉质优劣的最常用指标。肉的嫩度总结起来包括以下四方面的含义。

a. 肉对舌或颊的柔软性　即当舌头与颊接触肉时产生的触觉反应。肉的柔软性变动很大，从软糊感觉到木质化的结实程度。

b. 肉对牙齿压力的抵抗力　即牙齿插入肉中所需的力。有些肉硬，难以咬动，而有的柔软，几乎对牙齿无抵抗性。

c. 咬断肌纤维的难易程度　指牙齿切断肌纤维的能力，首先要咬破肌外膜和肌束，因此这与结缔组织的含量和性质密切相关。

d. 嚼碎程度　用咀嚼后肉渣剩余多少以及咀嚼后到下咽时所需的时间来衡量。

② 影响肉嫩度的因素　影响肉嫩度的因素很多，除与遗传因子有关外，还与肌肉纤维的结构和粗细、结缔组织的含量及构成、热加工和肉的 pH 等有关。但影响肌肉嫩度的实质主要是结缔组织的含量与性质及肌原纤维蛋白的化学结构状态。它们受一系列因素的影响而变化，从而导致肉嫩度的变化。这些因素主要是畜龄、肌肉部位、大理石花纹、尸僵和成熟等。其影响结果见表 1-17。

表 1-17　影响肉嫩度的因素

因素	影响
年龄	年龄越大，肉亦越老
运动	一般运动多的肉较老
性别	公畜肉一般较母畜和腌畜肉老
大理石纹	与肉的嫩度有一定程度的正相关
成熟（aging）	改善嫩度
品种	不同品种的畜禽肉在嫩度上有一定差异
电刺激	加速嫩化过程
成熟（conditioning）	尽管和 aging 一样均指成熟，而此处特指将肉放在 10～15℃环境中解僵，这样可以防止冷收缩
肌肉组分	肌肉不同，嫩度差异很大，源于其中的结缔组织的量不同所致
僵直	动物宰后将发生死后僵直，此时肉的嫩度下降，僵直过后，成熟肉的嫩度得到恢复
解冻僵直	导致嫩度下降，损失大量水分

此外，加热对肉的嫩度也有影响。加热对嫩度会产生两方面的影响，一方面肉的嫩度会随着温度的升高而下降，这是因为温度升高，胶原纤维会变性收缩，肌纤维也会凝固缩短，使肉硬度增加，嫩度变差；另一方面，随着温度的继续升高，超过 60～75℃时，胶原蛋白能降解为明胶，反而使肉的嫩度得到改善。

③ 肉的嫩化技术　除了肉本身的因素外，还可以通过人为破坏肉的结构和结缔组织而达到嫩化肉的目的。很早以前人们就懂得用醋、酒等浸泡以嫩化肌肉，随着近现代科技的发展，肉的人工嫩化方法也越来越丰富。

a. 酶法　利用蛋白酶类作用于特定的蛋白质如肌动球蛋白、胶原蛋白、弹性蛋白等，从而使肉嫩化。常用的酶为植物蛋白酶，主要有木瓜蛋白酶、菠萝蛋白酶和无花果蛋白酶，商业上使用的嫩肉粉多为木瓜蛋白酶。

b. 电刺激　对动物胴体电刺激，可引起肌肉的痉挛性收缩，导致肌纤维结构破坏，同时电刺激可加速家畜宰后的代谢速率，使肌肉的尸僵和解僵发展加快，缩短成熟时间。电刺激对牛羊肉的嫩度改善较大，而对猪肉的改善较差。据报道，对牛肉进行电刺激，可使嫩度提高 20%，而猪肉通常只提高 3% 左右。

c. 醋渍法　将肉在酸性溶液中浸泡可以改善肉的嫩度。据试验，溶液 pH 值介于 4.1～4.6 时嫩化效果最佳，用酸性红酒或醋来浸泡肉较为常见，不但可以改善嫩度，还可以增加肉的风味。

d. 压力法　给肉施加高压可以破坏肉的肌原纤维结构，使肉变嫩。同时可以破坏肌膜，使大量 Ca^{2+} 释放，使得蛋白水解活性增强，一些结构蛋白质被水解，从而导致肉的嫩化。

e. 碱嫩化法　用肉质量 0.4%～1.2% 的碳酸氢钠或碳酸钠溶液对牛肉进行注射或浸泡腌制处理，可以显著提高 pH 值和保水能力，降低烹饪损失，改善熟肉制品的色泽，使结缔组织的热变性提高，从而使肌原纤维蛋白对热变性有较大的抗性，所以肉的嫩度提高。

④ 嫩度的评定　嫩度评定方法见任务一。

（4）风味　肉的风味是指生鲜肉的气味和加热后肉制品的香气和滋味，其成分复杂多样，含量甚微，用一般方法很难测定。除少数成分外，多数无营养价值，不稳定，加热易破坏或挥发。无论来源于何种动物的肉均具有一些共性的呈味物质，但不同来源的肉有其独特的风味，如牛肉、羊肉、猪肉、禽肉有明显的不同，风味的差异主要来自于脂肪的氧化，这是因为不同种动物脂肪酸组成明显不同，从而造成氧化产物及风味的差异。另一些异味如羊膻味和公猪腥味分别来自脂肪酸和激素代谢产物。肉的风味由肉的滋味和香味组合而成。

① 滋味　滋味的呈味物质是非挥发性的，主要靠人的舌面味蕾（味觉器官）感觉，经神经传导到大脑反映出味感。肉的滋味主要是鲜味，另外还会呈现一定的甜味、咸味、苦味。肉的鲜味成分主要有肌苷酸、氨基酸、酰胺、三甲基胺肽、有机酸等。味觉与温度密切相关，0～10℃间可察觉，30℃敏锐。

② 香味　香味的呈味物质主要是挥发性的芳香物质，主要靠人的嗅觉细胞感受，经神经传导到大脑产生芳香感觉。生肉不具备芳香性，是烹调加热后通过美拉德（Maillard）反应、脂质氧化和硫胺素热降解这 3 种途径产生挥发性物质赋予熟肉芳香味。与肉香味有关的主要化合物见表 1-18。

表 1-18　与肉香味有关的主要化合物

化合物	特性	来源	产生途径
羰基化合物	脂溶、挥发	鸡肉、羊肉、水煮猪肉	脂肪氧化、美拉德反应
含氧杂环化合物（呋喃和呋喃类）	水溶、挥发	水煮猪肉、牛肉、炸鸡、烤鸡、烤牛肉	糖类热降解、美拉德反应
含氮杂环化合物（吡嗪、吡啶、吡咯）	水溶、挥发	浅烤猪肉、炸鸡、高压煮牛肉、煮猪肝	美拉德反应、游离氨基酸和核苷酸加热形成
含氧、氮杂环化合物（噻唑、噁唑）	水溶、挥发	浅烤猪肉、煮猪肉、炸鸡、烤鸡、腌火腿	氨基酸和硫化氢的分解
含硫化合物	水溶、挥发	鸡肉基本味、鸡汤、煮牛肉、煮猪肉、烤鸡	含硫氨基酸热降解、美拉德反应
游离氨基酸、单核苷酸（肌苷酸和鸟苷酸）	水溶	肉鲜味、风味增强剂	蛋白质降解、ATP 水解
脂肪酸酯、内酯	脂溶、挥发	烤牛肉汁、煮牛肉	甘油酯和磷脂水解、羟基脂肪酸环化

a. 美拉德反应　人们较早就知道将生肉汁加热就可以产生肉香味，通过测定成分的变化发现在加热过程中随着大量的氨基酸和绝大多数还原糖的消失，一些风味物质随之产生，这就是所谓的美拉德反应。因为是氨基酸的氨基和还原糖的羰基反应生成香味物质，也称羰氨反应。此反应较复杂，步骤很多，在大多数生物化学和食品化学书中均有陈述，此处不再一一列出。

b. 脂质氧化　脂质氧化是产生风味物质的主要途径，90%的芳香物质来源于脂质氧化。各种动物脂肪组成不同而造成了其肉风味的差异。肉在加热时的脂肪氧化（加热氧化）原理与常温相似，但产物大不相同，常温氧化产生酸败味，而加热氧化产生风味物质。

c. 硫胺素　热降解硫胺素在香味物质产生的 3 种途径中所占比例最小，但它们对肉的风味产生的影响并不小，因为肉风味主要取决于最后阶段的风味物质，另外产生的芳香味并不绝对与数量呈正相关。

肉在烹调过程中有大量的物质发生降解，其中硫胺素（维生素 B）降解所产生的 H_2S 对肉的风味，尤其是牛肉味的生成至关重要。H_2S 本身是一种呈味物质，更重要的是它可以与呋喃酮等杂环化合物反应生成含硫杂环化合物，赋予肉强烈的香味，其中 2-甲基-3-呋喃硫醇被认为是肉中最重要的芳香物质。

③ 影响肉风味的因素　影响肉风味的因素有很多，包括年龄、物种、性别、脂肪、氧化、饲料等，见表 1-19。

表 1-19　影响肉风味的因素

因素	影响
年龄	年龄越大，风味越浓
物种	物种间风味差异很大，主要由脂肪酸组成的差异造成
	物种间除风味外还有特征性异味，如羊膻味、鱼腥味
脂肪	风味的主要来源之一
氧化	脂肪氧化加速产生酸败味，随温度升高而加速
饲料	饲料中鱼粉腥味、牧草味，均可带入肉中
性别	未去势公猪，因性激素缘故，有强烈异味，公羊膻腥味较重，牛肉风味受性别影响较小
腌制	抑制脂肪氧化，有利于保持肉的原味
细菌繁殖	产生腐败味

任务一　原料肉食用品质评定

※【任务描述】

以猪肉为原料，通过评定或测定肉的颜色、酸度、保水性、嫩度、大理石纹及熟肉率来综合评定肉的食品品质。

※【工作准备】

(1) 原料的准备　猪半胴体。

(2) 仪器设备的准备　肉色评分标准图，大理石纹评分图，定性中速滤纸，酸碱度计，钢环允许膨胀压力计，取样器，肌肉嫩度计，书写用硬质塑料板，分析天平。

(3) 相关工具的准备　计算器、任务工单等。

程序1　肉色的评定

猪宰后 2~3h 内取最后 1 个胸椎背最长肌的新鲜切面，在室内正常光度下用目测评分法评定。评分标准见表 1-20。应避免在阳光直射或室内阴暗处评定。

表 1-20　肉色评分标准

肉色	灰白	微红	正常鲜红	微暗红	暗红
评分	1	2	3	4	5
肉质	劣质肉	不正常肉	正常肉	正常肉	正常肉

注：此表引自美国《肉色评分标准图》。我国的猪肉颜色较深，故评分 3~4 者为正常。

程序2　酸碱度测定

猪宰杀后在 45min 内直接用酸碱度计测定背最长肌的酸碱度。测定时先用金属棒在肌肉上刺一个孔。按国际惯例，用最后胸椎背最长肌中心处的 pH 表示。正常肉的 pH 为 6.1~6.4，PSE 肉的 pH 一般为 5.1~5.5。

程序3　保水性测定

测定保水性使用最普遍的方法是压力法，即施加一定的重量或压力，测定被压出的水量与肉重之比或按压出水所湿面积之比。我国现行的测定方法是用 35kg 重量压力法测量肉样的失水率。失水率愈高，系水力愈低，保水性愈差。

（1）取样　在第 1~2 腰椎背最长肌处切取 1.0mm 厚的薄片，平置于干净橡皮片上，再用直径 2.523cm 的圆形取样器（圆面积为 5cm）切取中心部肉样。

（2）测定　切取的肉样用感量为 0.001g 的天平称重后将肉样置于两层纱布间，上下各垫 18 层定性中速滤纸。滤纸外各垫一块书写用硬质塑料板，然后放置于钢环允许膨胀压缩计上，匀速摇动加压至 35kg，保持 5min，撤除压力后立即称量肉样重。

（3）计算

$$失水率 = \frac{加压前肉样质量(g) - 加压后肉样质量(g)}{加压前肉样质量(g)} \times 100\%$$

程序4　嫩度测定

嫩度评定分为主观评定和客观评定两种方法。

（1）主观评定　主观评定是依靠咀嚼以及舌与颊对肌肉的软硬与咀嚼的难易程度等方面进行综合评定。感官评定的优点是比较接近正常食用条件下对嫩度的评定。但评定人员须经专门训练。感官评定可从以下 3 个方面进行：咬断肌纤维的难易程度；咬碎肌纤维的难易程度或达到正常吞咽程度时的咀嚼次数；剩余残渣量。

（2）客观评定　用肌肉嫩度计测定剪切肉样时的剪切力的大小来客观表示肌肉的嫩度。实验表明，剪切力与主观评定法之间的相关系数达 0.60~0.85，平均为 0.75。

测定时在一定温度下将肉样煮熟，用直径为 1.27cm 的取样器切取肉样，在室温条件下置于剪切仪上测量剪切肉样所需的力，用"kg"表示。其数值越小，肉越嫩。重复 3 次计算其平均值。

程序5　大理石纹评定

大理石纹反映了一块肌肉内可见脂肪的分布状况。通常以最后一个胸椎背最长肌为代表，用目测评分法评定：脂肪只有痕迹评 1 分；微量脂肪评 2 分；少量脂肪评 3 分；适量脂肪评 4 分；过量脂肪评 5 分。目前暂用大理石纹评分标准图测定。如果评定鲜肉时脂肪不清楚，可将肉样置于冰箱内在 4℃下保持 24h 后再评定。

程序 6　熟肉率测定

将完整腰大肌用感量为 0.1g 的分析天平称重后，置于蒸锅屉上用沸水在 200W 的电炉上蒸煮 45min，取出后冷却 30～40min 或吊挂于室内无风阴凉处 30min 后，称重，用以下公式计算。

$$熟肉率 = \frac{蒸煮后肉样质量(g)}{蒸煮前肉样质量(g)} \times 100\%$$

※ 【任务实施】

详见《肉制品加工技术项目学习册》的任务工单。

任务二　不同原料肉加工性能比较与评定

※ 【任务描述】

以猪肉、羊肉、牛肉、兔肉为原料，通过评定或测定颜色、酸度、保水性、嫩度、大理石纹及熟肉率，对不同原料肉的加工性能进行比较，判断各种原料肉的特征并得出结论。

※ 【工作准备】

(1) 材料的准备　猪肉，羊肉，牛肉，兔肉。

(2) 仪器设备的准备　肉色评分标准图，大理石纹评分图，定性中速滤纸，酸碱度计，钢环允许膨胀压力计，取样器，肌肉嫩度计，书写用硬质塑料板，分析天平。

(3) 相关工具的准备　计算器、任务工单等。

※ 【工作程序】

程序 1　原料肉品质的评定
同任务一工作程序。

程序 2　原料肉加工性能的比较
通过对不同种原料肉的品质进行评定，比较不同原料肉的加工性能，结果见表 1-21。

表 1-21　不同原料肉加工性能的比较

种类	肉色	酸碱度	保水性	嫩度	大理石纹	熟肉率
猪肉						
羊肉						
牛肉						
兔肉						

详见《肉制品加工技术项目学习册》的任务工单。

学习单元二　肉的质量检验

※ 【知识目标】

1. 熟悉肉的理化检验与微生物检验方法。
2. 掌握肉的感官检验方法。

※ 【技能目标】

1. 能正确检验原料肉的质量。
2. 能正确检验原料肉的新鲜度。

一、感官检验

感官鉴定对肉制品加工选择原料方面有重要的作用。感官检验主要是借助人的视觉、嗅觉、触觉、味觉及听觉，通过"眼看、耳听、鼻闻、嘴尝、手摸"几个方面进行鉴定。

视觉：观察肉的组织状态、肌纤维的粗细、肉表面是否有黏液、干湿程度、色泽等；

嗅觉：用鼻子闻其有无气味、气味的强弱，香、臭、腥臭、膻等；

味觉：品尝滋味的鲜美、香甜、苦涩、酸臭等；

触觉：用手指按压肉面，查其坚实、松弛、弹性、拉力等；

听觉：轻敲冻肉、罐头，听其声音的清脆、浑浊及虚实等。

1. 新鲜肉

外观、色泽、气味都正常，肉表面有稍带干燥的"皮膜"，呈浅玫瑰色或淡红色；切面稍带潮湿而无黏性，并具有各种动物肉特有的光泽；肉汁透明，肉质紧密，富有弹性；用手指按压时，凹陷处立即复原；无酸臭味而带有鲜肉的自然香味；骨骼内部充满骨髓并有弹性，带黄色，骨髓与骨的折断处相齐；骨的折断处发光；腱紧密而具有弹性，关节表面平坦而发光，其渗出液透明。

2. 陈旧肉

肉的表面有时带有黏液，有时很干燥，表面与切口处都比鲜肉发暗，切口潮湿而有黏性。如在切口处盖一张吸水纸，会留下许多水迹。肉汁浑浊无香味，肉质松软，弹性小，用手指按压，凹陷处不能立即复原。有时肉的表面发生腐败现象，稍有酸霉味，但深层还没有腐败的气味。密闭煮沸后有异味，肉汤浑浊不清，汤的表面油滴细小，有时带腐败味。骨髓比新鲜的软一些，无光泽，带暗白色或灰色；腱柔软，呈灰白色或淡灰色；关节表面为黏液所覆盖，其液浑浊。

3. 腐败肉

表面有时干燥，有时非常潮湿而带黏性。通常在肉的表面和切口有霉点，呈灰白色或淡绿色，肉质松软无弹力，用手按压时，凹陷处不能复原，不仅表面有腐败现象，在肉的深层也有浓厚的酸败味。密闭煮沸后，有一股难闻的臭味，肉汤呈污秽状，表面有絮片，汤的表面几乎没有油滴。骨髓软弱无弹性,颜色黯黑;腱潮湿呈灰色,为黏液所覆盖;关节表面由黏液深深覆盖,呈血浆状。

二、理化检验

虽然感官检验方法简便、准确,但仍有一定的局限性,而此时就需要辅以实验室检验来鉴定肉的腐败。理化检验是实验室常用的检验方法,对肉而言,主要是通过测定挥发性盐基氮、pH 值以及硫化氢实验来检查肉是否腐败变质。

1. 挥发性盐基氮(TVBN)的测定

蛋白质水解产生的碱性含氮物质如氨、胺类等易挥发,故称为挥发性盐基氮。挥发性盐基氮反映了肉中氨基酸的分解程度,有规律地反映了肉品质量变化。新鲜肉、冷鲜肉、冷冻肉、变质肉之间差异非常明显,并与感官变化一致,是常用评定肉品质量的客观指标。挥发性盐基氮(TVBN)的测定方法常用半微量定氮法,具体操作方法参照肉与肉制品的卫生标准的分析方法(GB/T 5009.44—2003)。判定标准:鲜(冻)畜肉卫生标准(GB 2707—2005)规定鲜(冻)禽肉的挥发性盐基氮(TVBN)的量应小于 15mg/100g。

2. pH 值测定

畜禽生前肌肉的 pH 值为 7.1～7.2,屠宰后由于肌肉中代谢过程发生改变,肌糖原剧烈分解,乳酸和磷酸逐渐聚积,使肉的 pH 值下降,如宰后 1h 的热鲜肉,pH 值可降到 6.2～6.3,经 24h 后降至 5.6～6.0,此 pH 值在肉品工业中叫做"排酸值",它能一直维持到肉发生腐败分解前,因此新鲜肉的肉浸液其 pH 值一般在 5.8～6.8 范围内。

肉腐败时,由于肉中蛋白质在细菌酶的作用下,被分解为氨和胺类等碱性物质,所以使肉趋于碱性,pH 值显著增高,可作为检查肉类质量的一个指标,但不能作为绝对指标和最终指标,因为还有其他因素能影响到肉类 pH 值变化。如果家畜在宰前由于过劳、虚弱、患病等原因使能量消耗过大,肌肉中糖原减少,会导致宰后肌肉中形成的乳酸和磷酸含量也较少。在这种情况下,肉虽具有新鲜肉的感官特征,但却有较高的 pH 值(6.5～6.8)。因此,在测定肉浸液 pH 值时,要考虑这方面的因素。测定肉 pH 值的方法,通常有比色法和电化学法。其中电化学法简便易行。具体操作方法及检验标准见任务三。

3. 硫化氢测定

在组成肉类的氨基酸中,有一些含硫氨基酸(半胱氨酸和胱氨酸),在腐败分解过程中,在细菌产生的脱硫基酶的作用下发生分解,能放出 H_2S。硫化氢与可溶性铅盐起作用时,则产生黑色的硫化铅。如不变色,表示肉新鲜。

$$H_2S + Pb(CH_3COO)_2 \longrightarrow PbS\downarrow + 2CH_3COOH$$

如在酸性环境中进行,首先形成中间产物硫氢化铅 $Pb(HS)_2$,然后才形成硫化铅,故反应较慢。在碱性环境下进行,则可适当地提高反应的灵敏度,因此,在硫化氢检查中,应采用铅盐的碱性溶液。

当硫化氢作为检查肉类腐败的指标时,应注意以下情况,由于动物肝脏中,在正常情况下具有脱硫基酶,它们使半胱氨酸中的巯基裂解生成硫化氢,这些硫化氢和脱硫基酶都可能被血液搬迁到机体的其他部分或肌肉组织中。因此,在新鲜肉(尤其是新鲜猪肉)中,常常含有硫化氢或脱硫基酶,只不过在一般情况下含量较少,用这种可溶性铅盐的定性检查法测定时,一般不能检出。因此,在检验时如果硫化氢呈阳性反应,一般皆认作是肉已经腐败的表现。

由于硫化氢的定性反应尚不敏感，故该指标仅作为肉的新鲜度综合评定的辅助指标。一般采用乙酸铅滤纸法，具体操作方法及检验标准见任务三。

4. 粗氨测定

新鲜肉的氨含量很低，但在肉腐败时，肉中的蛋白质在酶和细菌的作用下分解生成氨和铵盐等碱性含氮物质，称为粗氨。粗氨随肉品腐败的进行而增加，因此粗氨可作为判定肉类新鲜程度的卫生标准之一。目前测定粗氨的方法是使用纳氏试剂检验法。具体操作方法及检验标准见任务三。

5. 球蛋白沉淀试验

肌肉中的球蛋白在碱性环境中呈可溶解状态，肉在腐败过程中，由于大量肌碱的形成，环境显著变碱性，因此使肉中球蛋白在制作肉浸液时溶解于浸液中。根据蛋白质在碱性溶液中能和重金属离子结合形成蛋白质盐而沉淀的特性，选用10％$CuSO_4$作试剂。Cu^{2+}和其中的球蛋白结合形成蛋白质盐而沉淀。具体操作方法及检验标准见任务三。

6. 过氧化物酶反应试验

正常动物机体中含有过氧化物酶，这种酶在有受氧（如过氧化氢）体存在时，有使过氧化氢裂解出氧的特性。因为健康畜禽的新鲜肉中经常存在过氧化物酶，而当肉处于腐败状态，尤其是当畜禽宰前因某种疾病使机体功能发生高度障碍而造成死亡或被迫施行急宰时，肉中过氧化物酶含量减少，甚至全无，因此测试此酶可知肉的新鲜程度及畜禽临宰前的健康情况。

由于某些急性病如疝痛暴死以及因窒息、触电、受冻及其他原因而猝死的畜禽，其肉中的过氧化物酶无损耗现象，或损耗不大，因此也不是唯一指标。

根据过氧化物酶能从过氧化氢中裂解出氧的特性，在肉浸液中，加入过氧化氢和某些容易被氧化的指示剂，肉浸液中的过氧化物酶使过氧化氢裂解出氧，使指示剂氧化而改变颜色。一般多用联苯胺作指示剂。联苯胺被氧化为二酰亚胺代对苯醌，二酰亚胺代对苯醌和未氧化的联苯胺可形成淡蓝绿色的化合物，经过一定时间后变成褐色。所以判定时间要掌握在3min之内。具体操作方法及检验标准见任务三。

三、微生物检验

肉的腐败是由于微生物的大量繁殖，导致蛋白质等成分分解的结果，因此检验肉的细菌污染情况，不仅是判断其新鲜度的依据，也可反映肉在产、运、销过程中的卫生状况，为及时采取有效措施提供依据。在新鲜度的检验中，除非比较明显的病畜，一般不对病原菌进行检验，主要是对微生物数量进行测定，包括触片镜检和测定菌落总数两种方法。

1. 触片镜检

（1）检样采取　从肉尸的不同部位采取3份检样，每份重约200g，并尽可能采取立方体的肉块。整个肉尸或半个肉尸分别从下列部位采样：①相当于第4和第5颈椎的颈部肌肉；②肩胛部的表层肌肉；③股部的深层肌肉1/4的肉尸或部分肉块。应从可疑的特别是有感官变化的部位和其他正常部位采样。采取的样品应分别用清洁的油纸包好，并注明从肉尸哪一部位采取的。把同一肉尸采取的3份（或2份）检样包在一起或装在容器内，应迅速送检，并附送检单。

实验室对采同一肉尸的3份检样，应分别进行同样的化验。

（2）检验方法　以无菌操作分别在肉样的表层、中层和下层的新切面上直接触片。也可剪取蚕豆大小肉块在载玻片上制备触片。每层触片 3 张，触片自然干燥、火焰固定、革兰染色、镜检。每张触片检视 5 个以上视野，分别记录每个视野中所见到的球菌和杆菌，然后分别累计，并求平均数。检验标准见任务三。

2. 细菌总数的测定

操作方法依照食品安全国家标准 食品微生物学检验 菌落总数测定（GB 4789.2—2010）。我国现行的鲜（冻）畜肉卫生标准（GB 2707—2005）没有制定鲜肉的细菌指标。参考判定标准如下。

（1）新鲜肉 细菌菌落总数 $\leqslant 10^4 \mathrm{CFU/g}$；

（2）次鲜肉 细菌菌落总数 $10^4 \sim 10^6 \mathrm{CFU/g}$；

（3）变质肉 细菌菌落总数 $> 10^6 \mathrm{CFU/g}$。

任务三 原料肉新鲜度检验

※【任务描述】

通过感官检验、细菌学检验、理化检验，对原料肉的新鲜度进行检验。

※【工作准备】

（1）原料的准备 猪肉。

（2）仪器设备及试剂的准备

① 感官检验 刀、剪子、镊子、温度计、烧杯、表面皿、天平等；

② 触片镜验 显微镜、玻片、剪子、镊子等；

③ pH 值测定 酸度计、组织捣碎机、甲基红或酚酞指示剂；

④ 粗氨测定 碘化钾、氢氧化钾、饱和升汞溶液等；

⑤ 球蛋白沉淀试验 10%硫酸铜溶液、移液管等；

⑥ 过氧化物酶反应试验 1%过氧化氢溶液、0.2%联苯胺酒精溶液等；

⑦ 硫化氢测定 滤纸、乙酸铅、具塞三角瓶等。

（3）相关工具的准备 计算器，任务工单。

※【工作程序】

程序 1 原料肉新鲜度感官检验

（1）在自然光下，观察肉的表面及脂肪的色泽，有无污染附着物，用刀顺肌纤维方向切开，观察断面的颜色。

（2）常温下嗅其气味。

（3）用食指按压肉表面，触感其指压凹陷恢复情况，表面干湿及是否发黏。

（4）称取切碎的样品 20g 于 200mL 烧杯中，加水 100mL，用表面皿盖上，加热至 50～60℃后，开盖，按上述要求检查气味，继续加热至沸 20～30min，检查肉汤的气味、滋味及透明度，脂肪的气味及滋味。

（5）评定标准 参照表 1-22。

表 1-22 鲜（冻）猪肉感官指标

项目	鲜猪肉	冻猪肉
色泽	肌肉有光泽，红色均匀，脂肪乳白色	肌肉有光泽，红色或稍暗，脂肪白色
组织状态	纤维清晰，有坚韧性，指压后凹陷立即恢复	肉质紧密，有坚韧性，解冻后指压后凹陷恢复较慢
黏度	外表湿润、不粘手	外表湿润、切面有渗出液，不粘手
气味	具有鲜猪肉固有的气味，无异味	解冻后具有鲜猪肉固有的气味，无异味
煮沸后肉汤	澄清透明，脂肪团聚于表面	澄清透明或稍有浑浊，脂肪团聚于表面

程序 2 触片镜验

（1）检样采取 从胴体的不同部位采取 3 份检样，每份重约 200g，并尽可能采取立方体的肉块。取样后，检样放入无菌容器内，贴上标签，立即送检。

（2）触片镜检 一般仅对肩胛部和股部采取的检样进行细菌学镜检。

① 触片制作 用灭菌的剪子和镊子，从肉样表层、中层、深层剪取约 1cm 大小的肉片，将小肉片的新切面放在清洁的载玻片触压一下做成触片，在空气中自然干燥，经火焰固定后，用革兰染色法染色后待检。

② 镜检 每张触片各做 5 个视野以上的检查，并分别记录每个视野中所见到的球菌、杆菌的数目，然后分别累计全部视野中的球菌和杆菌数，求出其平均数。

（3）判定标准

① 新鲜肉 触片上几乎不留肉的痕迹，着色不明显。表层肉触片上可看到少数的球菌和杆菌，深层肉触片上无菌。

② 次鲜肉 印迹着色良好，表层见到 20～30 个球菌和少数杆菌，深层可发现 20 个左右的细菌，触片上可明显地看到分解的肉组织。

③ 变质肉 肌肉组织有明显的分解标志，触片标本高度着染，表层和深层的平均菌数均超过 30 个，其中以杆菌为主；当肉严重腐败时组织呈现高度的分解状态，触片着染更重，表层与深层触片视野中球菌几乎全部消失，杆菌替换了球菌的优势地位，腐败严重时一个视野可以发现上百个杆菌，甚至难以计数。

程序 3 pH 值测定

（1）肉浸液的制备

① 采肉 用剪子自肉检样的不同部位采取无筋腱、无脂肪的肌肉 10g，再剪成豆粒大小的碎块，并装入 300mL 的三角瓶中。

② 浸泡 取经过再次煮沸后冷却的蒸馏水 100mL，注入盛有碎肉的三角瓶中，浸渍 15min（每 5min 振荡一次）。

③ 过滤 先将放在玻璃漏斗中的滤纸用蒸馏水浸湿，然后再将上述的肉浸液倒入漏斗中，把滤液倒入 200mL 量筒中，同时观察并记录 5min 内获得的滤液量。

一般说来，肉越新鲜，过滤速度越快，肉浸液越透明，色泽也正常。新鲜的猪肉的肉浸液几乎无色透明或具有淡的乳白色，牛肉、羊肉的肉浸液呈透明的麦秆黄色，马肉的肉浸液呈透明的粉红色。次鲜肉的肉浸液则呈微浑浊，变质肉的肉浸液呈灰粉红色，且浑浊。

（2）pH 的测定 酸度计是以甘汞电极为参比电极、玻璃电极为指示电极组成原电池，测定 25℃下产生的电位差，电位差每改变 59.1mV，被检液中的 pH 值相应地改变 1 个单位，可直接从刻度表上读取 pH 值。测试前先将玻璃电极用蒸馏水浸泡 24h 以上，然后按说明书将玻璃电极、甘汞电极装好，接通电源，启动开关，预热 30min。用选定的 pH 缓冲溶液校正酸度计后，用蒸馏水冲洗电极，用脱脂棉吸干，然后将电极放入肉浸液中，1min后读取 pH 值。

（3）判定标准

① 新鲜肉　pH 值 5.8~6.2。

② 次新鲜肉　pH 值 6.3~6.6。

③ 变质肉　pH 值 6.7 以上。

程序 4　粗氨测定（纳氏法）

（1）纳氏试剂的配制　取 10g 碘化钾溶解于 10mL 热蒸馏水中，向此溶液中加入 80mL 碱溶液（其中溶液中有 30g 氢氧化钾）和 2~3mL 饱和升汞溶液，待溶液冷却后，用蒸馏水将其稀释至 200mL。配制好的溶液应装在棕色具塞玻璃瓶内，放凉爽处保存，使用时取其上清透明液。

（2）取 2 支小试管，在一支内加入 1mL 肉浸液；另一支内加入 1mL 蒸馏水作对照。

（3）用移液管吸取纳氏试剂，轮流向上述两试管内滴入，每滴一滴都要振荡，并观察比较两试管中溶液颜色深浅程度、透明度、有无浑浊或沉淀等，各滴入 10 滴为止。

（4）判定标准

① 健康新鲜肉　淡黄色透明，或呈黄色轻度浑浊，以"－"表示。

② 非新鲜肉　出现明显浑浊或黄色、橙色沉淀，以"＋/＋＋"表示。

③ 变质肉　有较多的黄色、橙色沉淀，以"＋＋＋"表示。

程序 5　球蛋白沉淀试验

（1）取硫酸铜 10g 溶于 100mL 蒸馏水中，即制成 10%$CuSO_4$ 溶液。

（2）取 2 支小试管，一支注入肉浸液 2mL，另一支注入蒸馏水 2mL 作为对照。

（3）用移液管吸取 10%$CuSO_4$ 溶液，向上述两试管中各滴入 5 滴，充分振荡后观察。

（4）判定标准

① 新鲜肉　液体呈紫蓝色，并完全透明。

② 次鲜肉　液体呈微弱或轻度浑浊，有时有少量悬浮物。

③ 变质肉　液体浑浊，有白色沉淀。

程序 6　过氧化物酶反应试验

（1）取 2 支小试管，一支加入肉浸液 2mL，另一支加入蒸馏水 2mL 作为对照。

（2）用移液管吸取联苯胺酒精溶液，向每个试管中各滴入 5 滴，充分振荡。

（3）用移液管吸取 1% 新配的 H_2O_2 溶液，向上述各管分别滴加 2 滴，稍加振荡，立即仔细观察记录在 3min 内颜色变化的速度与程度。

（4）判定标准

① 新鲜肉　肉浸液在 30~90s 内呈蓝绿色（以后变成褐色）为阳性反应，说明肉中有过氧化物酶。

② 次鲜肉和变质肉　肉浸液在 2~3min 仅呈现淡青棕色或完全无变化，为阴性反应，说明肉中无过氧化物酶。

如果感官检查无变化，过氧化物酶反应呈阴性，而 pH 值又在 6.5~6.6 之间，说明肉来自病畜、过劳和衰弱的牲畜，需作进一步的细菌学检查，检查是否有沙门菌、炭疽杆菌等。

程序 7　硫化氢测定

（1）取 50~100mL 的具塞三角瓶，将剪碎后的肉样分别装入瓶内，使其达瓶容量的 1/3，肉粒大小以绿豆到黄豆大小为佳。

（2）取一滤纸条，先在乙酸铅碱性溶液中浸湿，待稍干后放入盛有待检肉的三角瓶中，并盖上玻璃塞，要求纸条紧接肉块表面而又未与肉块接触到即可。

（3）在室温下静置15min后，观察瓶内滤纸条颜色的变化。

（4）判定标准

① 新鲜肉　滤纸条无变化。

② 次鲜肉　滤纸条边缘变成淡褐色。

③ 腐败肉　滤纸条的下部变为暗褐色或褐色。

※ 【任务实施】

详见《肉制品加工技术项目学习册》的任务工单。

思 考 题

1. 简述肉的组织结构。

2. 肌肉中蛋白质分为哪几类？各有何特性？

3. 脂肪在肉制品加工中的作用有哪些？

4. 简述肉中水分存在形式。

5. 形成肉色的物质是什么？影响肉色变化的因素有哪些？

6. 简述影响嫩度的因素。如何提高肉的嫩度？

7. 影响肉的保水性主要因素有哪些？

8. 影响肉风味主要因素主要有哪些？

9. 什么是肉的僵直？简述僵直的机理。

10. 什么是肉的成熟？影响肉成熟的因素有哪些？

11. 简述肉腐败的原因及肉腐败过程中的变化。

12. 简述肉的感官检验的方法。

项目二
肉制品加工辅料的加工与应用技术

【产品介绍】

在肉制品加工中，为了改善制品的色、香、味、形、组织结构，延长制品的保存期和便于加工生产，经常需要添加一些天然的或化学合成的物质，这些物质称为辅料。辅料主要分为调味料、香辛料和添加剂。辅料种类繁多，其功能和特性各不相同，可以赋予食品风味，抑制或矫正不良气味，增进食欲，促进消化，增加食品的花色品种。辅料的广泛应用，带来了肉制品加工业的繁荣，同时也引起了一些社会问题。在肉制品加工的辅料中，有少数物质对人体具有一定的副作用，所以生产者必须认真研究和合理使用。

学习单元一　调味料的应用技术

※【知识目标】

1. 了解肉制品加工工艺中常用的调味料种类及其作用。
2. 了解常用调味料作用机理和最优使用量。

※【技能目标】

1. 能正确识别常见调味料。
2. 能制作常见复合调味料。

调味料是指为了改善食品的风味、赋予食品特殊味感、使食品鲜美可口、增进食欲而添加的天然或人工合成的物质，有甜味料、咸味料、鲜味料等。

一、咸味料

1. 食盐

食盐学名氯化钠，味咸，白色细晶体，易溶于水，具有吸湿性。通过食盐腌制，可以提高肉制品的保水性和黏结性，并可以提高产品的风味，抑制细菌繁殖。在肉制品中食盐的用量一般为2%～3%。肉制品中含有大量的蛋白质、脂肪等具有鲜香味的成分，而常常需要有一定浓度的咸味才能表现出来，不然就淡然无味，所以食盐常有"百味之王"之称。同时，食盐还具有防腐和增加制品的黏合作用，是肉制品加工中最重要的调味料。

2. 酱油

酱油是我国传统的调味料，在广东、香港、山西等地又叫老抽，多以粮食和副食品为原料，经自然或人工发酵酿制而成，主要含有食盐、蛋白质、氨基酸等。优质酱油咸味醇厚，香鲜浓郁，无不良气味，不得有酸、苦、涩等异味和霉味，无浑浊，无沉淀，浓度不低于22°Bé，食盐含量不超过18%。在肉制品加工中添加酱油不仅起到咸味料的作用，而且具有良好的增鲜增色、改良风味的效果。在中式肉制品中广泛使用，使制品呈美观的酱红色并改善其口味；在香肠等制品中，还有促进其发酵成熟的作用。酱油有普通酱油和特制酱油两大类，普通酱油按其无盐固形物含量的多少可分为一级、二级、三级；按其形态又分为液体酱油和固体酱油。酱油在肉制品加工中的使用量没有限制，可根据不同的制品需要而定。

3. 黄酱

黄酱又称面酱、麦酱等，是用大豆、面粉、食盐等为原料，经发酵酿造成的调味品。黄酱味咸香，色黄褐，呈有光泽的泥糊状。其中含 NaCl 为 12% 以上，氨基酸态氮为 0.6% 以上，还有糖类、脂肪、酶、维生素 B_1、维生素 B_2 和钙、磷、铁等物质。在肉制品加工中不仅是常用的咸味料，而且还有良好的提香生鲜、除腥清异的效果。黄酱广泛用于肉制品加工中，使用标准不受限制，以调味效果而定。

二、甜味料

甜味是咸味外能在烹饪中独立存在的另一种味道。

1. 蔗糖

蔗糖（$C_{12}H_{22}O_{11}$）是最常用的天然甜味剂，呈白色晶体或结晶性粉末，精炼度低的呈茶色或褐色。蔗糖甜味较强，其甜度仅次于果糖，果糖、蔗糖、葡萄糖的甜度比为 4∶3∶2。肉制品中添加少量蔗糖可以改善产品的滋味，并能使肉质松软、色调良好。糖比盐更能迅速、均匀地分布于肉的组织中，增加渗透压，形成乳酸，降低 pH，提高肉的保藏性，并促进胶原蛋白的膨胀和疏松，使肉制品柔软。蔗糖添加量以 0.5%～1.5% 为宜。但因品种不同而有较大的差异。

2. 葡萄糖

葡萄糖为白色晶体或粉末，常作为蔗糖的代用品，甜度略低于蔗糖。在肉制品加工中，葡萄糖除作为甜味料使用外，还可形成乳酸，有助于胶原蛋白的膨胀和疏松，从而使制品柔软。另外，葡萄糖的保色作用较好，而蔗糖的保色作用不太稳定。不加糖的制品，切碎后会迅速褪色。肉制品加工中葡萄糖的使用量为 0.3%～0.5%。在发酵肉制品中葡萄糖一般作为微生物的主要碳源。

3. D-木糖、D-山梨糖醇

D-木糖的分子式 $C_5H_{10}O_5$，呈无色或白色的结晶粉末，具有爽快的甜味，由于甜度较低，约为蔗糖的 40%，可作为脂质抗氧化剂和无糖食品及糖尿病患者的食品原料。D-山梨糖醇又称花椒醇、清凉茶醇，呈白色针状结晶或粉末，有愉快的甜味，有寒冷舌感，甜度为砂糖的 60%，常作为砂糖的代用品。在肉制品加工中，不仅用作甜味料，还能提高渗透性，使制品纹理细腻，肉质细嫩，增加持水性，提高出品率。

4. 饴糖

饴糖又称糖稀，主要是麦芽糖、葡萄糖和糊精的混合物。饴糖味甜爽口，有吸湿性和黏性。在肉品加工中常作为烤、烧、酱卤、油炸制品的增色剂和甜味助剂。饴糖以颜色鲜明、汁稠、味浓、洁净不酸为上品。使用中要注意在阴凉处存放，防止软化和酸败。

5. 蜂蜜

蜂蜜又称蜂糖，呈白色或不同程度的黄褐色，透明、半透明的浓稠液汁状物，含葡萄糖42%、果糖35%、蔗糖20%、蛋白质0.3%、淀粉1.8%、苹果酸0.1%以及脂肪、蜡、色素、酶、芳香物质、无机盐和多种维生素等。其甜味纯正，不仅是肉制品加工中常用的甜味料，还具有润肺滑肠、解毒补中、杀菌收敛等药用价值。蜂蜜营养价值很高，又易吸收利用，所以在食品中可以不受限制地添加使用。

6. 索马甜

索马甜是从植物果实中提取的高分子甜味料，是一种甜味的蛋白质，内含15种氨基酸，其甜度为砂糖的2500倍，市售品甜度一般为砂糖的100倍。常用于火腿、红肠等肉制品和其他食品中。

三、酸味料

酸味是由于舌黏膜受到氢离子刺激而引起的感觉，因此，凡是在溶液中能解离出H^+的化合物都具有酸味。在相同pH下，有机酸比无机酸的酸感要强。

日常大多数食品的pH为5.0~6.5，一般无酸味感觉，如果pH小于3.0时，则酸味感较强，而难以适口，一般酸味的阈值：无机酸pH为3.4~3.5，有机酸pH为3.7~3.9。

酸味剂是食品中主要的调味料之一，不仅能够调味，还可增进食欲，并具有一定的防腐作用，也有助于纤维及钙、磷等溶解，因而可促进人体消化吸收。常用的酸味料有以下几种。

1. 醋

食醋是我国传统的酸性调味品，品种很多，有米醋、熏醋、陈醋、白醋和醋精等，其主要成分是乙酸。按照酿造工艺可分为固态发酵和液态发酵两大类。常见的名醋有山西老陈醋、镇江香醋。

食醋是以粮食为原料酿制而成的含有乙酸的溶液，具有正常酿造食醋的色泽、气味和滋味，不涩，无其他不良气味和异味，不浑浊，无悬浮物及沉淀物，无霉花浮膜，无"醋鳗"、"醋虱"。含乙酸3.5%以上优质醋不仅具有柔和的酸味，还有一定程度的香甜味和鲜味。

醋对人体有益无害，所以在肉制品加工中，可以不受限制地使用，以制品风味需要为度。在肉制品生产中食醋为中式糖醋类风味产品的重要调味料，如与糖按一定比例混合可形成宜人的酸甜味；可以与乙醇生成具有水果香味的乙酸乙酯，故在糖醋制品中添加适量的酒可以使制品具有浓醇甜酸、香气扑鼻的特点。

2. 酸味剂

常用的酸味剂有柠檬酸、乳酸、酒石酸、苹果酸、乙酸等，这些酸均能参加体内正常代谢，在一般使用剂量下对人无害，但应注意其纯度。

四、鲜味料

鲜味是一种复杂的美味感觉，在肉、鱼、贝类中都具有特殊的鲜美滋味，通常简称为鲜味。具有鲜味的食品调味料很多，常使用的有氨基酸类、肽、核苷酸类、琥珀酸等。鲜味料呈味阈值见表2-1。

1. L-谷氨酸钠

L-谷氨酸钠又称味精，是从海带中发现的鲜味成分，是一种酸性氨基酸钠盐，现多以糖质原料用发酵法生产。谷氨酸钠为无色或白色柱状结晶，具有特殊的鲜味，它们味觉极限值为 0.03％，与蔗糖和食盐的 0.5％和 0.2％相比小得多，可是味道却很强。由于它易溶于水所以在制品中容易分散，通过加工也很少会受到 pH 和其他化学变化的影响，所以作为添加剂使用很方便。在肉制品中根据原料种类、鲜度以及其他调味料用量，其使用量也有所不同，一般用量以 0.2％～0.5％为宜。如过量添加则将呈相反效果。其水溶液长时间加热亦不分解，但酸性强则变为谷氨酸，碱性条件下则变为谷氨酸二钠盐而失去鲜味。谷氨酸钠有缓解咸味、酸味、苦味的作用，并能引出其他食品所具有的自然风味。

表 2-1　鲜味料呈味阈值

名称	阈值/％	名称	阈值/％
L-谷氨酸	0.03	琥珀酸	0.055
L-天冬氨酸	0.16	5′-次黄嘌呤核苷酸	0.025
DL-α-氨基己二酸	0.25	5′-次嘌呤核苷酸	0.0125
DL-苏羟谷氨酸	0.03		

2. 特鲜味精

特鲜味精是近代国际市场上出现的优良调味品，它是在传统的味精中添加一定比例的鸟苷酸钠或肌苷酸钠而成的混合物，由于配合比例不同，国际市场上出售的特鲜味精的鲜度高于普通味精（5 倍左右）。

肌苷酸钠呈无色或白色结晶粉末，有特殊的鲜味，在肉制品加工中作为鲜味剂使用，其鲜味比谷氨酸强 10～30 倍，与谷氨酸混合使用可得倍增的效果，称为强力味精。其用量因原料肉的种类、制品的不同而不同，一般肌苷酸钠单独使用量为 0.001％～0.01％，因肌苷酸钠能被酶分解，从而失去鲜味，所以应先把肉加热到 85℃左右，将酶破坏后再添加较为适宜。

另外，鲜味剂还有鸟苷酸钠、胞苷酸钠和尿苷酸钠，使用量为谷氨酸钠的 1％～5％。

五、料酒

料酒是多数中式肉制品加工中必不可少的调味料，主要成分是乙醇，还含有糖、有机酸、氨基酸、酯类等物质。通常使用的有黄酒、白酒两大类，应用最多的是黄酒，常称为料酒。料酒是我国的特产，也是世界上最古老的酒精饮料之一，是营养价值很高的低度酒饮料，一般酒精体积分数为 10％～16％，在国际上享有很高的声誉。以酒作为调味料，它可以除膻味、腥味和异味，并具有一定的杀菌和固色作用。由于料酒具有香味浓烈、味道醇和、营养较高、功能优良的特点，从肉制品辅助材料的角度看，是有益无害的。因此在肉制品加工中，可以不受限制地添加，以正常生产需要而定。

学习单元二　添加剂的应用技术

※ 【知识目标】

1. 熟悉食品加工尤其是肉制品加工中常用的添加剂种类及其作用。
2. 了解常用添加剂的毒理作用和安全使用量。

※ 【技能目标】

1. 能动手进行肉制品加工实验操作。

2. 会准确使用添加剂量。

添加剂是指为了增强或改善食品的感官性状，延长保存时间，满足食品加工工艺过程的需要或某种特殊营养需要，常在食品中加入的天然或人工合成的有机或无机化合物。添加这些物质有助于提高食品的质量，增加食品的品种和方便性，改善其色、香、味、形，保持食品的新鲜度和质量，增强食品的营养价值，有利于满足不同人群的特殊营养需要，有利于开发新的食品资源和原料的综合利用，并能满足加工工艺过程的需要。

① 要求食品添加剂无毒性（或毒性极微）无公害，不污染环境。

② 必须无异味、无臭、无刺激性。

③ 食品添加剂的加入量不能影响食品的色、香、味及食品的营养价值。

④ 食品添加剂与其他助剂复配，不应产生不良后果，要求具有良好的配伍性。

⑤ 使用方便，价格低廉。

一、发色剂与发色助剂

在肉类腌制品中经常使用的发色剂是硝酸盐及亚硝酸盐，发色助剂是抗坏血酸、异抗坏血酸及其钠盐以及烟酰胺等。

1. 硝酸盐

硝酸盐有硝酸钾及硝酸钠，为无色的结晶或白色的结晶性粉末，稍有咸味，易溶于水。将其加入到肉制品中，硝酸盐在微生物的作用下还原，变成亚硝酸盐，则与肌肉中色素蛋白质发生化学反应形成鲜艳的亚硝基肌红蛋白和亚硝基血红蛋白，这种化合物在烧煮时变成稳定的粉红色，使肉呈鲜艳的色泽。

2. 亚硝酸钠

亚硝酸钠为白色或淡黄色的结晶性粉末，吸湿性强，长期保存必须密封在不透气容器中。亚硝酸盐的作用比硝酸盐大 10 倍，应用微小剂量就可迅速发色。欲使猪肉发色，在盐水中含有 0.06% 亚硝酸钠就已足够；为使牛肉、羊肉发色，盐水中需含有 0.1% 的亚硝酸钠。但是仅用亚硝酸盐的肉制品，在贮藏期间褪色快，对生产过程长或需要长期存放的制品，最好使用硝酸盐腌制。现在许多国家广泛采用混合盐，能缩短腌制的时间。用于生产各种灌肠时混合盐料的组成是：食盐 98%，硝酸盐 0.83%，亚硝酸盐 0.17%。亚硝酸盐毒性强，所以使用时用量要严格控制。

应该引起注意的是硝酸钠和亚硝酸钠均具有毒性，尤其是亚硝酸根与蛋白质分解的中间体二级胺结合形成有强烈致癌性的亚硝胺，故应把用量限制在最低水平。目前还没有理想的替代品。根据国家规定的标准，在肉制品生产中，硝酸钠的用量应低于 0.5g/kg，亚硝酸钠的用量应低于 0.15g/kg。制成成品后的残留量以亚硝酸钠计，不得超过 30mg/kg。

3. 发色助剂

肉制品中常用的发色助剂有抗坏血酸和异抗坏血酸及其钠盐、葡萄糖、葡萄糖酸内酯等。其助色机理与硝酸盐或亚硝酸盐的发色过程紧密相连。

（1）抗坏血酸、抗坏血酸钠　抗坏血酸即维生素 C，具有很强的还原作用，但对热和重金属极不稳定，因此一般使用稳定性较高的钠盐。肉制品中最大使用量为 0.1%，一般为 0.025%～0.05%。在腌制或斩拌时添加，也可以把原料肉浸渍在该物质 0.02%～0.1% 的水溶液中。腌制剂中加谷氨酸会增加抗坏血酸的稳定性。

（2）异抗坏血酸、异抗坏血酸钠　异抗坏血酸是抗坏血酸的异构体，其性质和作用与抗坏血酸相似。

（3）烟酰胺　属于 B 族维生素的营养强化剂的一种，也能形成稳定的烟酰胺肌红蛋白，使肉呈红色，且烟酰胺对 pH 的变化不敏感，与抗坏血酸同时使用有促进发色、防止褪色的作用。

（4）δ-葡萄糖酸内酯　能缓慢水解生成葡萄糖酸，造成火腿腌制时的酸性还原环境，促进硝酸盐向亚硝酸盐转化，利于亚硝基肌红蛋白和亚硝基血红蛋白的生成。

4. 着色剂

着色剂亦称食用色素，是指为使食品具有鲜艳而美丽的色泽，改善感官性状以增进食欲而加入的物质。食用色素按其来源和性质分为食用天然色素和食用合成色素两大类。人们都希望食品是自然颜色，尽量不使用人工着色剂。近年来，消费者倾向于食用无着色食品，人工着色食品逐渐减少。在肉制品加工中应考虑两方面：一是肉制品的外面（肠衣等）着色；二是制品内部的色调调整。肠衣着色也不允许添加食用色素以外的色素，对于添加到肉制品中的色素更要慎重，因为有些色素是有毒性的。食用天然色素主要是从动植物组织中提取的色素，包括微生物色素。除天然色素藤黄对人体有剧毒不能使用外，其余的一般对人体无害，较为安全。

天然红色素中尤以红色素最为普遍，红曲米及红曲色素是将红曲霉接种在大米上，经发酵培育而成，其主要着色成分是红斑素和红曲色素，它的毒性极低。试验证明，它是一种安全性比较高、化学性质稳定的色素。在灌肠中使用，其效果可与人工合成色素媲美，色泽也比较理想，但耐光性比不上人工合成色素。

食用合成色素亦称合成染料，属于人工合成色素。食用人工合成色素多以煤焦油为原料制成，成本低廉、色泽鲜艳、着色力强、色调多样，但大多数对人体健康有一定危害且无营养价值，因此，在肉制品加工中一般不宜使用。

我国国家标准《食品添加剂使用卫生标准》（GB 2760—2014）规定允许使用的色素主要有：红曲米、焦糖色、姜黄素、辣椒红和甜菜红等。

（1）红曲米和红曲色素　红曲色素具有对 pH 稳定，耐光耐化学性强，不受金属离子影响，对蛋白质着色性好以及色泽稳定，安全无害（LD_{50}：20g/kg）等优点。红曲色素常用作酱卤、香肠等肉类制品以及腐乳、饮料、糖果、糕点、配制酒等的着色剂。我国国家标准规定，红曲米使用量不受限制。

（2）甜菜红　甜菜红亦称甜菜根红，是使用红甜菜（紫菜头）的根制取的一种天然红色素，由红色的甜菜花青素和黄色的甜菜黄素所组成。甜菜红为红色至紫色液体、块状、粉末状或糊状物。水溶液呈红色至红紫色，pH4.0～5.0 稳定性最大。染色性好，但耐热性差，和维生素 C 一起使用对其有保护作用。

（3）辣椒红　辣椒红主要成分为辣椒素、辣椒红素和辣椒玉红素，为具有特殊气味和辣味的深红色黏性油状液体，溶于大多数非挥发性油，几乎不溶于水，耐酸性好，耐光性稍差。辣椒红素使用量按生产需要而定，不受限制。

（4）焦糖色　焦糖色亦称酱色、焦糖或糖色，为红褐色至黑褐色的液体、块状、粉末状或粗状物质，具有焦糖香味和苦味。按制法不同，焦糖色可分为不加铵盐生产（非氨法制造）和加铵盐（如亚硫酸铵）生产两类。

液体焦糖色是黑褐色的胶状物，为非单一化合物（大约有 100 种不同的化合物）。粉末状或块状焦糖色呈黑褐色或红褐色，可溶于水和烯醇溶液。焦糖色受 pH 及在空气中暴露时间的影响，pH6.0 以上易发霉。

（5）姜黄素　姜黄素是从姜黄根茎中提取的一种黄色色素，主要成分为姜黄，为姜黄的3%～6%，是植物界很稀少的具有二酮的色素。姜黄素（图2-1）是以姜黄根茎为原料提取纯化的黄色主要成分，含有三个组分：姜黄色素[1,7-双-(4-羟基-3-甲氧基苯基)-1,6-二烯-3,5-庚二酮]；脱甲氧基姜黄色素[1-(4-羟基苯基)-7-(4-羟基-3-甲氧基苯基)-1,6-二烯-3,5-庚二酮]；双脱甲氧基姜黄色素[1,7-双-(4-羟基苯基)-1,6-二烯-3,5-庚二酮]。

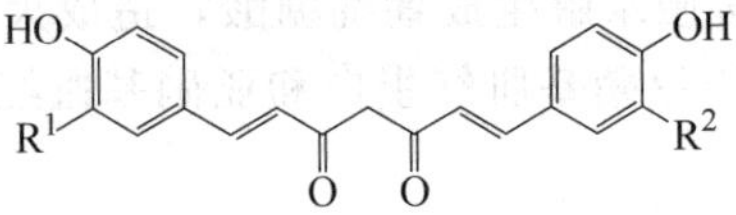

Ⅰ：$R^1=R^2=$ —OCH$_3$；　Ⅱ：$R^1=$ —OCH$_3$，$R^2=$H；　Ⅲ：$R^1=R^2=$H

图 2-1　姜黄素的分子结构式

姜黄素为橙黄色结晶粉末，味稍苦；不溶于水，溶于乙醇、丙二醇，易溶于冰醋酸和碱溶液，在碱性时呈红褐色，在中性、酸性时呈黄色；着色性强，但对光、热、铁离子敏感。

姜黄素主要用于肠类制品、罐头、酱卤制品等产品的着色，其使用量不受限制。

另外，在熟肉制品、罐头制品等食品生产中还常用萝卜红、胭脂虫红、赤藓红等食用色素作着色剂。《食品添加剂使用卫生标准》（GB 2760—2014）规定，萝卜红按正常生产需要使用；胭脂虫红最大使用量为0.05%；赤藓红为0.02%。可以使用的还有焦糖色（不加氨生产）、栀子黄、核黄素、姜黄、叶绿素铜钠盐、叶绿素铜钾盐、胭脂树橙等。

二、品质改良剂

1. 增稠剂

在肉制品生产中，使用最普遍的增稠剂是淀粉。淀粉是由葡萄糖连接成的长链状分子，由糖淀粉和胶淀粉构成。加入淀粉后，对于肉制品的持水性、组织形态均有良好的效果。这是由于在加热的过程中，淀粉颗粒吸水、膨胀、糊化的结果。据研究，淀粉颗粒的糊化温度较肉蛋白变性温度高，当淀粉糊化时，肌肉蛋白质的变性作用已经基本完成并形成了网状结构，此时淀粉颗粒夺取存在于网状结构中不够紧密的水分，这部分水分被淀粉颗粒固定，因而持水性变好；同时淀粉颗粒因吸水变得膨润而有弹性，并起黏着剂的作用，可使肉馅黏合，填塞孔洞，使成品富有弹性，切面平整美观，具有良好的组织形态；同时在加热蒸煮时，淀粉颗粒可吸收熔化成液态的脂肪，减少脂肪流失，提高成品率。肉制品加工中常添加的淀粉有：玉米淀粉、马铃薯淀粉、小麦淀粉、大米淀粉、甘薯淀粉等。

肉制品淀粉的使用量视品种而定，一般在5%～30%。高档制品用量宜少，最好使用玉米淀粉。

2. 保水剂

为了提高肉的黏着力通常往肉中加磷酸盐。磷酸盐不仅有提高肉的黏着力的作用，还有封闭金属离子，防止添加剂和盐的再结晶，增进乳化性，防止氧化、腐败，防止维生素分解的作用。在灌肠和火腿生产中加入磷酸盐可使肉制品持水性、嫩度、黏性增强，改善风味，成品率可提高3%左右。磷酸盐溶解性较差，因此，在配制腌制液时先将磷酸盐溶解后再加入其他腌制料。

目前多聚磷酸盐已普遍地应用于肉制品中，以改善肉的保水性能。多聚磷酸盐作用的机理迄今仍不十分肯定，但在鲜肉或者腌制肉的加热过程中增加保水能力的作用是肯定的。磷酸盐对提高结着力、弹性和赋形性等均有作用。一般认为是通过以下途径发挥其作用。

（1）提高 pH 值　成熟肉的 pH 一般在 5.7 左右，接近肉中蛋白质的等电点，因此肉的保水性极差，1％的焦磷酸钠溶液 pH 为 10.0～10.2，而 1％的六聚磷酸钠溶液 pH 为 6.4～6.6，因此磷酸盐可以使原料肉的 pH 偏离等电点。

（2）增加离子强度，提高蛋白质的溶解性　肉的保水性首先取决于肌原纤维蛋白（肌动蛋白、肌球蛋白、肌动球蛋白），其中肌球蛋白占肌原纤维蛋白的 45％，而磷酸盐有利于肌原纤维蛋白溶出。

（3）促使肌动球蛋白解离　活体时机体能合成使肌动球蛋白解离的三磷酸腺苷，畜禽宰杀后由于三磷酸腺苷减少，则肌动蛋白和肌球蛋白量减少，使肉持水性下降。然而，磷酸盐有三磷酸腺苷的类似作用，能使肌动球蛋白解离成肌动蛋白和肌球蛋白，增加了肉的持水性，同时改善了肉的嫩度。

（4）改变体系电荷　磷酸盐可以与肌肉结构蛋白结合的 Ca^{2+}、Mg^{2+} 结合，使蛋白质带负电荷，增加羧基之间的静电斥力，导致蛋白质结构疏松，加速盐水的渗透、扩散。在腌制的盐水中允许使用少量的聚磷酸盐，但在成品中总量不超过 0.5％。在使用磷酸盐时，必须考虑到肌肉组织中大约有 0.1％的天然磷酸盐。在高浓度情况下（0.4％～0.5％），磷酸盐产生金属性涩味，达到 0.5％就可能危害身体健康，短期腹痛与腹泻，长期骨骼钙化增大。

肉制品生产中使用的磷酸盐有 20 余种。我国食品添加剂使用卫生标准（GB 2760—2014）中规定可用于肉制品的磷酸盐有三种：焦磷酸钠、三聚磷酸钠和六偏磷酸钠。

实践证明几种磷酸盐混合使用比单一使用效果好，混合磷酸盐的使用量一般为 0.2％～0.45％。其参考混合比见表 2-2。混合的比例不同，效果也不同。在肉制品加工中，使用量一般为肉重的 0.2％～0.45％。用量过大会导致产品风味恶化，组织粗糙，呈色不良。

表 2-2　复合磷酸盐的配方　　　　　　　　　　　　　　单位：%

配方	1	2	3	4	5	6
焦磷酸钠	—	2	3	60	40	48
三聚磷酸钠	23	26	85	10	40	25
六偏磷酸钠	77	72	12	30	20	27

3. 乳化剂

（1）大豆蛋白　为了提高肉制品的感官质量和营养价值，在制品中添加大豆粉或大豆蛋白作为改良品质的乳化剂受到人们的重视和注意。

大豆粉的蛋白质含量高达 40％左右，是瘦肉蛋白质含量的 2.5 倍，同时具有优良的乳化、保水、吸水和黏合作用，而且具有乳化脂肪和增加凝胶的性能。在肉制品加工中添加 5％～7.5％较为适宜。大豆蛋白在肉制品中的主要作用在于改善肉制品的组织结构、改善肉制品的乳化性状、加强肉制品的凝胶效应，大大减少了由于肌纤维收缩造成的汁液流失，提高了出品率。

大豆蛋白在肉制品加工中的使用量因制品的不同而不同，一般在 2％～7.5％。

（2）酪蛋白酸钠　又称酪素钠、干酪素钠、酪朊素钠，为白色至淡黄色颗粒或粉末，合格品基本无臭无味，稍有特殊的香气，pH 为中性。酪蛋白酸钠中含蛋白质为 65%，因此，既是乳化剂、稳定剂，又是蛋白源，所以在食品加工中广泛采用。其用量因制品不同而有很大的差异，一般为 0.2%～0.5%，个别制品可高达 5%。

三、防腐剂

防腐剂是能够杀死微生物或抑制其生长繁殖的一类物质，在肉制品加工中常用的防腐剂有以下几种。

1. 苯甲酸

苯甲酸又称安息香酸，白色晶体，无臭，难溶于水。苯甲酸及其钠盐在酸性条件下，对细菌和酵母菌有较强的抑制作用，抗菌力较强，但对霉菌较差，可防止发酵，杀菌力强。pH 为中性时，防腐能力较差，适用于稍带酸性的制品。其进入人体后肝脏自行解毒，没有积累，最大用量为 0.2%。

2. 苯甲酸钠

苯甲酸钠又称安息香酸钠，为白色粒状或结晶性粉末，溶于水、乙醇，有防止发酵和杀菌的作用，但效力比苯甲酸弱，在酸性环境中杀菌效果较好。最大用量为 0.2%。

3. 山梨酸

山梨酸为无色针状或白色结晶性粉末，几乎是无色无味的，较难溶于水，但易溶于一般的有机溶剂；不受热、光、pH 变化的影响；抗菌力不太强，但对霉菌、酵母、细菌有阻止增殖的作用，能有效地保持食品的原色、原味，使食品长期保存。肉制品加工中最大用量 0.1%。

4. 山梨酸钾

山梨酸钾是山梨酸的钾盐，无色或白色鳞片状结晶粉末或颗粒，无臭或稍有气味，其与山梨酸难溶于水的性质相反，易溶于水，使用起来很方便，所以比山梨酸使用得广泛。肉制品加工中最大使用量为 0.1%。

四、抗氧化剂

氧化作用常常使肉制品变质酸败，为了保证贮存期较长的肠类制品和腌腊制品的正常气味，防止酸败，在制品中添加抗氧化剂可以取得一定的效果。抗氧化剂品种很多，分为油溶性抗氧化剂和水溶性抗氧化剂两大类。油溶性抗氧化剂能均匀地分布于油脂中，对油脂或含脂肪的食品可以很好地发挥抗氧化作用。目前常用的有人工合成的丁基羟基茴香醚（BHA）、二丁基羟基甲苯（BHT）、没食子酸丙酯等；天然的有生育酚混合浓缩物等。水溶性抗氧化剂是能溶于水的一类抗氧化剂，多用于对食品的护色、防止氧化变色以及防止因氧化而降低食品的风味和质量等。水溶性抗氧化剂主要有 L-抗坏血酸及其钠盐、异抗坏血酸及其钠盐等。

1. 丁基羟基茴香醚

丁基羟基茴香醚又名特丁基-4-羟基茴香醚，简称 BHA，为白色或微黄色的蜡状固体或白色结晶粉末，带有特异的酚类臭气和刺激味。丁基羟基茴香醚有较强的抗氧化作用，还有相当强的抗菌力，使用方便，但成本较高。它是目前国际上广泛应用的抗氧化剂之一，最大使用量为 0.01%。

2. 二丁基羟基甲苯

二丁基羟基甲苯又名2,6-二叔丁基对甲苯，简称BHT，为白色或无色结晶粉末或块状，无臭无味。二丁基羟基甲苯抗氧化作用较强，耐热性好，价格低廉，但其毒性相对较高。它是目前国际上特别是在水产品加工中广泛应用的廉价抗氧化剂，使用范围及其使用量参照BHA项。

3. 没食子酸丙酯

没食子酸丙酯又名槚酸丙酯，简称PG，为白色或浅黄色结晶状粉末，无臭、微苦，对脂肪、奶油的抗氧化作用较BHT或BHA强，三者混合使用时最佳，加增效剂柠檬酸则抗氧化作用更强，与金属离子作用而着色。

在三种抗氧化剂中，BHT比其他抗氧化剂的效果好，没有BHA的异味，也没有PG与金属离子反应着色的缺点，而且价格低廉，所以是肉制品中一种比较理想的抗氧化剂，可用于大多数肉制品如腊肉、火腿、各式灌肠、肉脯、肉干、肉松等产品。

我国《食品添加剂使用卫生标准》（GB 2670—2014）规定，没食子酸丙酯的使用范围同BHT或BHA，其最大使用量0.01%。丁基羟基茴香醚（BHA）与二丁基羟基甲苯（BHT）混合使用时，不得超过0.02%，没食子酸丙酯不得超过0.005%。

4. 维生素E

维生素E又名生育酚。天然的维生素E有α、β、γ等七种异构体。作抗氧化剂使用的是生育酚混合浓缩物。天然的生育酚的同分异构体的混合物是目前国际上大量生产的天然抗氧化剂。

本品为黄色至褐色几乎无臭的澄清黏稠液体，溶于乙醇而几乎不溶于水，可与丙酮、乙醚、氯仿、植物油任意混合，对热稳定。

维生素E的抗氧化作用比丁基羟基茴香醚（BHA）、二丁基羟基甲苯（BHT）的抗氧化力弱，但毒性低，主要适于作婴儿食品、保健食品、乳制品与肉制品的抗氧化剂和食品营养强化剂。在肉制品、水产品、冷冻食品及方便食品中，其用量一般为食品油脂含量的0.01%～0.2%。

国际上还是有使用合成品DL-α-生育酚，其性状和作用基本上与α-生育酚浓缩混合物相同，认为是安全的抗氧化剂和食品营养强化剂，其使用范围和使用量同生育酚混合浓缩物。

学习单元三　香辛料的加工与应用技术

※ **【知识目标】**

了解肉制品中常用的香辛料的种类与作用。

※ **【技能目标】**

能在肉制品加工中正确选择与使用香辛料。

香辛料是指具有芳香味和辣味的辅助材料的总称。在肉制品中添加香辛料可起到增进风味、抑制异味、防腐杀菌、增进食欲等的作用。

在肉制品生产中，常用的香辛料大多属于芳香健胃类中药，种类很多，按照来源不同可分为天然香辛料、配制香辛料和抽提香辛料三大类。天然香辛料是指利用植物的根、茎、叶、花、果实等部分，直接使用或简单加工后使用的香辛料。天然香辛料中往往含有一些细菌和杂质，从卫生角度讲，不宜直接使用；配制香辛料是把天然香辛料经过化学加工处理，提取出有效成分，再浓缩、调配而成；抽提香辛料是利用物理方法对挥发性和不挥发的精油成分进行提取调制而成。后两类香辛料品质均一、清洁卫生、使用方便，是有发展前途的香辛料。

一、天然香辛料

1. 花椒

花椒又称川椒、秦椒、凤椒、岩椒、蜀椒、竹叶椒等，为芸香科植物花椒的果实，产于我国北部和西南部，其味芳香，性热味辣，是肉制品加工中常用的调味料。花椒主要辛辣成分是三戊烯香茅醇、柠檬烯、枯茗醇、花椒烯、水芹烯、香叶醇、香茅醇以及植物甾醇和不饱和有机酸等。花椒的用途可居诸香料之首，由于它具有强烈的芳香气，味辛麻而持久，生花椒味麻且辣，炒熟后香味浓烈，还可与其他原料配制成调味品，如五香粉、花椒盐等，用途极广。花椒在医药中有除风祛邪、祛寒湿的功效，有坚齿发、明目、补五脏、止痛等作用。

2. 大茴香

大茴香俗称八角、大料，是木兰科常绿乔木植物的成熟果实，呈红棕色、八角形，所以称八角。由于大茴香所含芳香油的主要成分是茴香脑，因而有茴香的芳香味，味微甜而稍带辣味，性辛温，有去腥防腐的作用。大茴香产于广西西南部，为我国南方热带地区的特产。另有产于我国长江中下游的"野八角"与此非常像，但不可食用。

3. 小茴香

小茴香俗称茴香、席香、棱香、小茴、小香、角茴香（浙江）、刺梦（江苏）、香丝菜等，是伞形花科的干燥果实，其气味香辛、温和，带有樟脑般气味，味微甜，稍有苦味，有调味、温肾散寒、和胃理气等作用。小茴香含挥发油 2%～8%，挥发油中含茴香脑 50%～60%，茴香酮 10%～20%。肉制品中添加有增香调味、防腐除膻的作用。小茴香是五香粉的主要原料之一。

4. 桂皮

桂皮又称肉桂、简桂、木桂、杜桂，是樟科植物的肉桂树的干燥树皮，有强烈的肉桂醛香气和微甜辛辣味，性温热，略苦，具有温脾和胃、祛风散寒、活血利脉作用，对痢疾杆菌有抑制作用。桂皮红棕色，呈卷筒状，香气浓厚者为佳品。桂皮的主要有效成分是桂皮醛，此外，还有少量的丁香油酚、肉硅酸、甲酯等，常用于调味和矫味。在烧、烤、酱卤制品中加入，更能增加肉制品的复合香气，是酱卤制品的主要调味料之一，也是五香粉的主要原料。

5. 白芷

白芷为伞形科多年生草本植物白芷的干燥根，呈圆锥形，外表黄白，性辛温，香味浓者为佳品。其主要香味成分为白芷素、白芷醚、香豆精化合物等，故气味芳香，能除腥，是酱卤制品中常用的香料。

6. 山奈

山奈又称三奈、山椒、砂姜，味辛性温，主暖中，有镇心腹冷痛及牙痛等作用。山奈是姜科植物山奈地下块状茎切片干制而成，外皮红黄，断面色白。其中挥发油主要成分为龙脑、樟脑油脂、肉桂乙酯等。山奈具有较强烈的芳香气味，具有除腥提香、抑菌防腐作用，在炖、卤制品中加入山奈则别具香味。

7. 丁香

丁香又名公丁香、丁子香，其气味强烈芳香、浓郁，味辛辣麻。丁香为桃金娘科常绿乔木丁香的干燥花蕾及果实，干花蕾叫丁香，干果实叫母丁香，以完整、朵大、油性足、香气浓郁、入水下沉为佳品。丁香中含挥发香精油很多，所以具有特殊的浓烈香味，兼有桂皮香味，长作为桂皮的代用品。香精油中主要成分是丁香酚、丁香素等挥发物质。

丁香性辛温，有较强的芳香味，可调味，制香精，并可入药，主治脾胃虚寒，温中止痛，和胃暖肾，降逆止呕，是肉制品加工中常用的香料，对提高制品风味具有显著的效果，并有促进胃液分泌、增加胃肠蠕动、帮助消化等作用。但丁香对亚硝酸盐有消色作用，使用时应注意。

8. 胡椒

胡椒又名古月、黑川、百川。胡椒是多年生藤本胡椒科植物的果实，有黑胡椒、白胡椒两种。未成熟的胡椒果实短时间地浸入热水中，再捞出晾干，果皮皱缩而黑，称为黑胡椒；成熟果实脱皮后晒干，色白叫做白胡椒。黑胡椒辛辣味香较白胡椒强。胡椒含有 8%～9% 胡椒碱和 1%～2% 的芳香油，辣味成分主要是胡椒碱、异胡椒碱。

胡椒性辛温，味辣香，具有令人舒服的辛辣芳香，它的辣味是一种清爽的微辣，能很快地消失，且不留任何难闻的气味，但其味易挥发，保存时间不宜太长。胡椒很早以来就是酱卤制品、西式肉制品等重要的香辛料。

9. 砂仁

砂仁又名缩砂密、缩砂仁、宿砂仁、阳春砂仁。砂仁为姜科植物阳春砂和缩砂的干燥成熟果实，以个大、坚实、呈灰色、气味浓香者为佳品。花期 3～6 月，果期 6～9 月，主要栽培或野生于我国南方各省亚热带地区。砂仁含约 3% 的挥发油。挥发油中的主要成分为龙脑、右旋樟脑、乙酸龙脑酯、芳香醇等。

砂仁气味芳香浓烈，性辛温，有行气宽中止痛、健脾消胀、安胎止呕的功能，并具有加香调味，矫臭压腥，增强食欲的作用。含有砂仁的制品，清香爽口、风味别致并有清凉口感。肚、肠、猪肉汤、汉堡饼等制品中常用。在肉制品中去异味，增加香味，使肉味美可口，另外还可作造酒、腌渍蔬菜、制作糕点和饮料等食品的调料。

10. 肉豆蔻

肉豆蔻也称玉果、肉果，是肉豆蔻科高大乔木肉豆蔻树的成熟果实干燥而成。肉豆蔻呈卵圆形、坚硬、表面有网状皱纹，断面有棕黄色相杂的大理石花纹，以个大体重、坚实、表面光、油性足、破碎后有强烈香气为佳。肉豆蔻气味芳香辛辣，香味成分主要是挥发油α-松油二环烯、肉豆蔻醚、丁香酚等。

肉豆蔻含脂肪多，油性大，具有除腥提香的调味功能，在肉制品加工中使用很普遍。

11. 甘草

甘草是豆科多年生草本植物的根，外皮红棕色，味道很甜，故称甘草。甘草含 6%～14% 的甘草素、甘草苷、甘草醇及葡萄糖、淀粉等。在肉制品加工中常用于酱卤制品，以改善制品的风味。

12. 陈皮

陈皮又称橘皮，为芸香科植物柑橘成熟果实的干燥果皮。陈皮主要成分为柠檬烯、橙皮苷、川陈皮素等。陈皮性辛温，气味芳香，微苦，是肉制品加工中常用的香辛料，特别是烧炖牛肉放入少许，可压膻除腥。

13. 草果

草果为姜科植物草果的干燥种子。草果呈椭圆形，红褐色，含有 0.7%～1.6%的挥发油；性温味辛，多用于酱卤肉制品，常用作烹饪香辛料，特别是烧炖牛肉放入少许，可压膻除腥。

14. 月桂

月桂又名桂叶、香桂叶、香叶、天竺桂。其味芳香文雅，香气清凉带辛香和苦味。月桂为樟科植物，常绿乔木，以叶及皮作为香料。月桂蒸馏可得 1%～3%月桂油，月桂油中主要是桉油精，占 35%～50%，此外，还含有少量的丁香油酚、丁香油酥酚酯等。月桂叶具有清香气味，能除去生肉中的异味，常用作西式肉制品和肉类罐头的矫味剂，此外，在汤类、烧烤、腌渍、鱼类等菜肴中也常使用。

15. 葱类

葱是人们一年四季经常食用的蔬菜和调味品。深受广大民众的喜爱，几乎家家必备，一日不可无葱，所以，古人称葱为"和事草"、"菜伯"。葱为百合科多年生草本植物，种类很多，按类型可分为大葱、分葱和小葱三大类。在肉制品加工中应用较多的有洋葱和大葱。

（1）洋葱　又名洋葱头、肉葱、玉葱，为须根生草本植物，叶鞘肥厚呈鳞片状，密集于短缩茎周围，形成鳞茎的扁球形，可食部分都是鳞茎。洋葱味香辣，生洋葱辣味很强，加热烹调时，香味及辣味成分被还原成丙硫醇而呈特有甘味。洋葱与肉一起煮能除生肉的腥味、膻味，使肉制品香辣味美，所以在肉制品加工中经常使用。

（2）大葱　是食品加工和烹饪过程中使用极其普遍、深受喜爱的调味料之一。大葱主要有效成分是挥发油，此外还含有蛋白质、脂肪、糖类、维生素 A、B 族维生素、维生素 C 和钙、镁、铁等物质。大葱性辛温、味辣香，具有发汗解表、通阳健胃、祛痰利尿等功能。在肉制品加工中，大葱可以提鲜增香，压膻除腥，而且对人体还有医疗保健作用。

16. 大蒜

大蒜又叫胡蒜，是百合科多年生宿根植物大蒜的鳞茎。蒜的全身都含有挥发性大蒜素，此外，蒜中还含有蛋白质、脂肪、糖、B 族维生素和维生素 C、钙、磷、铁等物质。大蒜性温味辣，在肉制品中使用可起到压腥去膻、增强风味、促进食欲、帮助消化的作用。蒜中的硒，是一种抗诱变剂，它能使处于癌变情况下的细胞正常分解；阻断亚硝胺的合成，减少亚硝胺前体物的生成。所以大蒜还具有良好的防癌、抗癌作用。

17. 姜

姜又称生姜、白姜，为姜科植物姜的根茎，呈黄色或灰白色不规则块状，性辛微温，味香辣，有发汗解表、止呕、解毒的功能。其主要成分为姜油酮、生姜醇、姜油素等挥发性物质和淀粉、纤维、树脂等。在肉制品加工中可以鲜用，也可以干制成粉末使用。姜不仅是广泛应用的调味料，还具有调味增香、去腥解腻、杀菌防腐等作用。

18. 辣椒

辣椒的种类很多，别名也多，如番椒、辣茄、海椒、鸡嘴角等。辣椒性辛、热、辣，能调胃、温中散寒、促进胃液分泌、开胃、除湿、提神兴奋、帮助消化、促进血液循环、增强机体的抗病能力。在肉制品加工中，使用较多的是香辣椒和红辣椒。

（1）香辣椒 为桃金娘科，未成熟干燥果实。精油成分是丁香油酚、桉油醇、丁香油酚甲醚、小茴香萜、丁香油烃、棕榈酸等。香味的主要成分是丁香油酚，具有桂皮、丁香、肉豆蔻的混合香味。所以在肉制品、西餐及鱼肉菜肴中经常使用。

（2）红辣椒 为茄科一年生草本植物的果实，我国各地均有种植。红辣椒含有挥发油，其中主要成分为辣椒碱，是辣味的主要成分。此外，还含有少量的维生素C、维生素E、胡萝卜素和钙、铁、磷等。红辣椒味香辣，不仅有调味功能，还有杀菌、开胃等效用，并能刺激唾液分泌及淀粉酶活性，从而帮助消化，促进食欲。辣椒除调味作用外，还具有抗氧化和着色作用。

二、配制香辛料

随着食品工业的发展，调料工业也有了很大的发展，出现了越来越多的配制香辛料，如咖喱粉、五香粉、炒菜料、煮肉料等。

1. 咖喱粉

咖喱源于印度，即混合香辛料的意思，咖喱粉的成分是由20多种香料、中药材的变化而衍生的，主要成分是姜黄、胡椒、芫荽、生姜、番红花（即藏红花）。

几种咖喱粉配方如下（单位：kg）。

配方1：芫荽籽粉5，辣椒粉10，小豆蔻粉0.4，胡萝卜籽粉40，姜黄粉5。

配方2：芫荽籽粉16，姜粉1，白胡椒粉1，肉豆蔻粉0.5，辣椒粉0.5，芹菜籽粉0.5，姜黄粉1.5，小豆蔻粉0.5。

配方3：芫荽籽粉7，黑胡椒粉4，精盐12，桂皮粉4，黄芥子粉8，香椒粉4，辣椒粉3，孟买肉豆蔻粉1，姜黄粉8，芹菜籽粉1，胡萝卜籽粉1，莳萝籽粉1。

咖喱粉呈鲜艳的黄色，味香辣，是肉制品加工和中西菜肴中重要的调味品，主要起提味、增香、去腥膻、增色的作用。其有效成分多为挥发性物质，在使用时为了减少挥发损失，宜在制品临出锅前加入。

2. 五香粉（见任务二）

三、抽提香辛料

抽提香辛料是由芳香植物不同部位的组织或分泌物，采用蒸汽蒸馏、压榨、冷磨、萃取、浸提、吸附等物理方法而提取制得的一类天然香料。因制取方法不同，可制成不同的制品，如精油、酊剂、浸膏、油树脂等。

（1）精油 是指用水蒸气蒸馏、压榨、冷磨、萃取天然香料植物组织后提取得到的制品。它与植物油不同，是由萜烯、脂环族和脂肪族等有机化合物组成的混合物。

（2）酊剂 是指用一定浓度的乙醇，在室温下浸提天然香料并经过澄清过滤后所得的制品。一般每100mL相当于原料20g。

（3）浸膏 是指用有机溶剂浸提香料植物组织的可溶性物质，最后经除去所用溶剂和水分后得到的固体或半固体膏状制品。一般每毫升相当于原料2～5g。

（4）油树脂 是指用有机溶剂浸提香料植物组织，然后蒸去溶剂后所得的液体制品，其中，一般均含有精油、树脂。另外，还有香膏、树脂和精油等天然香料提取制品。

任务一　不同香辛料的观察与辨别

※ 【任务描述】

选择 10～15 种肉制品加工中常用香辛料进行分辨。

※ 【工作准备】

(1) 材料的准备　花椒、八角、小茴香、桂皮、白芷、山柰、丁香、胡椒粉、砂仁、肉豆蔻、甘草、陈皮、草果、月桂等常见香辛料。

(2) 仪器设备的准备　刀、砧板。

(3) 相关工具的准备　任务工单等。

※ 【工作程序】

首先观察不同香辛料的外形，然后对各种香辛料的气味进行对比和辨别，达到能够区分不同香辛料的目的。

※ 【作业】

写出肉制品加工中常用辅料的特征、性质。

※ 【任务实施】

详见《肉制品加工技术项目学习册》的任务工单。

任务二　复合香辛料的加工

※ 【任务描述】

选择合适的配方和辅料，加工出几种复合香辛料。

※ 【工作准备】

(1) 材料的准备　花椒、八角、小茴香、桂皮、丁香等香辛料。

(2) 仪器设备的准备　手摇磨、盆、刀具等。

(3) 相关工具的准备　任务工单等。

※ 【工作程序】

称取相应量的原料去杂质后，用刀切碎并在手摇磨里磨碎，混合后即为五香粉。

五香粉的配方如下（单位：kg）。

配方 1：八角 1，五加皮 1，小茴香 3，丁香 0.5，桂皮 1，甘草 3。

配方 2：花椒 4，甘草 12，小茴香 16，丁香 4，桂皮 4。

配方 3：花椒 5，桂皮 5，小茴香 5，八角 5。

配方 4：八角 5.5，桂皮 0.8，山柰 1，白胡椒 0.3，甘草 0.5，姜粉 1.5，砂仁 0.4。

※【任务实施】

详见《肉制品加工技术项目学习册》的任务工单。

学习单元四　包装材料的加工与应用技术

※【知识目标】

1. 熟悉肉制品加工常用的包装材料种类与特性。
2. 了解包装技术对肉制品加工行业的意义。

※【技能目标】

1. 能区分不同包装材料种类及安全性。
2. 能正常选择和使用肉制品包装材料。

包装起源于原始人持续生存的食物贮存，到人类社会有商品交换和贸易活动时，包装逐渐成为商品的组成部分。现在包装已成为人们日常生活消费中必不可少的内容，现在生活离不开包装，却也为包装所困。

食品包装从始至今，历来都是包装的主体部分之一。食物易腐败变质而丧失其营养和商品价值，因此，必须进行适当包装才能贮存和成为商品。随着人们消费水平和科学技术水平的日益提高，对食品包装的要求也逐渐改变着人们的生活方式。

一、包装的基本概念

根据中华人民共和国国家标准（GB/T 4122.1—2008），包装的定义是：为在流通过程中保护产品，方便贮运、促进销售，按一定技术方法而采用的容器、材料及辅助物品的总称。也指为了达到上述目的而采用容器、材料和辅助物的过程中施加一定技术方法等的操作活动。

食品包装是指采用适当的包装材料、容器和包装技术，把食品包裹起来，以使食品在运输和贮藏过程中保持其价值和原状。

二、包装的功能

在现代商品社会，包装对商品流通起着极其重要的作用，包装的好坏影响到商品能否以完美的状态传达到消费者手中，包装的设计和装潢水平直接影响到企业形象乃至商品本身的市场竞争。现代包装的功能有以下 4 个方面。

1. 保护商品

商品在贮存、运输、销售、消费等流通过程中常会受到各种不利条件及环境因素的破坏和影响，采用合理的包装可使商品免受或减少这些破坏和影响，以达到保护商品的目的。

2. 方便贮运

包装能为生产、流通、消费等环节提供诸多方便：能方便厂家及运输部门搬运装卸，方便仓储部门堆放保管，方便商店陈列销售，也方便消费者的携带、取用和消费。现代包装还注重包装形态的展示方便、自动售货方便及消费时的开启和定量取用的方便。一般来说，产品没有包装就不能贮运和销售。

3. 促进销售

包装是提高商品竞争能力、促进销售的重要手段。精美的包装能在心理上征服购买者，增加其购买欲。在超级市场中，包装更是充当着无声推销员的角色，包装形象可以直接反映出一个品牌和一个企业的形象，给人以高质低价的感觉。

4. 提高商品价值

包装是商品生产的继续，产品通过包装才能免受各种损害而避免降低或失去其原有的价值。因此，投入包装的价值不但在商品出售时获得补偿，而且能给商品增加价值。

三、包装的分类

现代包装种类很多，因分类角度不同形成多样化的分类方法。

（1）按在流通过程中的作用分类，包装可分为运输包装和销售包装。

（2）按包装结构形式分类，可分为体贴包装、泡罩包装、热收缩包装、托盘包装、组合包装等。

（3）按包装材料和容器分类，见表2-3。

表 2-3　包装材料和容器分类

包装材料	包装容器类型
纸与纸板	纸盒、纸箱、纸袋、纸罐、纸杯、纸质托盘、纸浆模塑制品等
塑料	塑料薄膜袋、中空包装容器、编织袋、周转箱、片材热成型容器、热收缩膜、软管、软包装袋等
金属	马口铁、无锡钢板等制成的金属罐、桶等，铝、铝箔制成的罐、软管、软包装袋等
复合材料	纸、塑料薄膜、铝箔等组合而成的复合包装材料制成的包装袋、复合软管等
玻璃陶瓷	瓶、罐、坛、缸等
木材	木箱、板条箱、胶合板箱等
其他	麻袋、布袋、草或竹制包装容器等

（4）按被包装的产品分类，可分为食品包装、化工产品包装、有毒物品包装、易碎物品包装、易燃品包装、工艺品包装、家电产品包装、杂品包装等。

（5）按销售对象分类，可分为出口包装、内销包装、军用包装和民用包装等。

（6）按包装技术方法分类，可分为真空和充气包装；控制气氛包装；脱氧包装；防潮包装；冷冻包装、软罐头包装；无菌包装；热成型、热收缩包装；缓冲包装等。

四、生鲜肉的包装

常用的包装材料有纸类、塑料、玻璃、金属、陶瓷、树脂及复合膜。

1. 包装要求

生鲜肉的包装主要是保鲜，为达到相应的质量指标，包装时应达到如下要求：①能保护肉不受微生物等外界的污染；②能防止肉水分的蒸发，保持包装内部环境较高的相对湿度，使肉不至于干燥脱水；③包装材料应有适当的气体透过率、透氧率，能维持细胞的最低生命活动且保持肉颜色所需，而又不致使肉遭受氧化而败坏；④包装材料能隔绝外界异味的浸入。

2. 生鲜肉常用的包装方式

生鲜肉常用的包装方式主要为浅盘包装，将肉放入以纸浆模塑或片材热成型制成的透明或不透明的浅盘里，表面覆盖一层透明的塑料薄膜。为防止纸质浅盘吸收肉汁和水分后引起品质下降或水分积累在浅盘中，常在浅盘底部衬垫一层吸水纸。

3. 气调保鲜包装

气调保鲜包装指将肉放入包装容器中抽真空，然后再充入单一或按一定比例混合后的气体密封包装。用高阻隔性的塑料薄膜进行气调包装，在 $4\sim6\text{℃}$ 的低温下可保鲜 $8\sim10\text{d}$，便于小包装肉在超市系统流通销售。

（1）气调包装常用材料　主要有 OPP/PE、PVDC/PE、PET/PE、PA/PE 等。

一般底材可采用 NY/PE、NY/Ionomer（离子交联聚合物）等。

（2）理想气氛条件　气调包装根据保鲜要求可将一定比例的气体组成混合气体。用 $40\%O_2$、$30\%N_2$ 组成的混合气体充入鲜肉包装袋内，既可使肉色鲜红、防腐保鲜，同时又可防止包装因 CO_2 浓度变化产生的压塌现象，适用于本地超市销售的零售包装。在 0℃ 冷藏的条件下，其保存期可长达 14d。表 2-4、表 2-5 列出了一些肉制品气调包装常用的气体混合比例，供参考。

表 2-4　肉与肉制品气调包装常用的气体混合比

种类	混合比例	采用国家
鲜猪肉（5～12d）	$70\%O_2+20\%CO_2+10\%N_2$ 或 $75\%O_2+25\%CO_2$	欧洲各国
鲜碎肉制品和香肠	$33.3\%O_2+33.3\%CO_2+33.3\%N_2$	瑞士
新鲜斩拌肉馅	$70\%O_2+30\%CO_2$	英国
熏香肠制品	$75\%O_2+25\%N_2$	德国及北欧四国
香肠及熟肉（4～8 周）	$75\%O_2+25\%N_2$	德国及北欧四国
家禽肉（6～10d）	$50\%O_2+25\%CO_2+25\%N_2$	德国及北欧四国

表 2-5　鲜猪肉真空包装和气调包装贮藏期间质量的变化（$0\sim6\text{℃}$，包装材料 PET/PE）

项目	包装前	空气	真空	$75\%O_2+25\%CO_2$		$50\%O_2+50\%CO_2$	
		7d	7d	14d	7d	14d	7d
细菌总数/(个/g)	8.9×10^3	不可计数	1.7×10^6	1.3×10^7	4.5×10^4	8.4×10^6	3.5×10^5
TVBN/(mg/kg)	11	120	100	100	130	110	100
pH	5.88	6.23	6.41	6.57	6.42	6.19	6.4
血红素/(mg/kg)	271	79	49	43	158	120	144

不同包装方法其保鲜效果不同，适用的范围不同，其包装技术要求和包装成本亦各不相同。因此，应根据包装对象的不同要求，合理进行选择。

4. 冷冻肉包装

冷冻肉包装主要是为了控制其冷藏过程中常出现的质量问题，即干耗、脂肪氧化和色泽变化，主要有与温度密切相关的肌红蛋白褐变，温度越高则时间越短。如在 -5℃ 下需 7d，而在 -10℃ 和 -20℃ 下则分别为 14d 和 56d。

用于冷冻包装的材料应具有以下条件：①较强的耐低温性，在 -30℃ 时仍能保持其柔软特性；②较低的透气性，以满足隔氧和适应充气或真空包装的需要；③水蒸气透过率低，以减少冷冻肉的干耗。冷冻肉常用的包装材料有 PE、PP、PET、PA 以及多种复合材料如 PET/PE、铝箔/PE、PA/PE 等。

冷冻肉类常用的包装方法有收缩包装、充气包装和真空包装。收缩包装的特点是产品外观平滑、肉质清晰可见、成本低等。充气包装由于充入 CO_2、N_2 等气体，能防止肉的脂肪氧化和微生物活动。真空包装抽去了袋中的空气，氧气的减少同样抑制了细菌的繁殖和脂肪氧化。另外，包装材料紧贴在肉的表面，可有效地减少冷冻肉的干耗。

五、熟肉类食品的包装

1. 包装材料

熟肉包装方式和包装材料的选用应满足各种制品特有的包装要求并保证有一定的货价期。综合熟肉类食品加工的共同特性，对包装材料的要求如下。

① 有良好的隔氧性，以防止氧的渗透。

② 高阻隔性，避免制品水分散失或从环境中吸热。

③ 能阻隔光线的投射，避光能达到保持肉品品质的要求。

④ 具有良好的加工工艺和包装工艺适应性，能耐高温杀菌和低温贮藏。

2. 加工肉常用的包装方法

常用的包装方法有：罐装，薄膜裹包，真空充气包装和热收缩包装等。

（1）中式肉制品包装　许多中式产品包装后需高温（121℃）杀菌处理，则要求包装材料能耐 121℃ 以上的高温，常用的有 PA(PET)/CPP、EVAL/CPP 等，一般采用真空包装，然后杀菌，产品货架期可达到 6 个月，常常被称作软罐头。

（2）西式肉制品包装　有些西式肉制品充填包装后在 90℃ 左右温度下进行加热处理，为了使产品组织紧密，一般要求包装材料有热收缩性能，可用 PA、PET、PVDC 收缩膜。有些西式肉制品制成产品后不再高温杀菌，可采用 PA、PS 片热成型制成的不透明或透明的浅盘、表面覆盖一层透明的塑料薄膜拉伸裹包，也可采用 PA、PVC 等收缩膜包装，这类产品的货架期较短，并且需在 4～6℃ 的低温下流通。

3. 肠衣类制品包装

肠类制品的包装比较特殊，需要采用肠衣来定型和包装，包装方法主要有普通充填包装和真空充填包装。

肠衣是肠类制品中和肉馅直接接触的一次性包装材料，与肠类制品的形态、卫生质量有关。每一种肠衣都有它特有的性能。在选用时应根据产品的要求考虑其可食性、安全性、收缩性、黏着性、密封性、开口性、耐老化性、耐油性、耐水性、耐热性、耐寒性以及强度等必要的性能。

（1）天然肠衣　用牛、猪、马等动物的消化器官或泌尿系统的脏器经自然发酵除去黏膜后腌制或干制而成，具有良好的韧性、弹性、坚实性、可食性、安全性、水汽透过性、烟熏渗入性、热收缩和对肉馅的黏着性，是一种非常好的天然包装材料。

（2）人造肠衣　外形美观、使用方便，可适应各种内装产品的特性要求，特别是其机械适应性好，规格统一，便于标准化操作，目前在肉制品生产中应用非常广泛。用作肉制品包装的人造肠衣薄膜应具有如下特性：气体阻隔性、光线阻隔性良好，防潮、耐热、耐寒、耐油、耐腐蚀、耐蒸煮，无毒、无臭、无味、无污染，卫生性良好，强度高，密封性、机械适应性能良好。

人造肠衣根据其原料的不同可分为四类：纤维素肠衣、胶原肠衣、塑料肠衣和玻璃纸肠衣。

① 纤维素肠衣　一般由自然纤维如棉绒、木屑、亚麻或其他植物纤维制成。此类肠衣在加工中能承受高温快速加工、充填方便、抗裂性强，在湿润情况下也能进行熏烤。但是该类肠衣不能食用、不能随肉馅收缩，在制成成品后必须剥离。根据纤维素的加工技术不同主要分小直径肠衣、大直径肠衣、纤维肠衣三种。

② 胶原肠衣　是一种由动物皮胶质制成的肠衣，有可食和不可食两种。可食胶原肠衣本身可以吸收少量的水分，因此比较柔嫩，其规格一致，使用方便，适合制作鲜肉灌肠。

③ 塑料肠衣　主要用 PVDC、PE、Ny 等制成。肠衣种类很多，各类灌制品都可以使用，只能蒸煮不能熏制。其优点是肠壁柔韧、坚实、强度高、使用方便、色泽多样、光洁美观，缺点是伸缩性差、不耐火、不能抽空排气。肠衣口径一般为 4~12cm。

塑料肠衣在灌制时能一次完成制品的定型、充填、封口或扎口等工作，机械适应优良、生产控制简便易行，选择不同的材料又可以满足多种内装产品的要求，生产上应用非常广泛。如采用高聚酰胺制成的尼龙复合肠衣可耐受高温 120~130℃、低温 −45℃ 的条件，且韧性、弹性比较好，可用于各种制品的包装。

④ 玻璃纸肠衣　是一种纤维素薄膜，其质地柔软伸缩性好，吸水性大，潮湿时吸湿产生皱纹而干燥时脱湿张紧，在干燥时透气性极小，不透过油脂，可层合，强度高，印刷性好，其性能优于天然肠衣且成本低于天然肠衣，是一种良好的包装材料。

任务三　猪小肠衣的加工

※ 【任务描述】

选择合适的原料和辅料，设计工艺流程和操作流程，加工生产为成品。

※ 【工作准备】

（1）材料的准备　猪小肠、粗盐、精盐。

（2）仪器设备的准备　木槽、刮板、刮刀、分路卡、缸、竹筛、水容器（带直式水龙头）、塑料袋、量码尺。

（3）相关工具的准备　任务工单等。

※ 【工作程序】

程序 1　取原肠

猪宰杀后，先从大肠与小肠的连接处割断，随即一只手抓住小肠，另一只手抓住肠网油，轻轻地拉扯，使肠与油层分开，直到胃幽门处割下。将小肠内的粪便尽量挤尽，然后灌水冲洗，此肠称为原肠。

程序 2　浸泡

从肠大头灌入少量清水，浸泡在清水木桶或缸内。一般夏天 2~6h，冬天 12~24h。冬天的水温过低，应用温水进行调节提高水温。要求浸泡的用水要清洁，不能含有矾、硝、碱等物质。将肠泡软，易于刮制，又不损害肠衣品质。

程序 3　刮肠衣

把浸泡好的肠放在平整光滑的木板（刮板）上，逐根刮制。刮制时，一手捏牢小肠，一手持刮刀，慢慢地刮，持刀须平稳，用力应均匀。既要刮净，又不损伤肠衣。

程序 4　擦盐漂洗

每把肠（91.5m）的用盐量为 0.7~0.9kg。要轻轻涂擦，力求均匀，一次腌足。腌好后的肠衣再打好结，放在竹筛上，盖上白布，沥干水。夏天沥水 24h，冬天沥水 2d。沥干水后将多余盐抖下，无盐处再用盐补上。

将半成品肠衣放入水中浸泡、折把、洗涤、反复换水。浸泡时间夏季不超过 2h，冬季可适当延长。漂至肠衣散开、无血色、洁白即可。

程序 5　灌水分路

将漂洗净的肠衣放在灌水台上灌水分路。肠衣灌水后，两手紧握肠衣，双手持肠距离 30～40cm，中间以肠自然弯曲呈弓形，对准分路卡，测量肠衣口径的大小，满卡而不碰卡为本路肠衣。测量时要勤抄水，多上卡，不得偏斜测量。盐渍猪小肠衣分路标准见表 2-6。

表 2-6　盐渍猪小肠衣分路标准

路分	1	2	3	4	5	6	7
口径/mm	24～26	26～28	28～30	30～32	32～34	34～36	36 以上

将同一路的肠衣在配码台上进行量码和搭配。在量码时先将短的理出，然后将长的倒在槽头，肠衣的节头合在一起，以两手拉着肠衣在量码尺上比量尺寸。量好的肠衣配成把。配把要求：要求每把长 91.5m，节数不超过 18 节，每节不短于 1.37m。

程序 6　扎把

每把肠衣用精盐（又称肠盐）1kg。腌时将肠衣的结拆散，然后均匀上盐，再重新打好把结，置于筛盘中，放置 2～3d，沥去水分。将肠衣从筛盘内取出，一根根理开，然后扎成大把。

程序 7　腌制与保存

扎成把的肠衣，装在木制的"腰鼓形"的木桶内，桶内用塑料袋再衬白布袋，将肠衣在白布袋里由桶底逐层整齐地排列，每一层压实，撒上一层精盐。每桶 150 把，装足后注入清洁热盐卤 24°Bé。最后加盖密封，并注明肠衣种类、口径、把数、长度、生产日期等。

※【注意事项】

肠衣装在木桶内，木桶应横放贮藏，每周滚动一次，使桶内卤水活动，防止肠衣变质。贮藏的仓库须清洁卫生、通风。温度要求在 0～10℃，相对湿度 85%～90%。还要经常检查，防止漏卤等。

※【任务实施】

详见《肉制品加工技术项目学习册》的任务工单。

思　考　题

1. 什么是肉制品加工辅料？
2. 调味料除了调味还有其他什么用途？
3. 香辛料除了起到增进风味的作用，还有什么作用？请举例说明。
4. 肉制品加工中为什么要使用添加剂？对添加剂有何要求？
5. 常用的防腐剂有哪些种类？（讨论）为什么消费者不敢食用？它们都有毒吗？
6. 什么是抗氧化剂？有什么作用？
7. 包装有什么功能？
8. 冷冻肉包装要注意哪些事项？
9. 肉制品中常用的包装材料有哪些？

冷鲜肉加工技术

【产品介绍】

冷鲜肉，又名冷却肉、冰鲜肉，是指畜禽屠宰后的胴体在人工制冷条件下，使肉的中心温度降低至 0～4℃，并在 −1～1℃ 下贮藏、流通、销售的肉。屠宰后的新鲜肉经过冷却，肌肉中的肌糖原在酶的作用下，分解产生乳酸，使肉的酸度增加，故又称"排酸肉"。酸化成熟后肉嫩、细腻、卫生、滋味鲜美、容易咀嚼，便于消化与吸收，而且还避免了冷冻肉解冻时的汁液流失，营养价值高。

学习单元一 畜禽屠宰技术

※ 【知识目标】

1. 掌握屠宰厂建厂原则及卫生要求。
2. 掌握畜禽屠宰前的检验与管理。
3. 掌握畜禽的屠宰加工过程及操作。
4. 掌握畜禽宰后的检验及处理。

※ 【技能目标】

1. 能够独立完成屠宰厂厂房设计及设施配备。
2. 能够独立完成畜禽宰前检验、宰前管理工作。
3. 能够独立完成畜禽宰后检验及处理工作。
4. 能够胜任畜禽屠宰加工工序的工作。

一、屠宰厂及其设施要求

屠宰厂的设计与设施配备，直接影响到食品的产量与卫生质量，要求经济上合理、技术上先进，既能生产出达到规定标准的产品，又不会对周围环境产生影响。

1. 屠宰厂设计原则

屠宰厂应建在地势较高，干燥，水源充足，交通便利，无有害气体、灰沙及其他污染源，便于排放污水的地区。屠宰厂不得建在居民稠密的地区，距离在 500m 以上，应尽量避免位于居民区的下风向和上风向。

屠宰厂的布局必须符合流水作业要求，应避免产品倒流以及原料、半成品、成品之间，健畜和病畜之间，产品和废弃物之间互相接触，以免交叉污染。具体要求是：①饲养区、生产作业区应与生活区分开设置；②运送活畜与成品出厂不得共用一个大门和厂内通道，厂区应分别设人员进出、活畜进厂和成品出厂大门；③生产车间一般应按饲养、屠宰、分割、加工、冷藏的顺序合理设置；④污水与污物处理设施应在距离生产区和生活区有一定距离（100m以上）的下风处。厂内除生产车间外，还应有制冷、供电、供水及污水处理等设施以及行政区和生活区。

2. 屠宰加工车间的建筑卫生要求

屠宰加工车间是屠宰厂和肉类加工厂最重要的车间，供给其他所有车间所需的原料，如果其设备不卫生或技术程序不合理，肉品将产生卫生质量问题，所以屠宰加工车间的建筑卫生要求是非常严格的。

屠宰加工车间的布局应遵循以下要求：要有效地利用建筑面积；在胴体上作业的顺序，如屠宰、放血、除内脏、胴体修整等必须是连续的流水作业；屠宰与胴体修整区须分开，分别在脏区和半净区进行；胃肠冲洗室等较脏的作业区应远离主要胴体作业区；建筑区的水、电、照明、排水设施要设置得方便简单；各作业区之间的距离不宜过远；容易进行彻底清洁。屠宰加工车间的各种设施卫生要求如下。

（1）车间的卫生要求 车间的地面要求由透水、防腐蚀的材料建成，表面要平整，并有一定斜度，易于清洁和消毒；墙壁要用光滑、耐用、不透水的浅色材料建成，易污染墙面最好贴白瓷砖，可洗表层距地面至少2m，墙与地面相接处需呈内圆角；窗台应向内倾斜，使其不能放置任何东西，窗户与地板面积的比例为1:4或1:6。车间内光线要充足，照明尽量采用充足的、不变色光源，光线要均匀、柔和，避免阳光直射；人工照明以日光灯为好，以免影响肉品色泽、有碍病理变化的正确判定。屠宰加工的各个车间之间应设置架空轨道或其他传送装置，以便运送胴体和内脏，节省劳动力并能避免交叉污染；轨道下应设表面光滑的金属或水泥斜槽，供收集血液、肉屑及污水之用；一般的工厂也应配备一定数量的小车及手推车运送屠宰产品。

（2）通风设备的卫生要求 考虑到工作人员的健康和产品质量，胴体的修整和处理车间内应有良好的通风与排湿设备，北方可自然通风，南方则需配备通风设备，但要避免高速的空气流动。门窗的开设应适合空气的对流，要配备防蝇、防蚊装置。另外，最好装有通风孔，空气的交换以1～3次/h为宜，交换的次数取决于悬挂新鲜肉的数量、密度和外部湿度。

（3）供水、排水的卫生要求 车间供水应充足，最好备有冷、热两用的水，水质须经检验，符合饮用水的卫生标准。为了及时排除屠宰车间的污水，保持地面的清洁和防止产品污染，必须建造完善的下水道系统。地面斜度适中并有足够的排水孔，保证下水道的畅通无阻，既保证污水充分排出，又要防止碎肉块、脂肪屑及污物等进入排水系统，以利于污水的净水处理。

除上述之外，屠宰厂内还应具备下列设施：专门的化验室；供洗手、消毒和清洗工具的设备；屠宰车间内的中控化验室；工作人员更衣室等，并应注意各设施的卫生要求。

生产车间内严禁吸烟，严禁乱扔烟头、杂物、纸屑，严禁随地吐痰和进食；工作人员进入车间必须穿戴专用工作服、鞋、帽，工作服不准穿出车间；要保持良好的卫生习惯，做到勤洗澡、勤理发、勤换衣，严禁留长发和长指甲；要定期对厂区、车间、通道及工作台、器械、设备等进行消毒。

屠宰加工车间的上述各种卫生要求，也适用于各副产品的加工车间。

3. 屠宰加工企业的污水处理

屠宰污水的处理日益受到重视。屠宰厂和肉联厂等排出的污水是典型的有机混合物，具有较高的生化需氧量，水体的污染程度即以水体中有机污染物的高低来衡量，通常以 BOD 值来表示。此值愈高，说明水体污染越严重。针对各种水质，我国都制定了相应的质量标准。屠宰污水经过处理达到排放水标准后方可排出。

二、畜禽的宰前准备与管理

屠宰的畜禽必须符合国家颁布的《家畜家禽防疫条例》、《肉品检验规程》的相关规定，经检疫人员出具检疫证明，保证健康无病，方可作为屠宰对象。畜禽在屠宰前，都要进行宰前检验和宰前管理。

1. 宰前检验及处理

（1）宰前检验的目的及意义　畜禽的宰前检验与管理是保证肉品卫生质量的重要环节之一，在贯彻执行病、健隔离，病、健分宰，防止肉品交叉污染，提高肉品卫生质量等方面，起着极为重要的把关作用。屠宰畜禽通过宰前临床检查，可以初步确定其健康状况，尤其是能够发现许多在宰后难以发现的传染病，如破伤风、脑炎、胃肠炎、脑包虫病、口蹄疫以及某些中毒性疾病，因宰后一般无特殊病理变化或因解剖部位的关系，在宰后检验时常有被忽略和漏检的可能。而对于这些疾病，依据其宰前临床症状是不难做出诊断的，从而做到及早发现、及时处理、减少损失，还可以防止畜禽疫病的传播。此外，合理的宰前管理，不仅能保障畜禽健康，降低病死率，而且也是获得优质肉品的重要措施。

（2）宰前检验的步骤和程序　当畜禽由产地运到屠宰加工厂后，在卸车之前，兽医人员应查验检疫证明、牲畜的种类和头数，了解产地有无疫情和途中病死等情况。如发现产地有严重疫病流行或途中病死头数较多时，即将该批畜禽转入隔离圈，并作详细的临床检查和实验室诊断，待确诊后根据疾病的性质，采取适当措施（急宰或治疗）。经过初步视检和调查了解，认为基本合格的畜群允许卸下，并将其赶入预检圈休息。逐头（只）观察其外貌、精神状况等，若发现有异常，立即剔出隔离，待验收后再进行详细检查和处理。赶入预检圈的畜禽，必须按产地、批次，分圈饲养，不可混杂。对进入预检圈的畜禽，给予充分的饮水，待休息一段时间后，再进行较详细的临床检查。经检查凡属健康的畜禽，可允许进入饲养圈饲养或屠宰。病畜禽或疑似病畜禽赶入隔离圈，按《肉品卫生检验试行规程）中有关规定处理。

（3）宰前检验的方法　畜禽宰前检验的方法可依靠兽医临床诊断，再结合屠宰厂的实际情况灵活应用。生产实践中多采用群体检查和个体检查相结合的办法。其具体做法可归纳为动、静、食的三大观察环节和看、听、摸、检四大要领。首先从大群中挑出有病或不正常的畜禽，然后再详细地逐头检查，必要时应用病原学诊断和免疫学诊断的方法。一般对猪、羊、禽等的宰前检验都应以群体检查为主，辅以个体检查；对牛、马等个头较大的家畜，宰前检验应以个体检查为主，辅以群体检查。

① 群体检查　群体检查是将来自同一地区或同批的畜禽作为一组，或以圈作为一个单位进行检查。检查时可以下列方式进行。

a. 静态观察　在不惊扰畜禽使其保持自然安静的情况下，观察其精神状态、睡卧姿势、呼吸和反刍，如有无咳嗽、气喘、战栗、呻吟、流涎、痛苦不安、嗜睡和孤立一隅等反常现象，对有上述症状的畜禽标上记号。

b. 动态观察　将畜禽轰起，观察其活动姿势，如有无跛行、后腿麻痹、打晃跟跄和离群掉队等现象，发现异常时标上记号。

c. 饮食状态的观察　观察畜禽采食的饮水状态，注意有无停食、不饮、少食、不反刍和想食又不能咽等异常状态，发现异常亦标上记号。

② 个体检查　个体检查是对群体检查中被剔出的病畜禽和可疑病畜禽，集中进行较详细的个体临床检查。即使已经群体检查并判为健康无病的牲畜，必要时也可抽 10% 作个体检查，如果发现传染病，可继续抽验 10%，有时甚至全部进行个体检查。

a. 眼观　眼观是一种既简便易行又非常重要的检查方法，要求检查者有敏锐的观察能力和系统检查的习惯。观察其精神、背毛和皮肤、运步姿态、鼻镜、呼吸动作、可见黏膜以及排泄物。

b. 耳听　可以耳朵直接听取或用听诊器间接听取畜禽体内发出的各种声音，听叫声、咳嗽声、呼吸音、胃肠音和心音。

c. 手摸　用手触摸畜禽体各部，并结合眼观、耳听，进一步了解被检组织和器官的功能状态。摸耳根、角根、体表皮肤、体表淋巴结、胸廓和腹部。

d. 测温　重点是检测体温。体温的升高或降低，是畜禽患病的重要标志。在正常情况下，各种动物的体温、呼吸和脉搏变化等见表 3-1。

表 3-1　各种动物的正常体温、呼吸和脉搏变化

畜禽种类	体温/℃	呼吸次数/(次/min)	脉搏次数/(次/min)
猪	38.0～40.0	12～20	60～80
牛	37.5～39.5	10～30	40～80
绵羊、山羊	38.0～40.0	12～20	70～80
马	37.5～38.5	8～16	26～44
骆驼	36.5～38.5	5～12	32～52
兔	38.5～39.5	50～60	120～140
鸡	40.0～42.0	15～30	140
鸭	41.0～42.0	16～28	120～200
鹅	40.0～41.0	20～25	120～200
鹿	38.0～38.5	16～24	24～48
犬	37.5～39.0	10～30	60～80

（4）宰前检验后的处理　经宰前检验健康合格、符合卫生质量和商品规格的畜禽按正常工艺屠宰。对宰前检验发现病畜禽时，根据疾病的性质、病势的轻重以及有无隔离条件等作如下处理。

① 禁宰　经检查确诊为炭疽、鼻疽、牛瘟、恶性水肿、气肿疽等恶性传染病的畜禽，采取不放血法扑杀。肉尸不得食用，只能工业用或销毁。同群其他畜禽应立即进行测温。体温正常者在指定地点急宰，并认真检验；不正常者予以隔离观察，确诊为非恶性传染病的方可屠宰。

② 急宰　确认为无碍肉食卫生的一般病畜禽及患一般传染病而有死亡危险的病畜，应立即急宰。凡疑似或确诊为口蹄疫的牲畜应立即急宰，其同群牲畜也应全部宰完。患布氏杆菌病、结核病、肠道传染病、乳房炎和其他传染病及普通病的病畜禽，必须在指定的地点或急宰间屠宰。

③ 缓宰　经检查确认为一般性传染且有治愈希望者，或患有疑似传染病而未确诊的畜禽应予以缓宰。但应考虑有无隔离条件和消毒设备，以及病畜禽短期内有无治愈的希望，经济费用是否有利于成本核算等问题。否则，只能送去急宰。

此外，宰前检查发现牛瘟、口蹄疫、马传染性贫血及其他当地已基本扑灭或原来没有流行过的某些传染病，应立即报告当地和产地兽医防疫机构。

2. 畜禽的宰前管理

（1）待屠宰畜禽的饲养　畜禽运到屠宰场经兽医检验后，若需饲养一段时间进行屠宰，则按产地、批次及强弱等情况进行分圈、分群饲养。肥度良好的畜禽所喂饲量，以能恢复运输途中造成的损失为原则；瘦弱畜禽的饲养以在短期内达到增重、改善肉质为目的。

（2）宰前休息　目前国内部分屠宰企业所采用的当日运输当日屠宰的方法显然是不科学的。在驱赶时应禁止鞭棍打、惊恐及冷热刺激。现在常用电动驱赶棒或摇铃方式驱赶畜禽。畜禽宰前休息不仅有利于放血和消除应激反应，还减少了畜禽体内淤血现象，提高了肉品的质量。

（3）宰前禁食、供水　屠宰畜禽在宰前 $12\sim24h$ 禁食，禁食时间必须适当。一般牛、羊宰前禁食 $24h$，猪 $12h$，家禽 $18\sim24h$。禁食时，应供给足量水，使屠宰畜禽进行正常的生理功能活动，调节体温，促进粪便排泄，以便放血完全，获得高质量的屠宰产品。为了防止屠宰畜禽倒挂放血时胃内容物从食道流出污染胴体，宰前 $2\sim4h$ 应停止供水。

（4）宰前淋浴　用水温 $20℃$ 喷淋畜禽 $2\sim3min$，以清洗体表污物。淋浴可降低畜禽体温，抑制兴奋，促使外周毛细血管收缩，便于放血充分。

三、家畜屠宰技术

屠宰畜禽的方法很多，较好的屠宰方法首先应保证手法简便，对操作者没有危险，同时符合兽医卫生与食品卫生要求，以能获得营养价值完全及质量良好的肉为原则。家畜的屠宰技术主要包括致晕、刺杀放血、烫毛或剥皮、开膛解体、胴体修整、检验盖印等环节。

1. 致昏（击晕）

致昏（击晕）可使屠畜暂时失去知觉。击晕的家畜神经系统失去知觉，避免家畜挣扎、号叫而导致放血不完全、消耗过多的糖原，从而提高肉的耐藏性。此外，还可以减轻工人的体力劳动，并保证人员的安全。

常用的致晕方法有机械致昏法、电致昏法和二氧化碳窒息法等。我国最常用的方法是电致昏法，即常说的"麻电法"。

（1）机械致昏法　机械致昏法有锤击、棒击及枪击等方法。锤击法是一种古老的方法，多用于牛的击晕。锤击用把长 $1m$、重约 $2kg$ 的木锤。击晕时持锤突然打击牛的前额部，造成脑震荡而失去知觉。对牛进行锤击时，注意打击部位要准确，打击力量要适中，一击即倒，避免损伤颅骨。这种方法要求技巧熟练，否则，不但不能击晕，反而会因骚动而造成危险，所以此法基本已被淘汰。

（2）电致昏法（麻电法）　电致昏法是使电流通过畜体全身，麻痹其中枢神经而使其晕倒的方法。此法的优点是：①有利于放血完全，并能获得大量的血液；②操作者不直接同家畜接触，避免造成危险；③放血时间短，生产效率高。

麻电器有两种形式，即手持式和自动式麻电装置。

电致昏法应依动物的种类、大小、年龄的不同来控制适宜的电压、电流和麻电时间。电压、电流过高，时间过长，引起血压急剧升高，造成皮肤、肌肉和脏器出血，甚至休克死亡，肉品质下降，也会导致脱毛困难；电压、电流过低，时间过短，达不到致昏的目的，导致皮肤、肌肉损伤，甚至需要更多的人工补杀。常见畜禽屠宰时的电击晕条件见表3-2。

（3）二氧化碳窒息法　二氧化碳窒息法是使家畜处于用干冰产生 CO_2 的密室内，使其吸入浓度为 $65\%\sim70\%$ 的 CO_2，经 $40\sim45s$ 后家畜即窒息昏倒。二氧化碳麻醉分为 3 个阶段：痛觉丧失阶段（ $10\sim12s$ ）、兴奋阶段（ $6\sim8s$ ）和麻醉阶段。由于 CO_2 麻醉使动物在安静状态下，不知不觉地进入昏迷状态，因此肌糖原消耗少，最终 pH 值低，肌肉处于迟缓状

表 3-2　常见畜禽屠宰时的电击晕条件

畜禽种类	电压/V	电流/A	时间/s
猪	70~100	0.5~1.0	1~4
羊	90	0.2	3~4
牛	75~120	1.0~1.5	5~8
兔	75	0.75	2~4
鸡	65	0.1~0.2	5~6
鸭	85	0.1~0.2	1.5~2.5
鹅	75	0.1~0.2	3~4

态下，避免体内出血。但此法所采用的 CO_2 浓度不宜太高，时间不宜太久，否则会造成屠畜窒息死亡，反而不利于放血完全。

2. 刺杀放血

致昏后的家畜应立即倒挂并刺杀放血。采用的方法有血管刺杀放血、心脏刺杀放血和切断三管（血管、气管和食管）放血等几种。

（1）刺杀放血操作　将刀刃向上，斜面要求 15°~20°，按其刺杀部位准确地刺入颈部并用刀往上捅，以切断颈部血管。猪的刺杀部位是第一对肋骨水平线下方 1.5~3cm、颈部中线右侧 1cm；牛的刺杀部位在距胸骨 16~20cm 的颈下中线处；羊刺杀右侧颈动脉下颌骨附近。

血管刺杀放血刀口小，污染面积小。心脏刺杀放血快、死亡快，在不电麻的情况下方便工作，但破坏心脏后放血不全，且胸腔积血。切断三管放血操作简便，但血液易被胃内容物污染。一般屠宰场多使用第一种方法，小型屠宰场和广大农村在宰猪时多使用心脏刺杀法。

（2）刺杀放血姿势　放血是否完全是保证肉及肉制品质量的关键，所以要考虑刺杀放血的姿势。家畜刺杀放血的姿势一般有倒悬和侧卧 2 种。倒悬刺杀放血法是把家畜倒挂，让血液向下流，所受阻力小，放血比较完全，且放血时间较快。一般牛需 6~8min，猪需 6~7min，羊需 5~6min。侧卧刺杀放血法又称平卧刺杀放血法。由于家畜放血是侧卧平躺在支架上，某些血管受压，血管阻力大，血液流通不畅，因此放血不完全，而且放血时间长。侧卧刺杀放血所需的时间为：牛需 9~12min，猪需 9~10min，羊需 8~10min。

3. 浸烫、煺毛或剥皮

家畜放血后解体前，猪需烫毛、煺毛，牛、羊需剥皮。烫猪的水温为 61~63℃，时间为 3~5min，浸烫时应防止"烫生"和"烫老"。这项工作对保证肉品质量起重要作用。现在，大型肉联厂均使用烫毛机、刮毛机和剥皮机再加手工作业进行这项工序。

（1）浸烫及煺毛　为了便于煺毛，刺杀后的猪皮放入 60~80℃水温的热水池中浸烫 3~8min，使毛根松软便于煺毛。水温和烫毛的时间根据动物品种、年龄和季节等有所变化，要适当控制。若水温偏低或浸烫时间短，毛孔不能扩大，煺毛困难。如果水温过高或烫之过久，则皮表面蛋白质胶化，毛孔收缩，煺毛困难。浸泡中要使畜体在水中翻滚，将其烫均匀，特别要注意头和四肢等不容易烫好的部位，当这些部位已开始顺利掉毛时即表示已烫好。浸烫完毕应趁热煺毛。

煺毛的方法有手工煺毛和机械煺毛两种。

① 手工煺毛　先掠去耳毛，再顺次刮去尾毛及脚爪、肚裆、背部两侧的毛，最后将剩下的鬃毛和表皮的黑垢刮净并敲去脚壳。若不按顺序刮毛，不仅操作不便，还会因浸烫过度，毛孔收缩，不易刮净。刮毛时要顺着毛势刮，不应横刮或倒刮，避免造成断毛，降低品质。

② 机械煺毛　一般可分为 2 种类型，一种是滚筒式，利用上下两组相反旋转的滚筒

（上一下二共 3 个），将浸烫好的屠体送入滚筒，滚筒上突出的钝齿将毛煺掉。另一种是刮刀式，使畜体腹部向下，通过装有弹簧的刮刀或旋转的齿轮刮除畜毛。机械煺毛大幅度提高了工作效率，改善了工作条件。

在煺毛过程中，尤其是机械煺毛时，虽然几乎煺掉全部粗长毛，但屠体上会残留一些短绒毛或细毛，尤其是四肢、腹部等处的毛较难煺净。为保证产品的规格质量，可用喷灯火焰烧燎，将喷灯上下缓慢移动，待细毛焦黄时，停止喷射，再用小刀轻轻修刮干净，然后用冷水冲净。

（2）剥皮　通常有倒悬剥皮和横卧剥皮 2 种。倒悬剥皮时，将放血后的畜体后肢悬挂在吊车上，先沿腹部的白线（正中部）切开，然后按腹壁、四肢、颈、头、背的顺序将皮剥离。横卧剥皮法也是先沿腹部的白线（正中部）切开，再切开四肢内侧，并将四肢及胸腹部皮挑开，然后顺次将腹壁、颈、背部的皮剥离。

剥皮方式有手工剥皮法和机械剥皮法 2 种。手工剥皮是一项繁重的劳动，目前屠宰场大都采用机械剥皮法，既减轻了工人的劳动强度，又提高了劳动效率。机械剥皮必须先进行手工剥皮和划线，待手工剥皮划线后，将畜体推向固定器，用链条把皮固定，同时把畜体的两前腿上的桡骨固定在剥皮机固定器上。按设备要求，视畜体肥瘦和伤疤情况调节剥皮机速度，将先固定的铁链挂在剥皮机上，启动机器。机器剥皮在头部时是横剥，到肩部时变成直剥，剥至后腿部时，操作人员应迅速离开以防轮子掉下伤人。

机械剥皮又可分为立式和卧式 2 种。

① 立式剥皮法　当畜体运行至剥皮机时，操作人员一手用铁链将尾皮套住（如山羊套两腿皮），另一手将铁环挂在运行的剥皮机挂钩上，随剥皮机转动，将皮徐徐拽下。

② 卧式剥皮法　当预剥的畜体运至剥皮机时，将预剥的皮用压皮装置压住，再将套着畜体的链钩挂在运转的拉链上，拉皮链运转而将皮剥下。

4. 开膛取内脏

（1）开膛　剥皮或煺毛后立即开膛，开膛沿腹白线切开腹腔和胸腔，切忌划破胃肠、肝脏和胆囊。摘取内脏包括剥离食道和气管、锯胸骨、开腔（剖腹）等工序。沿颈部中线用刀划开，将食管和气管剥离，用电锯由胸骨正中锯开。出腔时将腹部纵向剖开，取出胃、肠、脾、食道、膀胱等，再划开横膈肌，取出心脏、肝脏、胆囊、肺脏和气管。摘取内脏时，要注意下刀轻巧，不能划破肠、肛、膀肌、胆囊，以免污染肉体。摘除的脏器不准落地，心、肝、肺和胃、肠、胰、脾必须分别保持自然连接，并与胴体同步编号，由检疫人员按宰后检验要求进行卫生检疫。

牛的剖腹应在高台上进行作业。手工作业时，应先将屠体后躯吊起 1m，然后剖腹取出内脏。牛的内脏器官大，应将各个器官分隔开，分隔时要注意结扎好，避免划破肠管和胆囊。

（2）劈半　开膛取出内脏后，要将整个胴体劈成两半（猪、羊）或四分体（牛）。劈半前，先将背部皮肤、脂肪用刀从上到下分开，通常称作描脊或划背。然后用电锯或砍刀沿脊柱正中将胴体劈为两半。利用桥式劈半机劈半时，则应先将头去掉。用手持电锯劈半时，可将头连在一侧胴体上，以便检查咬肌。劈半时应注意不要劈偏。

5. 胴体修整

胴体修整是为了清除胴体上能够造成微生物繁殖的任何损伤和污血、污秽等，同时使外观整洁，提高商品价值。要求把不同的肌肉间（表面部分）和剔后暴露出的部分脂肪、筋腱、硬骨、软骨、骨渣、骨刺修净，对于肌肉要求修割的脂肪也要修净。

四、家禽屠宰技术

家禽屠宰程序主要包括宰杀放血、浸烫脱毛、取内脏和清洗等（图3-1）。

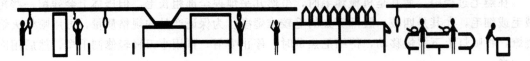

吊挂　电麻刺杀　沥血　　浸烫　脱毛　整理　取内脏　　预冷　　　　分割　　包装入库

图 3-1　家禽屠宰加工工艺流程

1. 电麻宰杀放血

家禽宰杀前常采用电麻法将其致昏再行宰杀。电麻时间要适当，以电击后马上将禽只从挂钩上取下，在60s内能自动苏醒为宜。过大的电压、电流会引起锁骨断裂，心肝破坏，心脏停止跳动，放血不良，翅膀血管充血。

电麻后应立即放血。家禽宰杀放血方法通常有切断三管放血法（用刀切断血管、气管和食管）、口腔放血法、动脉放血法三种。切断三管放血法操作简便，放血较快，但因切口较大，易被细菌污染，降低商品价值和耐藏性，同时也影响外观。口腔放血法能保证屠禽外表的完整，放血良好，产品质量好，耐贮藏，同时也有利于脱毛，但操作复杂，稍有不当，易造成放血不良，影响产品质量。动脉放血法较口腔放血法简便，伤口小，放血充分。

不论采用哪种放血方法，都应注意放血一定要充分，若放血不充分，家禽胴体发紫，品质差，不耐贮藏，商品价值低。但若放血时间太长，不会增加血量的放出，反而会导致脱毛困难。放血时间通常为1~1.5min，放血量占总活体质量的百分比分别为：小鸡3.8%，成年鸡4.1%，鹅4.5%，鸭和火鸡3.9%。

2. 浸烫

宰杀放血后的家禽，在体温散失前，即放到烫毛池中进行浸烫。根据浸烫温度可分为高温浸烫、中温浸烫和低温浸烫三种方法。

（1）高温烫毛　高温热水处理（71~82℃，30~60s）便于拔毛，降低禽体表面微生物含量，屠体呈黄色，较诱人，便于零售。但由于表层受到热伤害，所以贮藏期较短。温度高易引起胸部肌肉纤维收缩，使肉质变老，而且易导致皮下脂肪与水分的流失，故尽可能不采用高温处理。

（2）中温烫毛　中温烫毛条件为：58.9~65℃，30~75s。通常鸡采用65℃，35s；鸭60~62℃，120~150s。中温处理羽毛较易去除，外表稍黏、潮湿，颜色均匀、光亮，适合冷冻处理，适合裹浆、裹面的炸禽。由于中温处理会造成角质脱落，失去保护层，所以屠体易在贮藏期间生长微生物。

（3）低温烫毛　低温烫毛条件为：50~54℃，90~120s。低温处理羽毛不易去除，必须增加人工去毛，而有些部位如脖子、翅膀需再进行较高温的热水（62~65℃）处理。处理后禽体外表完整，适合各种包装，而且适合冷冻处理。

家禽烫毛处理温度和时间应以拔掉背毛为度。浸烫时要不断翻动，使其受热均匀，特别是头和爪要浸烫充分。注意水温不要过高或过低，水温高，浸烫时间长，损伤禽体表皮下组织和胶原蛋白，皮肤容易撕裂，直接造成禽肉品质降低；水温低，浸烫时间短，毛孔不张开，则拔毛困难。烫毛池的水要经常更换，保持水的温度恒定。现代化大型鸡屠宰加工企业大多采用蒸汽烫毛。

3. 脱毛与去绒毛

浸烫后，要趁热脱毛。脱毛分为手工拔毛和机械脱毛。机械脱毛又分为两厢脱毛和三厢脱毛。拔毛要求干净，防止破皮。

对于水禽类和脱毛不干净的鸡，禽体尚还残留着细小的绒毛和毛管，因此要及时把它们去除。去绒毛有两种方法：一是钳毛，即将禽体浮在水面，用拔毛钳子从颈部开始逆毛倒钳，将绒毛钳净；二是松香拔毛，将禽体浸入熔化的松香液（120～150℃）中，然后立即取出，放入冷水中（约3s）使松香凝成胶状，待外表不发黏时，从水中取出，将松香打碎剥去、绒毛即被松香粘掉。但若松香拔毛操作不当，可引起中毒。因此要避免松香流入鼻腔、口腔，并仔细将松香去除干净。

4. 净膛

根据清除内脏的程度和方法，将净膛分为全净膛、半净膛和不净膛三种。用于烤鸭的屠体用打气掏膛法，即将食管剥离，并将其塞进颈部皮下结缔组织中，然后将气嘴由刀口塞入充气，使空气充满皮下脂肪和结缔组织之间，充气后在右翅下切开4～5cm的切口，用手将内脏掏出。

净膛后要用清水将腔体内和屠禽表面冲洗干净。

5. 检验入库

净膛后，经过检验、修整、包装后入库冷藏。在库温−24℃下经12～24h冻结，使禽体温度达到−12℃，即可长期贮藏。

五、宰后检验

宰后检验的目的是发现各种妨碍人类健康或已丧失营养价值的胴体、脏器及组织，并做出正确的判定和处理。宰后检验是肉品卫生检验最重要的环节，是宰前检验的继续和补充。因为宰前检验只能剔出症状明显的病畜禽和可疑病畜禽，处于潜伏期或症状不明显的病畜禽则难以发现，只有宰后对胴体、脏器做直接的病理学观察和必要的实验室化验，进行综合分析判断才能检出。

1. 检验方法

宰后检验的方法以感官检查和剖检为主，必要时辅以实验室化验。

（1）视检 即观察肉尸的皮肤、肌肉、胸腹膜等组织及各种脏器的色泽、形态、大小、组织状态等是否正常。这种观察可为进一步剖检提供线索。如结膜、皮肤和脂肪发黄，表明可能有黄疸，应仔细检查肝脏和造血器官，甚至剖检关节的滑液囊及韧带等组织，如喉颈部肿胀，应考虑检出炭疽和巴氏杆菌病；某些疾病（如猪瘟、猪丹毒、猪肺疫、痘疹等）可通过皮肤的变化发现。

（2）剖检 借助检验器械剖开以观察肉尸、组织、器官的隐蔽部位或深层组织的变化。这对淋巴结、肌肉、脂肪、脏器和所有病变组织的检查以及疾病的发现和诊断是非常重要的。

（3）触检 借助于检验器械触压或触摸，判断组织、器官的弹性和软硬度，以便发现软组织深部的结节病灶。

（4）嗅检 对于不明显特征变化的各种局外气味和病理性气味，均可用嗅觉判断出来。如畜禽生前患尿毒症，肉组织必带有尿味；芳香类药物中毒或芳香类药物治疗后不久屠宰的畜禽肉，则带有特殊的药味。

在宰后检验中，检验人员在剖检组织脏器的病损部位时，还要采取措施防止病料污染产品、地面、设备、器具以及卫检人员的手。卫检人员应备两套检验刀具，以便遇到病料污染时，可用另一套消过毒的刀具替换，被污染的刀具在消除病变组织后，应立即置消毒液中消毒。

2. 操作要点

在屠宰加工的流水作业中，宰后检验的各项内容作为若干环节安插在加工过程中。一般分为头部、内脏、肉尸三个基本检验环节。屠宰猪时，须增设皮肤与旋毛虫检验两个环节。

（1）头部检验　牛头的检查首先观察唇、齿龈及舌面，注意有无水泡、溃疡或烂斑（检查牛瘟、口蹄疫等）；触摸舌体，观察上下颌的状态（检查放线菌）；剖开咽喉内侧淋巴结和扁桃体（检查结核、炭疽）及舌肌和内外咬肌（检查囊尾蚴）。对于羊头，一般不检淋巴结，主要检查皮肤、唇及口腔黏膜，注意有无痘疮或溃疡等病变。猪头的检查分两步进行：第一步在放血之后浸烫之前进行，剖检两侧颌下淋巴结，其主要目的是检查猪的局部性咽炭疽；第二步与肉尸检验一道进行，先剖检两侧外咬肌（检查囊尾蚴），然后检查咽喉黏膜、会咽软骨和扁桃体，必要时剖检颌下副淋巴结（检查炭疽），同时观察鼻盘、唇和齿龈的状态（检查口蹄疫、水泡病）。

（2）皮肤检验　皮肤检验对于检出猪瘟、猪丹毒等病具有很重要的意义。家禽主要检验皮肤病变。

（3）内脏检验　非离体检验目前主要用于猪。按照脏器在畜体内的自然位置，由后向前分别进行；离体检验可根据脏器摘出的顺序，一般由胃肠开始，依次检查脾、肺、心、肝、肾、乳房、子宫或睾丸。

（4）肉尸检验　首先判定其放血程度，这是评价肉品卫生质量的重要标志之一。放血不良的特征是肌肉颜色发暗，皮下静脉血液滞留。

在判定肉尸放血程度的同时，尚需仔细检查皮肤、皮下组织、肌肉、脂肪、胸腹膜、骨骼，注意有无出血、皮下和肌肉水肿、肿瘤、外伤、肌肉色泽异常、四肢病变等症状；剖开两侧咬肌，检查有无囊尾蚴。猪要剖检浅腹股沟淋巴结，必要时剖检深颈淋巴结。牛、羊要剖检股前淋巴结、肩胛前淋巴结，必要时还要剖检腰下淋巴结。

（5）旋毛虫检验　检验内脏时，割取左心膈脚肌两块，每块约 10g，按胴体编号，进行旋毛虫检验。

胴体经上述初步检验后，还须经过一道复检（即终点检验）。这项工作通常与胴体的打等级盖检印结合起来进行。当单凭感官检查不能做出确诊时，应进行细菌学、病理组织学等检验。

3. 检后处理

胴体和内脏经过卫生检验后，可按四种情况分别做出如下处理。一是正常肉品的处理：胴体和内脏经检验确认来自健康畜禽，在肉联厂或屠宰厂加盖"兽医驻讫"印后即可出厂销售；二是患有一般传染病、轻症寄生虫病和病理损伤的胴体和内脏的处理：根据病损性质和程度，经过各种无害处理后，使传染性、毒性消失或使寄生虫全部死亡者，可以有条件地食用；三是中毒和患有严重传染病、寄生虫病、病理损伤的胴体和内脏的处理：不能食用，可以炼制工业油或骨肉粉；四是患有炭疽病、鼻疽、牛瘟等《肉品卫生检验规程》所列的烈性传染病的胴体和内脏的处理：必须用焚烧、深埋等方法予以销毁。

任务一　猪屠宰生产线参观

※ 【任务描述】

选择某猪屠宰厂，按照屠宰工序逐一进行参观，参观时及时记录，并完成参观报告。

※【参观流程】

根据家畜（猪）屠宰加工流程（图 3-2），按以下生产环节进行实习参观。

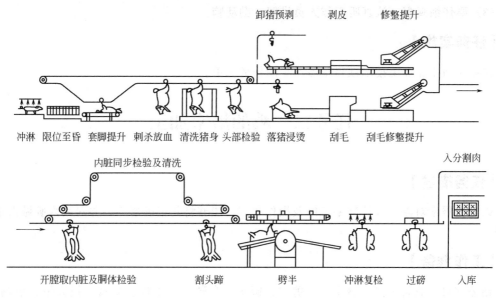

图 3-2　猪屠宰加工流程

※【参观程序】

程序 1　参观冲淋工序

参观冲淋工序主要了解毛猪屠宰前冲淋的目的，观察冲淋时活猪的状态反应。

程序 2　参观致昏工序

通过参观致昏工序，了解麻电法致昏基本原理、致昏条件及注意事项，观察麻电后猪的情绪和状态变化。

程序 3　参观浸烫、脱毛工序

参观浸烫、脱毛工序，主要了解浸烫时水温、浸烫终点判断及注意事项；观察猪体变化，浸烫设备及工作原理；观察脱毛过程操作要点及操作时注意事项。

程序 4　参观胴体修整工序

参观胴体修整工序主要了解胴体修整处理方法、注意事项及卫生要求等。

程序 5　参观内脏及副产品的处理工序

参观内脏及副产品的处理工序主要了解各内脏结构和名称，内脏取出后的处理方法，去毛、血液的进一步加工处理方法，卫生消毒制度等。

程序 6　参观宰后检验工序

根据产品要求，由专业的检疫人员对鲜销的产品进行检验检疫，由生产部门根据相关标准对深加工类产品进行质量检验。

参观宰后检验工序主要了解宰后检验工序和方法、宰后检验的要点、头部检验、皮肤检验、内脏检验、肉尸检验、旋毛虫检验、禽流感检验等检验项目，对保证肉品的质量与安全有什么重要意义，检验后肉品的处理方法、卫生消毒制度等。

（1）听从参观带队老师的安排，遵守参观纪律。

（2）听从厂方安排，遵守厂方的生产纪律和卫生制度。

（3）要仔细观察，认真听工作人员讲解，勤动脑。

※ 【任务实施】

详见《肉制品加工技术项目学习册》的任务工单。

任务二　鸡的屠宰加工

※ 【任务描述】

以鸡为屠宰对象，设计屠宰工序及操作要点，能够将其正确屠宰，并对其内脏做出正确处理。

※ 【工作准备】

活公（母）鸡若干只、屠宰刀、剪刀、镊子、台秤、电子秤、瓷盘、粗天平、吊鸡架、盛血盆、任务工单等。

※ 【工作程序】

程序1　宰前准备

应按规定程序在屠宰前一段时间停止在屠宰鸡的饲料中添加药物。通过动、静、食的三大观察环节和看、听、摸、检四大要领，对活鸡进行宰前检验，经检验合格的鸡进行屠宰。屠宰前须先禁食12～24h，只供饮水，以保证肉的品质优良和屠体美观；屠宰前称活鸡体重。

程序2　放血

由于切断三管放血法切口较大，严重影响了鸡体外观，因此常采用以下两种方法。

（1）动脉放血法　左手握鸡两翅，将其颈部向背部弯曲，并以左手拇指和食指固定其头，同时左手小指勾住鸡的一脚。右手将鸡耳下颈部宰杀部位的羽毛拔净后用刀切断颈动脉血管，放血致死。血放于盛血盆中。

（2）口腔放血法　将鸡两腿分开倒悬于吊鸡架上，左手握鸡头于手掌中并用拇指及食指将鸡嘴顶开，右手将解剖刀的刀背与舌面平行伸入口腔，待刀伸入至左耳部时将刀翻转使刀口朝下，用力切断颈静脉和桥形静脉联合处，然后再将刀抽出转向硬腭处中央裂缝中部（两眼间）斜刺延脑，破坏脑神经中枢。此法使鸡体没有伤口，外表完整美观，放血完全，死亡快。

采用以上两种方法放血，待放血完全后立刻称体重，并求得血重。

程序3　拔毛

（1）干拔法　用口腔内放血宰杀的家禽可用干拔法，待放血完全后，将羽毛拔去。注意勿损伤皮肤。

（2）湿拔法　待放血后，用60～65℃的热水浸烫，使热水渗进毛根，因毛囊周围骨肉的放松而便于拔毛。拔毛顺序为：尾→翅→颈→胸→背→臀→两腿粗毛→绒毛。拔完鸡毛后沥干水称屠体重并求毛重。

程序4　屠体外观检查

检查屠体表面是否有病灶、损伤、淤血，如鸡痘、肿瘤、胸囊肿、胸骨弯曲、大小胸、脚趾瘤、外伤、断翅或淤血块等。

※ 【注意事项】

（1）注意放血应充分。放血不充分的屠体肌肉颜色发暗，皮下静脉血液滞留，肉品质差，严重影响鸡肉的商品价值。

（2）浸烫时应注意水温和浸烫时间。浸烫温度和时间应根据鸡体重的大小、季节差异和鸡的日龄而异。温度不宜太高，浸烫不宜太久。一般以能拔下鸡毛而不伤皮肤为准。

（3）屠宰分割前，为防止屠体污染，开腹前先挤压肛门，使粪便排出。

※ 【任务实施】

详见《肉制品加工技术项目学习册》的任务工单。

学习单元二　畜禽肉分割加工技术

※ 【知识目标】

1. 掌握畜类一般分割方法及要点。
2. 掌握禽类一般分割方法及要点。
3. 了解畜禽肉的组织结构，熟悉畜禽分割肉名称及加工用途。

※ 【技能目标】

1. 能够胜任畜类肉分割加工中各工序的工作。
2. 能够胜任禽类肉分割加工中各工序的工作。
3. 能够正确识别出各分割肉，并能说出其加工用途。

肉的分割是按不同国家、不同地区的分割标准将胴体进行分割，以便进一步加工或直接供给消费者。分割肉是指宰后经过兽医卫生检验合格的胴体，按分割标准及不同部位肉的组织结构分割成不同规格的肉块，经冷却、包装后的加工肉。

一、猪胴体分割技术

1. 我国猪胴体分割技术

我国通常将猪半胴体分为肩颈肉、臀腿肉、背腰肉、肋腹肉、前臂和小腿肉、前颈肉六大部分（图3-3）。

（1）肩颈肉　俗称前槽、夹心。前端从第1颈椎，后端从第4～5胸椎或第5～6根肋骨间，与背线成直角切断。下端如加工火腿则从腕关节切断，如做其他制品则从肘关节切断，并剔除椎骨、肩胛骨、臂骨、胸骨和肋骨。这部分肉瘦肉多，但切开肉体，里面夹有脂肪，筋腱含量也多，适合于加工各种肉制品，但产品质量较差。

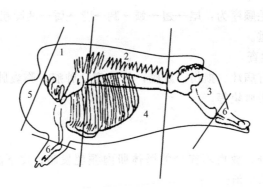

图 3-3 我国猪胴体部位分割
1—肩颈肉；2—背腰肉；3—臀腿肉；4—肋腹肉；5—前颈肉；6—肘子肉

（2）背腰肉 俗称外脊、大排、硬肋、横排。前面去掉肩颈部，后面去掉臀腿部，余下的中段肉体从脊椎骨下 4～6cm 处平行切开，上部即为背腰部。这部分肉是猪体上质量最好最嫩的肉，是加工中式大排骨、西式烧排骨、叉烧、灌肠制品的最佳原料。

（3）臀腿肉 俗称后腿、后丘。从最后腰椎与荐椎结合部和背线成直线垂直切断，下端则根据不同用途进行分割：如作分割肉、鲜肉出售，从膝关节切断，剔除腰椎骨、荐椎骨、股骨、去尾；如加工火腿则保留小腿后蹄。后腿瘦肉多，肥肉和筋腱较少，适合加工各种肉制品，如中式和西式火腿、香肠、肉干、肉松等。

（4）肋腹肉 俗称软肋、五花。肋腹肉与背腰部分离，切去奶脯即是。这部分肉肥瘦相间，适合于加工中式酱肉和培根。

（5）前颈肉 从第 1～2 颈椎处，或 3～4 颈椎处切断。这部分肉肥瘦难分，筋腱多，肉质差，可以作为肉馅和低档灌肠加工制品的原料。

（6）前臂和小腿肉 俗称肘子、蹄髈。前臂上从肘关节下的腕关节切断，小腿上从膝关节下的跗关节切断。前肘子瘦肉少，皮厚，胶质重；后肘子瘦肉多，较前肘子大。前臂和小腿肉适合作肴肉、酱肘子等的加工原料。

2. 美国猪胴体分割技术

美国将猪胴体分割为颊部肉、前蹄肉、肩胛肉、肋排肉、通脊肉、肋腹肉、后蹄肉、肩肉和腿部肉（图 3-4）。

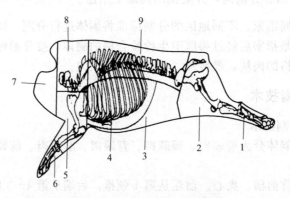

图 3-4 美国猪胴体部位分割图
1—后蹄肉；2—腿部肉；3—肋腹肉；4—肋排肉；5—肩肉；
6—前蹄肉；7—颊部肉；8—肩胛肉；9—通脊肉

二、牛、羊胴体分割技术

1. 牛胴体分割技术

（1）我国牛胴体分割技术　我国将牛半胴体分割为臀腿肉、腹部肉、后腰肉、胸部肉、肋部肉、肩颈肉、前腿肉、后腿肉八大部分（图3-5）。

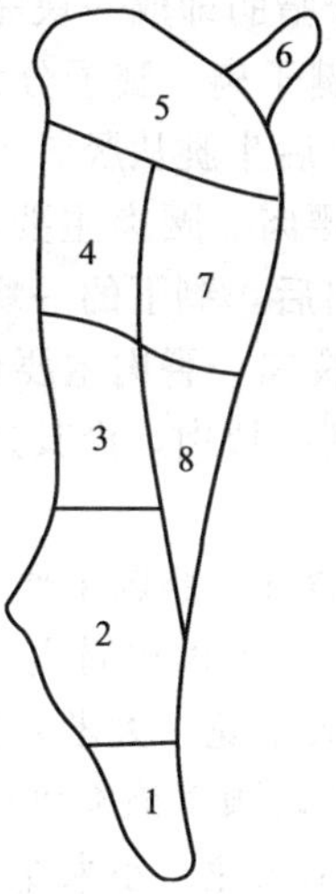

在此基础上进一步分割成牛柳、西冷、眼肉、上脑、胸肉、腱子肉、腰肉、臀肉、膝圆、大米龙、小米龙、腹肉、嫩肩肉13块不同的肉块（图3-6）。

①　牛柳　牛柳又称里脊，即腰大肌。分割时先剥去肾脂肪，沿耻骨前下方将里脊剔出，然后由里脊头向里脊尾逐个剥离腰横突，取下完整的里脊。

②　西冷　西冷又称外脊，主要是背最长肌。分割时首先沿最后腰椎切下，然后沿眼肌腹壁侧（离眼肌5～8cm）切下。再在第12～13胸肋处切断胸椎，逐个剥离胸椎和腰椎。

③　眼肉　眼肉主要包括背阔肌、肋最长肌、肋间肌等，其一端与外脊相连，另一端在第5～6胸椎处，分割时先剥离胸椎，抽出筋腱，在眼肌腹侧距离为8～10cm处切下。

图3-5　我国牛胴体部位分割图
1—后腿肉；2—臀腿肉；3—后腰肉；
4—肋部肉；5—肩颈肉；6—前腿肉；
7—胸部肉；8—腹部肉

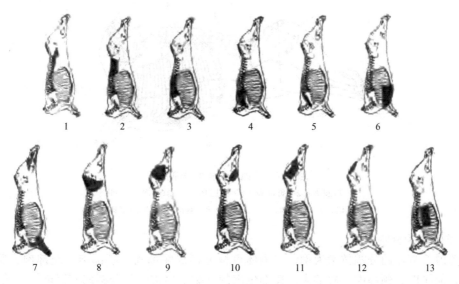

图3-6　我国牛肉分割图（阴影部）
1—牛柳；2—西冷；3—眼肉；4—上脑；5—嫩肩肉；6—胸肉；7—腱子肉；
8—腰肉；9—臀肉；10—膝圆；11—大米龙；12—小米龙；13—腹肉

④　上脑　上脑主要包括背最长肌、斜方肌等。其一端与眼肉相连，另一端在最后颈椎处。分割时剥离胸椎，去除筋腱，在眼肌腹侧距离为6～8cm处切下。

⑤　嫩肩肉　主要是三角肌。分割时沿眼肉横切面的前端继续向前分割，可得一圆锥形的肉块，便是嫩肩肉。

⑥　胸肉　胸肉主要包括胸升肌和胸横肌等。在剑状软骨处，随胸肉的自然走向剥离，

修去部分脂肪即成一块完整的胸肉。

⑦ 腱子肉　腱子分为前后两部分，主要是前肢肉和后肢肉。前牛腱从尺骨端下刀，剥离骨头，后牛腱从胫骨上端下切，剥离骨头取下。

⑧ 腰肉　腰肉主要包括臀中肌、臀深肌、股阔筋膜张肌。在臀肉、大米龙、小米龙、膝圆取出后，剩下的一块肉便是腰肉。

⑨ 臀肉　臀肉主要包括半膜肌、内收肌、股薄肌等，分割时把大米龙、小米龙剥离后便可见到一块肉，沿其边缘分割即可得到臀肉。也可沿着被切的盆骨外缘，再沿此肉块边缘分割。

⑩ 膝圆　膝圆主要是臀股四头肌。当大米龙、小米龙、臀肉取下后，能见到一块长圆形肉块，沿此肉块周边（自然走向）分割，很容易得到一块完整的膝圆。

⑪ 大米龙　大米龙主要是臀股二头肌。与小米龙紧接相连，故剥离小米龙后大米龙就完全暴露，顺着该肉块自然走向剥离，便可得到一块完整的四方形肉块即为大米龙。

⑫ 小米龙　小米龙主要是半腱肌，位于臀部。当牛后腱子取下后，小米龙处于最明显的位置。分割时可按小米龙的自然走向剥离。

⑬ 腹肉　腹肉主要包括肋间内肌、肋间外肌等，也即肋排，分无骨肋排和带骨肋排。一般包括4～7根肋骨。

（2）美国牛胴体的分割技术　美国牛胴体的批发分割技术是将胴体分成以下几个部分：前腿肉、肩颈肉、胸部肉、肋部肉、臀部肉、前腰肉、腹部肉、后腰肉、后腿肉（图3-7）。其零售切割方式是在批发部位的基础上进行再分割而得到零售分割肉块。

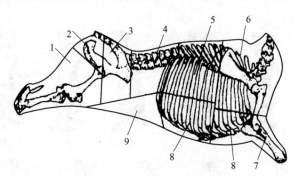

图3-7　美国牛胴体的分割图

1—后腿肉；2—臀部肉；3—后腰肉；4—前腰肉；5—肋
部肉；6—肩颈肉；7—前腿肉；8—胸部肉；9—腹部肉

2. 羊胴体的分割技术

以美国羊胴体的分割技术为例，羊胴体可被分割成腿部肉、腰部肉、腹部肉、胸部肉、肋排肉、前腿肉、颈部肉、肩部肉。在部位肉的基础上再进一步分割成零售肉块。美国羊胴体部位分割见图3-8。

三、禽肉分割技术

我国禽肉分割技术刚发展不久，目前尚无统一标准，发展较早的主要是鹅（鸭）的分割，而鸡的分割是近几年来参考鹅的分割方法发展起来的，其基本分割方法大同小异。目前分割方法有三种：平台分割法、悬挂分割法和按片分割法。前两种方法适合于鸡，后一种方法适合于鹅、鸭。禽类的分割亦是按照不同禽类的不同要求进行的。如鹅的个体较大，可以分割成8件；鸭的个体较小，可以分成6件；鸡则可以再适当分成更少的件数。

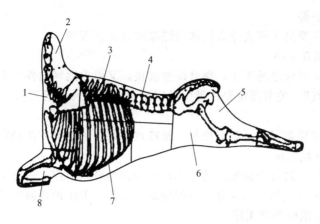

图 3-8　美国羊胴体的分割图

1—肩部肉；2—颈部肉；3—肋排肉；4—腰部肉；

5—腿部肉；6—腹部肉；7—胸部肉；8—前腿肉

1. 鹅、鸭的分割

鹅分割为头、颈、爪、胸、腿等 8 个部件，躯干部分成 4 块（1 号胸肉、2 号胸肉、3 号腿肉、4 号腿肉）。鸭躯干部分为 2 块（1 号鸭肉、2 号鸭肉）。

2. 鸡胴体的分割

分割鸡要求每只质量必须在 1.25～1.75kg。低重或超重、打残、急宰的鸡进行其他形式（按需要）的分割加工。

分割鸡各部位名称为翅、腿、爪、胸腔架、颈、头。

（1）翅　从肩关节割下，翅尖伤允许修整，但不得超过腕关节。

（2）腿　在背部到尾部居中和两腿与腹部之间各划一刀，从坐骨开始切断髋关节，取下鸡腿。肉与骨以及肉与皮不得脱离，剔除骨折、畸形腿。

（3）爪　从跗关节截下。

（4）头　从第一颈椎处将头割去。

（5）颈　齐肩胛骨处剪颈，颈根不得高于肩骨，截下的鸡脖不得有皮肉脱离现象。

（6）胸腔架　除去上述各部位后剩下的部分为胸腔架，包括胸肉。

任务三　猪胴体分割流水线参观

※ 【任务描述】

选择某猪屠宰分割厂，按照分割工序逐一进行参观，参观及时记录，并完成参观报告。

※ 【参观流程】

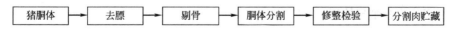

猪胴体 → 去膘 → 剔骨 → 胴体分割 → 修整检验 → 分割肉贮藏

※ 【参观程序】

程序 1　参观去膘工序

去掉肉表层的脂肪和前后腿大块肥膘称为去膘。去膘的方法有两种：一是从上到下去膘；二是由下而上去膘。

参观去膘工序主要是了解去膘方法和去膘操作时注意事项。

程序 2　参观剔骨工序

剔骨是一项技术性较强的工序，剔骨既要求快，又要求剔好的骨头不带肉或少带肉，即在骨体上"白不带红"。关节部位允许带少量零星碎肉。剔骨用的刀具一般是小尖刀，也有使用方刀的。

参观剔骨工序主要是了解骨骼所处位置及特点，并了解剔骨方法和操作时注意事项。

程序 3　参观分割工序

分割工序主要是了解分割肉加工的总体流程和详细分割程序，各分割岗位的具体操作要求和分割产品的规格标准和技术要点、车间的温度控制、卫生消毒制度等。

程序 4　参观分割肉整修工序

产品要求美观而整齐，其肌膜不被破坏，各种肉块保持完整性，因此肌肉剔骨后要进行修整。在整修过程中，要全部修净精肉表面脂肪团块，露于肌肉表面的筋腱以及神经、血管和淋巴。在整修过程中要注意肌肉表层与内层的暗伤、淤血、炎症、出血点、水肿等病灶以及白肌部分，并将其修净。

※　【注意事项】

（1）参观时须听从带队老师的安排，遵守参观纪律。

（2）听从厂方安排，遵守厂方的生产纪律和卫生制度。

（3）参观时要仔细观察，认真听工作人员的讲解，勤动脑。

※　【任务实施】

详见《肉制品加工技术项目学习册》的任务工单。

任务四　鸡胴体的分割

※　【任务描述】

以去毛鸡胴体为原料，设计分割工艺流程和操作规程，并按照分割工艺进行分割。

※　【工作准备】

分割用刀具；宰杀后放血、去除羽毛的整个鸡胴体；任务工单等。

※　【工作程序】

鸡胴体分割产品种类按分割可分为主产品、副产品。主产品又可分为全鸡类、全翅类、胸肉类、腿肉类等。

程序 1　主产品的分割与处理

（1）全鸡类

① 净膛鸡（鸡胴体）　屠体从腹部开口（2cm），将内脏（包括食道、嗉囊、气管、肺、消化系统、生殖器官、腹脂）摘除，除去头、颈、脚。颈皮从内侧划开。

② 半净膛鸡　将符合卫生质量标准要求的心、肝、肺、颈装入聚乙烯袋内，放入净膛

鸡胸腔腔内，不得散放和遗漏。

（2）全翅类

① 全翅　从肩关节处割下，切断筋腱，不得划破骨关节面和伤残里脊。

② 上翅　从肘关节处切断，由肩关节至肘关节段。

③ 小翅　切断肘关节，由肘关节至翅尖段。

（3）胸肉类

① 胸肉　沿胸骨两侧划开，切断肩关节，握着翅根连胸肉向尾部撕下，剪去翅，修净多余的脂肪和肌膜，使胸皮肉相连，无淤血，无熟烫。

② 小胸肉（胸里脊）　在锁骨和喙骨之间取下胸里脊，要求条形完整，无破损，无污染。

（4）腿肉类

① 全腿　在腿腹间两侧用刀划开，将大腿向背侧方向用刀，从髋关节处脱开，割断关节四周肌肉和筋腱。在跗关节处切断。腿形完整，边缘整齐，腿皮覆盖良好。

② 大腿　将大腿沿膝关节切断，为髋关节至膝关节的部分。

③ 小腿　将大腿沿膝关节切断，为膝关节至跗关节的部分。

④ 去骨腿肉　从胫骨到股骨内侧用刀划开，切断膝关节，剔除股骨、腓骨和软骨，修割多余的皮、软骨、伤痕，大小一致。

程序 2　副产品的整理

内脏产品整理必须有单独车间，不得和分割间共用。

（1）鸡心　去除心胆囊、血管、脂肪和心内血块。

（2）鸡肝　去除胆囊、血管，修净结缔组织。

（3）鸡胿　除去腺胃、肠管、表面脂肪。在一侧切开，去掉内容物，剥除鸡内金。

（4）鸡骨架　去掉腿、翅、胸肉及皮肤后的胸椎和肋骨部分。

（5）鸡脚　从跗关节处切下，除去趾壳。

※【注意事项】

（1）注意安全，分割用刀具非常锋利，不小心则可能会伤到自己或他人。

（2）分割时不可使用蛮力，要讲求技巧，否则易使刀具受损，还有可能将肉碰破，达不到技能训练的目的和要求。

（3）修整时要注意保持各分割肉块的完整性。

※【任务实施】

详见《肉制品加工技术项目学习册》的任务工单。

学习单元三　肉冷藏冷冻技术

※【知识目标】

1. 掌握肉的冷藏冷冻技术原理。

2. 掌握肉的冷却技术及在冷藏过程中的变化。

3. 掌握肉的冷冻技术及在冻藏过程中的变化。

4. 掌握冷冻肉的解冻技术及解冻过程的影响因素。

※【技能目标】

1. 能够胜任肉类冷藏加工工作。
2. 能够胜任肉类冻藏及解冻加工工作。
3. 能够胜任肉类冷藏冷冻制品的质量管理工作。

畜禽屠宰后即成为无生命体，不但对外界的微生物侵害失去抗御能力，同时自身也进行一系列降解等生化反应，出现死后僵直、软化成熟、腐败变质等现象。其中腐败过程始于成熟后期，是质量开始下降阶段，其特点是蛋白质和氨基酸进一步分解，腐败微生物也大量繁殖，影响肉的品质。因此，肉的贮藏应尽量推迟进入自溶阶段，即从屠宰后到成熟结束的时间越长越好。

目前，生鲜肉的保藏方法有很多，如腌制、化学保藏、辐射保藏、脱水保藏、低温保藏等。其中应用最广泛、效果最好、最经济的是采用人工制冷的低温保藏，它不但保藏时间长，而且在冷加工中不会引起肉的组织结构和性质发生根本的变化，所以采用低温保藏生鲜肉是现代的最完善的方法之一。

迅速降温可以减弱酶和微生物的活性，延缓自身的生化分解过程。屠宰后的畜禽肉温度为 37～40℃，水分含量 70%～80%，这样的环境非常适合微生物的繁殖与生长。迅速降温可以在肉体表面形成一层干燥膜，它不但阻止微生物的入侵和生长繁殖，而且减少了肉体内部水分的进一步流失。

一、肉的冷却与冷藏

冷却冷藏是常用的肉和肉制品保鲜方法之一。这种方法将肉品冷却到 0℃ 左右，并在此温度下进行短期贮藏。由于冷却冷藏能耗少，投资低，适宜于短期保存的加工肉类原料和不宜冻藏的肉制品。

1. 冷却目的

刚屠宰的胴体，其温度一般在 38～41℃，这个温度范围正适合微生物生长繁殖和肉中酶的活性，对肉的保存很不利。肉冷却的直接目的在于迅速排除肉体内部的热量，降低肉体深层的温度，使微生物在肉表面的生长繁殖减弱到最低程度，并在肉的表面形成一层皮膜；减弱酶的活性，延缓肉的成熟时间；减少肉体内部水分蒸发，延长肉的保存时间。

此外，肉的冷却也是肉的冻结过程准备阶段。对于整胴体或半胴体的冻结，由于肉层较厚，若采用一次冻结（即不冷却，直接冻结），常使肉体表面迅速冻结，而深层的热量难以散发，从而使肉体深层产生"变黑"现象，影响冻结肉质量；同时一次冻结，因温差较大，肉体表面的水分蒸汽压力相应增加，引起水分的快速蒸发，从而影响肉体的质量，除小块肉及副产品外，一般均先冷却，然后再进行冻结。

2. 肉的冷却条件和方法

目前，畜肉的冷却主要采用空气冷却法，即通过各种类型的冷却设备，使室内温度保持在 0～4℃。冷却时间取决于冷却室温度、相对湿度和空气流速以及胴体大小、肥度、数量、胴体初温和终温等。禽肉可采用液体冷却法，此法冷却速度快，但必须进行包装，否则肉中的可溶性物质会严重损失。

（1）冷却条件的选择

① 冷却间温度　肉的冰点在 −1℃ 左右，冷却终温以 0℃ 左右为好。因而冷却间在进肉

之前，应使空气温度保持在-4℃左右。在进肉结束之后，即使初始放热快，冷却间温度也不会很快升高，使冷却过程保持在0℃左右。

对于牛肉、羊肉来说，在肉的pH尚未降到6.0以下时，肉温不得低于10℃，否则会发生冷收缩。

② 冷却间相对湿度（RH）　在冷却初期，空气与胴体之间温差大，冷却速度快，RH宜在95%以上，之后，宜维持在90%~95%，冷却后期RH以维持在90%左右为宜。这种阶段性地选择相对湿度，不仅可缩短冷却时间，减少水分蒸发，抑制微生物大量繁殖，还可使肉表面形成良好的皮膜，不致产生严重干耗，达到冷却目的。

对于刚屠宰的胴体，由于肉温高，要先经冷晾，再进行冷却。

③ 冷却间空气流速　空气流动速度对干耗和冷却时间也极为重要。肉体冷却过程中，空气流速一般应控制在0.5~1m/s，最高不超过2m/s，否则会显著提高肉的干耗。

冷却终温一般在0~4℃，牛肉多冷却到3~4℃，然后移到0~1℃冷藏室内，使内温逐渐下降；加工分割胴体，先冷却到12~15℃，再进行分割，然后冷却到1~4℃。

（2）冷却方法　冷却方法有空气冷却法、水冷却法、冰冷却法和真空冷却法等，目前我国主要采用空气冷却法。

进肉之前，冷却间温度降至-4℃左右。进行冷却时，把经过冷晾的胴体沿吊轨推入冷却间，胴体间距保持3~5cm，以利于空气循环和较快散热，当胴体最厚部位中心温度达到0~4℃时，冷却过程即可完成。

3. 肉的冷藏

经过冷却的肉类，一般存放在-1~1℃的冷藏间（或排酸库），一方面可以完成肉的成熟（或排酸）；另一方面，达到短期贮藏的目的。冷藏期间温度要保持相对稳定，以不超出上述范围为宜，进肉或出肉时温度不得超过3℃，相对湿度保持在90%左右，空气流速保持自然循环。肉的冷藏条件和贮藏期见表3-3。

表3-3　肉的冷藏条件和贮藏期

品　名	温度/℃	相对湿度/%	贮藏期/d
牛　肉	-1.5~0	90	28~35
小牛肉	-1~0	90	7~21
羊　肉	-1~0	85~90	7~14
猪　肉	-1.5~0	85~90	7~14
全净膛鸡	0	80~90	7~11
腊　肉	-3~1	80~90	30
腌猪肉	-1~0	80~90	120~180

肉在冷藏期间常见的变化有干耗、表面发黏和长霉、变色、变软、串味等。在良好卫生条件下屠宰的畜肉初始微生物总数为10^3~10^4CFU/cm^2，其中1%~10%能在0~4℃下生长。

肉类冷藏期间发黏和长霉是常见的现象，先在表面形成块状灰色菌落，呈半透明，然后逐渐扩大成片状，表面发黏，有异味。防止或延缓肉表面长霉、发黏的主要措施是尽量减少胴体最初污染程度和防止冷藏间温度升高。

肉在冷藏期间还会发生色泽变化。由于冷藏间空气温度、相对湿度、氧化等因素的影响，红肉表面由紫红色逐渐变为褐色，存放时间越长，褐变肉的厚度越大；温度越高、相对湿度越低、空气流速越大，则褐变越快。此外，由于微生物的作用，有时肉表面会出现变绿、变黄、变青等现象。

二、肉的冷冻与解冻

肉的冷却由于其贮藏温度在肉的冰点以上，微生物和酶的活动只受到部分抑制，冷藏期短。

当肉在0℃以下贮藏时，随着冻藏温度的降低，肌肉中冻结水的含量逐渐增加，肉的A_w逐渐下降，使微生物的活动受到抑制。当温度降到-10℃以下时，冻肉则相当于中等水分食品，大多数细菌不能生长繁殖；当温度下降到-30℃时，肉的A_w值在0.75以下，霉菌和酵母的活动也受到抑制。所以冻藏能有效地延长肉的保藏期，防止肉品质量下降，在肉类工业中得到广泛应用。

1. 肉的冻结

肉中的水分部分或全部变成冰的过程叫做肉的冻结，采用此方法贮藏的肉称为冷冻肉。肉类的冻结方法多采用空气冻结法、板式冻结法和浸渍冻结法。其中空气冻结法最常用。

一般对于瘦肉来说，初始冰点时肉中冻结水约占50%；而在-5℃时，冻结水的百分比约占80%。由此可见，从初始冰点到-5℃时，肉中约80%的水冻结成冰。因而，从初始冰点到-5℃这个大量形成冰晶的温度范围叫做最大冰晶生成带。根据肉通过最大冰晶生成带需要的时间长短，分为缓慢冻结和快速冻结两种冻结方法。肉体中心温度通过最大冰晶生成带所需时间在30min以内者，称快速冻结，在30min以上者为缓慢冻结。

研究表明，冻结过程越快，所形成的冰晶越小。在肉冻结期间，冰晶首先在肌纤维之间形成，这是因为肌细胞外液的冰点比肌细胞内液的冰点高。缓慢冻结时，冰晶在肌细胞之间形成和生长，从而使肌细胞外液浓度增加。由于渗透压的作用，肌细胞会失去水分而发生脱水收缩，在细胞间形成少而大的冰晶。

快速冻结时，肉的热量散失很快，使得肌细胞来不及脱水便在细胞内形成了冰晶。换句话说，肉内冰层推进速度大于水移动速度。因此在肌细胞内外形成了大量的小冰晶。

冰晶在肉中的分布和大小是很重要的。缓慢冻结的肉类因为水分不能返回到其原来的位置，在解冻时会失去较多的肉汁，而快速冻结的肉类不会产生这样的问题，所以冻肉的质量高。此外，冰晶有针状、棒状等不规则形状，冰晶大小从$10\mu m$到$800\mu m$不等。如果肉块较厚，冻肉的表层和深层所形成的冰晶也不同，表层形成的冰晶体积小数量多，深层形成的冰晶少而大。

2. 冻肉的冻藏

冻肉冻藏的主要目的是阻止冻肉的各种变化，以达到长期贮藏的目的。冻肉品质的变化不仅与肉的状态、冻结工艺有关，与冻藏条件也有密切的关系。温度、相对湿度和空气流速是决定贮藏期和冻肉质量的重要因素。

（1）冻藏条件及冻藏期　冻藏间的温度一般保持在-21～-18℃，温度波动不超过±1℃，冻结肉的中心温度保持在-15℃以下。为减少干耗，冻藏间空气相对湿度保持在95%～98%。空气流速采用自然循环即可。

冻肉在冻藏间内的堆放方式也很重要。对于胴体肉，可堆叠成约3cm高的肉垛，其周围空气流畅，避免胴体直接与墙壁和地面接触。对于箱装的塑料袋小包装分割肉，堆放时也要保持周围有流动的空气。

冻肉的冻藏期受到很多因素的影响，如冻藏条件、堆放方式和原料肉品质、包装方式等，为此很难制定出准确的冻肉贮藏期。一般冻牛肉比冻猪肉的贮藏期长，脂肪含量高的鱼肉冻藏期短。

(2) 肉在冻结和冻藏期间的变化　各种肉类经过冻结和冻藏后，都会发生一些物理变化和化学变化，肉的品质受到影响。冻结肉的功能特性不如鲜肉，长期冻藏可使猪肉和牛肉的功能特性显著降低。

① 物理变化

a. 体积增大　肉的含水量越高，冻结率越大，则体积增加越多，在选择包装方法和包装材料时，要考虑到冻肉体积的增加。

b. 干耗和冻结烧　对于未包装的肉类，在冻结过程中，肉中水分减少 0.5%～2%，快速冻结可减少水分蒸发，在冻藏期间重量也会减少。冻藏期间空气流速小，温度尽量保持不变，有利于减少水分蒸发。在冻藏期间，禽肉和鱼肉脂肪稳定性差，易发生冻结烧。猪肉脂肪在 −8℃ 下贮藏 6 个月，表面有明显酸败味，且呈黄色。而在 −18℃ 下贮藏 12 个月也无冻结烧发生。采用聚乙烯塑料薄膜密封包装，隔绝氧气，可有效地防止冻结烧。

c. 重结晶　冻藏期间冻肉中冰晶的大小和形状会发生变化。特别是冻藏间内的温度高于 −18℃，且在温度波动的情况下，微细的冰晶不断减少或消失，形成大冰晶。实际上，冰晶的生长是不可避免的。经过几个月的冻藏，由于冰晶生长的原因，肌纤维受到机械损伤，组织结构受到破坏，解冻时引起大量肉汁损失，肉的质量下降。

采用快速冻结，并在 −18℃ 下贮藏，尽量减少波动次数和减小波动幅度，可使冰晶生长减慢。

② 化学变化　速冻所引起的化学变化不大，而肉在冻藏期间会发生一些化学变化，主要表现在肉的组织结构、外观、气味和营养价值等方面。

a. 蛋白质变性　与盐类电解质浓度的提高有关，冻结往往使鱼肉蛋白质尤其是肌球蛋白，发生一定程度的变性，从而导致韧化和脱水。牛肉和禽肉的肌球蛋白比鱼肉肌球蛋白稳定得多。

b. 肌肉颜色　冻藏期间冻肉表面颜色变暗，颜色变化与包装材料的透氧性有关。

c. 风味、滋味的变化　大多数食品在冻藏期间会发生风味和滋味的变化，尤其是脂肪含量高的食品。多不饱和脂肪酸经过一系列化学反应发生氧化而酸败，产生许多有机化合物，如醛类、酮类和醇类。醛类是使风味和滋味异常的主要原因。冻结烧、Cu^{2+}、Fe^{2+}、血红蛋白也会使酸败加快。添加抗氧化剂或采用真空包装可防止酸败。对于未包装的腌肉来说，由于低温浓缩效应，即使低温腌制，也会发生酸败。

3. 冻结肉的解冻

解冻可看作是冻结的逆过程，即通过解冻使冻结肉中的冰晶部分或全部溶化成水，尽可能使肉恢复到冻结前的新鲜状态，以便于加工。但是冻结肉完全恢复到冻结前状态是不可能的。在解冻过程中，随着温度升高，肉体会出现一系列变化。解冻效果主要与解冻温度、湿度和解冻速度等因素有关。

(1) 解冻的条件和方法　解冻方法有多种，包括空气解冻法、水或盐水解冻法、真空解冻法、微波解冻法等。在肉类工业中大多采用空气解冻法和水解冻法。

空气解冻无需特殊设备，适合解冻任何形状和大小的肉块，但解冻速度慢，水分蒸发多，重量损失大。水解冻的肉色呈浅粉红或近乎白色，表面湿润，解冻后肉的重量会增加 3% 左右，可溶性营养成分流失较多，若采用合适的包装在水中解冻效果较好。

在生产实践中可根据肉的形状、大小、包装方式、肉的质量、污染程度以及生产需要等，采取适宜的解冻方法，将肉解冻到完全解冻状态或半解冻状态。

（2）解冻肉的质量变化

① 肉汁流失　肉汁流失是解冻中常出现的对肉的质量影响最大的问题。影响肉汁流失的因素是多方面的，通过对这些影响因素的控制，可使肉汁流失减少到最低程度。

a. 肉汁流失的内在因素　肉的成熟阶段对肉汁流失有很大的影响。处于极限 pH 的肉，解冻时肉汁流失最多，为肉重的 8％～10％。成熟肉在同样条件下的肉汁流失为 3％～4％。换句话说，肉的 pH 愈接近其肌球蛋白的等电点，肉汁流失愈多。肉组织的机械性损伤和肌纤维脱水也影响着肉汁流失。一般冰晶越大，肌肉组织的损伤程度越大，流失的肉汁越多。同时，由于冰晶的形成和增大，细胞内脱水，盐类浓度增大，导致蛋白质变性。解冻时，变性的蛋白质分子空间结构不能复原，不能重新吸附水分，造成肉汁流失。

b. 工艺条件对肉汁流失的影响　缓慢冻结的肉，解冻时可逆性小，肉汁流失多。不同温度下冻结的肉在同一温度解冻时，肉汁流失差异很大。例如，在 −8℃、−20℃ 和 −43℃ 三种不同条件下冻结的肉块，在 20℃ 的空气中解冻，肉汁流失分别为 11％、6％ 和 3％。

缓慢解冻肉汁流失少，快速解冻肉汁流失多。例如，在 −23℃ 冻结的肉块，在 −20℃ 下冻藏 4 个月后，分别在 1℃、10℃ 下自然解冻，肉汁流失量分别为 1.76％ 和 3.27％。一般认为，10℃ 以下的低温解冻可使肉保持较少的肉汁流失和较少的微生物数。

② 营养成分的变化　由于解冻造成的肉汁流失，导致肉的重量减轻，水溶性维生素和肌浆蛋白等营养成分减少。此外，反复冻结会导致肉的品质恶化，如组织结构变差，形成胆固醇氧化物等。

学习单元四　冷鲜肉加工技术

※【知识目标】

1. 掌握冷鲜肉加工工艺及技术要点。
2. 掌握冷鲜肉常见的质量问题及质量控制措施。
3. 掌握冷鲜肉主要生产设备结构及工作原理。

※【技能目标】

1. 能够胜任冷鲜肉的加工工作。
2. 能够根据特定的环境选择合理的冷鲜肉加工工艺条件。
3. 能够分析冷鲜肉的质量问题并提出合理的解决方案。

随着肉类工业现代化技术的应用、卫生条件的改进和节约能源方面的考虑，猪胴体冷却工艺趋向快速冷却和急速冷却方向发展。冷鲜肉的生产对环境温度和工作场所卫生条件要求非常严格。屠宰加工企业需要达到 HACCP（危害分析与关键控制点）的管理水平。目前我国的肉类冷却都是在空气介质中进行的，采用干式冷风机进行吹风冷却。肉在冷却间被吊挂在有连续吊运轨道的带滚轮的吊钩上进行冷却。

一、冷鲜肉的加工工艺

1. 工艺流程

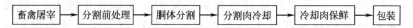

畜禽屠宰 → 分割前处理 → 胴体分割 → 分割肉冷却 → 冷却肉保鲜 → 包装

2. 操作要点

（1）一次冷却　冷却前先将冷却间的干式冷风机融霜，然后将冷却间的温度降至−4～−3℃，相对湿度控制在95％～98％后再入货。入货时应做到边入货，边供液，边开冷风机。冷却期间空气流速应控制在0.5～2m/s，当肉冷却8～10h后，室温应保持在−2～0℃，相对湿度控制在90％～92％，再经10h左右使肉体大腿最厚部位温度达到0～4℃。这样既能保证肉体表面形成干燥膜，抑制微生物的繁殖，又能防止肉体内的水分过多蒸发而引起质量损失。

冷鲜肉的生产常用冷风机进行吹风冷却，需在特定的冷库中进行，库内保持黑暗以免光线加速脂肪氧化，防止微生物入侵，可装紫外灯，每昼夜照射5h。冷鲜肉加工不能使肉体冻结，肉体需吊挂或铺于凉肉架上，保持3～5cm的距离，不得堆积，入货前冷库应保持−2℃，进肉后保持0～4℃，在相对湿度86％～90％、空气流速0.15～0.5m/s的环境下，经过14～20h，当肉的中心温度达到0～4℃即可。

（2）二次冷却　二次冷却工艺又称两段急速冷却工艺。采用两段急速冷却工艺，第一段冷却至−20℃以下，时间为1.5～2.5h；第二段冷却至0～4℃，时间为10～12h。其主要特点是采用较低温度和较高的风速，在适当的时间内冷却。

二次冷却工艺有两种形式，一种是第一阶段先在连续输送吊轨的冷却间进行，第二阶段再输送到冷藏间中进行；另一种是前后两个阶段均在同一冷却间中进行。二次冷却工艺的优点是冷却后肉的质量优于一次冷却法，肉表面干燥，外观良好，肉味佳；肉干耗少，与一次冷却法相比干耗率减少40％～50％，冷却肉在分割时汁液流失减少50％；在相同的生产规模下加工量比一次冷却法增加1.5～2倍。

（3）超速冷却　超速冷却工艺可缩短冷鲜肉加工时间，减少干耗，将肉放置在−6℃以下的冷却间4h左右，当肉尚未冻结而中心温度降至6℃左右时，即将温度升高到−1℃，相对湿度90％，约10h即可完成。

超速冷却工艺是在二次冷却工艺基础上再将温度降低和风速提高，即将肉类送入风速控制在5m/s左右的冷却间，使肉表面温度迅速降至−25～−23℃，持续1～2h后转入0～4℃冷藏间内。该冷却工艺能使肉体逐渐成熟，肌肉组织显微结构发生变化，赋予产品诱人的红色，并且肉嫩多汁、滋味鲜美、气味芳香、容易咀嚼、便于消化吸收，是较先进的科学冷却工艺。

改进冷却工艺须遵循的原则是：中心温度在16～24h内降至7℃（或4℃）以下，尽可能降低干耗和肉汁流失，保持良好的肉品质量（色泽、质构），节约能源和人力。

二、冷鲜肉的质量控制

1. 冷却工艺质量控制

二次冷却工艺和超速冷却工艺对牛肉、羊肉会产生寒冷收缩现象，但猪肉因脂肪层较厚，导热性差，其酸碱度比牛肉、羊肉下降快，因而不易发生寒冷收缩现象。寒冷收缩是不可逆的，会使肉质变硬，韧性增大，嫩度变差而不易消化吸收，并且会使肉的保水性和柔软性受到较大影响，降低了肉的营养价值和质量。其主要原因是当肉体尚未发生尸僵，肌肉的pH未降至 6.2 以下时，肌肉内含有大量的糖原和三磷酸腺苷，当肌肉表温下降太快时，在一定范围内由于酶的作用，糖酵解反应和三磷酸腺苷的分解会加剧进行，使肌浆网摄取 Ca^{2+} 的能力降低，同时 Ca^{2+} 也从线粒体被游离到肌浆中，使肌浆中的 Ca^{2+} 浓度急剧增加。这样失去了对调节性蛋白质肌球蛋白和肌动蛋白的抑制作用，从而增加了肌肉的不可逆强烈收缩。研究表明，当死后肌肉的 pH 迅速降至 6 以下时，就可以避免寒冷收缩现象的发生。电刺激法不仅可以促进肌肉中三磷酸腺苷的消失和 pH 下降至 6 以下，有效预防肉的寒冷收缩现象，还对促进肉质色泽鲜明、肉质软化和改善肉的嫩度等有明显作用。

2. 冷却操作时注意事项

（1）胴体必须经过修整、检验和分级。

（2）冷却间必须符合卫生要求。

（3）吊轨间的胴体按"品"字形排列。

（4）不同等级的肉，要根据其肥度和重量的不同，分别吊挂在不同位置。肥重的胴体应挂在靠近冷源和风口处，薄而轻的胴体应远离排风口。

（5）进肉速度要快，并应一次完成进肉。

（6）冷却过程中尽量减少人员进出冷却间，以保持冷却条件温度稳定，减少微生物污染。

（7）在冷却间按 $1W/m^3$ 安装紫外灯，每昼夜连续或间隔照射 5h。

（8）冷却终温的检查：胴体最后部位中心温度达到 0～4℃，即达到冷却终点。一般冷却条件下，牛半胴体的冷却时间为 48h，猪半胴体为 24h 左右，羊胴体约为 18h。

3. 冷鲜肉冷藏期间的质量变化

冷鲜肉在冷藏条件下，由于水分没有结冰，微生物和酶的活动还在进行，所以易发生干耗、表面发黏、发霉、变色等的现象，甚至产生不愉快的气味。

（1）干耗　处于冷却终点温度的肉（0～4℃），其物理、化学变化并没有终止，其中以水分蒸发而导致干燥最为突出。肉在冷藏期间，初期干耗量较大。随着时间延长，单位时间内的干耗量减少。冷藏期超过 72h，每天的重量损失约 0.02%。干耗的程度受冷藏室温度、相对湿度、空气流速的影响。高温、低湿度、高空气流速会增加肉的干耗。

（2）发黏、发霉　发黏、发霉是肉在冷藏过程中，微生物在肉表面生长繁殖的结果，这与肉表面的污染程度和相对湿度有关。微生物污染越严重，温度越高，肉表面越易发黏、发霉。而空气相对湿度从 100% 降低到 80%，温度保持在 4℃ 时形成发黏的时间延长了1.5 倍。

（3）颜色变化　肉在冷藏中色泽会不断地变化，若贮藏不当，牛肉、羊肉、猪肉会变褐、变绿、变黄、发荧光等。鱼肉产生绿变，脂肪会黄变。这些变化有的是在微生物和酶的作用下引起的，有的是本身氧化的结果。色泽的变化是品质下降的表现。在较低的温度下，能很好地保持肌肉的鲜红色，且持续时间也较长。16℃，相对湿度 100%，鲜红色保持不到2d；0℃，相对湿度 100%，鲜红色可延长 10d 以上；4℃，相对湿度 100%，鲜红色可保持5d 以上，相对湿度 70%，鲜红色则缩短到 3d。

（4）串味　冷鲜肉与有强烈气味的食品（如洋葱、大蒜等）存放在一起，会使肉串味，严重影响了肉的滋味、气味。

（5）成熟　冷藏过程中可使肌肉中的化学变化缓慢进行，而达到成熟。目前肉的成熟一般采用低温成熟法即冷藏与成熟同时进行，在 0～2℃，相对湿度 86%～92%，空气流速为 0.15～0.5m/s，成熟时间视肉的品种而异，牛肉大约需 3 周。

（6）寒冷收缩　寒冷收缩主要是在牛肉、羊肉上发生，屠杀后在短时间进行快速冷却时肌肉产生强烈收缩。这种肉在成熟时不能充分软化。研究表明，寒冷收缩多发生在宰杀后 10h，肉温降到 8℃以下时出现。

三、冷鲜肉的加工设备

1. 真空预冷机

（1）结构　真空预冷装置分间歇式、连续式、移动式和喷雾式四种。间歇式真空预冷装置用于小规模生产，连续式真空预冷装置用于大型工厂，移动式真空预冷装置由于其一体化，组装在汽车上机动灵活，可以异地使用，喷雾式装置用于表面水分较小的果实类、根茎类食品预冷。

真空预冷装置主要由真空槽、捕水器、真空泵、制冷机组、装卸机组、控制柜等部件组成。

（2）工作原理　真空预冷机（图 3-9）工作原理是将被冷却的产品放在真空冷却室内，用真空泵抽去空气，造成低压环境，使产品内部的水分得以蒸发，由于蒸发吸热，导致产品温度降低。

图 3-9　真空预冷机

采用真空预冷机，肉冷却速度快、预冷均匀、冷却能力大、清洁卫生且无交叉污染。

2. 片冰机

片冰机（图 3-10）是制冰机的一种，一般多为工业制冰机。制冰机主体分两腔，体外腔内盘的一定密度的铜管叫蒸发腔，外腔体内是一个很规则的圆，不锈钢腔体中心有一三叶刮刀与内壁的距离可自行调整，一般为 3mm。在冰刀的上方有几组均匀分布的铜喷嘴。

片冰机蒸发器为垂直竖立的桶装结构，冰刀是制冰的主要元件。冰刀、主轴、洒水盘、接水盘在减速机的带动下，逆时针缓慢旋转。水从制冰机蒸发器的进水口进入分水盘，通过洒水管，将水均匀地洒在蒸发器内壁，形成水膜；水膜与蒸发器流道中制冷剂进行热交换，温度迅速降低，在蒸发器内壁上形成一层薄冰，在冰刀的挤压下，碎裂成片冰，从落冰口掉进冰库。部分未结成冰的水通过接水盘从回水口回流至冷水箱内，通过冷水循环泵。

开机时，柱塞泵将掺有盐分的水通过几个过滤器，将水均匀地喷到内腔体表面，在外腔体的制冷面瞬间形成冰面，在旋转的冰刀作用下，将刚制好的冰打成小片，落到贮藏仓内。

图 3-10 片冰机

片冰可以由淡水制成，也可以由盐水制成。片冰为薄片、干爽疏松状的白色冰，厚度10～15mm，品面形状不规则，直径为12～45mm。片冰无尖锐棱角，不会刺伤冷冻物体，可进入被冷却物之间的间隙，减少热交换，保持冰的温度，并有良好的保湿效果。片冰制冷效果好，制冷量大、制冷迅速，因此主要应用于各种大型制冷设施、食品冷却、混凝土冷却等。

四、冷库

冷库是利用降温设施创造适宜的湿度和低温条件的仓库，又称冷藏库，是加工、贮存产品的场所。

1. 冷库的结构及原理

一般冷库多由制冷机制冷，利用汽化温度很低的液体（氨）作为冷却剂，使其在低压和机械控制的条件下蒸发，吸收贮藏库内的热量，从而达到冷却降温的目的。最常用的是压缩式冷藏机，主要由压缩机、冷凝器和蒸发管等组成。按照蒸发管装置的方式又可分直接冷却和间接冷却两种。空气冷却的优点是冷却迅速，库内温度较均匀，同时能将贮藏过程中产生的二氧化碳等有害气体带出库外。

一般冷库与外界存在明显温差，需要采用保温隔热材料来阻止热量的传递。目前常用的保温材料有聚氨酯（分板材和现场喷涂两种）、挤塑板、普通泡沫板等多种类型，其中尤以现场喷涂成型的聚氨酯效果最佳，热导率低且连成整体无拼接缝，具有很高的性价比优势。

2. 冷库的分类

（1）按冷库容量规模分　目前，冷库容量划分也未统一，一般分为大型、中型、小型。大型冷库的冷藏容量在 10000t 以上；中型冷库的冷藏容量在 1000～10000t；小型冷库的冷藏容量在 1000t 以下。

（2）按冷藏设计温度分　按冷藏设计温度分为高温、中温、低温和超低温四大类冷库。一般高温冷库的冷藏设计温度在 −2～8℃；中温冷库的冷藏设计温度在 −23～−10℃；低温冷库的冷藏设计温度一般在 −30～−23℃；超低温冷库的冷藏设计温度一般为 −80～−30℃。

3. 冷库的保养

（1）冷库安装完毕或长期停用后再次使用时，降温的速度要合理；每天控制在 8～10℃

为宜，在 0℃ 时应保持一段时间。

（2）冷库库板保养：使用中应注意硬物对库体的碰撞和刮划，可能造成库板的凹陷和锈蚀，严重的会使库体局部保温性能降低。

（3）冷库密封部位保养：由于装配式冷库是由若干块保温板拼接而成，因此板之间存在一定的缝隙，施工中这些缝隙会用密封胶密封，防止空气和水分进入，所以在使用中对一些密封失效的部位及时修补。

（4）冷库地面保养：一般小型装配式冷库的地面使用保温板，使用冷库时应防止地面存有大量的冰和水，如果有冰，清理时切不可使用硬物敲打，损坏地面。

4. 注意事项

冷库冷藏的烹饪原料和食品都含有一定的脂肪、蛋白质和淀粉。这些营养成分的存在，会使微生物大量繁殖生长。为做好冷库卫生管理工作，保证食品和烹饪原料的冷藏质量，需定期进行冷库卫生消毒工作。冷库的除霉与消毒，可用酸类消毒剂进行处理。酸类消毒剂的杀菌作用主要是凝固菌体中的蛋白，常用的消毒剂有乳酸、过氧己酸、漂白粉、福尔马林等。

任务五　猪肉冷鲜肉的加工

※ 【任务描述】

以活猪为原料，按照猪肉冷鲜肉的加工技术，设计工艺流程和操作规程并加工为成品。

※ 【工作准备】

活猪、屠宰用刀具、分割用刀具、冷却间、任务工单等。

※ 【工作程序】

程序 1　活猪的选择与宰前处理

（1）活猪的选择　以优质瘦肉型猪为好，品种猪因胴体瘦肉多，肥膘少，便于加工为冷鲜白条肉、红条肉，也减少分割中肥膘类加工的工作量，提高产品出品率与加工效率。

（2）宰前处理　在生猪上下车及进圈停食待宰、送宰中严禁踢打生猪，停食待宰时间应在 12～24h，并保证猪的饮水（屠宰前 3h 停止），待宰猪圈内每头猪所占面积应在 0.5m² 以上。

程序 2　生猪屠宰与分割

按照猪的屠宰加工技术即致晕、刺杀放血、煺毛或手工剥皮、开膛解体、胴体修整、检验等工序对猪体进行屠宰。屠宰后的半胴体经检验合格后，按照我国猪分割技术对猪胴体进行分割处理。

程序 3　分割肉冷却

为了保证冷鲜肉品质量，现代冷鲜肉的生产多采用两段急速冷却法。

第一阶段冷却是将分割肉放置在冷却间，冷却间条件为冷却温度 −10～−8℃，冷风风速 2.0m/s，相对湿度 92%～95%，冷却时间为 3～4h，使分割肉中心温度控制在 12℃ 以下。

第二阶段冷却即将冷却间的冷却温度调整为 0～4℃，冷风风速为 1.5～2.0m/s，相对湿度为 90%～92%，冷却时间控制在 12～14h，使分割肉温度控制在 2～4℃以下。

程序 4　冷藏

将冷却后的肉品迅速放入冷藏间贮藏，冷藏温度为 0～4℃，相对湿度为 85%～90%。

程序 5　包装

将每袋净重 5kg 左右分割产品，用尼龙袋或聚乙烯袋抽真空包装，真空度大于 0.095MPa。包装后的冷鲜肉即可进行保鲜与销售。

※【注意事项】

（1）宰前生猪一定要淋浴冲洗干净，使得加工过程中少受菌体污染。

（2）病猪不能与健康猪同时屠宰，应按有关规定处理。

（3）严格地控制屠宰加工过程中对猪胴体的污染，特别是猪粪、毛、血、渣的污染。

（4）从击晕开始至胴体修整，整个屠宰过程应控制在 45min 内，从放血开始到内脏取出应在 30min 内完成。

（5）猪放血后应对胴体体表清洗，浸烫前，应用海绵块塞住肛门，以减少粪便流出，产生污染。

（6）屠宰浸烫时应注意浸烫用水的卫生与温度。

（7）冷却间及加工过程必须符合卫生要求。

（8）冷却过程中尽量减少人员进出冷却间，保持冷却条件稳定，减少微生物污染。

※【任务实施】

详见《肉制品加工技术项目学习册》的任务工单。

思　考　题

1. 畜禽宰前检验和管理的具体内容有哪些？
2. 简述牛胴体分割技术。
3. 简述猪屠宰加工技术流程及操作要点。
4. 畜禽宰前电击昏有何好处？
5. 家禽宰杀放血的方法有哪些？分别有什么优缺点？
6. 什么是冷鲜肉？什么是热鲜肉？什么是冻结肉？
7. 冷鲜肉冷却的方法有哪些？各有何特点？
8. 肉在冻结和冻藏过程中有哪些质量变化？
9. 冻结肉解冻方法有哪些？各有何特点？
10. 冻结肉解冻后肉有哪些质量变化？

腌腊肉制品加工技术

【产品介绍】

　　腌腊肉制品是我国人民喜爱的传统肉制品之一，指原料肉（通常用鲜肉）经预处理、腌制、晾晒、脱水、保藏成熟而制成的具有独特风味的一类半成品生肉制品，包括腊肉、咸肉、板鸭、腊肠、火腿等。根据我国的传统习惯，肉类的腌制一般在农历的 12 月（俗称腊月），在较低的温度下进行，自然风干成熟。腌腊制品以其悠久的历史和独特的风味而成为中国传统肉制品的典型代表，其具有易于加工生产、肉质紧密坚实、色泽红白分明、滋气味极佳、风味独特、易于运输和可贮性好等特点，被广大人民所喜爱。今天，腌腊早已不单是肉制品保藏防腐的一种方法，而成为肉制品加工的一种独特工艺。

学习单元一　肉的腌制技术

※ 【知识目标】

1. 掌握腌制剂的种类与作用。
2. 熟悉腌制的原理与方法。
3. 熟悉常见腌腊制品的加工工艺和操作要点。

※ 【技能目标】

1. 能将肉修割成肉片、肉条等形状，达到刀工整齐、规格完整。
2. 能正确对肉进行干腌、湿腌操作。
3. 会应用与比较不同腌制方法。

一、腌腊肉制品的种类和特点

一般将腌腊制品分为中式腌腊制品和西式腌腊制品两个大类。

1. 中式腌腊制品

中式腌腊制品是原料肉经腌制、酱制、晾晒（或烘烤）等工艺加工而成的生肉类制品，食用前需经熟化加工。根据腌腊制品的加工工艺及产品特点将其分为咸肉类、腊肉类、酱肉类、风干肉类等。

(1) 咸肉类 原料肉经腌制加工而成的生肉类制品，食用前需经熟制加工。咸肉又称腌肉，其主要特点是成品肥肉呈白色，瘦肉呈玫瑰红色或红色，具有独特的腌制风味，味稍咸。常见咸肉类有咸猪肉、咸羊肉、咸水鸭、咸牛肉和咸鸡等。

(2) 腊肉类 原料肉经过预处理（修整或切丁），采用食盐、硝酸盐、亚硝酸盐、糖和调味香料等腌制后，再经晾晒或烘烤或烟熏处理等工艺加工而成的生肉类制品，食用前需经熟化加工。腊肉类的主要特点是成品呈金黄色或红棕色，产品整齐美观，不带碎骨，具有腊香，味美可口。腊肉类主要代表有中式火腿（南腿，以金华火腿为代表；北腿，以苏北如皋火腿为代表；云腿，以云南宣威火腿为代表）、腊猪肉（如四川腊肉、广式腊肉）、腊肠（俗称香肠，包括广式腊肠、川式腊肠、哈尔滨香肠等）、腊羊肉、腊牛肉、腊鸡、板鸭、鸭肫干、板鹅、鹅肥肝等。

2. 西式腌腊制品

西式腌腊制品主要有西式火腿和培根。

(1) 西式火腿 西式火腿与我国传统火腿的形状、加工工艺、风味等有很大不同。西式火腿一般是由猪肉加工而成，经腌制后加以烟熏（或不烟熏）脱水而制成半成品，食用前一般熟制（或不熟制）的一种肉制品。一般根据工艺及产品的特点可分为带骨火腿、去骨火腿和成型火腿三种。

① 带骨火腿 它是将猪后腿经盐腌后加以烟熏脱水，同时赋以香味而制成的半成品，在食用前需熟制。

② 去骨火腿 它是用猪后大腿整形、腌制、去骨、包扎成型后，再经烟熏、水煮而成，因此是熟肉制品，现多除去皮及较厚的脂肪后卷成圆柱状，故又称之为去骨成卷火腿。

③ 成型火腿 它用猪腿肉、肩肉、腰肉添加其他部位的肉或其他畜肉、禽肉、鱼肉，经腌制后加入辅料，装入包装袋或容器中成型，水煮后则为成型火腿（又称压缩火腿）。

(2) 培根 培根又名烟肉（bacon），起源于德国，它的主要制作方法是烟熏，是将猪的肋条肉整形、腌制、再经熏干而成的半成品。其具有烟熏味，咸味较咸肉轻，有皮无骨，培根外皮油润呈金黄色，皮质坚硬，瘦肉呈深棕色，切开后肉色鲜艳。培根可分为大培根（也称丹麦式培根）、奶培根、排培根、熏猪排、熏猪（牛）舌等。

① 大培根 以猪的第三肋骨至第一节骑马骨处、半片猪胴体中的中段肉为原料，去骨整形后，经腌制、烟熏而成。

② 奶培根 以去奶脯、排骨的猪方肉为原料，经整形、腌制、烟熏而成，成品肉质一层肥、一层瘦，为半制品，分带皮制品和无皮、无硬骨制品。皮不带毛，呈金棕色，肉色鲜艳，味香可口。

③ 排培根 以猪大排为原料，去骨整形后，经腌制、烟熏而成，分带皮制品和无皮制品两种。制品无硬骨，肉质鲜嫩，色泽鲜艳，皮呈金棕色，味香鲜美可口，无焦味，是培根质量最高的一种。

④ 熏猪排 以猪的大排骨为原料，带骨带皮经整形、腌制、烟熏而成，是西餐菜肴的原料，食用时需斩切成块。

⑤ 熏猪（牛）舌 以整只猪（牛）舌为原料，经整形、腌制、烟熏而成，制品色泽红褐，肉质红润，不带油烟味，有香味，为半成品。

二、腌制的作用与原理

肉的腌制是延长肉品贮藏期的一种传统手段，也是肉品生产过程中的重要加工方法。腌制通常用食盐或以食盐为主，并添加硝酸钠（或钾）、蔗糖和香辛料等腌制材料处理肉类。通过腌制使食盐或食糖渗入食品组织中，降低水分活度，提高渗透压，借以有选择地控制微生物的活动和发酵，抑制腐败菌的生长，从而防止肉品腐败变质。

1. 腌制的材料

在腌制过程中，所用的腌制材料主要有食盐、硝酸盐和亚硝酸盐（硝盐）、糖类、磷酸盐、抗坏血酸等，其作用和使用量见表4-1。

表4-1　常用的腌制材料的作用及其使用量

腌制材料	作　　用	使用量/%
食盐	使产品具有一定的咸味，并且有抑菌作用	2~4
硝酸盐和亚硝酸盐	使产品呈现稳定的红色，并抑制肉毒梭状芽孢杆菌的生长	0.1（硝酸盐） 0.01（亚硝酸盐）
糖类	能改善肌肉组织状态，增加产品风味和嫩度	0.5~1.5
磷酸盐	具有保水剂的作用	0.2~0.4
抗坏血酸	具有助呈色作用	0.025~0.05

2. 腌制的作用

（1）防腐作用　肉在腌制过程中，需要加入一定量的盐类，如食盐、硝酸盐和亚硝酸盐，它们不能灭菌，但一定浓度的盐类能抑制许多腐败微生物的繁殖，所以对腌腊制品有一定的防腐作用。

① 食盐

a. 脱水作用：食盐溶液有较高的渗透压，能引起微生物细胞质膜分离，导致微生物细胞的脱水、变形，同时破坏水的代谢，造成微生物细胞的质壁分离，从而抑制微生物的生长。

b. 影响酶的活性：食盐溶液可以抑制微生物蛋白质分解酶的作用，这是因为食盐溶液的离子破坏了酶蛋白质分子中氢键与肽键的结合，导致酶活力下降或丧失。

c. 毒性作用：微生物对钠离子和氯离子很敏感，它们能破坏微生物细胞的正常代谢，抑制微生物的活动。

d. 缺氧的影响：食盐溶液减少氧气的溶解度，氧气不容易溶于食盐溶液中，溶液中缺氧，形成缺氧的环境，可以防止需氧型微生物的生长繁殖。

② 硝酸盐和亚硝酸盐　硝酸盐和亚硝酸盐可以抑制肉毒梭状芽孢杆菌的生长，也可以抑制其他许多类型腐败菌的生长。这种作用在硝酸盐浓度为0.1%和亚硝酸盐浓度为0.01%左右时最为明显。

肉毒梭状芽孢杆菌能产生肉毒梭菌毒素，这种毒素具有很强的致死性，且对热稳定，大部分肉制品进行热加工的温度仍不能将其杀灭，而硝酸盐能抑制这种毒素的生长，防止食物中毒事故的发生。

硝酸盐和亚硝酸盐的防腐作用受pH的影响很大，腌肉的pH越低，硝酸盐和亚硝酸盐对肉毒梭菌的抑制作用就越大。在pH为6时，对细菌有明显的抑制作用；当pH为6.5时，抑菌能力有所降低；在pH为7时，则不起作用。

（2）**保水作用**　提高保水性的作用机理为以下 4 个方面。

①**pH 上升**　磷酸盐呈碱性反应，加入肉中可以提高肉的 pH，从而增强肉的保水性。

②**螯合作用**　聚磷酸盐可以结合钙和镁等高价金属离子，从而能增强蛋白质亲水基的数量，使肉的保水性增强。

③**增加离子强度**　磷酸盐的离子强度大，肉中加入少量就可以提高肉的离子强度，改善肉的保水性。

④**肌球蛋白与磷酸盐（低聚合度）的特异作用**　聚磷酸盐可使肌肉蛋白质的肌动球蛋白分离成肌球蛋白和肌动蛋白，从而使大量蛋白质的分散粒子因强有力的界面张力的作用，而成为肉中脂肪乳化剂，使得脂肪在肉中保持分散状态。另外，磷酸盐能改善蛋白质的溶解性，在蛋白质加热变性时，能和水包在一起，增加肉的保水性。

3. 腌制的原理

尽管腌肉制品种类很多，但其加工原理基本相同。

（1）**呈色**　新鲜的肉类颜色是红色的，是由肌红蛋白及血红蛋白所呈现的一种感官性状。在腌制的过程中，硝酸盐类与肌红蛋白发生一系列作用，从而使得肉制品呈现诱人的色泽。亚硝基肌红蛋白（NO-Mb）是构成肉颜色的主要成分。肥肉经过腌制成熟后，常呈现白色或无色透明，使得腌腊肉制品红白分明。

呈色的主要机理是硝酸盐在肉中脱氮菌（或还原物质）的作用下，还原成亚硝酸盐，亚硝酸盐在一定的酸性条件下分解成亚硝酸，亚硝酸很不稳定，容易分解产生亚硝基（NO），亚硝基很快与肌红蛋白反应生成鲜红色的亚硝基肌红蛋白。亚硝基肌红蛋白遇热后颜色稳定不褪色。

$$NaNO_3 \xrightarrow{\text{脱氮菌还原(+2H)}} NaNO_2 + H_2O \tag{4-1}$$

$$NaNO_2 + CH_3CH(OH)COOH \longrightarrow HNO_2 + CH_3CH(OH)COONa \tag{4-2}$$

$$3HNO_2 \xrightarrow{\text{不稳定分解}} H^+ + NO_3^- + 2NO + H_2O \tag{4-3}$$

$$NO + Mb(Hb) \longrightarrow NO\text{-}Mb(Hb) \tag{4-4}$$

通常肉中 NO-Mb 的多少与硝酸盐（亚硝酸盐）的使用量、肉的 pH、温度、发色助剂（抗坏血酸、盐酸）等有一定的关系。

（2）**风味的形成**　肉经腌制后形成了特殊的腌制风味。这些腌制风味主要是羰基化合物、挥发性脂肪酸、游离氨基酸、含硫化合物等物质，当腌肉加热时就会释放出来，形成特有的风味。在通常条件下，风味的产生大约需腌制 10～14d，腌制 21d 香味明显，40～50d 达到最大程度。

肉腌制过程中，由于微生物和肉中酶的作用，会使肉中的蛋白质、浸出物和脂肪发生变化而形成络合物，这些络合物通常就是风味物质。由于蛋白质被分解成多肽、寡肽和氨基酸，会使得腌制成熟后的肉鲜味和嫩度提高。

肉在腌制过程中，加入的亚硝酸盐和盐水浓度都会影响其风味的形成，亚硝酸盐可能抑制脂肪的氧化，会使腌肉基本的滋味和香味体现出来，其次，亚硝酸盐也能提高肉中羰基化合物的含量。

（3）**质量的提高**　腌肉制品能大大提高贮藏性能，在常温中较长时间保存而不易变质，其主要的原因是在腌制、成熟过程中，水分大大减少；食盐和硝酸盐也能起到抑菌作用。

三、腌制的方法

腌制方法很多，大致可以分为四种：干腌法、湿腌法、混合腌制法及注射腌制法。不同的腌肉制品可能采用不同的腌制方法，但是，无论什么方法，都要求腌制剂均匀完全地渗透到肉组织内部。腌制工艺直接关系到最终产品的质量。

1. 干腌法

（1）定义　干腌法是利用食盐或混合盐（硝盐），涂擦在肉块的表面，然后层堆在腌制架上或层装在腌制容器内，各层间还应均匀地撒上食盐，依靠外渗汁液形成盐液进行腌制的方法。由于通过肉中的水分将其溶解、渗透而进行腌制，整个腌制期间没有加水，故称干腌法。

在腌制过程中，通常需要定期将上下层肉品翻转，以保证腌制均匀，又称为"翻缸"。翻缸的同时，还要加盐复腌，复腌的次数视产品的种类而定，一般 2~4 次。

（2）优点　干腌法的优点是操作简便；营养成分损失少；水分含量低，耐贮藏。

（3）缺点　干腌法的缺点是盐分渗透慢，腌制时间长；腌制不均匀，肉的内部易变质，色泽较差，味道较咸；盐不能重复利用，劳动强度大。

2. 湿腌法

（1）定义　湿腌法即盐水腌制法，就是在容器内将肉浸泡在预先配制好的食盐溶液中，并通过扩散和水分转移，让腌制剂渗入肉原料内部，以获得比较均匀的分布，直至肉的浓度最后和盐液浓度相同的腌制方法。

湿腌法常用于腌制分割肉、肋部肉等。腌制品内的盐分取决于腌制的盐液浓度。配制腌制液时，一般用沸水将腌制剂溶解，冷却备用，腌制温度 3~5℃，腌制时间 3~5d。

（2）优点　湿腌法的优点是渗透速度快；腌制均匀，腌肉的质地柔软；腌制液再制后可重复使用。

（3）缺点　湿腌法的缺点是蛋白质流失多；腌制时间长；风味不及干腌制品；含水量高，不易保藏。

3. 注射腌制法

注射腌制法一般分为动脉注射腌制法和肌内注射腌制法两种方法。

（1）动脉注射腌制法

① 定义　是用泵将盐水或腌制液经动脉系统压送入分割肉或腿肉内的腌制方法，为分散盐液的最好方法。注射用的单一针头插入前后腿上的股动脉的切口内，然后将盐水或腌制液用注射泵压入腿内各部位上，使其重量增加 8%~10%，有的增加 20%。

② 优点　动脉注射腌制法的优点是能使盐迅速渗透肉的深处；腌制速度快，得率较高。

③ 缺点　动脉注射腌制法的缺点是适用范围窄，只适用于腌制前后腿（需保证动脉完整性）；产品容易腐败变质，需冷藏。

（2）肌内注射腌制法

① 定义　用针头注射肌肉，一般适用于形状整齐而不带骨的肉类，其中腹部肉、肋条肉最为适宜。

带骨或去骨肉均可采用此法，一般分为单针头和多针头注射两种方法。单针头注射法适合于分割肉，一般每块肉注射 3~4 针，每针注射量为 80g 左右，以增重 10% 左右为准；多针头注射法最适合于形状整齐的去骨肉，肋条肉最合适。腌制过程中采用揉搓的方法，加速腌制液进入肌肉组织。

另外为进一步加快腌制速度和盐液的吸收程度，注射后常进行按摩或滚揉。

② 优点　肌内注射腌制法的优点是时间短，效率高。

③ 缺点　肌内注射腌制法的缺点是成品质量不如干腌制品；风味较差；煮熟后肌肉收缩程度较大。

4. 混合腌制法

（1）定义　混合腌制法是采用干腌法和湿腌法相结合的一种方法，先进行干腌，再放入盐水中腌制（或注射盐水）后，将盐涂擦在肉品表面，而后放在容器内腌制的一种方法。

（2）优点　混合腌制法的优点是可以减少营养成分流失；防止产品过多脱水；增加制品贮藏时的稳定性；成品色泽好，咸度适中。

（3）缺点　混合腌制法的缺点是操作较复杂。

四、腌制过程控制与管理

1. 腌制材料

在腌制过程中腌制材料的使用会影响最终产品的质量，其包括食盐、硝盐、腌制添加剂等。

（1）食盐

① 食盐的纯度　在腌制过程中，如果食盐不纯（含有镁盐和钙盐等杂质），会影响食盐向肉块内渗的速度。此外，食盐中硫酸镁和硫酸钠过多，会使产品具有苦味；其次，食盐中有微量铜、铁、铬存在，它们会加快腌腊制品中脂肪的氧化腐败。因此，为了保证腌制产品的质量，应尽可能选用纯度较高的食盐，以有效防止肉制品腐败。

② 食盐的使用量　腌制时食盐用量因腌制目的、环境条件（气温、腌制的对象）、腌制品种类和消费者口味而有所不同。为了达到完全防腐的目的，要求食品内盐分的浓度至少在7％以上，因此所用盐水浓度至少在25％以上，这样才能防止腐败变质。但是，一般来说盐分过高就难以食用。从消费者能接受的腌制品咸度来看，其盐分以2％～3％为宜。现在国外腌制品一般趋向于低盐水浓度进行腌制。

（2）硝盐　腌肉制品的色泽与发色剂（硝酸盐和亚硝酸盐）的使用有很大的相关性，用量不足时发色效果不理想。为了保证肉色理想，亚硝酸钠最低用量为0.05g/kg，为了确保使用安全，我国国家标准规定：在肉制品中亚硝酸钠最大使用量为0.15g/kg，腌肉时硝酸钠最大使用量为0.5g/kg。在安全范围内使用的发色剂的量与原料肉的种类、加工工艺条件及气温情况等因素有关。一般气温越高，呈色作用越快，发色剂添加量可适当少些。

（3）腌制添加剂

① 蔗糖或葡萄糖：腌制品中添加蔗糖或葡萄糖后，由于其有还原作用，可以影响肉色强度和稳定性。

② 烟酸和烟酰胺：腌制品中添加烟酸和烟酰胺可形成比较稳定的红色，但这些物质无防腐作用，还不能代替亚硝酸钠。

③ 香辛料：腌制品中添加丁香对亚硝酸盐有消色作用。

2. 温度

温度越高，腌制速度越快，时间越短，但肉制品在高温条件下极易腐败变质。为防止在食盐渗入肉内之前就出现腐败变质现象，腌制应在低温环境条件下（10℃以下）进行。鲜肉和盐液都应预冷到2～4℃条件下进行腌制。

3. 肉的pH值

肉的pH值会影响肉的发色效果，因亚硝酸钠只有在酸性介质中才能还原成NO，所以当 pH 呈中性时肉色效果不理想。通常为提高肉制品的保水性,常加入碱性磷酸盐,加入后会引起 pH 升高,影响呈色效果。在过低 pH 环境中,亚硝酸盐消耗增大,如亚硝酸盐使用过量,易引起肉色变绿,发色的最适 pH 范围一般为 5.6~6.0。

4. 氧气

肉类腌制时,保持缺氧环境有利于避免褪色。当肉类无还原物质存在时,暴露于空气中的肉表面的色素就会氧化,并出现褪色现象。

综上所述,为了使肉制品具有理想的颜色,在腌制时,必须根据腌制时间长短,选择合适的发色剂,掌握适当的用量,在适宜的 pH 条件下严格操作。要注意采用避光、低温、添加抗氧化剂、真空包装或充氮包装、添加脱氧剂脱氧等方法,确保腌肉的质量。

任务一　不同腌制方法应用与比较

※ 【任务描述】

以猪后腿肉为原料,分别选择不同的腌制方法,比较不同的腌制方法的特点。

※ 【工作准备】

(1) 材料的准备　原料肉(猪后腿肉)、精盐、硝酸钠、磷酸盐、蔗糖、抗坏血酸钠等。

(2) 仪器设备的准备　冷藏柜、燃气灶、台秤、天平、砧板、量筒、波美度计、盐水注射机、注射器等。

(3) 相关工具的准备　计算器、任务工单等。

※ 【工作程序】

程序1　用不同的腌制方法进行腌制

(1) 干腌法　将混合盐(精盐和硝酸盐的浓度分别为 15%~20% 和 0.05%~0.1%)涂擦在猪后腿肉的表面,而后逐层堆放在腌制容器里,各层之间再均匀地撒上盐,压实。

(2) 湿腌法　将盐溶液配制成 15.3~17.7°Bé,硝酸盐为 0.1% 盐卤水,然后将肉浸泡在盐水中,让腌制剂渗入肉品内部,以获得比较均匀的分布,直至肉中的浓度最后和盐液浓度相同。

(3) 注射腌制法　将腌制液配制成 16.5~17°Bé,采用肌内注射腌制法,一般使得原料肉增重 10% 左右为准。

(4) 混合腌制法　采用干腌法和湿腌法相结合的一种方法,先将原料干腌好,放置到容器后,再放入盐水中腌制。

程序2　不同腌制方法的比较

通过四种腌制方法的比较,结果见表 4-2。

表 4-2　不同腌制方法的比较

腌制方法	对材料的要求	腌制的材料	腌制时间	特点	适用范围
干腌法					
湿腌法					

腌制方法	对材料的要求	腌制的材料	腌制时间	特点	适用范围
注射腌制法					
混合腌制法					

※ 【注意事项】

(1) 在腌制过程中，无论选择哪一种腌制方法，对原料一定要均匀腌透，这样才能达到腌制的目的，提高产品的质量。

(2) 采用湿腌法时，腌制液可以重复利用，重复使用时需要煮沸并添加一定量的食盐，使食盐的浓度达到 12°Bé。

(3) 采用注射法腌制时，腌制液一定要充分地溶解，然后进行过滤，以免堵塞针头。一般选择多点进行注射，使得腌制液均匀充分扩散而不至于局部聚集过多。

※ 【任务实施】

详见《肉制品加工技术项目学习册》的任务工单。

学习单元二 中式腌腊肉制品加工技术

※ 【知识目标】

1. 掌握中式火腿的加工技术。
2. 掌握腊肉的加工技术。
3. 掌握腊肠的加工技术。
4. 掌握咸肉的加工技术。
5. 掌握板鸭的加工技术。

※ 【技能目标】

1. 合理正确控制腌制过程的质量。
2. 能正确使用干燥箱、烘烤炉进行烘干。
3. 能正确生产加工腊肉及板鸭。

一、中式火腿的加工

1. 概念

传统火腿即干腌火腿，是选用带皮、带骨、带爪的鲜猪后腿作为主要原料，经修割、腌制、洗晒（或晾挂风干）、发酵、成熟、整修等主要工艺加工而成的一种风味独特的生肉制品。

火腿的名称由来，有两种传说：一种说法是因火腿肉色嫣红如火而得名；另一种说法是早先加工火腿经腌制、洗晒后，需经烟熏火烤，才能成为成品，因其中有经"火"烤，故而得名"火腿"。

2. 特点

中式火腿以色、香、味俱全等特点而声誉国内外，深受消费者喜爱。

（1）色泽　中式火腿红白分明，皮色金黄，肉质红白鲜艳，肌肉呈玫瑰红色。

（2）形状　中式火腿形状各异，有竹叶形、圆形、琵琶形等。

（3）风味　传统干腌火腿经过了长时间的成熟过程，肌肉蛋白质和脂肪经历了复杂的生物化学变化，水解和氧化等反应过程产生的物质形成了干腌火腿独特的风味。腌制风味虽肥瘦兼具，但食而不腻，易于保藏。

3. 分类

中式火腿是我国著名的传统腌制品，品种繁多，一般大致可按以下几个方面进行划分。

（1）产地　根据产地以南腿——金华火腿为代表；北腿——苏北如皋火腿为代表；云腿——云南宣威火腿为代表。南腿、北腿的划分一般以长江为界。

（2）加工方法或辅料　根据加工方法或使用的辅料可以分为：竹叶熏腿、酱腿、熏腿、糖腿、甜酱腿、风冻腿、川味火腿等。

（3）腌制时间　根据开始腌制时间分为：早冬腿（冬至前开始腌制加工的火腿）、正冬腿（腌制于隆冬，冬至至立春之间进行腌制的火腿）、早春腿（腌制于立春以后的火腿），晚春腿（腌制于春分以后的火腿）等。

（4）原料　按原料分类可分为火腿（猪后腿为原料）、风腿（猪前腿为原料）、戌腿（狗火腿为原料）。

（5）成品外形　按成品外形分为竹叶形的竹叶腿，琵琶形的琵琶腿，圆形的圆腿等。

4. 金华火腿的加工

金华火腿起源于中国浙江省金华市，据称其"火腿"之名是南宋皇帝所赐，距今已有900多年历史。民间传说，火腿名称的来历，与宋代抗金名将宗泽有关，宗泽战胜而还，乡亲争送猪腿让其带回开封慰劳将士，因路途遥远，便撒盐腌制以便携带。腌制而成的猪腿色红似火，称为火腿。南宋时，金华火腿就被列为贡品。当时东阳、义乌、兰溪、浦江、永康、金华等地农家，腌制火腿成风，因均属金华府管辖，故统称金华火腿。到了清代，金华火腿已外销日本、东南亚和欧美各地；1913年，荣获南洋劝业会奖状；1915年获巴拿马万国商品博览会优质一等奖；1929年在杭州西湖商品博览会上又获商品质量特别奖，成了风靡世界的肉食。建国后，金华火腿曾多次被评为地方和全国优质产品，1981年荣获国家优质产品金质奖章；1985年蝉联国家优质产品金质奖章；1988年金华火腿切片荣获首届中国食品博览会金奖；1995年金华地区获"中国火腿之乡"称号。金华火腿皮色黄亮、形似琵琶、肉色红润、香气浓郁、营养丰富、鲜美可口，素以色、香、味、形"四绝"闻名于世，在国际上享有声誉。

金华火腿的优良品质主要取决于以下三点：第一，金华火腿所用的猪种为金华猪，又名"两头乌猪"，是中国著名的猪种之一，具有皮薄爪细、瘦多肥少、肌肉鲜红、皮肤白润、腿心股骨部饱满，精多肥少，膘厚适中等特点；第二，金华火腿采用的加工工艺都有系统的程序和操作方法；第三，金华地区的气候和地理条件得天独厚，也是能够生产优质火腿所不可缺少的环境条件。

（1）工艺流程

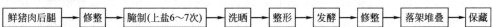

鲜猪肉后腿 → 修整 → 腌制(上盐6～7次) → 洗晒 → 整形 → 发酵 → 修整 → 落架堆叠 → 保藏

（2）操作要点

① 原料的选择　火腿主要原料是鲜猪后腿，配料是食盐、硝盐等。原料最好是饲养一

年以上的成年猪后腿，无伤残和病灶。

a. 重量：鲜腿的质量一般为 5～7.5kg，不能过重或过轻，过重时不易腌透；过轻时，失水量过大不易发酵，导致肉质过咸、过硬，影响产品的质量。

b. 皮的厚度：一般腌制火腿选择的鲜腿皮越薄越好，易于食盐的渗透，厚薄在 3mm 以下为最佳。

c. 肥膘的厚度：肥膘不宜过多，如果过多，就会影响腌制的质量，且容易发生酸败，一般肥膘厚度在 2.5cm 左右，且要洁白。

d. 腿型：一般选择细皮小爪，脂肪少，腿心丰满。

② 切割　一般前后腿都可以腌制火腿。

a. 前腿：前端沿颈椎第二骨节处将前颈肉切除，后端在第六条肋骨处切下，将胸骨连同肋骨末端的软骨切下为方形，俗称方腿。

b. 后腿：是先在最后一节腰椎骨节处切断，然后沿大腿内斜向下切。

c. 肉的成熟：切下的鲜猪腿不能立即腌制，在 6～10℃通风良好的条件下冷却 12～18h 后方可进行整理加工。冷却后的肌肉进入成熟阶段，肉的 pH 下降，有利于食盐的渗透。

③ 修整　金华火腿对外形要求严格。刚验收的鲜腿粗糙，必须初步整形，再进入腌制工序，主要是将腿面上的残毛、污血刮去，去除蹄壳，削平耻骨，除去尾椎，把表面和边缘修割整齐，挤出血管中淤血。腿边修成弧形，成"琵琶"形，腿面平整。

鲜猪腿修整的目的不仅是使火腿具有完美的外形，还对腌制火腿的质量及加速食盐的渗透都有一定作用。修整时要注意不要损伤肌肉面，仅露出肌肉表面为限。

在耻骨下面沿脊椎延长方向的肌肉内部有两条粗大的动脉血管，内有淤血，修整时必须将其排出，以免发生腌制时的腐败。

④ 腌制　修整好的腿用食盐和硝盐进行腌制，这是加工火腿最重要的工艺环节。根据不同气温，适当地控制时间、加盐数量、翻倒次数是加工火腿的技术关键。

腌制的适宜温度为 3～8℃，腌制时间 30～40d（根据腿坯重量而定）。总用盐量占腿重的 9%～10%，分 6～7 次上盐。上盐主要是前三次，其余四次是根据火腿大小、气温差异和不同部位而控制上盐量。

a. 第一次上盐（上小盐）：也叫上血水盐，在肉面上撒上一层薄盐，用盐量占总用盐量的 15%～20%。上盐后将火腿呈直角堆叠 12～14 层。上盐后若气温超过 20℃，需在 12h 后再撒盐一次。这次用盐要少而均匀，因为这时腿肉含水分较多，盐撒得多，难停留，会被水分冲流而落盐，起不到深入渗透的作用。

b. 第二次上盐（上大盐）：第一次上盐 24h 后进行第二次上盐，用盐量最大，约占总用盐量的 50%～60%，先翻腿，用手挤出淤血，再上盐。腿面的不同部位敷盐层的厚度不同。在腰荐骨和耻骨关节处加重敷盐，其次大腿上部的肌肉较厚处，三个部位多撒盐，上盐后将腿整齐堆放。

第二次上盐腌制一般约 3d。3d 后肌肉变化比较严重，肌肉组织呈暗红色，其次由于肌肉脱水收缩变得紧实，腿呈扁平状，中间厚处肌肉凹下，四周因脂肪多凸起而丰满。

第二次上盐一定要在第一次上盐后的 24h 进行，这是因为鲜肉经过上盐后，盐分渗透得最快，如果延期就会导致变质。

c. 第三次上盐：上大盐后 4～5d 进行，这次用盐按腿的大小和肉质软硬程度及三签处的余盐情况决定用盐量，一般在 15% 左右，腌制约 7d。每次上盐后应重新倒堆，将原来的上下层互相调换。

d. 第四次上盐：第三次上盐后经过 5～6d，进行第四次上盐，用盐量少，一般占总用盐量的 5% 左右。主要观察不同部位腌透程度，大部分部位已经腌好，主要是三签处尚未腌透，要继续腌制三签处。

检验火腿是否腌制好的方法：用手指按压肉面，若有充实坚硬的感觉，说明已经腌透。否则虽然表面发硬但内部空而发软，表明尚未腌透，需要再补盐，并抹去腿皮上黏附的盐，以防腿的皮色不光亮。此时堆叠层数可适当增高以加大压力，促进盐的渗透。

e. 第五次、第六次上盐：这两次上盐分别间隔 7d 左右，目的是检查盐分是否全部渗透。当第五次、第六次上盐时，上盐部位更明显地集中在三签处，露出更大肌肉的面积。此时火腿大部分已腌透，主要是对大型火腿及肌肉尚未腌透仍较松软的部位，适当补盐，用量为 0.5%~1%。在腌制的过程中，撒盐要均匀，堆放时皮面朝下，最上一层皮面朝上。一个多月后，当肉的表面经常保持白色结晶的盐霜、肌肉坚硬、颜色由暗红色变成鲜艳的红色、小腿部变得坚硬呈橘黄色，则已腌好。

火腿肌肉经六次上盐后，大约 30d，小腿肌肉可以进入洗腿工序，大腿肌肉可进行第七次上盐腌制。在翻倒几次后，即可结束腌制。

从以上腌制的方法看，可以总结的金华火腿的腌制口诀为："头盐上滚盐，大盐雪花盐，三盐靠骨头，四盐守签头，五盐六盐保签头"。

腌制火腿应注意以下几个问题：鲜腿腌制应根据先后顺序堆叠，标明日期、只数，便于倒堆上盐时不发生错乱、遗漏；4kg 以下的小火腿应当单独腌制堆叠，避免与大、中火腿混堆，以便控制盐量，保证质量；用盐间隔天数，除上大盐按照规定以外，其余的要根据温度变化情况灵活掌握；腌制擦盐时要均匀，腿皮上切忌用盐，以防火腿皮上无光彩；堆叠时应轻拿轻放，堆叠整齐，以防脱盐；如果温度变化较大，要及时翻堆，更换食盐。

⑤ 洗晒和整形　腌好的火腿要经过浸泡、洗刷、挂晒、印商标、整形等过程。

a. 洗晒：鲜腿经腌制后，腿面上残留的黏浮物及污垢、盐渣等物质，通过洗腿可将其清洗掉，便于整形和打皮印，并且使肉中的盐分浓度降低，增加酶的作用。

（a）第一次浸泡：将腌好的火腿放在清水中浸泡，肉面向下，全部浸没，水温在 5℃ 左右，浸泡时间 12h。要求皮面浸软，肉面浸透。浸泡后，用竹刷将脚爪、皮面、肉面等部位，顺纹轻轻刷洗、冲净，使肌肉表面露出红色。其目的是减少肉表面过多的盐分和污物，使火腿的含盐量适宜。

（b）第二次浸泡：将冲净的火腿放入清水中第二次浸泡，水温 5~10℃，时间 4h 左右。浸泡的时间也不是固定不变的，要根据火腿浸泡后肌肉颜色判断，若肉发暗，则火腿含盐量较小，应缩短浸泡时间；若肉发白而且坚实，则火腿含盐量较高，应延长浸泡时间。

（c）吊挂晾晒：将洗净的火腿每两只用绳连在一起，吊挂在晒腿架上，吊挂时要相互错开，使肉面朝向阳光。晾晒至皮面黄亮、肉面铺油，约需 5d。在日晒过程中，腿面基本干燥变硬时，加盖厂印、商标，并进行整形。

b. 整形：把火腿放在矫形凳上，矫直脚骨，锤平关节，捏拢小蹄，矫弯脚爪，捧拢腿心，使之呈丰满状。整形之后继续晾晒，并不断修割整形，直到形状基本固定、美观为止。经过挂晒使皮晒成红亮出油，内外坚实。气温在 10℃ 左右时，晾晒 3~4d。在平均气温 10~15℃ 条件下，晾晒 80h 后减重 26% 达到最好的晾晒程度。

⑥ 发酵　火腿达到成熟，经过发酵过程，使水分进一步蒸发，并使肌肉中蛋白质发酵分解，产生特殊的风味物质，使肉色、肉味、香气更好，形成火腿独特的颜色和芳香气味。发酵季节常在 3~8 月。

晾挂时，火腿要挂放整齐，晾晒好的火腿分层吊挂在宽敞通风的库房发酵 3~4 个月，腿间留有空隙（5~7cm）。晾挂后腿身干缩，腿骨外露，所以还要进行一次整形，使其成为"竹叶形"。经过3~4个月的晾挂发酵，表面呈橘黄色，肉面油润。常见肌肉表面逐渐生成绿色霉菌，称为"油花"，属于正常现象，即完成发酵，表明火腿干燥适度，咸淡适中。

如毛霉生长较少，则表示时间不够。发酵时间与温度有很大关系，一般温度越高所需时间越短。发酵期应注意调节温度、湿度，保证通风。

⑦ 落架堆叠　经过发酵、修整的火腿，根据干燥程度分批落架。按照大小分别堆叠在木床上，肉面向上，皮面向下，每隔5~7d翻堆一次，使之渗油均匀。经过半个月的后熟过程，即为成品。

⑧ 贮藏　贮藏时要注意防火、防鼠。以往贮藏基本利用天然条件，近年来的现代化生产正在加强对冷藏设备的利用，使用真空软包装材料和保鲜剂及微波技术等，将会延长火腿的货架寿命。火腿用真空包装，于20℃可保存3~6个月。

（3）产品质量　火腿皮色光亮，肉面紫红，腿心饱满，形似竹叶，肌肉细密，咸淡适口，香气浓郁。成品可于蒸制、烹调后直接食用，也可加工糕点、罐头或配味。

气味是鉴别火腿品质的主要指标，通常用插签法鉴别火腿的气味和咸味，在图4-1所示部位插入三签。打签后随手封闭签孔，以免深部污染，打签时如发现某处腐败，应立即换签，用过的签用碱水煮沸消毒。金华火腿的质量标准见表4-3，主要从香味、肉量、质量和外观等方面来评价。

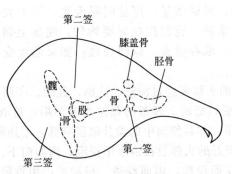

图4-1　火腿的三签部位

表4-3　金华火腿的质量标准

等级	香味	肉质	质量/(kg/只)	外　形
特级	三签香	瘦肉多，肥肉少，腿心饱满	2.5~5.0	竹叶形，皮薄，脚细，皮面平整，色黄亮，无毛，无红疤，无损伤，无虫蛀鼠咬，油头少，无裂纹，刀工光洁，样式美观，皮面印章清楚
一级	二签香，一签好	瘦肉较少，腿心饱满	2.0以上	出口腿无伤疤，内销腿无大红疤，其他要求同特级
二级	一签香，二签好	腿心稍偏薄，腿和头咸	2.0以上	竹叶形，爪弯，脚直，稍粗，无虫蛀鼠咬，刀工细致，无毛，皮面印章清楚
三级	三签中一签有异味（无臭味）	腿质较咸	2.0以上	无鼠咬伤，刀工略粗，印章清楚

5. 宣威火腿的加工

云腿为云南省著名特产之一，素以风味独特而与浙江金华火腿齐名媲美。宣威火腿因产于宣威县而得名。本品经腌制贮存发酵而成，由于当地得天独厚的水土气候条件，地处在云贵高原的高寒山区，具有腌制火腿的特有条件。宣威火腿自明清时代就被列为中国三大名腿之一，定为宫廷用品火腿，在全球被美食专家作为美食宴席菜肴中的必备调味用品。其品质优良，足以代表云南火腿，故常称"云腿"。

宣威火腿的主要特点是：形似琵琶，只大骨小，皮薄肉厚肥瘦适中；切开断面，香气浓郁，色泽鲜艳，瘦肉呈鲜红色或玫瑰色，肥肉呈乳白色，骨头略显桃红。

（1）工艺流程　宣威火腿传统加工工艺主要包括鲜腿修割定形、上盐腌制、堆码翻压、洗晒整形、上挂风干、发酵管理等六个环节。

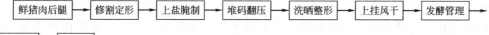

（2）操作要点

① 鲜腿修割定形　鲜腿毛料重以 7～15kg 为宜，在通风较好的条件下，经 10～12h 冷凉后，根据腿的大小形状进行修割，9～15kg 的修成琵琶形，7～9kg 的修成柳叶形。修割时，先用刀刮去皮面残毛和污物，使皮面光洁；再修去附着在肌膜和骨盆的脂肪和结缔组织，除净血渍，再从左至右修去多余的脂肪和附着在肌肉上的碎肉，切割时做到刀路整齐，切面平滑，毛光血净。

② 上盐腌制　将经冷凉并修割定形的鲜腿上盐腌制，用盐量为鲜腿重量的 6.5％～7.5％，每隔 2～3d 上盐一次，一般分 3～4 次上盐，第一次上盐 2.5％，第二次上盐 3％，第三次上盐 1.5％（以总盐量 7％计）。腌制时将腿肉面朝下，皮面朝上，均匀撒上一层盐，从蹄壳开始，逆毛孔向上，用力揉擦皮层，使皮层湿润或盐与水呈糊状，第一次上盐结束后，将腿堆码在便于翻动的地方，2～3d 后，用同样的方法进行第二次上盐、堆码；间隔 3d 后进行第三次上盐、堆码。三次上盐堆码 3d 后反复查，如有淤血排出，用腿上余盐复搓（俗称赶盐），使肌肉变成板栗色，排尽淤血。

③ 堆码翻压　将上盐后的腌腿置于干燥、冷凉的室内，室内温度保持在 7～10℃，相对湿度保持在 62％～82％。堆码按大、中、小分别进行，大只堆 6 层，小只堆 8～12 层，每层 10 只。少量加工采用铁锅堆码，锅边、锅底放一层稻草或木棍做隔层。堆码翻压要反复进行三次，每次间隔 4～5d，总共堆码腌制 12～15d。翻码时，要使底部的腿翻换到上部，上部的翻换到下部。上层腌腿脚杆压住下层腿部血筋处，排尽淤血。

④ 洗晒整形　经堆码翻压的腌腿，如肌肉面、骨缝由鲜红色变成板栗色，淤血排尽，可进行洗晒整形。浸泡洗晒时，将腌好的火腿放入清水中浸泡，浸泡时，肉面朝下，不得露出水面，浸泡时间依火腿的大小和气温高低而定，气温在 10℃左右，浸泡时间约 10h。浸泡时如发现火腿肌肉发暗，浸泡时间相应延长。如用流动水应缩短时间。浸泡结束后，即进行洗刷，洗刷时应顺着肌肉纤维排列方向进行，先洗脚爪，依次为皮面、肉面到腿下部。必要时，浸泡洗刷可进行两次，第二次浸泡时间视气温而定，若气温在 10℃左右，约 4h，如在春季约 2h。浸泡洗刷完毕后，把火腿晾晒到皮层微干、肉面尚软时，开始整形，整形时将小腿校直，皮面压平，用手从腿面两侧挤压肌肉，使腿心丰满，整形后上挂在室外阳光下继续晾晒。晾晒的时间根据季节、气温、风速、腿的大小、肥瘦不同而定，一般 2～3d 为宜。

⑤ 上挂风干　经洗晒整形后，火腿即可上挂，一般采用 0.7m 左右的结实干净绳子，结成猪蹄扣捆住庶骨部位，挂在钉子上，成串上挂的大只挂上，小只挂下，或大、中、小分类上挂，每串一般 4～6 只，上挂时应做到皮面、肉面一致，只与只间保持适当距离，挂与挂之间留有人行道，便于观察和控制发酵条件。

⑥ 发酵管理　上挂初期至清明节前，严防春风的侵入，以免造成暴干开裂。注意适时开窗 1～2h，保持室内通风干燥，使火腿逐步风干。立夏节令后，及时开关门窗，调节库房温度、湿度，让火腿充分发酵。楼层库房必要时应楼上、楼下调换上挂管理，使火腿发酵鲜

化一致。端午节后要适时开窗，保持火腿干燥结实，防止火腿回潮。发酵阶段室温应控制在月均 13～16℃，相对湿度 72%～80%。

日常管理工作中应注意观察火腿的失水、风干和霉菌生长情况，根据气候变化，通过开关门窗、生火除湿来控制库房温湿度，创造火腿发酵鲜化的最佳环境条件，火腿发酵基本完成后（大腿一般要到中秋节），仍应加强日常发酵管理工作，直到火腿调出时，方能结束。

⑦ 贮藏方法　宣威火腿是猪肉腌腊食品，便于携带和贮藏。但它毕竟是肉类食品，含有较多的动物脂肪，肌肉组织又有吸收其他气体的特性。因此，消费者买回后要使腿质不变，保管工作十分重要。动物脂肪久放，加之保管不善，往往会出现哈喇味，即出现油脂的氧化酸败等现象，所以火腿不能长期放在日光直射、高温、近火、煤飘熏处或潮湿的地方，通常应悬挂在室内阴凉通风干燥而清洁的地方。至于火腿肉面上的发酵层，那是制作过程中酵母菌等有益菌落层，不但不会影响火腿肉质和香味，而且能起到防腐、防虫、防干裂、防污染等保护作用，平时不必揩刮，只要在食用前削刮掉即可。

6. 如皋火腿的加工

如皋火腿又称为北腿（金华火腿称为南腿），产于江苏省如皋县。产品特点是：形状为琵琶形，重量为 2.5～3.5kg，皮色金黄，肉质红白鲜艳，火腿肌嫩肉肥，肥而不腻，风味独特，可长期保存。

① 腌制　腌制共分 4 次上盐，第一次为小盐，每 50kg 鲜腿用 1.5kg 盐，主要目的是将肉中的血排出；1d 后，上第二次盐称为大盐，上盐量为 50kg 鲜腿上 3.5kg 盐，并加入硝石，然后堆码起来；过 8d 左右，上第三次盐，用盐量比第二次略少；第四次上盐时间为第三次上盐之后的 22d，用盐量更少，上盐后可堆成散堆，每隔 6～7d 翻一次。

② 洗晒　当腌制 34～40d 后，将火腿在水中洗刷 2 次，并刮皮、刮毛，然后晒 6～7d，使其腿尖翘起，表皮干燥。

③ 晾挂　洗晒后，将火腿放在室内晾挂，火腿逐渐干燥，并产生香味。当火腿干透后，应涂棉子油，以防回潮。到重阳节前，取下火腿，将其堆叠起来，目的是防止油脂外溢，促使肉质变嫩，并在 1 个月左右进行一次翻堆。如皋火腿在干燥地方可保存 2 年以上。

7. 中式火腿加工中存在的问题及解决措施

(1) 生产问题

① 生产设备　火腿的生产设备简单、简陋，工业化、自动化程度低等已成为普遍存在的问题。此外，在火腿行业，我国缺少体系化的产业标准，而且我国标准和国际标准还存在着一定的差距，我国的标准以产品标准为重点，而国际标准更注重由原材料到加工方法，直至检测要求的一系列更为完善、严格的标准体系。标准的差距，在我国火腿的出口贸易中构成了一道无形的屏障。

② 生产环境　这里主要是环境的温度和相对湿度。

在干腌火腿加工过程中，温度是主要的生产工艺参数，也是火腿产品质量的重要影响因素，不同加工阶段对温度有特定的要求。金华火腿的风味被公认为是国际干腌火腿最浓烈的一种，这是金华火腿经过 6～7 个月的"低温脱水、中温发酵、高温成熟"的结果，但是随着加工温度的升高，就会出现陈腐、酸败、感观差等不良现象。

相对湿度作为干腌火腿的重要影响因素之一，其在 80% 以上，火腿表面就会有霉菌的生长。而相对湿度低于 80%，就会使火腿中的水分过分蒸发，产品坚硬，成品率低。

③ 生产周期　中式火腿传统生产工艺每个生产周期是一年，生产厂家都集中在冬季开始生产，势必造成原料供应紧张，价格上涨，因此缩短生产周期进行全天候生产是厂商、也

是肉品研究者共同关心的问题。

（2）产品问题

① 含盐量过多　过多地摄入食盐不利于人体的健康。我国火腿普遍含盐量高，一般高达9%～12%，远远高于国外干腌火腿的盐含量（4%～5%），不利于直接食用，大多只能做调味用。而对消费者来说摄入过多的食盐，容易引发高血压等心血管疾病，因此限制了我国干腌火腿的消费量。

② 脂肪及胆固醇氧化　有些火腿的生产周期长，在长时间的加工保存过程中脂肪的氧化十分严重。脂肪氧化产生干腌火腿大量的风味成分。其中高于5个碳原子的直链醇、醛、酮、烷基呋喃等成分是典型的脂肪氧化产物；通过氧化还能生成酸类物质、内酯等风味成分。另外，由脂肪氧化生成的一级产物还可以进一步发生反应，如参与美拉德反应等，形成大量的二级风味产物。

在火腿的生产过程中，脂肪氧化从腌制开始大量发生，在腌制后的晾晒工艺段达到最高，温度、盐含量和光照是其主要影响因素。研究表明，脂肪过度氧化形成的氧化产物可诱发机体多种慢性疾病，是人体衰老和心血管疾病的主要诱因。

③ 微生物腐败及毒素残留　传统的干腌火腿大都是在粗放的作坊式的生产车间靠手工作业和自然条件发酵成熟的，微生物污染的机会多。由于火腿本身营养成分丰富，适合微生物的生长繁殖，随着时间的延长，势必会造成火腿的腐败变质。研究证实，多数霉菌具有诱变作用，在较为恶劣的环境下会产生毒素，有些真菌毒素可诱导基因突变和产生致癌性，这对食品安全和人类健康构成了很大的威胁。

④ 成品的水分含量偏低　一定的含水量是保证产品良好的口感的前提，也可以提高成品出品率。

（3）解决措施

① 原料的标准化　原料是决定干腌火腿品质的基本要素。原料的品质特性反映为原料的大小、肥瘦程度、皮下脂肪含量、肌肉pH值、色泽及内源酶活性等指标的差异。国内外大量研究表明，原料腿过大，腌制时食盐难以渗透，干燥时脱水困难，常温下腌制时易于变质；皮下脂肪含量高则出品率高，但会降低产品的可接受性。通过规定品种、饲养管理、原料的肥育程度及脂肪酸组成等，使传统的特色猪种更适合于现代化火腿生产。

② 采用现代科学技术改进传统工艺

a. 腌制技术　腌制是火腿制作的关键步骤。滚揉技术是西式肉制品常用的肉品腌制技术，国外用这项技术对干腌火腿进行快速腌制得到了较好的研究结果，尤其是对去骨干腌火腿效果较好。这对于我国的传统干腌火腿工艺改进很有参考价值。

b. 食品添加剂技术　微生物污染、脂肪氧化等问题困扰着火腿的发展。传统工艺只用食盐和亚硝酸盐作为腌制剂，为了减少微生物的数量和种类，盐用量大大增加，导致成品偏咸，不宜食用过多。现代工艺采用复合腌制剂腌制火腿，在控制微生物数量和脂肪氧化的基础上，还保留了原有火腿的风味。

c. 生产设备改进　借鉴国外同类产品加工设备，对我国某些加工企业落后的生产设备予以改进，同时引进一些国外的先进生产设备，尽量避免人为因素影响火腿加工的质量，缩短不同工艺之间火腿输送的时间，提高效率。

8. 中式火腿的发展方向

（1）开发低盐、生食火腿新品种　传统火腿存在干、硬、咸等缺点。低盐、生食火腿的开发能够成为肉制品新的增长点，大幅度增加火腿的消费量，促进中式火腿的生产发展。西班牙、意大利等西欧国家历来就有生食干腌火腿的传统。近年来，由于制作工艺技术的进步和卫生检验技术的完善，生食的卫生安全有了充分的保障。生食火腿以其特有的风味和丰富的营养赢得了很好的市场，具有较好的发展前景。

（2）开发无骨火腿　中式传统火腿大多是以整只火腿进行包装销售，销售渠道窄，销售量少。无骨火腿作为一种新产品，它具有易于分割、食用方便、卫生美观、质量均匀等特点，因而深受广大消费者的欢迎，已逐渐成为干腌火腿市场销售的主要产品形式。

（3）开发即食火腿　小包装即食火腿的开发也是近年来的研究热点，相比于生食火腿，小包装即食火腿是根据中国人的口味开发研制的，具有携带方便、食用安全、营养丰富及保质期长等特点。

将整个的火腿进行合理分割，取可食部分进行深加工，采用高温灭菌使蛋白质变性，从而使氨基酸含量增多，形成其特有的风味。同时采用脱盐处理使即食火腿的盐分降低，提高其可食性。加工过程中产生的边角料可用于加工成火腿酱等副产品，以提高原料的利用率。

二、腊肉的加工

腊肉是我国南方冬季（腊月）长期贮藏的肉制品。它是以鲜猪肋条肉经剔骨、切条、腌制、长期风干、发酵、经人工烘烤而成的，食用前需加热处理熟制。腊肉的品种很多，以产地可分为广式腊肉（广东）、川式腊肉（四川）和三湘腊肉（湖南）等，其产品因品种不同而异。腊肉的品种不同，但生产过程大同小异，原理基本相同。下面分别介绍这三种腊肉。

1. 川式腊肉的加工

川式腊肉其特点是皮肉红黄，肥膘透明或乳白，腊香浓郁，咸度适中。

（1）工艺流程

原料选择 → 剔骨 → 切肉块 → 配料 → 腌制 → 烘烤 → 烟熏 → 包装 → 成品

（2）操作要点

① 选料与修整　可以用咸肉直接生产，也可用白条肉生产。生产腊肉应去骨，以防止在贮藏过程中肉骨分离而开裂。肉切成4～5cm宽、20～30cm长、重0.5～1kg的块状物，肉的一端穿一小孔便于穿绳晾挂。

② 配料（以100kg肉计）　食盐3～4kg，曲酒0.5～1kg，硝酸钠50g，红糖汁500g（主要用于上色和调味），花椒100g，其他香辛料200g。

③ 腌制　在3～4℃条件下腌制。用盐量为每100kg原料肉加食盐14～20kg，硝酸钠用量为50g左右。腌制时先用少量盐擦匀，待排除血水后再擦上大量食盐，堆垛腌制。腌制过程中每隔4～5d，上下互相调换一次，同时补撒食盐，经过25～30d即可腌成。成品率90％。

④ 烘烤和烟熏　晾干水汽后，烘烤温度55℃，时间48h（有时用温度90℃，5h左右，产出外干里湿的腊肉），至皮肉干爽。

烟熏用锯末和芸香科的植物。城口老腊肉的烟熏很重，使得肉的表层已经成为黑褐色。

⑤ 包装　可以采用真空包装（城口老腊肉一般不包装）。

（3）产品质量　瘦肉呈红色或暗红色，肥肉呈金黄色，微透明，水分含量25％以下，食盐含量5％以下。

2. 广式腊肉的加工

广式腊肉又称广东腊肉，其特点是：选料严格、色泽美观、香味浓郁、甘甜爽口。

（1）工艺流程

（2）操作要点

① 原料选择及修整　选用猪肋条肉，去骨，切去奶脯，修割整齐成条状。要求肉长 35~50cm，每条重 180~200g，然后在肉的上端用尖刀穿一孔，系上 15cm 长的麻绳，以便悬挂。

② 原料配方（以 100kg 去骨肋条肉计）　白糖 3.7kg，硝酸钠 125g，食盐 1.9kg，大曲酒（60°）1.56kg，白酱油 6.25kg，麻油（滴珠油）1.5kg。

③ 漂洗　把修整好的肋条肉放入约 30℃ 的清水中漂洗 1~2min，以除去肉条表面的浮油，然后取出滴干水分。

④ 腌制　按配方先把白糖、硝酸钠、食盐倒入容器中，然后再加大曲酒、酱油、麻油使固体腌料和液体调料充分混匀并完全溶化后，把切好的肉条放入腌肉缸中，随即翻动，使每条肉都与腌制液接触，腌制温度保持在 0~10℃，腌制时每隔 1~2h 要上下翻动一次，使腊肉能均匀地腌透。腌制时间视腌制方法、肉块大小、腌制的温度不同而有所差别，一般在 4~8h，配料完全被肉条吸收，取出挂在竹竿上，等待烘烤。

⑤ 烘烤　将腌好的肉连同竹竿移入烘房烘架上，控制室温为 50℃ 左右，底层温度为 80℃ 左右。烘架可分三层，下层挂当天新腌成的肉条，中层挂前一天烘烤的肉条，上层火力最小，可挂接近烘好的肉条。如全为同一天的肉，则每隔数小时要上下调换位置，以便烘烤均匀，一般烘 48~72h 即可。如遇晴天，也可不烘烤而置于阳光下曝晒，晚上移入室内，连续晒几天，直至表面出油为止。如遇中途阴雨，应在烘房烘烤，不能等待晴天再晒。

⑥ 包装　烘好后的肉条送入干燥通风的晾挂室中冷凉至室温即为成品，成品率一般为 70% 左右。优质的成品应是表面光洁、肥肉金黄、瘦肉红亮、皮坚硬呈棕红色，咸度适中，气味芳香。成品可用竹筐或纸箱盛装，但需先用防潮蜡纸或食用塑料袋进行内包装，有条件者可进行真空包装。

3. 湖南腊肉的加工

湖南腊肉皮呈酱紫色，肉质透明，肥肉淡黄，瘦肉棕红，味香浓郁，食而不腻，历史悠久，中外驰名。制作全过程分备料、腌渍、熏制三步。

（1）备料　取皮薄肥瘦适度的鲜肉或冻肉刮去表皮肉垢污，切成 0.8~1kg、厚 4~5cm 的标准带肋骨的肉条。如制作无骨腊肉，还要切除骨头。加工有骨腊肉用食盐 7kg、亚硝酸钠 0.2kg、花椒 0.4kg。加工无骨腊肉用食盐 2.5kg、亚硝酸钠 0.2kg、白糖 5kg、白酒及酱油各 3.7kg、蒸馏水 3~4kg。辅料配制前，将食盐和亚硝酸钠压碎，花椒晒干碾细，也可加适量桂皮等香料，同样晒干碾细。

（2）腌制　腌制有三种方法。

① 干腌　切好的肉条与干腌料擦抹擦透，按肉面向下顺序放入缸内，最上一层皮面向上。剩余干腌料敷在上层肉条上，腌制 3d 翻缸。

② 湿腌　将腊肉放入配制腌制液中腌 15~18h，中间翻缸 2 次。

③ 混合腌　将肉条用干腌料擦好放入缸内，倒入经灭过菌的陈腌制液淹没肉条，混合腌制中食盐用量不超过 6%。

（3）熏制　有骨腊肉熏前必须漂洗和晾干。通常每百千克肉胚需用木炭 8~9kg、木屑 12~14kg。将晾好的肉胚挂在熏房内，引燃木屑，关闭熏房门，使熏烟均匀散布，熏房内初温 70℃，3~4h 后逐渐降低到 50~56℃，保持 28h 左右为成品。刚熏制的腊肉，须经过 3~4 个月的保藏使其成熟。

三、腊肠的加工

腊肠俗称香肠，是我国肉类制品中品种最多的一大类产品，是以鲜猪瘦肉和猪肥膘为原料，经切块，绞成丁，配以辅料（食盐、硝酸盐、酒、糖等），经过搅拌、腌制、灌肠、干燥制成的生肉制品。过去民间多在腊月制作，因此也叫腊肠。

这类产品最大的特点是不允许添加淀粉、色素及非动物性蛋白质，因在加工工艺中有较长时间的日晒和晾挂或烘制过程，在适当的温度和湿度下，受微生物酶的作用，蛋白质发生分解，使其产生独特的风味。产品外形美观、腊香浓郁、醇香回甜、红白分明、甜咸适宜、柔嫩爽口，常温下可以贮藏1～3个月，冷藏时，可以保存更长时间。

我国较著名的腊肠有广式腊肠、川式腊肠、武汉香肠、南京腊肠、北京腊肠、武汉腊肠、哈尔滨香肠等，广式腊肠是其代表。

1. 工艺流程

原料肉选择与修整 → 切丁 → 拌馅与腌制 → 灌装 → 排气 → 结扎 → 漂洗 → 晾晒 → 烘烤

包装 → 成品

2. 操作要点

（1）配料　几种腊肠的配方见表4-4。

表4-4　几种腊肠的配方　　　　　　　　　　单位：kg

项　目	广式腊肠	武汉香肠	哈尔滨香肠	川式腊肠
瘦肉	70	70	75	80
肥肉	30	30	25	20
精盐	2.2	3	2.5	3.0
糖	7.6	4	1.5	1.0
白酒(50°)	2.5	—	0.5	—
汾酒	—	2.5	—	—
曲酒	—	—	—	1.0
白酱油	5	—	—	3.0
酱油	—	—	1.5	—
硝酸钠	0.05	—	—	0.05
硝酸钾	—	0.05	—	—
硝石	—	—	0.1	—
味精	—	0.3	—	0.2
生姜粉	—	0.3	—	—
白胡椒粉	—	0.2	—	—
苏砂	—	—	0.018	—
八角	—	—	0.01	0.015
小茴香	—	—	0.01	—
花椒	—	—	—	0.1
豆蔻	—	—	0.017	—
桂皮粉	—	—	0.018	0.045

项　目	广式腊肠	武汉香肠	哈尔滨香肠	川式腊肠
白芷	—	—	0.018	—
丁香	—	—	0.01	—
山奈	—	—	—	0.015
甘草	—	—	—	0.03
荜拔	—	—	—	0.045

（2）操作要点

① 原料肉选择与修整　经检验合格的新鲜猪肉，瘦肉最好是肉质好的腿臀肉，肥肉最好是背部硬膘，最好选用具有较强着力的不经排酸鲜冻成熟的肉。加工其他肉制品切割下来的碎肉也可作为原料。

原料肉应经过修整，去筋腱、骨头和皮，分割好的肉尽量做到肥肉中不见瘦，瘦肉中不见肥。

② 切丁　瘦肉用绞肉机切成 4～10mm 的肉粒，肥肉切成 6～10mm 大小的丁。肥丁用 60～80℃的热水冲洗浸烫约 10s，并不断搅动，再用清凉水淘洗，以除去浮油及杂质，沥干水分待用，肥肉和瘦肉要分别存放。

③ 拌馅与腌制　辅料中加入 20% 左右的温水，使其充分溶解。然后把肉和辅料混合均匀。放置 2～4h 进行腌制。

瘦肉变成内外一致的鲜红色，用手触摸有坚实感即完成腌制。此时加入白酒拌匀，即可灌装。

④ 灌装　一般选用天然肠衣（猪小肠衣或羊小肠衣）。肠衣质地要求色泽洁白、厚薄均匀等。用干肠衣或盐渍肠衣，在清水中浸泡柔软，洗去盐分后备用。每 100kg 肉馅约需猪小肠 50m。肠衣末端打结后，可采用机械或手动灌制，要求灌馅松紧适宜、均匀，不能过紧或过松。

⑤ 排气　灌装完后用排气针在湿肠上刺孔，排出内部空气及多余的空气。

⑥ 结扎　每隔 10～20cm 用细线结扎 1 次。

⑦ 漂洗　湿肠用清水漂洗，将外衣上的残留物冲洗干净。一般先用 20℃水漂洗一次，然后再在冷水中摆动几次。漂洗晾晒后依次将湿肠分别挂在竹竿上。

⑧ 晾晒和烘烤　将悬挂好的腊肠放在日光下曝晒 2～3d，在日晒过程中有胀气处应排气。2～4h 转竿一次，肠与肠之间距离 3～5cm。晚上或阴雨天送入烘烤房内烘烤，温度保持在 42～59℃。一般经过 3d 的烘晒后，再晾挂到通风良好的场所风干 10～15d 即为成品。

⑨ 包装　目前市场上采用的防止和抑制腊肠脂肪氧化酸败的方法主要有真空包装保鲜法、气调包装保鲜法、脱氧剂保鲜法、添加抗氧化剂保鲜法等。

3. 产品质量控制

① 感官指标　广式腊肠的感官指标见表 4-5。

② 理化指标　广式腊肠和中式香肠的理化指标见表 4-6 和表 4-7。

四、咸肉的加工

咸肉是以鲜猪肉或冻猪肉为原料，用食盐腌制而成的生肉制品，食用时需加热熟制。咸肉可分为带骨和不带骨两大类。根据其规格和部位又可分为"连片"、"段头"、"小块咸肉"、

表 4-5 广式腊肠的感官指标

指标	要　求
外观	肠体干爽,呈完整的圆柱形状,表面有自然皱纹
色泽	肥肉呈乳白色,肌肉呈鲜红、枣红、玫瑰红色,红白分明,有光泽
组织状态	质地紧密,略有弹性,切面平整,层次分明
风味	腊香浓郁、醇香回甜、甜咸适宜、柔嫩爽口,具有广式腊肠特有的风味

表 4-6 广式腊肠的理化指标

项　目		级　别		
		优级	一级	二级
蛋白质/%	≥	22	20	17
脂肪/%	≤	35	45	55
水分/%	≤	—	25	—
食盐(以 NaCl 计)	≤		8	
总糖(以葡萄糖计)/%	≤		20	
酸价/(mgKOH/g 计)	≤		4	
亚硝酸钠(以 NaNO$_2$ 计)/(mg/kg)	≤		20	

表 4-7 中式香肠的理化指标

项　目		指　标
蛋白质/%	≥	16
脂肪/%	≤	45
水分/%	≤	25
氯化物(以 NaCl 计)	≤	8
总糖(以葡萄糖计)/%	≤	22
酸价/(mgKOH/g 计)	≤	4
亚硝酸钠(以 NaNO$_2$ 计)/(mg/kg)	≤	20

"咸腿"。咸肉的特点是用盐量多,它是一种传统的大众化肉制品。咸肉在我国各地都有生产,品种繁多,式样各异。其中以浙江咸肉(也叫家乡南肉)、江苏如皋咸肉(又称北肉)、四川咸肉、上海咸肉等较为著名。

1. 咸肉的一般加工工艺

(1)工艺流程

原料选择 → 修整 → 开刀门 → 腌制 → 包装 → 成品

(2)操作要点

① 原料选择　鲜猪肉和冻猪肉都可以作为原料,肋条肉、五花肉、腿肉都可以,但需要肉色鲜艳,放血充分,且必须经过卫生检验部门检疫合格。若为新鲜猪肉,必须摊开凉透;若是冻肉,必须经解冻微软后再进行分割处理。

② 修整　对猪胴体进行修整,先削去血脖部位的碎肉、污血,再割除血管、淋巴、碎油及膈等。

③ 开刀门　为了加速腌制,可在肉上割出刀口,俗称"开刀门"。刀口的大小、深浅和

多少取决于腌制时的气温和肌肉的厚薄。肉体厚，气温在 20℃ 以上时，刀口深而密；15℃ 以下，刀口浅而小；10℃ 以下，少开或不开刀口。

④ 腌制　在 3～4℃ 条件下腌制。温度高，腌制过程快，但易发生腐败；温度低，腌制得慢，风味好。

a. 干腌法：用盐量为肉重的 14%～20%，硝酸钠用量为 0.05%～0.75%，两者混合涂抹于肉的表面，腌制时先用少量盐擦匀，待排除血水后再擦上大量食盐，堆垛腌制。腌制过程中每隔 5～6d，上下互相调换一次，同时补撒食盐，经过 25～30d 即可腌成，成品率 90%。

b. 湿腌法：用开水配制 22%～35% 的食盐溶液，再加入 0.7%～1.2% 的硝酸钠、2%～7% 的糖（可以不加），将肉成排地堆放在缸或木桶中，加入已配制冷却好的澄清盐液，以浸没肉块为宜。盐液为肉重的 30%～40%，肉面压以木块或石块，每隔 4～5d，上下互相调换一次，经过 15～20d 即可腌成。

⑤ 保藏　咸肉的保藏方法一般有堆垛法和浸卤法两种。

a. 堆垛法：将咸肉水分稍干后，堆放在 -5～0℃ 的冷库中，可贮藏 6 个月。损耗量为 2%～3%。

b. 浸卤法：将咸肉浸在 24～25°Bé 的盐水中，这种方法可延长保藏期，使肉色保持红润，没有重量损失。

（3）产品质量控制

① 感官指标　咸肉的感官指标见表 4-8。

表 4-8　咸肉的感官指标

指　标	要　求
外观	外表干燥清洁,有光泽
色泽	肌肉呈红色或暗红色,脂肪切面白色或微红色
组织状态	质地紧密,略有弹性,切面平整,层次分明
风味	具有咸肉固有的风味,不得有酸味、苦味

② 理化指标　咸肉的理化指标见表 4-9。

表 4-9　咸肉的理化指标

指　标	限　量
挥发性盐基氮/(mg/100g)	≤20
过氧化值/(meq/kg)	≤20
亚硝酸钠/(mg/kg)	≤30
食品添加剂	符合 GB 2760 的规定

③ 微生物指标　致病菌不得检测。

2. 浙江咸肉的加工

浙江咸肉皮薄、肉嫩，颜色嫣红，肥肉光洁，色美味鲜，气味醇香，耐藏。

（1）原料选择　选择整片新鲜猪肉或截去后腿的前躯、中躯作原料。

（2）修整　斩下后腿用作加工咸腿或火腿的原料，剩余部分剔去第一对肋骨，挖去脊髓，割去碎油脂，去净污血肉、碎肉和剥离的膜。

（3）开刀门　从肉面用刀划开一定深度的若干刀口。

（4）腌制　鲜肉用细粒盐15%～18%，分三次上盐。第一次上盐（出水盐），将盐均匀地擦抹于肉表面；第二次上盐，于第一次上盐的次日进行，沥去盐液，再均匀地上新盐，刀口处塞进适量盐，肉厚部位适当多撒盐，二次上盐后7d左右为半成品，特称嫩咸肉；第三次上盐，于第二次上盐后4～5d进行，肉厚的前躯要多撒盐，颈椎、刀门、排骨上必须有盐，肉片四周也要抹上盐。每次上盐后，将肉面向上，层层压紧整齐地堆叠。从第一次上盐到腌至25d即为成品，出品率约为90%。

（5）成品的质量控制　外观、色泽和气味应符合质量要求。外观要求完整清洁，刀工整齐，肌肉紧实，表面无杂物、无霉菌、无黏液。色泽要求肉红、膘白，如肉色发暗、脂肪发红，即为腐败变质。

任务二　腊肉的加工

※【任务描述】

以猪后腿肉为原料，选择一种风味的腊肉制品，设计工艺流程和操作规程并加工为成品。

※【工作准备】

（1）材料的准备　新鲜原料肉、精盐、蔗糖、白酒（50°）、白酱油、硝酸钠等。

（2）仪器设备的准备　冷藏柜、烟熏炉、燃气灶、台秤、天平、砧板、量筒、波美度计、刀具、不锈钢盆、塑料盆、不锈钢托盘。

（3）相关工具的准备　计算器、任务工单等。

※【工作程序】

程序1　工艺流程

原料选择 → 修整 → 腌制 → 烘烤 → 包装

程序2　配方的选择

以100kg原料肉计，加入各种辅料：精盐3kg，蔗糖4kg，白酒（50°）2.5kg，白酱油3kg，硝酸钠50g。

程序3　操作要点

（1）原料选择　选择肥瘦层次分明的去骨五花肉，一般肥瘦比为5:5或4:6。

（2）原料预处理　修刮净皮上的残毛及污垢，修整边缘，按规格切成长38～42cm、宽2～5cm、厚1.3～1.8cm、每条重200～250g的薄肉条，并在肉的上端用尖刀穿一小孔，系15cm长的麻绳，以便于悬挂。

（3）腌制　将辅料倒入拌料器内，使固体腌料和液体调料充分混合拌匀，用10%清水溶解配料，待完全溶化后，再把切成条状的肋条肉放在65～75℃的热水中清洗，以去掉脏污和提高肉温，加快配料向肉中渗入的速度。将清洗沥干后的腊肉坯与配料一起放入拌料器中，使已经完全溶化的腌制液与腊肉坯均匀混合，每根肉条均与腌制液接触。每隔30min，搅拌翻动一次，于20℃下腌制4～6h，取出肉条，沥干水分。

（4）烘烤或熏制　烘烤室温度一般控制在45～55℃，烘烤时间根据肉条的大小而定，通常为 48～72h，根据皮、肉颜色可判断终点，此时皮干，瘦肉呈玫瑰红色，肥肉透明或呈乳白色。

（5）包装 烘烤后的腊肉送入干燥通风的晾挂室中晾挂冷却，等肉温降到室温即可，如果遇雨天应关闭门窗，以免受潮。冷却后的肉条即为腊肉的成品，成品率为 70％左右。传统腊肉用防潮蜡纸包装，现多用抽真空包装。

程序 4　产品质量控制

成品刀工整齐，不带碎骨，无烟熏味及霉斑，每条重 150g 左右，长 33～35cm，宽 3～4cm，无骨带皮。优质成品应是表面光洁、肥肉金黄、瘦肉红亮、皮坚硬呈棕红色、咸度适中、气味芳香、味鲜甜美、肉质细嫩、肥瘦适中、干爽适口。

※ 【注意事项】

（1）腌制时间视腌制方法、肉条大小、腌制温度不同而有所差别，腌制温度高可适当缩短，冬天可适当延长，以腌透为准。

（2）腊肉因肥膘肉较多，烘烤温度不宜过高，以免烤焦或肥肉出油，瘦肉色泽发黑；也不能太低，以免水分蒸发不足，使腊肉变酸。

（3）熏烤常用木炭、锯末、糠壳和板栗壳等作为烟熏燃料，在不完全燃烧条件下进行熏制，使肉制品具有独特的腊香。

※ 【任务实施】

详见《肉制品加工项目学习册》的任务工单。

任务三　板鸭的加工

※ 【任务描述】

以白条鸭为原料，设计工艺流程和操作规程并加工为成品。

※ 【工作准备】

（1）材料的准备　活鸭、精盐、蔗糖、大葱等。
（2）仪器设备的准备　锅、盆、刀、天平、台秤、比重计、烤箱等。
（3）相关工具的准备　计算器、任务工单等。

※ 【工作程序】

程序 1　工艺流程

原料选择→屠宰→修整→配料腌制→出缸叠坯→排坯→晾挂→包装

程序 2　操作要点

（1）原料选择　制板鸭的原料鸭愈肥愈好，并以未生蛋和未换毛者为佳，一般选择体重在 1.75kg 以上活鸭。

（2）屠宰

① 宰前断食：宰前断食 18～20h，只给饮水，并进行宰前检验。

② 宰杀放血：屠宰时，一般都从下腭脖颈处下刀，刀口离鸭嘴 0.5cm、深约 0.5cm 割断食管和气管。最好能用 60～75V 的电压先进行电麻，这样不但有利于屠宰卫生，而且放血充分。

（3）修整

① 浸烫煺毛：必须在宰后 5min 内进行，温度 60～64℃ 为宜，水温不宜过高，以免表皮脂肪熔解（鸭脂熔点在 26～30℃）。烫好立即煺毛，先煺大毛再煺小毛。

② 摘取内脏：将毛除净后，齐肩膀处切去两翅，再沿膝关节割下两脚。在右翅下开一道 5～8cm 的月牙形口（因鸭的食道偏右，故口须开在右翅下），并随即将下咽膜刺穿，以便于悬挂。然后折断开口处的两根肋骨，用食指伸入胸腔，拉出心脏，将食道、喉管抽出，再将胃周围的两膜捅开，将胃拉出，并顺着胃的下部将肠子拉出。另用手指插入肛门搅断直肠并拉出，最后从背腔中将鸭杂一并取出。

③ 清腔浸水：取出的内脏，经兽医检验合格后，再将腹腔中的所有残留肋膜、血筋、腹膜等全部摘净（应注意勿伤及内表皮），清除肛门口残留肠头等。再用水清洗，洗净后放在冷水中浸泡 3～4h，然后钩住嘴下切口，将水沥干约 1h。

④ 整形：最后将鸭仰放，用手紧压胸部，把胸部的前三叉骨压扁，使胴体呈现正规的长方形，既保持外形美观又便于腌制。

（4）配料腌制　包括初腌、抠卤、复腌三个过程。

① 初腌（擦盐）：将 50kg 精盐于锅中炒干，并加入 300g 八角，炒至水汽蒸发后，取出磨细。炒盐用量一般为 16∶1。一只 2kg 重的光鸭用盐 125g，用其重 6.25% 的干盐。腌制时，将 95g 盐（约 3/4）从颈部切口中装入，在工作台上反复翻揉，务使盐均匀地粘满腹腔各部。余下约 1/4 的盐擦于体外，应以胸肌、小腿肌和口腔为主。

② 抠卤：擦盐后依次码在缸中，经盐渍 12h 后取出，提起后翅，撑开肛门，使腔中盐水全部流出，这称为抠卤。然后再叠于缸中，经 8h 左右进行第二次抠卤。

③ 复腌：第二次抠卤后，用预先经处理的老卤，从肋部切口灌满后再依次浸入卤缸中。所浸数量不宜太多，以免腌制不均。码好后，用竹签制的棚形盖盖上，并压上石头，使鸭全部浸于卤中。复腌的时间按季节而定，在农历小雪至大雪期间，大鸭（活鸭 2kg 以上）22h，中鸭（1.5～2kg）18h，小鸭（1.5kg 以下）16h；大雪至立春期间，大鸭为 18h，中鸭为 16h，小鸭 14h，也可平均复腌 20～24h。盐卤的配制包括新卤的配制和老卤的复制。

（5）出缸叠坯　将腌制好的鸭体从卤缸中取出，倒尽卤水，然后将鸭子放在砧板上，用水将鸭体压扁，并依次叠入缸中。经过 2～4d，即可出缸排坯。

（6）排坯、晾挂　叠坯后，将鸭体由缸中提出，挂在木架上，用清水洗净，擦干。

程序 3　产品质量控制

成品表皮光白，肉红、有香味，全身无毛，无皱纹，人字骨扁平，腿肌发硬，胸骨凸起，禽体呈扁圆形。

※【注意事项】

（1）新卤的配制：将除去内脏后浸泡鸭用的血水，加入精盐 38%，煮沸，使盐全部溶解成饱和盐水。除去上浮的泡沫污物，待澄清后取清液倒入缸中，另加生姜片 0.02%，整粒茴香 0.01%，整根葱 0.03%，冷却后即成新卤。

（2）老卤的复制：由于老卤中含有一定量的萃取物质和蛋白质的中间分解物（如氨基酸等），故由老卤制成的板鸭风味比新卤好。卤水经复腌后即有血水流出，呈浅红色，易引起腐败发臭，故每经复腌 3～4 次后，则需烧卤一次。烧卤一方面是灭菌，另一方面是将其中的可溶性蛋白质加热凝固后除去。烧卤前先用比重计测量其浓度，维持饱和。

（3）晾挂时木档距离保持50cm左右。

※ 【任务实施】

详见《肉制品加工项目学习册》的任务工单。

任务四　风鸡的加工

※ 【任务描述】

以白条鸡为原料，选择一种风味的风鸡制品，设计工艺流程和操作规程并加工为成品。

※ 【工作准备】

（1）材料的准备　白条鸡、食盐、硝酸钠、磷酸盐、蔗糖、抗坏血酸钠等。

（2）仪器设备的准备　冷藏柜、燃气灶、台秤、天平、砧板、量筒、波美度计、盐水注射机。

（3）相关工具的准备　计算器、任务工单等。

※ 【工作程序】

程序1　工艺流程

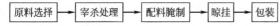
原料选择 → 宰杀处理 → 配料腌制 → 晾挂 → 包装

程序2　操作要点

（1）原料选择　公鸡和母鸡都行，宰杀前停食供水12～24h，停食后宰杀的鸡放血完全，肉质鲜嫩。

（2）宰杀处理　宰杀后不煺毛，在嗉囊处开一个小口割断食管，同时在肛门下割一个5cm左右的口，剜去肛门，用手伸进体腔，轻轻拉出内脏嗉囊。

（3）配料腌制　除去内脏以后，按每0.5kg鸡用食盐30～35g、花椒3g混合均匀，涂擦在腹腔及嗉囊、喉部、口腔，然后把鸡背向下，腹向上放在砧板上，把两腿顺自然姿势向腹部压紧，鸡头别在翅下，尾羽向上压到腹部，随后用两翅包住，用细绳纵横扎起，再用较粗的绳把鸡捆起来。

（4）晾挂　鸡体背向下挂在屋檐下风干，保持通风、干燥、凉爽，不见日光，使鸡干燥，经1个月后可以腌透。

（5）成品　1个月以后可以食用，别有风味。

程序3　产品质量控制

成品皮薄柔嫩，咸味适中，风味独特，营养丰富。

※ 【注意事项】

（1）鸡在风干时，要挂在无日光直射、通风凉爽的地方。注意刀口朝上，防止漏卤，使风鸡变老。

（2）风鸡可与肉类同炖，鲜香四溢，味厚纯美；风鸡也可先放入冷水中浸透，然后放入凉水锅内，用旺火顶沸，慢火炖熟，然后端下锅，使其慢慢冷凉，捞出剔骨，切条装盘，淋花椒油即成。

※【任务实施】

详见《肉制品加工技术项目学习册》的任务工单。

学习单元三　西式腌腊肉制品加工技术

※【知识目标】

1. 熟悉原料肉的选择和处理。
2. 掌握带骨火腿的加工工艺。
3. 掌握去骨火腿的加工工艺。
4. 掌握培根的加工工艺。

※【技能目标】

1. 能根据产品的特定要求对原料肉修割成型。
2. 会熟练操作盐水注射机，能使用烟熏炉设备进行相应操作。
3. 能进行培根的加工。

西式腌腊制品一般是由大块猪肉经整形修割（剔去骨、皮、脂肪和结缔组织）、腌制、嫩化、滚揉、充填，再经熟制、烟熏（或不烟熏）、冷却等工艺制成的肉制品，主要包括带骨火腿、去骨火腿和培根。成品水分含量高，产品组织细嫩，色泽均匀鲜艳，口感良好。

一、带骨火腿的加工

带骨火腿又称生熏腿，成品外形像乐器琵琶，是将整只的带骨猪前腿肉、后腿肉经盐腌制后烟熏以增加其保藏性，同时赋以香味而制成的半成品。带骨火腿有长形火腿和短形火腿两种。带骨火腿生产周期较长、成品较大且为半成品，不易机械化生产，因此生产量及需求量较少。世界上著名的火腿品种有法国烟熏火腿、苏格兰整只火腿、德国陈制火腿及黑森林火腿、意大利火腿等。火腿在烹调中既可作主料又可作辅料，也可制作冷盘。

1. 工艺流程

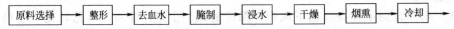

原料选择 → 整形 → 去血水 → 腌制 → 浸水 → 干燥 → 烟熏 → 冷却 →

包装 → 成品

2. 操作要点

（1）原料选择　原料应选择健康无病、腿心肌肉丰满的猪后腿。长形火腿是自腰椎留1～2节将后大腿切下，并自小腿处切断。短形火腿则自耻骨包括荐骨的一部分切开，并自小腿上端切断。

（2）整形　除去多余脂肪，修平切口使其整齐丰满，经过整形的腿坯质量以5～7kg左右较为适宜。

（3）去血水　去血水的目的是为了防止肌肉中残留的血液及淤血等引起肉制品的腐败。

通常在腌制前加入适量的腌制剂（食盐、硝盐），利用其渗透作用进行脱水处理以除去肌肉中的血水，改善色泽和风味，并增加防腐性和肌肉的结着力。

取肉量3%～5%的食盐与0.2%～0.3%的硝盐，混合后均匀涂布在肉的表面，堆叠在略倾斜的操作台上，上部加压，在2～4℃下放置1～3d，排除血水。

（4）腌制　腌制有干腌法、湿腌法和注射法。

① 干腌法　干腌法是在肉块表面擦以食盐、硝酸钾、亚硝酸钠、蔗糖等混合腌料，利用肉中所含50%～80%的水分溶解混合盐。按原料肉重量，一般用食盐3%～6%、硝酸钾0.2%～0.25%、亚硝酸钠0.03%、砂糖1%～3%、调味料0.3%～1.0%。调味料常用的有月桂、胡椒等。盐糖之间的比例不仅影响成品风味，还对质地、嫩度等都有显著影响。

腌制时将腌制混合料分1～3次涂抹在肉上，堆放到5℃左右的腌制室内压紧，但高度不应超过1m。每3～5d倒垛一次。腌制时间随肉块大小和腌制温度和配料的比例不同而异，小型火腿5～7d；5kg以上较大的火腿需要20d左右；10kg以上需要40d左右，见表4-10。大块肉最好分三次上盐，每5～7d涂一次盐，第一次所涂盐量可以略多些。腌制温度较低、用盐量较少时可适当延长腌制时间。

表4-10　腌制的时间

种类	时间/d
小型火腿	5～7
较大火腿（5kg以上）	20
大火腿（10kg以上）	40

② 湿腌法　先将混合腌制料配成腌制液，然后进行腌制。

a. 腌制液的配制　腌制液的配比不同，对产品的风味、质地等影响很大，具体见表4-11，尤其是食盐和砂糖配比。

表4-11　腌制液的配比

辅料	湿腌		注射
	甜味式	咸味式	
水	100	100	100
食盐	15～20	21～25	24
硝酸盐	0.1～0.5	0.1～0.5	0.1
亚硝酸盐	0.05～0.08	0.05～0.08	0.1
砂糖	2～7	0.5～1.0	2.5
香料	0.3～1.0	0.3～1.0	0.3～1.0
化学调味品	—	—	0.2～0.5

配制腌制液时先将香辛料装袋后和亚硝酸盐以外的辅料溶于水中煮沸过滤。待配制液冷却到常温后再加入亚硝酸盐以免分解。另外，为提高产品的保水性，通常可在腌制液中加入3%～4%的多聚磷酸盐，还可以加入约0.3%的抗坏血酸钠。有时也可在腌制时适量加入葡萄酒、白兰地、威士忌等。

b. 腌制方法　先将洗净的去血肉块堆叠于腌制槽中，将预冷至2～3℃的腌制液，按肉重的 1/2 量加入，并使肉完全浸泡在腌制液中，为防止腿坯上浮，可加压重物。在 2～3℃腌制室中腌制，腌制 5d/kg 左右。如腌制时间较长，需 5～7d 翻检一次，以利于腌制均匀。

c. 腌制液的再生　使用过的腌制液中含有 13%～15% 的食盐、砂糖、硝盐、肉中已溶解的营养成分等，具有良好的风味优点，但盐度较低，微生物易繁殖，如再使用前必须加热至 90℃ 杀菌 1h，冷却后除去上浮的蛋白质、脂肪等，滤去杂质，补足盐度。

③ 注射法　注射法是用专用的盐水注射机把已配好的腌制液通过针头注射到肉中而进行腌制的方法。有滚揉机时，腌制时间可缩短至 12～24h。注射时要分多部位、多点注射，尽可能使盐水在肌肉中分布均匀，盐水注射量约为肉重的 10%。注射法具有缩短腌制时间和保证产品质量的稳定性等优点。

（5）浸水　干腌法或湿腌法腌制的肉块，其表面与内部食盐浓度不一致，需浸入 10 倍的 5～10℃ 的清水中浸泡以调整盐度。水温、盐度及肉块大小不同浸泡的时间也不同。一般每千克肉浸泡 1～2h，若是流水则数十分钟即可。采用注射法腌制的肉无需经浸水处理。因此，现在大型生产中多用盐水注射法腌肉。

（6）干燥　干燥的目的是使肉块表面形成多孔以便于烟熏。经浸水去盐后的原料肉悬吊于烟熏室中，在 30℃ 温度下保持 2～4h 至表面呈红褐色，且略有收缩时为宜。

（7）烟熏　烟熏是指肉制品用木材不完全燃烧时生成的挥发性物质（烟中的醛、酮、酚、蚁酸、乙酸等成分）进行熏制的过程，其目的是使肉制品脱水，赋予产品特殊的香味，改善肉的颜色，并有一定的杀菌防腐和抗氧化作用，以延长肉制品的保质期。带骨火腿一般用冷熏法，烟熏时温度保持在 30～33℃，时间为 1～2 昼夜，表面呈淡褐色时芳香味最好。烟熏过度则色泽暗，品质变差。

（8）冷却、包装　烟熏结束后，自烟熏室取出，冷却至室温后，转入冷库冷却至中心温度 5℃ 左右，擦净表面后，用塑料薄膜或玻璃纸等包装后即可入库。

上等成品要求外观匀称，厚薄适度，表面光滑，断面色泽均匀，肉质纹路较细，具有特殊的芳香味。

二、去骨火腿的加工

去骨火腿是用猪后大腿经整形、腌制、去骨、包扎成型后，再经烟熏、水煮而成。因此去骨火腿是熟制品，具有肉质鲜嫩的特点，但保藏期较短。在加工时，去骨一般是在浸水后进行。去骨后，卷成圆柱状，故又称为去骨成卷火腿，亦有置于方形窗口中整形者。因一般都经水煮，故又称其为去骨熟火腿。

1. 工艺流程

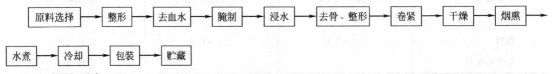

原料选择 → 整形 → 去血水 → 腌制 → 浸水 → 去骨、整形 → 卷紧 → 干燥 → 烟熏

水煮 → 冷却 → 包装 → 贮藏

2. 操作要点

（1）选料整形　去骨火腿选料整形与带骨火腿相同。

（2）去血水　取肉量 2%～4% 的食盐与 0.2%～0.3% 的硝盐，混合后均匀涂布在肉的表面，堆叠在略倾斜的操作台上，上部加压，在 2～4℃ 下放置 1～3d，排除血水。

（3）腌制

① 干腌法　腌制时按原料肉质量，用量见表 4-12。

表 4-12　干腌法使用的配方

名称	用量/%
硝酸钾	0.2～0.25
亚硝酸钠	0.03
砂糖	1～3
调味料	0.3～1.0

注：一般调味料常用的有月桂、胡椒等。

② 湿腌法　去骨火腿湿腌法与带骨火腿相同。

③ 注射法　用盐水注射机往肉内注射腌制的方法，使腌制液均匀地渗透到肉中，质量稳定，并可缩短腌制时间。腌制液的成分和使用量见表 4-13。腌制液的温度一般控制在 8～10℃，浓度为 12～14°Bé，pH 为 7 最好。

表 4-13　腌制液的成分和使用量

名称	用量/%
亚硝酸钠	腌制液的 0.28
抗坏血酸钠	原料肉的 0.02～0.05
聚合磷酸盐	腌制液的 1.2～1.8
食盐	腌制液的 17～20
砂糖	腌制液的 6
谷氨酸钠	腌制液的 0.6～1.8

（4）浸水　同带骨火腿的浸水。

（5）去骨、整形　去除两个腰椎，拔出盘骨，将刀插入大腿骨上下两侧，割成隧道状，取出大腿骨及膝盖骨后，卷成圆筒形，修去多余瘦肉及脂肪。

（6）卷紧　用棉布将整形后的肉块卷紧，包裹成圆筒状后用绳扎紧，一般大型的原料要扎成枕状，有时也用模具进行整形压紧。

（7）干燥、烟熏　烟熏温度 30～35℃需要干燥 12～24h。因水分蒸发，肉块收缩变硬，须再度卷紧后烟熏。烟熏温度在 30～50℃。时间随火腿大小而异，为 10～24h。

（8）水煮　水煮的目的是杀菌和熟化，赋予产品适宜的硬度和弹性，同时减弱浓烈的烟熏味。可用蒸汽或水浴蒸煮。水煮火腿中心温度达到 62～65℃保持 30min 为宜。若温度超过 75℃，则肉中脂肪大量熔化，常导致成品质量下降。一般大型火腿煮 5～6h，小型火腿煮 2～3h。

（9）冷却、包装、贮藏　水煮后略加整形，快速冷却后除去包裹棉布，用塑料膜包装，在 0～1℃的低温下贮藏。

优质的产品要求长短、粗细配合适宜，粗细均匀，断面色泽一致，瘦肉多而充实，或有适量肥肉但较光滑。

三、培根的加工

培根原意是烟熏肋条肉（即方肉）或烟熏咸背脊肉，由西欧传入我国的一种风味肉品，具有适口的咸味和浓郁的烟熏香味。培根外皮油润呈金黄色，皮质坚硬，瘦肉呈深棕色，切开后肉色鲜艳。培根挂在通风干燥处，数月不变质。

1. 工艺流程

原料选择 → 初步整形 → 腌制 → 浸泡 → 清洗 → 剔骨、修刮、再整形 → 烟熏

2. 操作要点

（1）原料选择　选择经兽医卫生检验合格的中等肥度猪，经屠宰后吊挂预冷。

① 大培根　大培根坯料取自整片带皮猪胴体（白条肉）的中段，即前端从第三肋骨处斩断，后端从腰荐椎之间斩断，再割除奶脯。膘厚标准：最厚处大培根以 3.3～4.0cm 为宜。

② 排培根和奶培根　选料部位从前端第五肋骨后端到最后荐椎处斩断，去掉奶脯，再沿距背脊 13～14cm 处分斩为两部分，上为排培根坯料，下为奶培根坯料。膘厚标准：排培根以 2.5～3.0cm 为宜，奶培根以 2.5cm 为宜。

（2）初步整形　修整坯料，使四边基本成直线，整齐划一，用小刀把肉胚的边修割整齐，割去腰肌和膈，剔除脊椎骨，保留肋骨。原料肉质量：大培根为 8～11kg，排培根为 2.5～4.5kg，奶培根为 2.5～5kg。

（3）腌制　腌制室温度保持在 0～4℃。

① 干腌　将食盐（加 1‰NaNO$_3$）撒在肉坯表面，用手揉搓，使其分散均匀。大培根、排培根和奶培根用盐量分别约为 200g、100g 和 100g，然后堆叠，腌制 20～24h。

② 湿腌　用浓度为 16～17°Bé（其中每 100kg 液中含 NaNO$_3$70g）腌制液浸泡干腌后的肉坯，盐液用量约为肉重量的 1/3。浸泡时间与肉块厚薄和温度有关，一般为 2 周左右。在湿腌期需翻缸 3～4 次，其目的是改变肉块受压部位，并松动肉组织，以加快硝盐的渗透、扩散和发色，使腌制液咸度均匀。

（4）浸泡、清洗　将腌制好的肉坯用 25℃ 左右清水浸泡 30～60min。一般夏天用冷水，冬天用温水，其目的是使肉坯温度升高，肉质较软，表面油污溶解，便于清洗和修刮；熏干后表面无"盐花"，提高产品的美观性；软化后便于剔骨和整形。

（5）剔骨、修刮、再整形　培根的剔骨要求很高，只允许用刀尖划破骨表的骨膜，然后用手轻轻扳出。刀尖不得刺破肌肉，否则生水浸入而不耐保藏。修刮是刮尽残毛和皮上的油污。因腌制、堆压使肉坯形状改变，故需再次整形，使四边成直线。至此，便可穿绳、吊挂、沥水，6～8h 后即可进行烟熏。

（6）烟熏　用硬质木先预热烟熏室。待室内平均温度升至所需烟熏温度后，加入木屑，挂进肉坯。烟熏室温度一般保持在 60～70℃，烟熏约 8h 左右。出品率约 83%。

如果贮存，宜用白蜡纸或薄尼龙袋包装。若不包装，吊挂或平摊，一般可保存 1～2 个月，夏天 1 周。

成品皮面金黄色，无毛，切面瘦肉色泽鲜艳，呈紫红色，无滴油，食之不腻，清香可口，烟熏味浓厚。培根是西式早餐的重要食品。一般切片蒸食或烤熟食用。

任务五　培根的加工

※ 【任务描述】

以猪肋条肉为原料，设计工艺流程和操作规程并加工为培根产品。

※ 【工作准备】

（1）材料的准备　猪肋条肉、食盐、硝酸钠、磷酸盐、蔗糖、抗坏血酸钠等。

（2）仪器设备的准备　冷藏柜、烟熏炉、台秤、天平、砧板、陶瓷缸、木屑、竹竿、麻绳、波美度计、盐水注射机、刀具等。

（3）相关工具的准备　计算器、任务工单等。

※【工作程序】

程序1　工艺流程

选料 → 原料整理 → 腌制 → 出缸浸泡、清洗 → 剔骨、修割、再整形 → 烟熏 → 成品

程序2　配方的选择

猪肋条肉 50kg；干腌料：食盐 1.75～2kg，硝酸钠 25g；湿腌料：水 50kg，食盐 8.5kg，蔗糖 0.75kg，硝酸钠 35g；注射用盐卤溶液约 2.5kg。

程序3　操作要点

（1）选料　选料同培根加工技术。

（2）原料整理　用小刀把肉胚的边修割整齐，割去腰肌和膈，剔除脊椎骨，保留肋骨。每块重 8～10kg。

（3）腌制　将干腌配料混合，均匀地涂擦于肉面及皮面上，置于 2～3℃的冷库内腌制 20h，再取四个不同方位注射盐卤溶液（盐卤溶液的配方同湿腌料，不同的是用沸水配制，注射前需经过滤才能使用）。每块方肉注射 3～4kg，然后将方肉浸入湿腌料液内，以超过肉面为准，湿腌 2 周，每隔 4d 翻缸一次。

（4）出缸浸泡、清洗　将腌制好的肉坯用 25℃左右清水浸泡 30～60min。可以取瘦肉一小块，用舌头尝味，也可以煮后尝味评定。

（5）剔骨、修割、再整形　用尖刀将肋骨剔出，刮尽残毛和皮上的油污，同时再将原料的边缘修割整齐。整形后在方肉的一端距离边缘 2cm 处穿 3 个小洞（排培根穿 2 个小洞），穿上麻绳，挂在竹竿上，每竿 4～5 块，并保持一定的距离，沥干水分，约 6～8h 后准备烟熏。

（6）烟熏　将方肉移入烟熏室内，待室内平均温度升至所需烟熏温度后，加入木屑，挂进肉坯，烟熏温度保持在 60～70℃，时间约 10h，待其表面呈金黄色，自然冷却即为成品。一般出品率为 83%。

程序4　质量控制

成品皮面金黄色，无毛，切面瘦肉色泽鲜艳呈紫红色，无滴油，食之不腻，清香可口，烟熏味浓厚。

※【注意事项】

（1）修整坯料，使四边基本成直线，整齐划一，同时修去腰肌和膈。

（2）培根的剔骨要求较高，允许用刀尖划破骨表面的骨膜，然后用手将骨轻轻拿出，注意刀尖不得刺破肌肉，否则因进水而不耐保藏。

※【任务实施】

详见《肉制品加工技术项目学习册》的任务工单。

思　考　题

1. 一般腌腊制品的特点是什么？

---

2. 简述腌制的作用与原理。

3. 腌制有几种方法？其优点和缺点分别有哪些？

4. 如何提高腌肉制品的质量？

5. 简述中式火腿的特点、分类。

6. 金华火腿的加工要点和质量控制有哪些？

7. 腊肠的操作要点有哪些？

8. 咸肉的操作要点有哪些？

9. 简述板鸭的生产工艺。

酱卤制品加工技术

酱卤制品是我国传统的肉制品之一，是在水中加入食盐和酱油等调味料和香辛料经煮制加工而成的一种熟肉类制品。酱卤制品的主要特点是可直接食用，肥而不腻，瘦不塞牙，口感酥润，有的带卤汁，不易包装贮藏。几乎在全国各地都有酱卤制品的加工，但是各地的风俗习惯不同，形成了许多具有地方特色的风味产品（特产或名品），如南京盐水鸭、道口烧鸡、广东叉烧肉、苏州酱汁肉、北京月盛斋酱牛肉等。

学习单元一 肉的煮制技术

※【知识目标】

1. 掌握酱卤制品的定义、加工原理和分类。
2. 掌握煮制及其目的。
3. 熟悉加热过程中肉的变化。

※【技能目标】

能根据产品要求选择不同的煮制方法。

一、酱卤制品的加工原理和分类

1. 酱卤制品的加工原理

酱卤制品有两个主要加工过程：一是调味，二是煮制。

（1）调味　调味时根据地区消费习惯和调味料、香辛料常用品种不同，加入不同种类和数量的辅助材料加工而成的具有特定风味的产品。如北方人喜食味咸料浓的产品，南方人喜食味甜料清淡的产品，也有喜食麻辣风味产品。

调味的方法根据加入调味料的时间大致分为基本调味、定性调味和辅助调味3种。在加工原料整理之后，须经腌制，加盐、酱油或其他配料，确定产品的咸味，该过程称为基本调味。在加热煮制或红烧时，原料下锅后加入主要配料如盐、酱油、酒、香料等决定产品的基本口味，称为定性调味。在加热煮熟之后或即将出锅时加入糖、味精等以增进产品的色泽、鲜味，则称为辅助调味。

（2）煮制　煮制主要包括清煮（也称白烧）和红烧。清煮是汤中不加任何调料，只用清水煮制；红烧是在加入各种调料的汤中煮制。无论清煮或红烧，对产品的色、香、味、形以及各种化学成分变化都有决定性影响。

酱煮肉制品时，大部分采用料袋。料袋是用二层纱布制成的，可根据锅的大小，缝制大小不同的料袋，将各种香辛料装入料袋，用线绳将袋口扎紧。最好在原料投入锅中之前，将料袋投入锅中煮沸，使料味在汤中串开以后，再投入原料煮制。

2. 酱卤制品的分类

由于各地消费习惯和加工过程用的辅料和加工方法的差别，形成了很多具有地方特色的肉类制品。酱卤制品有白煮肉类、酱卤肉类、糟肉类等。另外，根据使用的调味料的种类和数量不同，酱卤制品还可分为很多品种，如五香或红烧制品、蜜汁制品、糖醋制品、糟制品、卤制品、白烧制品等。

（1）白煮肉类　白煮肉类是指将原料肉经（或未经）腌制，在水（或盐水）中煮制而成的熟制品。白煮肉类是酱卤制品中一个未经过酱制或卤制的特例，它的主要特点是最大限度地保持原料肉本身固有的色泽和风味，食用时根据喜好适当调味。常见代表品种有白斩鸡、盐水鸭、白切肉、白切猪肚等。

（2）酱卤肉类　酱卤肉类指将肉在水（或盐水）中加食盐或酱油等调味料和香辛料一起煮制而成的熟肉制品。有的酱卤制品原料需要先用清水预煮再酱制或卤制，有的产品经酱卤后还需要烟熏等加工工序。酱卤肉类主要特点是色泽鲜艳、滋味鲜美、肉质润嫩，具有独特的风味。常见的品种有苏州酱汁肉、德州扒鸡、无锡酱排骨、道口烧鸡等。

（3）糟肉类　糟肉类是指将原料肉白煮后，再用"香糟"糟制的冷食熟肉制品。糟肉类主要特点是保持了原料肉本身固有的色泽和酒糟的香气。常见的品种主要有糟肉、糟鸡、糟鹅等。

（4）五香或红烧制品　是酱制品中品种最多的一大类，产品特点是加工用料需用的酱油量较多和食用油需经处理，所以有的产品叫红烧制品；有的产品是加入八角、桂皮、花椒、小茴香、丁香 5 种或更多种香辛料加工而成的熟肉制品，因此又叫五香制品，如酱牛肉等。

（5）蜜汁制品　是以红曲色素作着色剂为红烧制品着色，在辅料中添加大量的糖或适量的蜂蜜生产出的色泽鲜艳、滋味甜蜜的熟肉制品，如苏州酱汁肉、蜜汁蹄髈等。

（6）糖醋制品　在加工过程中添加糖和醋，产品酸甜可口，如糖醋排骨等。

二、煮制及其目的

煮制就是对原料进行热加工的过程，常用的方式有水煮、蒸汽蒸、油炸等。

煮制的目的是：改善制品的感官性质，使肉凝固，产生与生肉和其他加工制品不同的口感和状态；使制品的形态固定，易于切成片状；使制品产生特有的色、香、味，同时达到熟制的目的；稳定制品的色泽，杀死微生物和寄生虫，提高制品的保存性。

三、肉在加热时的各种变化

在煮制过程中原料和辅料会发生一系列物理和化学变化。

1. 重量减轻，肉质收缩变硬或软化

肉类在煮制过程中最明显的变化是失去水分，重量减轻。以中等肥度的猪肉、牛肉、羊肉为原料，在100℃的水中煮沸30min，重量减少的情况见表5-1。

表 5-1　肉类水煮时重量的减少　　　　　　　　　　　　　　　单位：%

名称	水分	蛋白质	脂肪	其他	总量
猪肉	21.3	0.9	2.1	0.3	24.6
牛肉	32.2	1.8	0.6	0.5	35.1
羊肉	26.9	1.5	6.3	0.4	35.1

为了减少煮制时营养的损失，提高出品率，一般需将小批原料肉放入沸水中经短时间预煮，使表面的蛋白质立即凝固，形成保护层，150℃以上的高温油炸也具同样作用。

2. 肌肉中蛋白质的热变性

肉经加热煮制时，大量汁液流失，肌肉收缩变硬，体积缩小，这主要是由构成肌肉纤维的蛋白质因加热变性发生凝固引起的，同时肉的保水性下降，pH值也随着加热温度的不同而发生相应的变化。

肉在煮制过程中，40℃以下肌肉中蛋白质几乎不发生变化，随着温度的升高，肌肉中蛋白质保水性、硬度、pH值和酸碱性基团受到温度的影响而发生相应的变化，变化如下：

① 50℃时，蛋白质开始凝固变性；

② 60℃时，肉汁开始流失；

③ 70℃时，肉开始凝固收缩，肉中色素变性，由红色变为灰白色；

④ 80℃时，结缔组织开始水解，胶原变为可溶于水的胶原蛋白，肌束间的作用力变弱，肉变软；

⑤ 90℃时，蛋白质凝固、盐类和浸出物析出，肌肉强烈收缩变硬；

⑥ 继续煮沸，部分蛋白质水解，肌纤维断裂，肉煮熟。

3. 结缔组织的变化

结缔组织在加热过程中的变化，对产品的性状、韧性等有重要意义。肌肉中结缔组织含量多，肉质坚韧，但70℃以上长时间煮制，结缔组织多的肉反而比结缔组织少的肉质柔嫩，这是由于结缔组织中的蛋白质主要是胶原蛋白和弹性蛋白，一般加热条件下弹性蛋白几乎不发生多大变化，主要是胶原蛋白变成了明胶。

肉在水煮时，由于肌肉组织中胶原纤维在动物体不同部位分布的情况不同，肉发生收缩变形的程度也不同。当温度达到64.5℃时，肉在煮制时收缩变形的程度是由肌肉间结缔组织的分布所决定的。在70℃时，不同部位其收缩程度不同，见表5-2。

表 5-2　70℃ 时煮制时间与肌肉收缩程度的关系

煮制时间/min	肉块长度/cm	
	腰部	大腿部
0	12	12
15	7.0	8.3
30	6.4	8.0
45	6.2	7.8
60	5.8	7.4

经过 60min 煮制以后，腰部肌肉的收缩可达 50%，而腿部肌肉只收缩 38%。

引起胶原蛋白急剧收缩的温度叫做热收缩温度（T_s），是衡量胶原蛋白稳定性的一个指标。哺乳动物的 T_s 较高，鱼类则较低。例如牛肉的 T_s 是 63℃，低温海域鳕鱼的 T_s 在 40℃ 以下。

煮制过程中随着温度的升高，胶原吸水膨润而成为柔软状态，机械强度降低，逐渐分解成为可溶性明胶。但胶原变成明胶的速度取决于胶原的性质、结缔组织的结构、热加工的时间和温度。如猪肉的结缔组织比牛肉、羊肉的结缔组织更容易转变成明胶。在同样条件下，幼畜肉中的胶原分解比成年畜肉的胶原分解要快 1.3～1.5 倍。即使同一牲畜不同部位的胶原转变成明胶的程度也不一样。表 5-3 表明同样大小的牛肉块，随着煮制时间的不同，不同部位胶原纤维转变成明胶的量相差很大。因此，在加工酱卤制品时，应根据加工产品的要求合理使用胴体的不同部位的肉。如大小相同、部位不同的牛肉块中的胶原在不同煮制时间转变成明胶的量见表 5-3。

表 5-3 在 100℃ 条件下煮制不同时间胶原纤维转变成明胶的量   单位：%

部位	煮制时间/min		
	20	40	60
腰部肌肉	12.9	26.3	48.3
背部肌肉	10.4	23.9	43.5
后腿肌肉	9.0	15.6	29.5
前臂肌肉	5.3	16.7	22.7
半腱肌	4.3	9.9	13.8
胸肌	3.3	8.3	12.1

4. 脂肪组织的变化

脂肪组织主要由脂肪细胞构成，一经加热细胞膜收缩，使脂肪细胞受到较大的压力，细胞膜破裂，脂肪熔化流出。脂肪流出的难易程度，由脂肪细胞的结缔组织膜的厚度和脂肪的熔点所决定。猪的背部脂肪不易流出，而内脏周围的脂肪容易流出。牛和羊脂熔点高，猪和鸡的脂肪熔点低，受热易熔化流出。熔出的脂肪和与脂肪相关的挥发性化合物给肉汤增补了香气，但脂肪在加热过程中有一部分发生水解，生成脂肪酸，因而酸价升高。同时也发生氧化作用，生成氧化物和过氧化物。加热水煮时，如肉汤出现浑浊状态，说明脂肪易被氧化生成二羟基酸类，使肉汤带有不良气味。

5. 风味的变化

加热后，不同种类动物肉产生很强烈的特有风味。一般认为是由加热导致肉中的水溶性呈味物质和脂肪的变化所造成的。加热肉的风味成分与氨、硫化氢、胺类、羰基化合物、低级脂肪酸有关。在肉的风味物质里，也有因肉的种类不同而有差异。共同成分主要是水溶性物质，如牛肉和猪肉所得到的风味大致相同，可能是氨基酸、肽和低分子化合物之间进行反应的一些生成物（美拉德反应）相同。特殊成分则是因为不同种类的脂肪和脂溶性物质的不同，使肉加热后形成特有的风味，如羊肉的膻气是由辛酸和壬酸等低级饱和脂肪酸所致。

肉的风味，也取决于煮制时加入香辛料、糖、含有谷氨酸的物质等。但是，尽管肉的风味受复杂因素的影响，主要还是由肉的种类差别所决定，如牛、羊由于品种不同肉的风味也有差别。

6. 颜色的变化

肉加热时颜色的变化受加热的方法、时间和温度的影响。如温度在 60℃ 以下，肉的颜色变化很小。升高到 60～70℃ 时会由原来的鲜红色变成粉红色，升高到 75℃ 以上时则变褐色，这主要是由肌红蛋白变性所引起的。

7. 浸出物的变化

在加热过程中，由于蛋白质变性和脱水，汁液从肉中渗出来，汁液中含有浸出物溶于水，并分解，赋予煮熟肉的特殊风味。肌肉组织中的浸出物是很复杂的，主要是含氮浸出物、游离的氨基酸、二肽、尿素、嘌呤碱等。其中游离的氨基酸，如谷氨酸，当浓度达到 0.08％ 时，就会出现肉的特有芳香气味。成熟的肉含游离状态的亚黄嘌呤，也是形成肉特有芳香气味的主要成分。

任务一　不同煮制方法的应用与比较

※ 【任务描述】

以猪后腿为原料，分别选择不同煮制的方法，比较不同的煮制方法的特点和不同煮制方法对产品口感、风味的影响。

※ 【工作准备】

（1）材料的准备　原料肉（猪后座）、食盐、淀粉、香辛料（丁香等）、大葱。
（2）仪器设备的准备　燃气灶、台秤、天平、砧板、厨具、绞肉机、搅拌机、斩拌机。
（3）相关工具的准备　任务工单等。

※ 【工作程序】

（1）绞肉　将原料肉用绞肉机绞碎，肥瘦肉分开绞，先瘦后肥。
（2）搅拌　加入食盐 2％、淀粉 20％、香辛料 1％（丁香∶八角∶花椒∶姜粉∶桂皮＝1∶2∶2∶2∶1），大葱适量与肉糜在一起搅拌 10～15min，搅拌均匀。
（3）斩拌　放入斩拌机斩拌 6～8min。
（4）揉丸子　将制好的肉馅揉出肉丸子。
（5）煮制　用水煮、蒸汽蒸和油炸三种方法熟制肉丸子，并比较不同加工方法对产品口感、风味等的影响（表 5-4）。

表 5-4　不同熟制方法对产品口感、风味等的影响

熟制方法	产品状态			
	颜色	风味	口感	备注
水煮				
蒸汽蒸				
油炸				

※ 【任务实施】

详见《肉制品加工技术项目学习册》的任务工单。

学习单元二 白煮肉制品加工技术

※【知识目标】

1. 了解白煮肉类的概念。
2. 熟悉常见白煮肉类的加工方法和工艺要点。

※【技能目标】

1. 正确选择白煮肉类的原料。
2. 正确处理白煮肉类的原料。
3. 熟练几种常见白煮肉类产品的加工技术。

一、白煮肉的概念

白煮肉类是指肉经（或不经）腌制后，在水（盐水）中煮制成熟的肉类制品，一般在食用时再调味，产品保持固有的色泽和风味。白煮肉类有白切肉、白切猪肚、白切鸡和盐水鸭等。

二、白煮肉的加工

1. 镇江肴肉的加工

镇江肴肉是江苏省镇江市著名传统肉制品，历史悠久，闻名遐迩。镇江肴肉皮色洁白，晶莹碧透，卤冻透明，有特殊香味，肉质细嫩，味道鲜美，也称水晶肴肉。肴肉还有肉色红润，肉香宜人，入口香酥、鲜嫩，食之瘦肉不塞牙，肥肉不腻口，切片可成型，结构致密等特点，具有香、酥、鲜、嫩四大特色。

（1）工艺流程

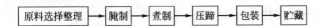

（2）操作要点

① 原料选择整理 选料时一般选薄皮猪，活重在70kg左右，以在冬季肥育的猪为宜。肴肉用猪的前后蹄髈加工而成，以前蹄髈为最好。

取猪的前后腿，除去肩胛骨、髋骨与大小腿骨，去爪、去筋、刮净残毛，洗涤干净，然后置于砧板上，皮朝下，用铁钎在蹄髈的瘦肉上戳小洞若干。

② 腌制 用盐均匀揉擦表皮，用盐量占6.25%，要求每处都要擦到。层层叠放在腌制缸中，皮面向下，叠时用3%硝水（硝酸钠溶解于水中）溶液洒在每层肉面上。多余的盐洒于肉面上。在冬季腌制需6～7d，甚至达10d之久，用盐量每只约90g；春秋季腌制3～4d，用盐量约110g，夏季只需腌6～8h，需盐125g左右。腌制的要求是深部肌肉色泽变红为止。

出缸后，用15～20℃的清洁冷水浸泡2～3h（冬季浸泡3h，夏季浸泡2h），适当减轻咸味除去涩味，同时刮除污迹，用清水洗净。

配料（按100只去爪猪蹄髈计，单位：kg）：黄酒0.25；花椒0.075；食盐13.5；八角0.075；姜片0.125；葱段0.25；硝水（硝酸钠0.03溶解于水中）3；明矾0.03。

③ 煮制　用清水 50kg，加食盐 5kg 及明矾粉 15～20g，加热煮沸，撇去表层浮沫，使其澄清。将上述澄清盐水注入锅中，加 60° 曲酒 250g，白糖 250g，另外取花椒及八角各 125g，鲜姜、葱各 250g，分别装在两只纱布袋内，扎紧袋口，作为香料袋，放入盐水中，然后把腌好洗净的蹄髈 50kg 放入锅内，猪蹄髈皮朝上，逐层摆叠，最上面一层皮面向下，上用竹编的盖盖好，使蹄髈全部浸没在汤中。用旺火烧开，撇去表层的浮沫，用重物压在竹盖上，改用小火煮，温度保持在 95℃ 左右，时间为 90min，将蹄髈上下翻换，重新放入锅内再煮 3～4h（冬季 4h，夏季 3h），用竹筷试一试，如果肉已煮烂，竹筷很容易刺入，这就恰到好处。捞出香料袋，肉汤留下继续使用。

④ 压蹄　取长宽都为 40cm、边高 4.3cm 平盘 50 个，每个盘内平放猪蹄髈 2 只，皮朝下。每 5 盘叠压在一起，上面再盖空盘 1 个。20min 后，将盘逐个移至锅边，把盘内的油卤倒入锅内。用旺火把汤卤煮沸，撇去浮油，放入明矾 15g，清水 2.5kg，再煮沸，撇去浮油，将汤卤舀入蹄盘，使汤汁淹没肉面，放置于阴凉处冷却凝冻（天热时凉透后放入冰箱凝冻），即成晶莹透明的浅琥珀状水晶肴肉。

煮沸的卤汁即为老卤，可供下次继续使用。

（3）食用方法　镇江肴肉宜现做现吃，通常配成冷盘作为佐酒佳肴。食用时切成厚薄均匀、大小一致的长方形小块装盘，并可摆成各种美丽的图案。食用肴肉时，一般均佐以镇江的名产金山香醋和姜丝，更加芳香鲜润，风味独特。

2. 广东白切鸡的加工

白切鸡又名白斩鸡，在粤菜厨坛中，鸡的菜式有 200 余款。而最为人们常食不厌的正是白切鸡，原汁原味，皮爽肉滑，大筵小席皆宜，深受食家青睐。制作白切鸡原料以清远麻鸡为佳，清远麻鸡俗称清远鸡，因母鸡背羽面点缀着无数芝麻样斑点而得名，是广东省最著名的小型优质肉用鸡种，其特征为三黄、二细、一麻（即脚黄、嘴黄、皮黄；头细、骨细；毛色麻黄），素以皮色金黄、肉质嫩滑、皮爽、骨软、肉鲜红味美、风味独特而驰名广东省及港澳地区市场。产品特点色泽清新，鸡肉鲜嫩。

（1）工艺流程

原料选择整理 → 浸烫 → 浸卤 → 冷却 → 干燥 → 斩件 → 成品

（2）操作要点

① 原料选择整理　把光鸡去除所有内脏，清洗干净，并去除杂质把脚自然弯曲进鸡肚内，把鸡的嘴巴从翅膀下穿过去，在清理鸡的内脏时，注意将鸡肺彻底清洗干净。

白切浸卤制作：生姜 250g，草果 10g，沙姜 25g，陈皮 15g，桂皮 20g，香叶 5g，盐 250g，味精 150g。在 17.5kg 水中，加入生姜（洗净拍扁），放入盐、味精，将草果、沙姜、陈皮、桂皮、香叶用料袋装好放入（这里的香料较少，不会弄脏卤水，也可不装汤袋），烧开后煮 30min 即成白切浸卤。

白切鸡蘸料制作：姜去皮打成末 500g，葱白茸（红葱茸）250g，盐 80g，白糖 30g，味精 100g，鸡精 50g，胡椒粉 3g，沙姜粉 5g，芝麻油约 20g。将 500g 左右的花生油放在锅里烧开，烧至 185℃（以出现青烟为准），然后把油倒入原料中，充分搅拌均匀即成特制姜葱汁。

配料：肥嫩光鸡 1 只（约 1250g）。

白切浸卤 1 桶（约 18kg），白切鸡蘸料 200g。

② 浸烫　煮锅放到火上，加入清水，大火烧开，用手提起鸡头，将鸡身放入水中浸烫，

3s后提起，将鸡翅和鸡腿用手整理一下，再次放入水中浸烫，如此反复浸烫三次，使鸡的腹腔内外温度保持一致，注意每次浸烫的时间不要太长。

③ 浸卤　手拿住鸡头与脖子连接处，把鸡放入烧开的白切浸卤中。让白切鸡浸卤自然浸没整只光鸡，调文火，盖上盖子浸卤35min。

④ 冷却　取下盖子，将鸡捞出后放入早已准备好的冰水中静置10min左右（注意一定要凉透，可以多浸泡一会儿）。

⑤ 干燥　冷却后将鸡从冰水中取出，将鸡身控干，用毛巾擦干鸡身上的水分，即成成品的白切鸡。

⑥ 斩件　把鸡切成大小均匀的切件，如果想让鸡的品相更好一点，也可以捞出控干后，在鸡身外面涂抹一层芝麻油，这样整只鸡看上去更加润泽、颜色也更黄嫩。斩件的时候要选择较重的刀具，一刀斩断，而且在操作时要尽量保持每块鸡肉鸡皮的完整性，上碟后才会美观。

斩件程序如下。

a. 将制作好的鸡沥干水分，放在砧板上，砍下鸡脖子，砍下鸡翅，砍下鸡腿。

b. 从鸡身的侧部下刀，将鸡身一分为二，小心剥下鸡肚子部位那一块鸡肉的骨头，将砍下来鸡的背部那一块肉再一分为二。

c. 将鸡头砍下，放在盘首，将鸡脖子砍段，放在鸡头的后面（碟子中央），将鸡背部那两块肉斩块后按原样摆好入碟，摆在鸡脖子的周围，将鸡肚子部位那一块肉斩块，按原样铺在盘子的正中间（鸡脖子的上边）。

d. 将鸡翅斩件，按原形摆在碟头的两端，保持对称，将鸡腿斩件，按照原形摆在碟尾的两端，保持对称。

e. 稍微装饰，摆上蘸酱，即可上桌。

3. 南京盐水鸭的加工

南京盐水鸭一年四季均可生产，是江苏省南京市著名的地方传统特产，至今已有400多年历史。

产品特点：腌制期短，复卤期也短，可现作现售。盐水鸭表皮洁白，鸭肉鲜嫩，口味鲜美，营养丰富，细细品味时，有香、酥、嫩的特色。

（1）工艺流程

原料鸭的选择 → 宰杀 → 干腌 → 抠卤、复卤 → 烘坯 → 上通 → 煮制

（2）操作要点

① 原料处理　选用当年健康肥鸭，宰杀拔毛后切去翅膀和脚爪，然后在右翅下开腔，取出全部内脏，用清水冲净体内外，再放入冷水中浸泡1h左右，挂起晾干待用。

② 干腌　用食盐和八角粉（50∶3）炒制的盐，涂擦鸭体内腔和体表，用盐量每只鸭100～150g，擦后堆码腌制2～4h，冬春季节腌制时间长些，夏秋季节短些。

③ 抠卤、复卤　将干腌好的鸭子提起，开通鸭子肛门，使鸭体内的血卤排出，进行抠卤；复卤2～4h即可出缸。复卤即用老卤腌制，老卤是多次使用过的用抠卤血水加清水和生姜、葱、八角熬煮且加入过饱和盐水的腌制卤，盐卤每用4～5次就煮沸一次，并过滤澄清，加入盐或清水以及香辛料调整浓度。

④ 烘坯　腌后的鸭体沥干盐卤，把鸭逐只挂于架子上，推至烘房内，以除去水汽，其温度为40～50℃，时间20～30min，烘干后，鸭体表色未变时即可取出散热。注意烘炉要

通风，温度决不宜高，否则会影响盐水鸭品质。

⑤ 上通　用8cm左右长、直径1.5～2cm粗的中空竹管或芦柴管插入鸭的肛门，俗称"插通"或"上通"。再从开口处填入调料（姜2～3片、八角2粒、葱1～2根），然后用开水浇淋鸭体表，使肌肉和外皮绷紧，外形饱满。

⑥ 煮制　水中加三料（葱、生姜、八角）煮沸，停止加热，将鸭放入锅中，开水很快进入体腔内，提鸭头放出腔内热水，再将鸭放入锅中让热水再次进入腔内，依次一一将鸭坯放入锅中，压上竹盖使鸭全浸在液面以下，焖煮15～20min，此时锅中水温约在85℃左右，然后加热升温到锅边出现小泡，这时锅内水温约90℃时，提鸭倒汤再入锅焖20min左右后，第二次加热升温，水温90～95℃时，再次提鸭倒汤，然后焖5～10min，即可起锅。在焖煮过程中水不能开，始终维持在85～95℃。否则水开后，肉中脂肪熔解导致肉质变老，失去鲜嫩特色。

（3）食用方法　煮好的盐水鸭冷却后切块，取煮鸭的汤水适量，加入少量的食盐和味精，调制成最适口味，浇于鸭肉上即可食用。切块时必须凉后切，否则肉汁易流失，切不成形。

任务二　盐水鸭的加工

※ 【任务描述】

以肥鸭为原料，设计工艺流程和操作规程并加工为成品。

※ 【工作准备】

（1）材料的准备　肥鸭一只，盐200g，20余粒花椒，1粒八角，葱、姜等。

（2）仪器设备的准备　燃气灶、台秤、天平、砧板、厨具等。

（3）相关工具的准备　任务工单等。

※ 【工作程序】

（1）1.75～2.25kg鸭一只，宰好取出内脏洗净。

（2）盐200g，与20余粒花椒和1粒八角在锅中炒出香味、盐微微变黄，可关火。

（3）将盐趁热抹擦于鸭子内外，肉厚的地方多放盐多揉擦，让盐渗入。低温腌制1～2d。

（4）一锅水烧开，把鸭子略作冲洗放入，水以淹没鸭子为准。加入几个葱段和姜片。开锅时倒入一些料酒、白醋。大火烧沸10min后转小火，保持水开而不沸，焖20～30min，否则鸭油就出来了，外观会很差。继续焖煮10min左右，筷子能从肉厚处插透时即关火。

（5）食用时用利刀剁成小块，喜食辣的，还可以撒上自制的辣椒红油，凉吃更具风味，做好可以放冰箱保存2～3d。

※ 【任务实施】

详见《肉制品加工技术项目学习册》的任务工单。

学习单元三　酱肉制品加工技术

※【知识目标】

1. 掌握酱肉类的加工技术。
2. 掌握卤肉类的加工技术。
3. 熟悉常见酱卤肉的品种。
4. 掌握五香酱肉的加工技术。
5. 掌握烧鸡的加工技术。

※【技能目标】

1. 能对酱卤过程进行质量控制。
2. 能进行酱肉制品的加工。
3. 能进行卤肉制品的加工。
4. 能进行烧鸡的加工。
5. 会熟练应用典型的酱卤制品加工技术。

一、酱制品的加工

1. 苏州酱汁肉的加工

苏州酱汁肉是江苏省苏州市著名肉食产品，历史悠久，享有盛名。产品特点是酥润浓郁，皮糯肉烂，入口即化，肥而不腻。

酱汁肉的产销季节性很强，通常是在每年的清明节（4月5日前后）前几天开始供应，到夏至（6月22日前后）结束。在这期间，江南正值春末夏初，气候温和，根据苏州的地方风俗，清明时节家家户户都有吃酱汁肉和青团子的习惯，由于肉呈红色，团子呈青绿色，两种食品一红一绿，色泽艳丽美观，味道鲜美适口，颇为消费者欢迎。因此流传很广，为江南的特产。

（1）工艺流程

原料整理 → 制卤 → 酱制 → 冷却 → 包装 → 成品

（2）操作要点

① 原料整理　选用江南太湖流域的地方品种猪，俗称湖猪，这种猪毛稀、皮薄、小头细脚、肉质鲜嫩，每头猪的质量以出白肉35kg左右为宜，取其整块肋条（中段）为酱汁肉的原料。

将带皮的整块肋条肉，用刮刀将毛、污垢除干净，剪去乳头，切下奶脯，斩下大排骨的脊椎骨，斩时刀不要直接斩到肥膘上，斩至留有瘦肉的3cm左右时，剔除脊椎骨，形成带有大排骨肉的整方肋条肉，然后开条（俗称抽条子），肉条宽4cm，长度不限。条子开好后，斩成4cm的方块，尽量做到每千克肉约20块，排骨部分每千克14块左右。肉块切好后，把五花肉、排骨肉分开，装入竹筐中。

② 制卤　配料（以猪肋条肉50kg计，单位：kg）：黄酒2～2.5；白糖2.5；精盐1.5～

1.8；红曲米（磨碎）0.6；桂皮0.1；八角0.1；鲜姜0.1；葱（捆成束）1。

各种香辛料用洁净的纱布袋装好后下锅，红曲米磨成粉末，须经开水浸泡过滤，然后放入锅内。

酱汁肉的质量关键在于制卤。上品卤汁色泽鲜艳，口味甜中带咸，以甜为主，具有黏稠、细腻、无颗粒等特点。卤汁的制法是：将余下的白糖加入成品出锅后的肉汤锅中，用小火煎熬，并用铲刀不断地在锅内翻动，以防止发焦起锅巴，锅内汤汁逐渐形成胶状时即成卤汁。舀出放在钵或小缸等容器中，用盖盖严，防止昆虫及污物落入，出售时应在酱肉上浇上卤汁，如果天气凉，卤汁冻结，须加热后再用。

锅中剩下的香料可重复使用，不可浪费，桂皮用到折断后横断面发黑、八角用到掉角为止。

③ 酱制　根据原料规格，分批下锅在开水中煮沸，五花肉约10min，排骨肉约15min，捞起后在清水中冲去污沫，将锅内汤撇去浮油后并全部舀出。在锅底放上拆好骨头的猪头10只，加上香料，在猪头上面先放上五花肉，后放上排骨肉，如有碎肉，可装在小竹篮中，放在锅的中间，加入适量的肉汤，用大火烧煮1h左右，当锅内水烧开时，再加入红曲米、黄酒和白糖（约4kg），用中火再煮40min起锅。起锅时须用尖筷逐块取出，放在盘中逐行排列，不能叠放。

2. 无锡酱排骨的加工

无锡酱排骨最早产于江苏省无锡市，又称无锡酥骨头。产品色泽酱红，油滴光亮，咸中带甜。

（1）工艺流程

原料整理 ⟶ 腌制 ⟶ 白烧 ⟶ 红烧 ⟶ 包装 ⟶ 成品

（2）操作要点

① 原料整理　选用猪的胸腔骨（即炒排骨、小排骨）为原料，也可采用肋条（去皮去膘，称肋排）和脊背大排骨。骨肉质量比约为1∶3，斩成宽7cm、长11cm左右的长方块，如以大排骨为原料，则斩成厚约1.2cm的扇形块状。

② 腌制　将硝酸钠、盐用水溶解拌和，洒在排骨上，要洒得均匀，然后置于缸内腌制。腌制时间：夏季4h，春秋季8h，冬季10～24h。在腌制过程中须上下翻动1～2次，使咸味均匀。

③ 白烧　将坯料放入锅内，加满清水烧煮，上下翻动，撇去血沫，经煮沸后取出坯料，冲洗干净。

④ 红烧　配料（猪肋排及胸腔骨、大排骨50kg，单位：kg）：小茴香0.125；粗盐1.5；精盐1；丁香0.015；硝酸钠0.015；味精0.03；清水1.5；黄酒1.5；姜0.25；酱油5；桂皮0.15；白糖3；葱少许。

将葱、姜、桂皮、小茴香、丁香分装成三个布袋，放在锅底，再放入坯料，加上黄酒、酱油、精盐及去除杂质的白烧肉汤，汤的量掌握在低于坯料平面3.3cm处。盖上锅盖用旺火煮开并持续30min，改用小火焖煮2h。在焖煮过程中不要上下翻动，焖至骨肉酥透时，加入白糖，再用旺火烧10min，待汤汁变浓即退火出锅摊在盘上，再将锅内原汁撇去油质碎肉，取出部分加味精调匀后，均匀地洒在成品上。锅内剩余汤汁（即老汤或老卤）注意保存，循环使用。

3. 酱牛肉的加工

酱牛肉是一种味道鲜美、营养丰富的酱肉制品，它深受消费者欢迎。酱牛肉产品的特点是色泽呈褐色，块形整齐，大小均匀，烂熟，味道鲜美，香气扑鼻，无膻味。

（1）配料（以50kg瘦牛肉计，单位：kg）：鲜姜0.5；精盐3；大蒜0.05；面酱4；小茴香面0.15；白酒0.2；五香粉0.2；葱0.5。

（2）工艺流程

（3）操作要点

① 原料整理　选择没有筋腱和肥膘的瘦牛肉，切成0.5～1kg的方块。然后将肉块倒入清水中洗涤干净，同时除去肉块上面覆盖的薄膜。

葱需洗净后切成段；大蒜需去皮；鲜姜应切成末后使用。五香粉应包括桂皮、八角、砂仁、花椒、紫蔻。

② 烫煮　把肉块放入100℃的沸水中煮1h，为了去除腥膻味，可在水中加入几块萝卜，到时把肉块捞出，放在清水中浸泡洗涤干净，清洗的水要求达到饮用水标准，多洗几次，洗至无血水为止。

③ 煮制　在2kg左右清水中，加入各种调料与漂洗过的牛肉块一起放入锅内煮制，水温保持在95℃左右（勿使沸腾），煮2h后，将火力减弱，水温降低到85℃左右，在这个温度继续煮2h左右，这时肉已烂熟，立即出锅，冷却后即得成品。成品不可堆叠，须平摆。

酱牛肉的出品率约在60%，可保存3～4d。

4. 北京酱肘子的加工

北京酱肘子以天福号最有名，是北京的著名产品。天福号开业于清代乾隆三年，至今已有200多年的历史。

北京天福号酱肘子呈黑色，吃时流出清油，香味扑鼻，利口不腻，外皮和瘦肉同样香嫩，除供应北京市场需求，曾行销东北和上海、天津等地，颇受消费者欢迎。

（1）配料（以100kg肘子计，单位：kg）八角0.1；粗盐4；糖0.8；桂皮0.2；黄酒0.8；鲜姜0.5；花椒0.1。

（2）操作要点

① 原料整理　选用带皮无刀伤和刀口、外形完整的猪肘子。精选猪肘子后，浸泡在温水中，刮净皮上的油垢和残毛，洗涤干净。

② 酱制　洗净后的肘子下锅，加入配料，用旺火煮1h，待汤的上层出油时，取出肘子，用清洁的冷水冲洗，与此同时，捞出锅内煮肉汤中的残渣碎骨，撇去汤表面的泡沫及浮油，再把锅内煮肉的汤用筛过滤两次，彻底去除汤中的肉骨渣。然后再把冲洗过的肘子放入原锅汤内，用更旺的火烧煮4h，最后用微火焖1h（汤表面冒小泡），即为成品。

5. 南京酱鸭的加工

南京酱鸭据传已有200多年历史，它以糖色为基色，辅助酱油适量使之着色均匀，制作方法是卤酱兼用，是一种独特的烹调方法。南京酱鸭有光泽、色暗红、香气浓郁、口味鲜嫩，风味优于盐水鸭。

（1）工艺流程

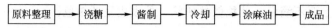

（2）操作要点

① 原料整理　先将生姜去皮洗净，葱摘去根须和黄叶后洗净。将光仔鸭切除翅、爪和舌，在右翅下开一小口，取出内脏，上通，洗净，用清水浸泡后，沥干血水，放入盐水卤中浸泡约 1h，取出挂起沥干卤汁。汤锅点火加热，放入清水 2kg 烧沸后，左手提着挂鸭的铁钩，右手握勺用开水浇在鸭身上，使鸭皮收紧，挂起沥干。

配料（以 1.5kg 新鲜肥仔鸭计，单位：kg）：葱 0.1；白糖 0.3；酱油 0.25；麻油 0.125；生姜 0.05；桂皮、丁香、甘草、八角共 0.05。

② 浇糖　炒锅点火，放入麻油 100g，白糖 200g，用勺不停炒动，待锅中起青烟时，倒入一碗热水拌匀。再用左手提着挂鸭的铁钩，右手握勺舀锅中的糖色，均匀浇在鸭身上，待吹干再浇一次，挂起吹干。

③ 酱制　在汤锅中放入清水 5kg、酱油 250g、白糖 100g，并将生姜、葱、丁香、桂皮、甘草、八角用布袋装好，放入汤锅中，加热至沸，撇去浮沫，转用文火，将鸭放入锅中，卤浸没鸭身，使鸭肚内进入热卤，加盖盖严，再烧约 20min。改用旺火烧至锅边起小泡（可烧至沸点），揭去盖，取出酱鸭，沥干卤汁，放入盘中。

④ 涂麻油　待冷却后抹上麻油即可。

6. 酱鹅的加工

酱鹅制品，其加工着重在"酱"字上，色泽酱红，能刺激食欲，历来是很受消费者欢迎的熟禽制品。

（1）工艺流程

（2）操作要点

① 原料整理　选用质量在 2kg 以上的太湖鹅为最好，宰杀后放血，去毛，腹上开腔，取尽全部内脏，洗净血污等杂物，晾干水分。

用盐把鹅身全部擦遍，腹腔内也要撒盐少许，放入木桶中腌渍，根据不同季节掌握腌渍时间，夏季为 1～2d，冬季需 2～3d。

② 酱制　配料（按 50 只鹅计，单位：kg）：酱油 2.5；砂仁 0.01；盐 3.75；红曲米 0.375；白糖 2.5；生姜 0.15；桂皮 0.15；葱 1.5；八角 0.15；黄酒 2.5；丁香 0.015；陈皮 0.05；硝盐 0.03（用水溶化成1）。

下锅前，先将老汤烧沸，将上述辅料放入锅内，并在每只鹅腹内放入丁香 1～2 个，砂仁少许，葱段 20g，生姜 2 片，黄酒 1～2 汤匙，随即将鹅放入沸汤中，用旺火烧煮。同时入黄酒 1.75kg；汤沸后，用微火煮 40～60min，当鹅的两翅基本熟透时即可起锅，盛放在盘中冷却 20min 后，在整只鹅体上均匀涂抹特制的红色卤汁，即为成品。

③ 卤汁的制作　用 25kg 老汁（酱猪头肉卤）以微火加热熔化，再加热煮沸，放入红曲米 1.5kg，白糖 20kg，黄酒 0.75kg，生姜 200g，用铁铲在锅内不断搅动，防止锅底结巴，熬汁的时间随老汁的浓度而定，一般加热到卤汁发稠时即可。以上配制的卤汁可连续使用，供 400 只酱鹅生产。

（3）食用方法　酱鹅挂在架上要不滴卤，外貌似整鹅状，外表皮呈琥珀色。

食用时，取卤汁 0.25kg，用锅熬成浓汁，在鹅身上再涂抹一层，然后鹅切成块状，装在盘中，再把浓汁烧在鹅块上，即可食用。

二、卤制品的加工

1. 佛山猪扎蹄的加工

广东佛山猪扎蹄制法特殊，配料考究，皮爽肉脆，造型美观，是佛山特产之一。

（1）工艺流程

（2）操作要点

① 原料整理　选用肉嫩皮薄、重约 0.5kg 左右猪腿，去毛、洗净，用刀取出全部骨头、筋腱，脚皮不带肉，不破不损，保持完整。夏天还须把脚皮翻转，擦些盐粒，以防变质。按瘦肉 350g、肥肉 200g 的比例，把肥瘦肉切成条状，厚度约 0.3cm，修去筋腱、杂质，然后腌制。

② 腌制　第一次瘦肉腌制配料（按 50kg 瘦肉计，单位：kg）：酒 0.2；酱油 0.25；糖 0.35；五香粉 0.01；精盐 0.13。

第二次瘦肉腌制配料（单位：kg）：酒 0.4；芝麻油 0.15；五香粉 0.2；生抽王（酱油的一种）0.5；糖 0.7。

卤水的配料（按清水 60kg 计，单位：kg）：八角 0.2；甘草 0.1；小茴香 0.2；桂皮 0.5；草果 0.2；丁香 0.05；花椒 0.2；汾酒 0.5；莲子 0.2；盐 3。

第一次腌制：用配制好的腌制剂腌制 1～2h。

第二次腌制：将腌好的瘦肉入炉烤至五成熟，取出再腌制 15min 左右。腌好后按猪脚长短切好。

③ 制馅　将以上腌制好的肥瘦肉作为馅，瘦肉在底，肥肉在上，一层一层地装满猪脚皮为止。然后用水草均匀地捆扎 6～7 圈。注意造型美观，不能扎成一头大一头小，要扎牢，避免松散。

④ 煮熟　用纱布将八角、甘草、草果、桂皮、莲子等包成一袋，与扎好的猪脚一同放入锅内（先放清水）加少许汾酒，用微火煮，待猪脚转色约七成熟时，用钢针在脚皮戳孔，捞起锅面杂质，减小火力，烧熟出锅。

⑤ 冷卤浸泡　将猪脚浸泡在冷卤内 12h，取出加少量卤汁和芝麻油即可食用。

⑥ 保存方法　用原汁卤水浸泡扎蹄，每天用火烧开，可保藏 10 多天，其味不减。

2. 酱卤大肠的加工

酱卤大肠颜色呈酱红色，无腥味，甜咸适宜。

（1）工艺流程

（2）操作要点

① 原料整理　鲜猪大肠用清水洗一次，每 50kg 用矾末 500g，放入桶内或缸内用木棒推

挤，将黏膜排尽，再用清水冲洗干净。

② 捆扎　把肠放入清水容器内将里层翻出，洗清肠内腔，再翻至原状，绕成圈，从中间用绳索扎起，每把约5kg。

③ 初煮、除腥　扎成把后放于开水锅内，煮沸10min，大肠经初步煮沸后捞起，用清水冲洗干净，放入缸内，每50kg放醋500g，用木棒推挤透，去除腥味，再用清水洗净挂起，用刀在圈内下部切断，淋净水分，准备配料煮制。

配料（以50kg经整理后的原料肠计，单位：kg）：糖0.25；酱油1；小茴香、桂皮共0.15～0.16；葱、姜各0.25；盐1，酒少许。

④ 复煮　先将大肠放进锅内，同时放入老卤、盐、小茴香、桂皮、姜、葱，卤放到与原料坯相平为止，盖上锅盖，用急火烧至沸腾后放入酱油、酒，烧煮约1h后放糖，再用小火焖煮半小时，在锅内放一层冷卤，出锅即为成品。

3. 卤猪肝的加工

（1）工艺流程

原料整理 → 卤制 → 成品

（2）操作要点

① 原料整理　选择新鲜猪肝，且须经卫生检验合格。用清水洗净，撕去胆囊，遇有被胆汁污染的肝脏应修去胆汁，并修去肝蒂、肠膜等，清水浸泡1～2h，然后煮制。

配料（以新鲜猪肝10kg计，单位：kg）：清水50；大葱0.5；盐4；鲜姜0.25；八角0.075；桂皮0.05；花椒0.075。

② 卤制　先将卤汤烧开，然后加入配料进行调卤，再放入猪肝，卤要浸没于肝的表层。

卤猪肝实际上就是煮猪肝，煮猪肝要用急火，煮沸后用中火。煮制一般需要1.5～2h，因为煮的猪肝都是整只猪肝，卤汁不易渗透进去，深层温度难于达100℃，故煮制时间要长，煮后将肝置于容器内凉透即为成品。

4. 德州扒鸡的加工

德州扒鸡又名德州五香脱骨扒鸡，产于山东德州，中国四大著名特产之一，有近百年历史。德州扒鸡色泽金黄透红，一抖即可脱骨，鲜香味美，色形俱佳，风味独特。

（1）工艺流程

原料选择 → 宰杀造型 → 油炸上色 → 煮制 → 出锅 → 成品

（2）操作要点

① 原料选择　选料选用当年健康无病公鸡或未下蛋的母鸡为原料，体重1～1.5kg为宜。

② 宰杀造型　颈部宰杀，放血，浸烫脱毛，肛门处开一小口除去内脏，清洗干净，将两腿从肛门处折回，插入腹腔内，两翅通过颈部刀口从口腔伸出，形成卧体含双翅状态。冲洗干净，沥干水分。

③ 油炸上色　鸡体均匀涂上一层白糖炒制的糖色，放入180℃的油锅中，炸1～2min，以鸡身金黄透红为宜，切忌过火炸成黑色。

配料（以100kg鸡计）：食盐1.5kg；白糖1.5kg；酱油1kg；黄酒1.5kg；香油1kg；葱、姜各250g；花椒、肉桂、八角各50g；砂仁、丁香、肉豆蔻各50g。

④ 煮制　将炸好的鸡放入锅内,排放整齐,加上配好的佐料,配以老汤,上面压上箅子。先用旺火煮 30min,然后用微火焖煮 3～4h。此时鸡身收缩,上有一层浮油。由于油层封锅,滋味不散失,成品味道极佳。

⑤ 出锅　出锅时要特别小心,由于煮制时间长,肉质酥烂,易破损。要缓慢把鸡从锅中捞出,防止脱皮、掉头、断腿等现象发生。

5. 符离集烧鸡的加工

符离集烧鸡是安徽地方著名特产,有上百年历史,是我国四大著名特产之一,具有特殊的外观和风味,深受消费者欢迎。符离集烧鸡香气扑鼻,色佳味美,肉质白嫩,肥而不腻,肉烂而丝连,骨酥,嚼之即碎,有余香,如在出锅后趁热轻轻提起鸡腿一抖,鸡肉便会全部脱落而骨架相连。

(1) 工艺流程

原料选择 → 宰杀造型 → 油炸上色 → 煮制 → 出锅 → 成品

(2) 操作要点

① 原料选择　原料选择健康无病,符合卫生要求的公鸡,体重 1kg 左右。

② 宰杀造型　颈部宰杀,放血,浸烫脱毛,鸡体倒置,鸡腹皮绷紧,用刀贴龙骨向下切开小口,用手指将全部内脏扒出(注意取出嗉囊),去掉肛门和喉管,冲洗干净,沥干水分。用刀在鸡肛门处开一小口,两腿交叉插入腹中,一翅向后反别,另一翅向前从鸡嘴中穿出。造型后用清水冲洗干净。

③ 油炸上色　鸡体均匀涂上一层白糖炒制的糖色,放入 180℃的油锅中,炸 1～2min,以鸡身金黄透红为宜,切忌过火炸成黑色。

配料(以 50kg 鸡计,单位:kg):

食盐 2～2.5;白糖 0.5;八角 0.15;山奈 0.035;小茴香 0.025;良姜 0.035;砂仁 0.01;肉豆蔻 0.025;白芷 0.04;花椒 0.05;桂皮 0.01;陈皮 0.01;丁香 0.01;辛夷 0.01;草果 0.025;硝酸钠 0.01。

④ 煮制　将炸好的鸡放入锅内,排放整齐,加上配好的佐料,配以老汤,上面压上箅子。先用旺火煮 30min,然后用微火焖煮 3～4h。此时鸡身收缩,上有一层浮油。由于油层封锅,滋味不散失,成品味道极佳。

任务三　道口烧鸡的加工

道口烧鸡产于河南滑县道口镇,创始人张丙,铺号"义兴张",始于清代顺治十八年,距今已有 300 多年历史。经过长期的摸索和改进,烧鸡色泽美观,香味浓郁,而且经真空包装 2 次杀菌达到长期保存(半年以上)的目的。

※【任务描述】

以整白条鸡为原料,设计工艺流程和操作规程并加工生产道口烧鸡。

❈ 【工作准备】

（1）材料的准备　白条鸡（约 1000g）、食盐、白糖、良姜、砂仁、肉豆蔻、白芷、桂皮、陈皮、丁香、草果、硝酸钠、食用油等。

（2）仪器设备的准备　厨具、灶具、台秤、天平等。

（3）相关工具的准备　任务工单等。

❈ 【工作程序】

程序 1　工艺流程

程序 2　操作要点

（1）原料选择　原料选择健康无病、符合卫生要求的公鸡，体重 1kg 左右。

（2）宰杀造型　颈部宰杀，放血，浸烫脱毛，鸡体倒置，鸡腹皮绷紧，用刀贴龙骨向下切开小口，用手指将全部内脏扒出（注意取出嗉囊），去掉肛门和喉管，冲洗干净，沥干水分。首先在两翅的伸缩处各切一刀，深为 5mm，将鸡伏于砧板上，在背部交叉双翅，分别从鸡的颈部放血切口处插入，从口腔露出。选取直径为 2cm，长度为 17～20cm 的竹竿，削成交错的尖形断面。在鸡腿内侧分别切约 10cm 的弧形刀口至腹腔切口，然后在胸骨后部皮肤切一个 2cm 的小口，将两腿切去鸡爪后交叉放入体腔，并使露出的胫骨插入胸部表皮的切口，起固定作用，用削好的竹竿插入体腔，绷直鸡体。

用刀在鸡肛门处开一小口，两腿交叉插入腹中，一翅向后反别，另一翅向前从鸡嘴中穿出。造型后用清水冲洗干净。

（3）油炸上色　鸡体均匀涂上一层白糖炒制的糖色，放入 180℃ 的油锅中，炸 1～2min，以鸡身金黄透红为宜，切忌过火炸成黑色。

（4）煮制　配料（以 100 只质量 100～125kg 鸡计）：砂仁 15g；良姜 90g；肉豆蔻 15g；白芷 90g；丁香 3g；陈皮 30g；草果 30g；食盐 5kg；桂皮 90g；硝酸钠 18g。

将炸好的鸡放入锅内，排放整齐，加上配好的佐料，配以老汤，上面压上算子。先用旺火煮 30min，然后用微火焖煮 3～4h。此时鸡身收缩，上有一层浮油。由于油层封锅，滋味不散失，成品味道极佳。

（5）成品　成品丰满大方，色泽金黄，肉质鲜嫩，肥而不腻，营养丰富，风味独特。

❈ 【注意事项】

油炸程度要控制好，以鸡身金黄透红为宜，切忌过火炸成黑色。时间以原料的大小确定，注意观察油炸终点。

❈ 【任务实施】

详见《肉制品加工技术项目学习册》的任务工单。

任务四　酱肉的加工

❋ 【任务描述】

以家畜后腿肉为原料，选择合适的辅料，设计工艺流程和操作规程并加工生产出酱肉。

❋ 【工作准备】

（1）材料的准备（单位：kg，按比例称取）　瘦肉50；鲜姜0.5；精盐3；大蒜0.05；面酱4；小茴香面0.15；白酒0.2；五香粉0.2；葱0.5。

（2）仪器设备的准备　厨具、灶具、台秤、天平等。

（3）相关工具的准备　任务工单等。

❋ 【工作程序】

程序1　工艺流程

原料整理 → 烫煮 → 煮制 → 冷却 → 包装 → 成品

程序2　操作要点

（1）原料整理　选择没有筋腱和肥膘的瘦肉，切成0.5～1kg的方块。然后将肉块倒入清水中洗涤干净，同时除去肉块上面覆盖的薄膜。

（2）烫煮　把肉块放入100℃的沸水中煮1h，为了去除腥膻味，可在水中加入几块萝卜，到时把肉块捞出，放在清水中浸泡洗涤干净，清洗的水要求达到饮用水标准，多洗几次，洗至无血水为止。

（3）煮制　在2kg左右清水中，加入各种调料与漂洗过的肉块一起放入锅内煮制，水温保持在95℃左右（勿使沸腾），煮2h后，将火力减弱，水温降低到85℃左右，在这个温度继续煮2h左右，这时肉已烂熟，立即出锅，冷却后即得成品。成品不可堆叠，须平摆。

酱肉的出品率约在50%，可保存3～4d。

❋ 【任务实施】

详见《肉制品加工技术项目学习册》的任务工单。

学习单元四　糟肉和蜜汁肉制品加工技术

❋ 【知识目标】

1. 熟悉糟肉和蜜汁肉类制品的特点。

2. 掌握糟肉和蜜汁肉类制品的加工技术。

※ 【技能目标】

1. 会制作糟肉和蜜汁肉，能对酱卤过程进行质量控制。

2. 能进行糟肉、叉烧肉的加工。

一、糟肉制品的加工

我国糟肉的加工历史悠久，在《齐民要术》中就有关于糟肉加工方法的记载。现在糟肉类产品越来越多，如糟蹄髈、糟脚爪、糟猪头肉、糟猪舌、糟鸡、糟鹅等，统称为糟货。各地糟肉的加工方法基本相同，糟肉不易保存，需放在冰箱中保存，才能保持其新鲜和爽口的特色。

1. 糟肉的加工

糟肉具有色泽红亮，胶冻洁白，清凉鲜嫩爽口，糟香诱人，肥而不腻的特点。

配料（以100kg肉计，单位：kg）：五香粉0.03；炒过的花椒3~4；食盐1.7；陈年香糟3；味精0.1；黄酒4；酱油0.5；高粱酒0.5；绍兴酒3。

（1）工艺流程

原料选择处理 → 白煮 → 制糟卤 → 糟制 → 成品

（2）操作要点

① 原料选择处理　选择新鲜皮薄又细腻的方肉和前后腿肉为原料，将方肉顺肋骨骨缝和肋骨垂直对半斩，斩成宽15cm、长11cm的长方块肉坯；前后腿肉也按此规格处理。

② 白煮　将肉坯倒入锅内煮制，水要超过肉面，大火煮沸，撇去脏沫；改用小火慢煮，煮至骨头易抽出即可将肉坯捞出。用筷子和铲刀将肉坯捞出，出锅后，边拆骨边在肉坯两面撒盐。

③ 制糟卤

a. 准备陈年香糟　用50kg香糟，加入1.5~2kg炒过的花椒和食盐搅拌均匀后，放入缸内密封，待第二年使用，此时即为陈年香糟。

b. 搅拌香糟　100kg原料肉用陈年香糟3kg、五香粉0.03kg、食盐0.5kg放入搅拌器内，边搅拌边先加入少许上等绍兴酒，再徐徐加入黄酒和高粱酒，直到香糟和酒完全混合没有结块为止，此时为糟酒混合物。

c. 制糟露　在搪瓷桶上罩上白纱布，用绳将四周扎紧，纱布中间凹下，在纱布上摊表芯纸一张。将糟酒混合物倒在纱布上，加盖，使糟酒混合物通过表芯纸和纱布过滤，徐徐滴入桶内的汁液，称为糟露。过滤剩下的糟渣，待糟肉生产结束可作为饲喂猪的上等饲料。

d. 制糟卤　撇去白煮肉汤上的浮油，用纱布将肉汤过滤到容器中，加食盐1.2kg、味精0.1kg，上等绍兴酒2kg、高粱酒0.3kg、酱油0.5kg，搅拌均匀并冷却。白煮肉汤量掌握在30kg为宜，与糟露拌和均匀，即为糟卤。

④ 糟制　盛有糟货的容器需事先在冰箱内冷却，将已经凉透的糟肉坯皮朝外，整齐地沿着容器壁码在盛有糟卤的容器内。将另一盛有冰的桶置于糟货中间，加速冷却，直到糟卤凝结成冻为止。

⑤ 保藏 糟肉需在低温而不冻结状态下保藏，需以销定产。糟肉浸于糟液中入缸，用塑料膜密封缸口，根据气温变化，确定上下翻缸时间和次数，浸泡 95d 左右即成。成品糟肉储存于缸内可存放 6 个月以上。

2. 苏州糟鹅的加工

苏州糟鹅皮白肉嫩，香气浓郁，鲜嫩爽口，鹅翅、鹅蹼各有特色。

配料（以 2～2.5kg/只的太湖鹅 50 只计，单位：kg）：陈年香糟 2.5；葱 1.5；黄酒 3；生姜 0.2；炒过的花椒 0.025；盐、味精、五香粉各适量；大曲酒 0.25。

（1）工艺流程

（2）操作要点

① 原料选择处理 选择 2～2.5kg/只的健康太湖鹅，宰杀、放血、煺毛、去内脏，冲洗干净后在清水中浸泡 1h，取出沥干水分。

② 煮制 将整理好的鹅坯放入盛有清水的锅内煮沸，撇去浮沫，然后加入葱 0.5kg、黄酒 0.5kg、生姜 0.05kg，改用中火煮制 40～50min 后起锅。

③ 起锅 取出鹅坯稍冷却并沥水分，撒上食盐，从正中剖开成两半，斩下头、脚、翅，一起放入经消毒的容器内约 1h，使其冷却。撇去原汤浮油置于另一容器中，加入除大曲酒的其他调味料、香辛料和香糟搅拌均匀，待其冷却。

④ 糟制 用大缸一只，倒入冷却的原汤，放入鹅坯，每放两层加一些大曲酒，放满后所配的大曲酒正好用完，在缸口盖上一个带汁香糟的双层布袋，袋口比缸口大一些，以便将布袋捆扎在缸口。袋内汤汁滤入糟缸内，浸卤鹅坯。待糟汁滤完，立即将糟缸盖紧，焖 4～5h 即为成品。

二、蜜汁制品的加工

蜜汁制品是肉类在酱制红烧的基础上，在辅料中加重了糖的成分，使产品颜色诱人、味甜，因此成为蜜汁制品。其特点大多以肉质酥烂为特色，因此在生产过程中，对质地较硬、不易成熟的原料，首先要进行蒸或煮等前处理，才进行蜜汁调制；对于质地细嫩、易于成熟的原料，则不进行蒸或煮等前处理，直接进行蜜汁调制工序。以糖醋排骨为例介绍蜜汁制品加工方法。

1. 产品特点

成品为褐色，有光泽，蜜汁浓稠，鲜嫩可口，略带咸味。

2. 配料（以 10kg 生排骨计，单位：kg）

味精 0.02；食盐 0.15～0.2；白糖 1；醋 0.05；芝麻油 0.03；红曲米 0.01。

3. 操作要点

（1）原料的整理 选用精猪排，斩成长度为 23cm 的小块；将整理好的猪排坯放入容器内，按配方将坯料用食盐、红曲米腌制 24h，待排骨坯料将腌渍剂吸收且红色均匀，即可进入下一步操作。

（2）油炸 将腌好的坯料（150～190℃）放入油锅中熟制，炸至金黄色时捞出，沥去油料。

（3）蜜汁 在一干净的锅中加入白糖、味精和适量的水，熬出糖汁，倒入炸好的小排骨，用铲子不断翻动，加入醋、芝麻油拌和 3～4 次，待卤汁转浓，排骨能用筷子戳穿，即可捞出，即为成品。

任务五 叉烧肉的加工

广式叉烧肉又称"广东蜜汁叉烧"，是广东著名的烧烤肉制品之一，也是我国南方人喜食的一种食品。广式叉烧具有色泽鲜明，光润香滑的特点。

※ 【任务描述】

选择合适的原料和辅料，设计工艺流程和操作规程并加工生产叉烧肉。

※ 【工作准备】

（1）材料的准备 猪后腿肉、精盐、酱油（原汁）、白糖、50°白酒、麦芽糖、香油等。
（2）仪器设备的准备 台秤、天平、砧板、晾架、烤炉、不锈钢或搪瓷容器等。
（3）相关工具的准备 任务工单等。

※ 【工作程序】

程序1 工艺流程

选料 → 切条 → 腌制 → 烘烤 → 成品

程序2 操作要点

（1）选料 选去皮的猪前腿或后腿瘦肉为原料。
（2）切条 将选好的原料肉切成长38～42cm、宽4～5cm、厚1.5cm、重250～300g 的肉坯。
（3）腌制 把切好的肉坯放入盆内，按配方称取配料，与肉条混合均匀，腌制40～60min，每隔20min翻动一次，待肉坯充分吸收辅料后，加白酒、香油拌匀。然后将肉条刺孔穿铁环，穿在晾杆上，每排穿十条左右，适当晾干。

配料（以10kg猪肉计）：精盐0.15kg，酱油（原汁）0.5kg，白糖0.75kg，50°白酒0.2kg，麦芽糖0.5kg，香油0.14kg。

（4）烘烤 将炉温升至100℃，然后把用铁排环穿好的肉条挂入炉内，关上炉门，炉温升至200℃左右，进行烤制，烤25～30min。烤制过程中，注意调换方向，转动肉坯，使其受热均匀。肉坯顶部若有发焦，可用湿纸盖上。肉坯烤好出炉后稍稍冷却，然后放进麦芽糖溶液内，或在肉坯上浇热麦芽糖溶液，再放到炉内，烤约3min取出，即为成品。

（5）质量标准 广式叉烧肉颜色为红褐色，条形整齐，不软不硬；具有浓郁的烧烤肉香味，鲜、香、甜，表面无任何杂物，无异味。

※ 【任务实施】

详见《肉制品加工技术项目学习册》的任务工单。

思　考　题

1. 什么是酱卤制品？

2. 我国酱卤制品有哪几种分类？

3. 煮制的目的是什么？煮制过程中肉的变化有哪些？

4. 煮制过程中随着温度的升高，肉中的蛋白质保水性、硬度、pH 值等会发生什么变化？

5. 广东白斩鸡的斩件程序是什么？

6. 南京盐水鸭是如何煮制的？

7. 苏州酱汁肉的酱卤是怎么制成的？

8. 符离集烧鸡是如何造型的？

9. 糟肉的糟卤是如何制作的？

10. 简述广式叉烧肉的烘烤过程。

11. 简述镇江肴肉的加工工艺流程和工艺要点。

12. 简述南京酱鸭的加工工艺流程和工艺要点。

13. 简述德州扒鸡的加工工艺流程和工艺要点。

14. 简述广式叉烧肉的加工工艺流程和工艺要点。

15. 简述五香酱牛肉的加工工艺流程和工艺要点。

项目六

熏烤肉制品加工技术

【产品介绍】

　　熏烤肉制品一般是指以熏烤为主要加工方法生产的肉制品，包括熏制品和烤制品。熏、烤、烧三种方法往往互为关联。以烟雾为主是熏制；以红外线辐射、火苗烤制或以盐、泥等固体为加热介质煨制是烧烤。肉品通过熏烤产生能引起食欲的熏烤气味，形成制品的独特风味，使其表面产生特有的熏烤色泽，同时抑制微生物的生长，延长肉制品的保存期。

学习单元一　肉的熏制与烤制技术

※ 【知识目标】

1. 掌握熏烤肉制品技术的原理及方法。
2. 掌握熏制和烤制对肉品的作用。

※ 【技能目标】

依据熏烤肉制品的原理，合理选择熏制与烤制方法。

一、肉品熏制技术

1. 熏烟的成分

熏烟是木材、木屑等材料在不完全燃烧时形成的，由水蒸气、其他气体、液体和微粒固体组成，现已在木材熏烟中分离出300多种不同的化合物。其中，酚类物质达20多种，包括邻甲氧基苯酚、4-甲基愈创木酚、4-乙基愈创木酚、丁子香酚等；最常用和最简单的醇是甲醇或木醇，熏烟中还含有伯醇、仲醇和叔醇等，但是它们常被氧化成相应的酸类；熏烟成分中有含1～10个碳原子的简单有机酸，包括甲酸、乙酸、丙酸、丁酸、异丁酸、戊酸、异戊酸、己酸、庚酸、辛酸、壬酸等；熏烟中存在大量的羰基化合物，现已确定的有20多种，包括2-戊酮、戊醛、2-丁酮、丙酮、丙醛、巴豆醛、乙醛、异戊醛、丙烯醛、异丁醛、联乙酰、3-甲基-2-丁酮、α-甲基-戊醛、顺式-2-甲基-2-丁烯-1-醛、3-己酮、2-己酮、5-甲基-糠醛、糠醛、甲基乙二醛等。从熏烟中能分离出许多多环烃类化合物，包括苯并蒽、二苯并蒽、苯并芘以及 4-甲基芘等。动物试验表明，这些烃类化合物中至少有两种化合物——苯并芘和二苯并蒽具有致癌性。

熏烟中化学成分常因烟熏材料的种类和燃烧条件的变化而异，并随着烟熏的进行而不断发生变化。

2. 熏烟的产生

用于熏制肉制品的烟气，主要是硬木等不完全燃烧得到的。烟气是由空气和没有完全燃烧的产物——燃气、蒸汽、液体、固体物质的粒子所形成的气溶胶系统，熏制的实质就是产品吸收木材分解产物的过程，因此木材的分解产物是烟熏作用的关键，烟气中的烟黑和灰尘只能污染制品，水蒸气成分不起熏制作用，只对脱水蒸发起决定作用。

木材在高温燃烧时产生烟气的过程可分为二步：第一步是木材的高温分解；第二步是高温分解产物的变化，形成环状或多环状化合物，发生聚合反应、缩合反应以及形成产物的进一步热分解。当木材中心部位尚有水分、而表面温度超过 100℃ 时，表面酸化和分解产生 CO、CO_2、甲醇、甲酸等物质。当中心温度升至 300~400℃ 时，发生热分解并产生熏烟。实际大多数木材在 200~260℃ 时开始产生熏烟，260~310℃ 时产生焦油等产物，达到 310℃ 以上，木材开始分解产生酚类及其衍生物。

已知的 200 多种烟气成分并不是熏烟中都存在的，受很多因素影响，如供氧量、燃烧温度、木材种类等。

一般来说，硬木、竹类风味较佳，而软木、松叶类因树脂含量多，燃烧时产生大量黑烟，使肉制品表面发黑，并含有多萜烯类的不良气味。在烟熏时一般采用硬木，也有采用玉米芯的。在燃烧过程中，不同的供氧量，熏烟的成分差异也较大。若限制供氧，则熏烟中羧酸类物质含量较多；若供氧量充足，燃烧温度在 400℃ 时，熏烟中酚类物质含量较多，这有利于烟熏制品的生产，但此温度也是苯并芘等致癌物的最大生成温度带，从食品安全性和风味质量等方面综合考虑，现在一般选用 340℃。

在烟熏过程中，熏烟成分最初在表面沉积，随后各种熏烟成分向肉品内部渗透，使制品呈现特有的色、香、味。熏烟颗粒沉积的多少与肉品表面的含水量、熏烟的密度、烟熏室内的空气流速和相对湿度等有很大关系。一般肉品表面越干燥，沉积得越少；熏烟的密度越大，熏烟的吸收量越大，与肉品表面接触的熏烟也越多；气流速度太大，难以形成高浓度的熏烟，因此实际操作中要求既能保证熏烟和肉品的接触，又不致使密度明显下降，常采用 7.5~15m/min 的空气流速；相对湿度高有利于加速沉积，但不利于色泽的形成。熏烟成分的渗透因素也是多方面的，如熏烟的成分、浓度、温度、产品的组织结构、脂肪和肌肉的比例、水分的含量、熏制的方法和时间等。

3. 烟熏方法

过去烟熏是用直接燃烧木材和锯屑在烟熏室内完成的，这种古老的方法非常简便，但有其自身的缺点，因为熏烟中含有苯并芘和二苯并蒽等致癌物质，并且直火烟熏，几乎不可能保持烟熏室内的均匀状态。随着社会的发展和科学的进步，烟熏的方法和设备已有了很大的改变，但是不管如何改变，烟熏的基本方式和效果没变，即让熏烟与食品接触，而这种接触以产生最佳烟熏效果和不使肉品附带有害成分为目的。烟熏的方法有很多种，大致包括以下几种。

（1）冷熏法 在低温（15~30℃）下进行的烟熏法。原料在熏制前必须经过较长时间的腌制，此法一般只作为带骨火腿、培根、干燥香肠等的烟熏，用于制造不进行加热工序的产品。这种烟熏方法的缺点是烟熏时间长，产品的重量损失大。但是由于进行了干燥和后熟，提高了保藏性，增加了风味。在温暖地区由于气温关系，这种方法很难实施。

（2）温熏法　在 30～50℃ 范围内进行的烟熏法，此温度范围超过了脂肪熔点，所以肉中脂肪很容易流出来，而且部分蛋白质开始凝固，肉质变得稍硬。这种方法用于熏制脱骨火腿和通脊火腿，也有用这种烟熏方法制造培根。由于这种烟熏法的温度范围利于微生物繁殖，如果烟熏时间过长，有时会引起肉制品腐败，烟熏的时间不能太长，一般控制在 5～6h，最长不能超过 2～3d。

（3）热熏法　此法熏制温度控制在 50～80℃ 范围内。一般在实际工作时温度在 60℃ 左右，在这个范围内，蛋白质几乎完全凝固，所以在完成烟熏后，制品的形态与经过冷熏和温熏的制品有相当大的差别。这类制品表面的硬度很高，而且内部的水分含量也较高，并富有弹力，一般烟味很难附着。熏制时间一般为 4～6h。由于熏制的温度较高，制品在短时间内就能形成较好的烟熏色泽，但是熏制的温度必须缓慢上升，否则会发色不均匀。一般灌肠产品的烟熏采用这种方法。

（4）焙熏法　此法熏制温度超过 80℃，有时高达 140℃。用这种方法熏制的肉制品不必再进行热加工就可以直接食用。烟熏时间也不必太长。

（5）速熏法　根据使用的物质和设备的特征，可以分为液熏法和电熏法。

① 液熏法不是直接利用木材过热产生的烟，而是将在制造木炭、干馏木材过程中产生的烟收集起来，进行浓缩，再加以利用的方法，有蒸汽吸附法、浸渍法和添加法。

② 电熏法是利用静电进行烟熏的方法。电熏法的大致过程是将制品按一定距离间隔排开，连上正负电极，然后一边送烟一边施加 15～30kV 的电压使制品作为电极进行放电，这样，烟粒子就会急速吸附于制品表面，烟熏时间得以大大缩短。

4. 烟熏对肉品的作用

在烟熏过程中，制品中酶的活化、水分的散失、熏烟成分的附着以及微生物的变化等对制品产生各种影响，烟熏成分直接关系到肉制品的风味、货架期、营养价值、有效成分及安全性等。其主要作用有以下几点。

（1）呈味作用　熏烟中许多有机化合物，如酚类物质、芳香醛、酮、酯、有机酸类等，附着在制品上，赋予其特有的烟熏香味。特别是酚类中愈创木酚和 4-甲基愈创木酚是最重要的风味物质。此外，伴随着熏烟的加热，促进了微生物、蛋白质及脂肪的分解，产生氨基酸、脂肪酸等风味物质。气味则主要来自于丁香酚。香草酚令人愉快的气味也与甜味有关。应该说，烟熏风味是各种物质的混合味，而非单一成分能够产生的。

虽然绝大部分羰基化合物为非蒸汽蒸馏性的，但是蒸汽蒸馏组分内的羰基化合物在烟熏制品的气味和由羰基化合物形成的色泽方面起重要作用。短链简单的化合物对制品的滋味和气味的影响最重要。

（2）发色作用　木材烟熏时产生的羰基化合物，可以和蛋白质或其他含氮化合物中的游离氨基发生美拉德反应，这是形成烟熏色的主要原因；另一方面随着烟熏的进行，肉温提高，促进一些还原性细菌生长，因而加速了一氧化氮血色原形成稳定的颜色。此外，受热脂肪外渗，使肉制品带有光泽。

（3）防腐抗氧化作用　使熏肉制品具有防腐性的主要物质是木材中的有机酸、醛类、酚类和醇类等。

① 有机酸　可以与肉中的氨、胺等碱性物质中和，由于其本身的酸性而使肉向酸性方向发展。腐败菌在酸性条件下一般不易繁殖，而在碱性条件下易于生长。

② 醛类物质　具有防腐作用，其中甲醛表现得更为突出。甲醛不仅本身具有防腐作用，还与蛋白质、氨基酸等含有的游离氨基结合，使碱性减弱，酸性增强，从而也增加了肉的防腐作用。

③ 酚类物质 虽然也有防腐性，但其作用较弱。酚类具有良好的抗氧化作用，一般高沸点酚的抗氧化性要强于低沸点酚，木材烟雾中的微粒相比气相的抗氧化作用强。因而经过烟熏的制品其抗氧化性增强。

④ 醇类 含量低，所以它的杀菌性也较弱。

（4）脱水干燥作用 烟熏使制品表面脱水，抑制了细菌的生长，有利于制品的保存。同时水分的蒸发有利于烟气的附着和渗透。

5. 烟熏制品中有害成分的控制

烟熏制品具有风味独特、色香俱佳的特点，但烟熏过程如果处理不当，熏烟中的有害成分也会污染食品，危害人体健康。主要问题是熏烟中的苯并芘和二苯并蒽是强致癌物，熏烟可通过直接或间接作用促进亚硝胺的形成，所以在肉制品加工中应减少有害成分污染，确保食品安全。

（1）控制发烟温度 苯并芘在发烟温度 300～400℃ 以下时产生量较少，在发烟温度 400～1000℃ 时则大量产生，所以一般将发烟温度控制在 300～350℃。

（2）湿烟法熏制 用机械方法把高热的水蒸气混合物强行通过木屑，使木屑产生烟雾，并将烟雾引入烟熏室，在达到烟熏效果的同时不污染食品。

（3）室外发烟净化 采用室外发烟，将烟气通过过滤、冷气淋洗、静电沉淀处理后通入烟熏室可大大降低苯并芘的含量。

（4）液熏法处理 用经过净化处理的烟熏剂直接处理肉品，既简化生产工艺，又可防止有害成分对制品的污染，是目前烟熏制品加工的发展趋势。

（5）隔离保护 苯并芘分子量较大，易吸附于制品的表层，加工制品时在外层用肠衣阻隔，可起到良好的阻隔效果。

二、肉品烤制技术

1. 肉的烤制原理

烤制是利用热空气对原料肉进行的热加工。原料肉经过高温烤制，产品表面产生一种焦化物，从而增强了肉制品表面酥脆性，同时产生美观的色泽和诱人的香味。

肉类经烧烤所产生的香味，是由于肉类中的蛋白质、糖、脂肪、盐和金属等物质，在加热过程中经过降解、氧化、脱水、脱羧等一系列反应，产生醛类、酮类、醚类、内酯、呋喃、吡嗪、硫化物、低级脂肪酸等化合物，尤其是糖、氨基酸之间的美拉德反应，它不仅产生棕色物质，同时伴随生成多种香味物质，从而赋予肉制品香味。蛋白质分解产生谷氨酸，与盐结合生成谷氨酸钠，使肉制品带有鲜味。

此外，在加工过程中，腌制时加入的辅料也有增进香味的作用。如五香粉含有醛、酮、醚、酚等成分，葱、蒜含有硫化物，在烤猪、烤鸭、烤鹅时，浇淋糖水，烤制时糖与皮层蛋白质分解生成的氨基酸发生美拉德反应，不仅起着美化外观的作用，还产生香味物质。烤制前浇淋热水和晾皮，使皮层蛋白质凝固，皮层变厚干燥，烤制时，在热空气作用下，蛋白质变性而酥脆。

2. 烤制对肉品的作用

（1）熟制和杀菌作用 通过烤制，肉品中的蛋白质变性，糖类和脂肪分解，提高消化吸收率；同时肉品内的大部分微生物在高温烘烤下变性死亡，提高了肉制品的食用安全性。

（2）呈味作用 肉类经烘烤产生香味，是由于肉中的蛋白质、糖、脂肪等物质在加热过程中，经一系列生化变化，生成一系列化合物，尤其是糖和氨基酸发生的美拉德反应、脂肪在高温下的分解反应，赋予肉制品特有的香味。

（3）呈色作用　烘烤过程中，肉中的氨基酸与表面的糖发生美拉德反应；表面的糖在高温下发生焦糖化反应，使制品表面产生诱人的色泽。

3. 烤制方法

（1）明炉烧烤法　把制品放在明火或明炉上烤制的方法称为明炉烧烤法。从使用设备来看，明炉烧烤法分为三种：第一种是将原料肉叉在铁叉上，在火炉上反复炙烤，烤匀烤透，如烤乳猪；第二种是将原料肉切成薄皮状，经过腌渍处理，最后用铁钎穿上，架在火槽上，边烤边翻动，炙烤成熟，如烤羊肉串；第三种是在盆上架一排铁条，先将铁条烧红，再把经过调好配料的薄肉片倒在铁条上，用木筷翻动，成熟后取下食用，如北京烤肉。

（2）暗炉烧烤法　把制品放在封闭的烤炉中，利用炉内高温使其烤熟，称为暗炉烧烤法。由于制品要用铁钩钩住原料，挂在炉内烤制，又称挂炉烧烤法，如北京烤鸭、叉烧肉等。

烤制时最常用的烤炉有三种：一是砖砌炉，中间放有一个特制的烤缸，烤炉有大小之分，一般小的炉可烤 6 只烤鸭，大的可烤 12～15 只烤鸭。这种炉的优点是制品风味好，设备投资少，保温性能好，省热源，但不能动。二是铁桶炉，炉的四周用厚铁皮或不锈钢制成，做成桶状，可移动，比较先进，烤温、烤制时间、旋转方式均可控制，操作方便，节省人力，生产效率高，但投资较大、保温效果差，成品风味不如砖砌炉。

学习单元二　烟熏肉制品加工技术

※ **【知识目标】**

1. 掌握生熏肉制品和熟熏肉制品加工工艺及要点。
2. 掌握常见烟熏肉制品加工技术。

※ **【技能目标】**

1. 能够胜任烟熏肉制品加工工作。
2. 能够胜任烟熏肉制品产品质量分析与管理工作。

一、生熏肉制品的加工

生熏肉制品的种类很多，其中主要是培根和熏腿，还有猪排等，主要在南方，由于受外来影响，已形成一类产品，以猪的方肉、排骨等为原料，经过腌制、烟熏而成，具有较浓的烟熏气味。培根、熏腿等加工方法大体相同。下面以熏腿加工技术为例介绍生熏肉制品的加工技术。

熏腿是猪的整只后腿修整成椭圆形（琵琶形）带骨去脚（或不带骨），经过整理、腌制、烟熏等加工的一种肉制品。

1. 工艺流程

原料选择 → 修整 → 腌制 → 浸泡 → 整形 → 熏制 → 成品

2. 操作要点

(1) 原料的选择　选择健康无病的猪后腿肉，且肌肉丰满。白条肉在0℃左右的冷库吊挂冷却约10h，使肉温降至0~4℃，肌肉稍微变硬后再开割。这样腿坯不易变形，有助于成品外形美观，开割的腿坯形成椭圆形或琵琶形。

(2) 修整　将后腿原料在跗骨处斩去小腿，剔去尾骨，并将蹄髈上的皮筋和脂肪修去，割去四周突出的边缘碎肉，经修整的生腿坯，重5~7kg为宜。

(3) 腌制

① 注射盐水并揉擦硝盐　注射的盐水配制：精盐6~7kg，食糖0.5kg，亚硝酸钠30~35g。把上述用料置于容器内，先用少量水拌和均匀，使其完全溶解。如一次溶解不透，可不断加水搅拌，直至全部溶解，然后冲稀，总用水量为50kg。

盐水配制好后，用盐水泵把盐水强行通过注射针头注入腌制肉原料坯内。注射的部位一般是五个均匀分布的位置各注射一针。肌肉厚实的部位，可适当增加注射点，以防止中心部位腌不透。盐水注射后，应立即揉擦硝盐。

将硝盐（盐硝比为100∶0.5）撒在肉面上，用手揉擦，腿坯表面必须揉擦均匀，最后拿起腿坯抖动一下，使多余的硝盐抖掉。揉擦硝盐的用量，一般每只腿坯平均用100~150g。揉擦完毕，将腿坯摊放在不漏水盘内，置2~4℃冷库内腌渍20~24h。

② 浸渍腌制　浸渍盐水与注射用盐水不同，其配法是50kg水中加盐约9.5kg，硝酸钠35g。浸渍腌制的方法是将冷库内腌渍过的腿坯一层一层紧密排放在腌制缸内。底层皮向下，最上面皮向上。肉的堆放高度应略低于缸口。将事先配好的浸渍盐水倒入缸内，盐水液面的高度应稍高于肉面。盐水的用量一般约为肉重的1/3，以把肉浸没为原则。为防止腿坯上浮，可加压重物。

浸渍时间的长短与腿坯的大小、注射是否恰到好处、腌制室温度等因素有关，一般两周左右。在此期间应翻缸三次。

(4) 出缸浸泡　腌制好的腿坯，需用盐水浸泡3~4h。浸泡目的：一是使腿内温度升高，肉质软化，便于清洗和修割；二是漂去表面盐分，以免熏制后出现"白花"盐霜，有助于增加产品外形美观。经过腌制的腿坯，表面有时会有少量污物沉积，应想办法去除。

(5) 整形及晾挂　浸泡后的腿坯需再次整形，使腿面成光滑的椭圆球面。吊挂刮去皮上的水分和油污，晾干10d左右。

(6) 熏制　先将烟熏室预热，待室内温度升至70~80℃时，即把腿坯挂入。在整个烟熏过程中，温度不是恒定不变。一般开始时因腿坯潮湿，可用80~90℃，并以开门烟熏为好，以便将湿气排出，时间维持15~20min，以此提高气流速度，让水分尽快排出。然后加上木屑，压低火势，使熏室温度降至60~70℃，并关闭熏室门，用文火烟熏，整个烟熏时间为8~9h。烟熏好的成品，其肌肉呈咖啡色，用手指按时有一定硬度，似一层干壳，皮质呈金黄色，用手指弹击，有清晰的"噗噗"声。

培根是西式熏肉制品，一般包括大培根、奶培根和排培根等（项目四已有介绍）。培根和熏肉都是半成品，没经过熟制过程，除部分人喜欢生食外，一般在食用时还需加热熟制。

二、熟熏肉制品的加工

我国传统熏制品的加工，大多是在煮熟之后进行熏制，如熏肘子、熏猪头、熏鸡、熏鸭等。经过熏制加工以后使产品呈金黄色，表面干燥，具有熏烟气味，且具有一定的耐藏性。现以哈尔滨熏鸡为例介绍熟熏制品加工技术。

1. 工艺流程

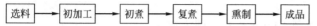

选料 → 初加工 → 初煮 → 复煮 → 熏制 → 成品

2. 操作要点

（1）选料及初加工　选好的肥母鸡，经过宰杀、煺毛、摘去内脏，将爪弯曲插入鸡的腹腔内，头夹在翅膀下，放在冷水中浸泡10h，取出后沥干水分。

（2）初煮　将沥干水分的鸡放在沸腾的老汤中初煮10～15min，使其表面肌肉蛋白质迅速凝固变性，消除异味，易于吸收配料。

老汤的配制：清水100kg，味精50g，精盐8kg，酱油3kg，花椒300g，桂皮200g，茴香300g，姜150g，大蒜150g，葱150g。花椒、桂皮、茴香制成香料包，姜、蒜、葱放入一个纱布口袋中，连同其余配料一起放入锅内，加热煮沸后待用。

（3）复煮　将初煮紧缩的鸡重新放入老汤中煮制，温度保持在90℃左右，不宜沸煮，经3～4h煮熟捞出。

（4）熏制　将煮熟的鸡单行摆放在熏屉内装入熏锅或熏炉中进行熏制。熏烟的调制通常是把白糖与锯末混合（糖与锯末的比例为3:1），放入熏锅内。干烧锅底使其发烟，约熏20min即为成品。

哈尔滨熏鸡呈浅褐色，鸡形完整，不破皮，无绒毛，肉质不硬又不过烂，味深入鸡身内部，鸡上不附任何杂物；具有较浓的熏鸡香味，无异味；鲜美可口，咸淡适度。

任务一　熏肉的加工

※ 【任务描述】

以猪肉为原料，设计出熏肉工艺流程和操作规程并加工为成品。

※ 【工作准备】

（1）材料的准备　猪瘦肉、食盐、白糖、味精、红曲、料酒、香辛料（花椒、八角、桂皮）、葱、姜等。

（2）仪器设备的准备　蒸煮锅、烟熏设备、斩板、刀等。

（3）相关工具的准备　任务工单等。

※ 【工作程序】

程序1　原料处理

选用皮薄肉嫩的生猪，取其前后腿的新鲜瘦肉，用刀去毛、刮净杂质，切成肉块，用清水泡洗干净，或入冷库中用食盐腌制一夜。

程序 2　煮制

将肉块放入开水锅中煮 10min，捞出后用清水洗净。把汤汁撇去浮沫，滤去杂质后再放入锅中，加盐，重新放入肉块，加入花椒、八角、桂皮、小茴香、葱、姜，用大火烧开后加料酒、红曲，煮 1h 后加糖，改用小火，煮至肉烂汤黏时出锅，出锅前加味精拌匀。

配方：猪肉 50kg，花椒 25kg，八角 75g，桂皮 100g，小茴香 50g，大葱 250g，鲜姜 150g，白糖 200g，食盐 3kg，料酒和红曲少许。

程序 3　熏制

把煮好的肉块放入烟熏室中，熏制 10min 左右，即为成品。

程序 4　产品质量控制

成品呈红褐色，熏制均匀，块形完整，不脱落，无猪毛，无附着脏物，煮制熟透，味渗入肉块内，具有熏猪肉的香味，咸淡适口，无异味。

※【注意事项】

（1）煮制时一定要控制火候，以防汤汁熬干。

（2）合理控制煮制时间，以防煮制过烂或煮制不够。

（3）掌握好熏制时间和温度。

※【任务实施】

详见《肉制品加工技术项目学习册》的任务工单。

任务二　沟帮子熏鸡的加工

沟帮子熏鸡是辽宁省北镇市沟帮子传统名产，以其历史悠久、制作独特、味道鲜美而驰名。沟帮子熏鸡色泽枣红色，细嫩芳香，烂而连丝，咸淡适宜。

※【任务描述】

以嫩公鸡为原料，设计出沟帮子熏鸡的加工工艺流程和操作规程并加工为成品。

※【工作准备】

蒸煮锅、烟熏炉、白条鸡、食用油、香辛料等。

※【工作程序】

程序 1　原料选择与整理

选用当年的健康嫩公鸡 10 只，宰杀放血、烫毛后去小毛和绒毛，腹下开膛，取出内脏，用清水浸泡 1~2h，待鸡体发白后取出，在鸡下胸脯尖处割一小圆洞，将两腿交叉插入洞内，用刀将胸骨及两侧软骨折断，头夹在左翅下，两翅交叉插入口腔，使之成为两头尖的造型，鸡体煮熟后，脯肉丰满突起，形体美观。

程序 2　配料

精盐 250g，香油 25g，白糖 50g，味精 5g，陈皮 3.8g，桂皮 3.8g，胡椒粉 1.3g，辣椒粉 1.3g，砂仁 1.3g，肉豆蔻 1.3g，山柰 1.3g，丁香 3.8g，白芷 3.8g，肉桂 3.8g，草蔻 2.5g。

程序 3　煮制

先将陈汤煮沸，取适量陈汤浸泡配料约 1h，然后将鸡入锅（如用新汤上述配料除加盐外加成倍量的水）加水以淹没鸡体为度。煮时火候适中以防火大皮裂开，应先用中火煮 1h 再加入盐，嫩鸡煮 1.5h，老鸡约 2h 即可出锅。出锅时应轻取轻放，保持体形完整。

程序 4　熏制

出锅趁热在鸡体上刷一层芝麻油和白糖，立即送入熏室或锅中进行熏制，约经 10～15min，待鸡体呈红黄色即可。熏好后在鸡体表面刷一层油，以增加香气和保藏性。

※ 【注意事项】

（1）烫皮时要掌握好时间和温度，防止破皮。

（2）合理掌握烟熏时间。

※ 【任务实施】

详见《肉制品加工技术项目学习册》的任务工单。

学习单元三　烧烤肉制品加工技术

※ 【知识目标】

1. 掌握烧烤肉制品加工工艺及要点。
2. 掌握常见烧烤肉制品的加工技术。

※ 【技能目标】

1. 能够胜任烧烤肉制品加工工作。
2. 能够胜任烧烤肉制品产品质量控制与管理工作。

烧烤肉制品是指将畜禽肉经预处理、腌制、烤制等工序加工而成的一类熟肉制品。肉品经过烤制后形成制品特有风味，使肉品表面产生特有的烤制色泽，同时抑制微生物的生长，延长了制品的保存期。我国传统烧烤肉制品有很多种，包括广东脆皮乳猪、盐焗鸡、叫化鸡、上海烤肉、叉烧肉、北京烤鸭等。烧烤肉制品最好现烤现吃，若烧烤肉制品放置过久，其表面色泽会发暗，且烧烤肉制品特有的风味也会变淡。

现介绍几种传统烧烤肉制品的加工技术。

一、广东脆皮乳猪的加工

广东脆皮乳猪色泽红亮，皮脆肉香，入口即化，猪身完整、整洁，表面无任何杂物，无异味。

1. 工艺流程

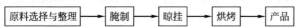
原料选择与整理 → 腌制 → 晾挂 → 烘烤 → 产品

2. 操作要点

（1）原料选择与整理　选健康无病的小肥猪（吃乳小活猪）1 只，屠宰后，去净身上所有的猪毛及污物，取出内脏，洗净。

（2）腌制、晾挂　取乳猪胴体（不劈半），将香料和食盐混匀入注胸腹内腔，注意不要抹在猪外表皮，否则烤出的颜色不美观，而且达不到皮脆的效果。腌制 10min 后，再在内腔中加入其余配料，用长铁叉从猪后腿穿至嘴角，再用 70℃ 热水烫皮，用麦芽糖溶液浇身，通风处晾挂。

腹腔内涂料及配料：香料粉 7.5g，食盐 75g，白糖 150g，干酱 50g，芝麻酱 25g，南味豆腐乳 50g，蒜和酒适量。

（3）烤制

① 明炉烧烤法烤制：先烤乳猪的内胸腹部，约烤 20min 后再在腹腔安装木条支撑，使乳猪成型，顺次烤头、尾、胸、腹部的边缘部位和猪皮。猪的全身特别是较厚的颈部和腰部，需进行针刺和扫油，使其迅速排出水分，保证全猪受热均匀。使用明炉烧烤法，需有专人将乳猪频频滚转并不时针刺和扫油，费工较大，但质量好。

② 暗炉烧烤法：用一般烧烤鹅鸭的炉，先将炉温升至 200～220℃，将乳猪挂入炉内，烤 30min 左右。在猪皮开始变色时，取出刺针，在猪身泄油。此时，用干净的棕刷将油刷匀。当乳猪烤至皮脆肉熟、香味浓郁时，即为成品。

二、上海烤肉的加工

上海烤肉颜色呈枣红色，皮面金黄，并布满细微小泡；皮脆肉香，鲜美可口；无任何杂物，无异味。

1. 工艺流程

原料选择 → 整理 → 腌制 → 晾挂与上糖色 → 挂炉烤制 → 成品

2. 操作要点

（1）原料选择　选用皮薄、肉嫩、无头、无后腿的新鲜猪的半片肉，俗称段头肉或单刀肉，亦可采用新鲜的肋条肉。猪肉的肥膘厚度最好在 1.5～2cm。肥膘过厚，烤制时容易走油，影响成品率。

（2）整理　将段头肉斩去脚爪和蹄髈，在前腿处割下胸椎骨 4 根，剔出肩胛骨和胛骨，不要划破前腿肉皮，以保持外形完整。割去颈肉（槽头）和奶脯，斩掉背部排骨上突出的骨和肉，但不能斩开肥膘，否则烤制时容易走油。在肌肉厚处，依照肉的组织纹理，每隔 2～3cm 用刀纵向划开，便于腌制时渗入盐分。

（3）腌制　先将精盐和五香粉拌匀，猪肉坯皮朝下，肌肉向上，平铺在砧板上；然后将混匀的精盐和五香粉仔细地搓擦在全部肌肉的表面及内部，浇上白酱油，用手揉擦均匀，使配料渗入肌肉内部。注意不要让盐和酱油碰到肉皮表面，以防烤制时出现肉皮发黑现象，影响质量。腌制时间为 10～15min。

腌制料配比（以猪肉 50kg 计）：精盐 1.25kg，白酱油 1.5kg，五香粉 30g。

（4）晾挂与上糖色　腌制后，用特制长铁钎从胛骨处穿过胸腔，在对面肌肉处穿出。为防止烤制时肥膘走油，铁钎不能穿在肥膘上。用双吊（上面 1 只，下面 3 只铁钩）钩在料坯胸腔中部的铁钎上，把料坯挂牢，悬挂在木架上。用沸水浇烫猪皮，但不能浇到肌肉上，刮净皮上细毛及油污。皮干后，用适量饴糖液（65g/50kg 猪肉）刷在表皮上。糖液不宜过浓，否则烤制时容易发黑，影响质量。

（5）挂炉烤制　将料坯挂在炉内，注意肌肉对着火焰，猪皮向着炉壁。炉内温度由低到高，当达到 260℃ 左右时，经 1～1.5h 的烧烤，皮面上出现小泡突起，此时肌肉已基本烤熟。取出料坯，挂于木架上，用铁梳（形似梳子，上有铁钉 8～10 根）在皮上不断打洞，以使空气透入，让火力达到内部，防止发生大泡。取宽的薄纸条，在冷水中浸湿后，贴在前腿和四周的肥膘上，以阻止走油和烤焦。如皮上有焦斑，用刀割下，贴上湿纸，再度挂入炉内。挂的方式和第一次相反，即皮面对着火焰，肌肉向着炉壁。待炉温升至280℃，烤30min左右，即为成品。

三、广式叉烧肉的加工

广式叉烧肉又称"广东蜜汁叉烧"，是广东著名的烧烤肉制品之一，也是我国南方人喜欢食用的一种食品。广式叉烧肉呈红褐色、条形整齐、光润香滑、软硬适中、香中带甜、食而不腻。

1. 工艺流程

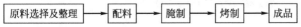

原料选择及整理 —→ 配料 —→ 腌制 —→ 烤制 —→ 成品

2. 操作要点

（1）原料选择及整理　叉烧肉一般选用猪腿部肉或肋部肉。猪腿除皮、拆骨、去脂肪后，用"M"形刀法将肉切成宽3cm、厚1.5cm、长35～40cm的长条，重250～300g的肉坯，用温水清洗，沥干备用。

（2）配料（以猪肉100kg计）　精盐2kg、酱油5kg、白糖6.5kg、五香粉250g、桂皮粉500g、砂仁粉200g、绍兴酒2kg、姜1kg、饴糖或麦芽糖溶液5kg、硝酸钠50g。

（3）腌制　除了糖稀和绍兴酒外，把其他所有的调味料拌入容器中，搅拌均匀，然后把肉坯倒入容器中拌匀。之后，每隔2h搅拌1次，使肉条充分吸收配料。低温腌制6h后，再加入绍兴酒，充分搅拌，均匀混合后，将肉条穿在铁排环上，每排穿十条左右，吊挂晾干。

（4）烤制　将炉温升至100℃，然后把铁排环穿好的肉条挂入炉内，关上炉门，炉温升至200℃左右，进行烤制，烤制25～30min。烤制过程中，注意调换方向，转动肉坯，使其受热均匀。肉坯顶部若有发焦，可用湿纸盖上。肉坯烤好出炉后稍稍冷却，然后放进饴糖或麦芽糖溶液内，或用热糖液均匀浇淋肉坯，再放入炉内，烤制约3min，取出，即为成品。

四、烤鸡的加工

1. 工艺流程

原料选择 —→ 宰杀 —→ 整形 —→ 配料 —→ 腌制 —→ 填料 —→ 烫皮与上糖色 —→ 烤制 —→ 成品

2. 操作要点

（1）原料选择　一般选用40～60日龄，体重在1.5～1.75kg的肉用仔鸡。这种鸡肉质香嫩，精肉率高，烤制成品率高，风味好。

（2）宰杀　将符合要求的鸡经放血、浸烫、脱毛，腹下开膛取出全部内脏，冲洗干净。

（3）整形　将全净膛鸡先从跗关节处去除脚爪，再从放血处的颈部表皮横切断，向下煺脱颈皮，切去颈骨，去掉头颈，最后将两翅反转成"八"字形。

（4）腌制　将整形后的鸡放入腌制缸中腌制。腌制时间根据鸡的大小、气温高低而定，一般腌制时间为40～60min，腌制好后捞出，挂起晾干。

腌制料的配制（按50kg腌制液计，单位：kg）：生姜0.1，花椒0.1，葱0.15，食盐8.5，八角0.15。将各种香辛料制成香料包，放入水中熬煮，沸腾后将香料水倒入腌制缸内，加盐溶解，冷却后备用。

（5）填料　把腌好的鸡坯放在台上，先在鸡腹腔内均匀涂上腹腔涂料，每只鸡约放5g，再向每只鸡腹腔内填入生姜、葱、香菇，然后用钢针绞缝腹下开口。

腹腔涂料（单位：kg）：香油或精炼油 0.15，味精 0.015，鲜辣粉 0.05。

腹腔填料（按每只鸡计，单位：kg）：生姜 0.01，香菇（湿）0.01，葱 0.015。

（6）烫皮与上糖色　将处理好的鸡坯逐只放入加热到 100℃ 的浓度为 10% 的糖液中浸烫 0.5min 左右或用热糖液浇淋鸡坯，取出，晾干待烤。

（7）烤制　烤鸡一般用远红外烤炉烤制，先将炉温升至 100℃ 后，将鸡坯挂入烤炉内。当炉温升至 180℃ 时，恒温烤制 15～20min，使鸡的外表皮上色、发香。当鸡坯全身上色均匀呈橘红色或枣红色时即可出炉。出炉后趁热在鸡的表皮擦上一层香油，使皮更加红艳发亮，即为成品。

任务三　北京烤鸭的加工

北京烤鸭是典型的烤制品，为我国著名特产。北京全聚德烤鸭以其优异的质量和独特的风味在国内外享有盛誉。北京烤鸭鸭体色泽红润，丰满，表皮和皮下组织、脂肪组织混为一体，皮层变厚，皮质松脆，肉嫩鲜酥，肥而不腻，香气四溢。

※ 【任务描述】

以填鸭为原料，设计出北京烤鸭的工艺流程和操作规程并加工为成品。

※ 【工作准备】

鸭子若干只、刀、砧板、盛血盆、烫锅、烤炉、麦芽糖（饴糖）等。

※ 【工作程序】

程序 1　原料选择

选用经过填肥的北京填鸭，以 50～60 日龄、活重 2.5～3kg 最为适宜。

程序 2　宰杀、造型

填鸭经宰杀、烫毛、煺毛后先剥离颈部食道周围的结缔组织，从小腿关节处切去双掌，并割断喉管和气管，拉出鸭舌。然后从颈部开口处拉出食道，并用左手拇指顺着食道外面向胸脯推入，使食管与周围薄膜分开，再将食管塞进喉管内，用打气工具对准喉口，取出内脏洗净。取 7cm 长的高粱秆，两端分别削成三角形和叉形，伸入鸭腹腔内，顶在三叉骨上，使鸭胸脯隆起，这样在烤制时形体不扁缩。

程序 3　洗膛

将鸭坯浸入 4～8℃ 清水中，使水从刀口灌入腹腔，用手指插入肛门掏净残余的鸭肠，并使水从肛门流出。反复灌洗几次，即可净膛。

程序 4　烫皮

烫皮的目的在于使毛皮孔紧缩，烤制时减少从毛孔中流失脂肪；使皮肤层蛋白凝固，烤制后表皮酥脆。用鸭钩钩住鸭的胸脯上端 4～5cm 处的颈椎骨（右侧下钩，左侧穿出），提起鸭坯，用 100℃ 沸水浇淋，先浇烫刀口和四周皮肤，使之紧缩，严防从刀口处跑气，然后再浇其他部位，一般三勺水即可使鸭体烫好。

程序 5　上糖色

在鸭体表面涂擦糖液可使烤制后的肉制品呈红褐色或枣红色，同时增加表皮的酥脆性，适口不腻。用制好的糖液，浇遍鸭体表皮，三勺即可。

程序6　灌汤打色

鸭坯烫皮上糖色后，先挂阴凉通风处干燥，然后向体腔内灌入 70～100mL 的开水，鸭坯进炉后水分便汽化。外烤内蒸，达到制品成熟后外脆里嫩的目的。为防止前面浇淋糖色不均匀的现象，鸭坯灌汤后，再要浇淋一遍糖色，叫打色。

程序7　烤制

鸭坯进炉后，先挂炉膛前梁上，刀口一侧向火，让炉温首先进入体腔，促进体内的水汽化，使之快熟。待到刀口一侧鸭坯烤至橘黄色时，再把另一侧向火，烤到与刀口一侧同色为止。然后用烤鸭杆挑起旋转鸭体，烘烤胸脯、下肢等部位。这样左右翻转，反复烘烤，将整个鸭体都烤成橘红色，便可送到烤炉的后梁，背向红火，继续烘烤，直至鸭全身呈枣红色出炉。鸭子烤好出炉后，可趁热刷上一层香油，以增加皮面光亮程度，并可去除烟灰，增添香味。

鸭坯在炉内烤制时间一般为 30～40min，炉温以 230～250℃为宜。炉温过高，时间过长，会造成鸭坯烤成焦黑，皮下脂肪大量流失，失去了烤鸭脆嫩的特点。时间过短，炉温过低，会造成鸭皮收缩，胸脯下陷和烤不透，影响烤鸭的质量和外形。

※ 【注意事项】

（1）鸭体充气要丰满，皮面不能破裂，打好气后不要用手碰触鸭体，只能拿住鸭翅、腿骨和颈。

（2）烫皮、上糖色时要用旺火，水要烧得滚开，先淋两肩，后淋两侧，均匀烫遍全身，使皮层蛋白质凝固，烤制后表皮酥脆，并使毛孔紧缩，皮肤绷紧，减少烤制时脂肪流出，烤后皮面光亮、美观。

（3）灌汤前因鸭坯经晾制后表皮已绷紧，所以肛门堵塞的动作要准确、迅速，以免挤破鸭坯表皮。灌汤的鸭体在烤制时可外烤内蒸，制品成熟后外脆里嫩。

（4）在烤制进行中，火力是关键，要控制好炉温和烤制时间。炉温过高，时间过长，会造成鸭坯烤成焦黑，皮下脂肪大量流失，失去了烤鸭脆嫩的特点；时间过短，炉温过低，会造成鸭皮收缩，胸脯下陷和烤不透，影响烤鸭的质量和外形。

（5）对于鸭子是否已经烤熟，除了掌握火力、时间、鸭身的颜色外，还可以倒出鸭腔内的汤来观察。当倒出的汤呈粉红色时，说明鸭子七八成熟；当倒出的汤呈浅白色，清澈透明，并带有一定的油液和凝固的黑色血块时，说明鸭子九十成熟；如果倒出的汤呈乳白色，油多汤少时，说明鸭子烤过火。

（6）烤鸭最好现制现食，久藏会变味变色，如要贮存，冷库内的温度宜控制在 3～5℃。食用时，需将烤鸭肉削成薄片。削片时，手要灵活，刀要斜，大小均匀，皮肉不分，片片带皮。

※ 【任务实施】

详见《肉制品加工技术项目学习册》的任务工单。

思　考　题

1. 简述常用的烟熏方法及其特点。

2. 如何控制熏烟中有害成分以提高烟熏肉制品的安全性？

---

3. 简述烟熏对肉制品的作用。
4. 简述烤制的原理及其方法与特点。
5. 烤制对肉制品有哪些作用？
6. 简述熟熏肉制品的加工工艺及要点。
7. 简述叉烧肉的加工工艺及要点。
8. 简述培根的加工工艺及要点。
9. 烤肉制品在加工过程中上糖液的目的是什么？
10. 简述烟熏肉制品的加工原理。

项目七
干肉制品加工技术

【产品介绍】

　　干肉制品是指将原料（瘦肉）先经过熟制再成型干燥，或先成型再经熟制而成的一种干熟类肉制品。这种干制后的肉，含水量较少，水分活度低，贮藏时间延长，食用携带方便，风味独特等。常见的干肉制品主要包括肉干、肉脯、肉松等。干制品也有一定的缺点，即干制过程中某些芳香物质和挥发性成分常常随着水分的蒸发而散到空气中去，同时在干燥时（非真空的条件）易发生氧化作用，尤其在高温下更为严重。

学习单元一　肉的干制技术

※ 【知识目标】

1. 熟悉干肉制品的贮藏原理。
2. 掌握肉类干制的方法与种类。

※ 【技能目标】

1. 能将肉修割成肉片、肉条等形状，达到刀工整齐、规格完整。
2. 能正确地操作自然干燥、人工干燥的方法。
3. 会正确应用和比较不同干制方法。

一、干肉制品的贮藏原理

　　简单来讲，肉品的干制就是除去肉中水分的过程。新鲜肉类含水量较高，不易贮藏，通过脱水干制后，大部分的水分会被挥发掉，大大降低了肉品的水分活度，从而达到抑制微生物生长繁殖的目的，同时酶的活性也下降，因此，肉品可以较长时间地保存在常温条件下。

　　肉的腐败变质是由于微生物的生长繁殖所导致的，不仅与肉的含水量有关，更与肉的水分活度（A_w）有关。各种微生物的繁殖对 A_w 的要求不同。A_w 低于最低值时，微生物不能繁殖；A_w 高于最低值时，微生物易繁殖。微生物生长所需的最低 A_w：一般细菌、酵母为

0.88～0.90，霉菌为 0.80，好盐性细菌为 0.75，耐干性霉菌为 0.65，耐浸透性霉菌为 0.60。肉类经过脱水干制，降低了水分活度，就可以阻止微生物的生存，防止食品腐败变质，从而达到长期保藏的目的。

肉品干制后并非达到完全无菌状态，因为各种不同的微生物对脱水作用的抗受能力是不同的，如形成孢子的微生物抗脱水干燥能力强，因此干制后肉制品仍会残留部分微生物，只是处于休眠状态，环境条件一旦适宜，就又会重新吸湿恢复活动并再次生长，因此要特别注意干制品的贮藏及包装环境，通常干制品最好采用真空、充氮密封包装，同时进行低温保藏。

干肉制品的保藏除与微生物有关外，还与肉中固有酶的活性、脂肪的氧化等有关，随着水分的减少，酶的活性逐渐降低，然而酶和基质（酶作用的对象）浓度却同时在增加。它们之间的反应率随二者浓度的增加而加速，因此在低水分干制品中，特别在吸湿后，酶仍会缓慢地活动，从而有引起肉制品品质劣变的可能。当干制品水分含量降低到一定程度时，酶的活性被完全抑制，酶对肉品质的影响则完全消失。因此干肉制品含水量应低于 20%，最好为 8%～16%。

二、肉的干制方法

肉类脱水干制方法很多，一般可分为自然干燥和人工干燥。随着科学技术的不断发展，干制方法也不断地改进和提高。

1. 自然干燥

自然干燥就是在自然条件下，利用太阳能和空气等排除肉品中水分的一种方法，如晒干、风干等。这是一种古老的干燥方法，设备简单，成本低，但受自然条件的限制，温度条件较难控制。因此大规模生产很少采用，只是在某些地区或某些产品的辅助工序上采用，如风干香肠的干制、板鸭的晾晒等。

2. 人工干燥

人工干燥就是在常压或减压环境中以传导、对流和辐射传热方式或在高频电场内加热的人工控制工艺条件下脱水干燥食品的方法，如热空气对流干燥、烘炒、冷冻干燥、真空干燥等都属于人工干燥。人工干燥根据干燥时采用压力的不同，又可分为常压干燥和减压干燥。它们需要专门的干燥设备，并可人工或自动控制温度、湿度、空气流速等条件，产品质量好，但成本高，常用于大规模生产肉类干制品。下面介绍几种常用的干燥方法。

（1）常压干燥　肉制品的常压干燥过程包括恒速干燥和降速干燥两个阶段，而降速干燥阶段又包括第一降速干燥阶段和第二降速干燥阶段。

① 恒速干燥　在恒速干燥阶段，肉块内部水分扩散的速度要大于或等于表面蒸发速度，此时水分的蒸发是在肉块表面进行，蒸发速度是由蒸汽穿过周围空气膜的扩散速率所控制，其干燥速度取决于周围热空气与肉块之间的温度差，而肉块温度可近似认为与热空气湿球温度相同。在恒速干燥阶段将除去肉中绝大部分的游离水。

② 降速干燥　当肉块中水分扩散速率不能再使表面水分保持饱和状态时，水分扩散速率便成为干燥速度的控制因素。此时，肉块温度上升，表面开始硬化，进入降速干燥阶段。该阶段包括两个阶段：水分移动开始稍感困难阶段为第一降速干燥阶段，随后大部分为胶状水的移动则进入第二降速干燥阶段。

③ 空气对流干燥　空气对流干燥是最常用的常压食品干燥方法。此法直接利用高温的热空气为热源，通过空气对流将热量传给食品，使食品受热而脱水干燥，故又称直接加热干燥或热风干燥。热空气既是载热体，又是载湿体。空气可利用自然或强制循环。这个干燥多

在常压下进行。干燥过程中，食品中心温度不高，但热空气离开干燥室时常带有相当大的热量，因此热能利用率低。

空气对流干燥设备有箱（柜）式、隧道式、带式、气流式、流化床和喷雾式等多种。我国传统生产肉干、肉松、肉脯的大多数加工厂多采用此法。

④ 常压干燥的影响因素　肉品进行常压干燥时，内部水分扩散的速率影响很大。干燥温度过高，恒速干燥阶段缩短，很快进入降速干燥阶段，但干燥速度反而下降。因为在恒速干燥阶段，水分蒸发速度快，肉块的温度较低，不会超过其湿球温度，加热对肉的品质影响较小。但进入降速干燥阶段，表面蒸发速度大于内部水分扩散速度，致使肉块温度升高，极大地影响肉的品质，且表面形成硬膜，使内部水分扩散困难，降低了干燥速率，导致肉块中内部水分含量过高，使肉制品在贮藏期间腐败变质。故确定干燥工艺参数时要加以注意。在干燥初期，水分含量高，可适当提高干燥温度，随着水分减少应及时降低干燥温度。因此可以采用在完成恒速干燥阶段、回潮后再进行干燥的工艺，可以得到良好的干燥效果。干燥和回温交替进行的新工艺有效地克服了肉块表面干硬和内部水分过高这一缺陷。常压干燥时温度较高，且内部水分移动，易与组织酶作用，常导致成品品质劣变、挥发性芳香成分逸失等缺陷，但干燥肉制品特有的风味也在此过程中形成。

除了干燥温度外，湿度、通风量、肉块的大小、摊铺厚度等都影响干燥速度。

（2）减压干燥　就是将食品置于真空中，随真空度的不同，在适当温度下，其所含水分蒸发或升华。也就是说，只要对真空度作适当调节，即使在常温以下的低温，也可进行干燥。理论上水在真空度为 614Pa 以下的真空中，液体的水则成为固体的冰，同时由冰直接变成水蒸气而蒸发，即所谓升华。就物理现象而言，采用减压干燥，随真空度的不同，无论是通过水的蒸发还是冰的升华，都可以制得干制品。因此肉品的减压干燥有真空干燥和冷冻干燥两种。

① 真空干燥　真空干燥是指肉块在未达结冰温度的真空状态（减压）下加速水分的蒸发而进行干燥。真空干燥时，在干燥初期，与常压干燥时相同，存在着水分的内部扩散和表面蒸发。但在整个干燥过程中，主要为内部扩散与内部蒸发共同进行干燥。因此，与常压干燥相比较，干燥时间缩短，表面硬化现象减小。真空干燥常采用的真空度为 533～6666Pa，干燥中品温在常温至 70℃ 以下。真空干燥虽使水分在较低温度下蒸发干燥，但因蒸发而芳香成分的逸失及轻微的热变性在所难免。

② 冷冻干燥　冷冻干燥是指将肉块冻结后，在真空状态下，使肉块中的水升华而进行干燥。这种干燥方法对色、味、香、形几乎无任何不良影响，是现代最理想的干燥方法。

冷冻干燥是将肉块急速冷冻至 −40～−30℃，将其置于可保持真空度 13～133Pa 的干燥室中，因冰的升华而进行的干燥。冰的升华速度因干燥室的真空度及升华所需而给予的热量所决定。另外肉块的大小、厚薄均有影响。冻结干燥法虽需加热，但并不需要高温，只供给升华潜热并缩短其干燥时间即可。冻结干燥后的肉块组织为多孔质，未形成水不浸透性层，且其含水量少，故能迅速吸水复原，是方便面等速食食品的理想辅料。但是在保藏过程中也非常容易吸水，且其多孔质与空气接触面积增大，在贮藏期间易被氧化变质，特别是脂肪含量高时更是如此。

③ 辐射干燥　辐射干燥是利用红外线、远红外线、微波或介电等能源，将热量传给食品。辐射干燥也是食品工业上的一种重要干燥方法，现已被广泛采用。辐射干燥设备有带式或灯泡式红外线干燥器和远红外干燥器、高频干燥器、微波干燥器等。

其中微波干燥是利用微波发生器产生电磁波，形成带有正负极的电场。食品中有大量带有正负电荷的分子（水、盐、糖）。在微波形成的电场作用下，使分子随着电场的方向变化而产生不同方向的运动。分子间的运动常因阻碍、摩擦而产生热量，使肉块得以干燥。这种效应在微波一旦接触到肉块时就会在肉块内外同时产生，在短时间内即可达到干燥的目的，且肉块内外受热均匀，表面不易焦煳。但微波干燥具有设备投资费用高、干肉制品的特征性风味和色泽不明显等缺点。

此外还有接触干燥，此法是靠间壁的导热将热量传给与壁接触的食品，食品经间接加热而脱去水分，传导干燥的热源可以是水蒸气、热空气等。由于食品与加热的介质（热载体）不是直接接触，故亦称热传导式干燥，或称为间接加热干燥。它可以在常温下干燥，亦可在真空下进行。

常用的接触干燥设备有滚筒干燥机、真空干燥机、带式真空干燥机和烘炒锅（炉）等。

三、干肉制品的质量控制

干肉制品贮藏期间质量变劣主要表现在两个方面：其一是霉味和霉斑的产生和形成；其二是保存期间脂肪的氧化。

1. 霉味和霉斑的形成及其控制

（1）霉味和霉斑的形成　研究结果表明，干肉制品产生霉味和霉斑的主要原因是水分活度过高、脂肪含量过高或贮藏时间过久。含水量和含盐量决定水分活度，干肉制品中含水量一般为 20%，含盐量为 5%～7%。水分含量过高和含盐量过低是导致霉味和霉斑产生的直接原因，另外若干制品中脂肪含量过高，或者长期高温贮藏都会导致脂肪离析移至干肉制品表面，进而附着于包装袋上，甚至渗出袋外，使各种有机物附着，造成袋外霉菌生长繁殖，成为引起干肉制品霉变的另一个原因。

（2）霉味和霉斑的控制　据报道用 PET/PE 复合膜一般包装，只要牛肉干水分含量控制在 17%，含盐量控制在 7%，则 10 个月不会发生霉变；若采用 PET/铝箔/PE 复合膜包装，即使含水量达 20%，牛肉干贮藏 10 个月也无霉变；若进行充氮包装，则 14 个月无变质。因此，含水量、含盐量、包装材料及方式等都会影响干肉制品的保质期。

2. 脂肪的氧化与控制

（1）脂肪的氧化　尽管干肉制品是用纯瘦肉加工而成，但其中仍含有一定量的脂肪小囊；为了使干肉制品保持一定的柔软性和油润的外观，在加工过程中需加适量的精炼油脂。来自这两方面的油脂在肉制品的加工贮藏过程中被氧化，其结果一方面使肉制品的酸价升高，严重时伴有油脂酸败味；另一方面在氧化过程中产生一些对人体有害的物质，如氢过氧化物及其分解产物作用于细胞膜而影响细胞的功能，脂类中的过氧化物和氧化胆固醇与肿瘤和动脉硬化发生有关，脂类氧化的二级产物——丙二醇是形成亚硝胺的催化剂和诱变剂。

脂肪氧化产生的氢过氧化物称为初级氧化产物。氢过氧化物继续分解产生的二级氧化产物醛、酮、醇、烃、酯等具有刺激性气味，通常称其为"酸败气味"。

（2）脂肪氧化的控制　国外干肉制品的酸价要求在 0.8 以下，要控制酸价，必须采用综合措施。

① 控制成品 A_w。研究表明，脂肪对氧的吸收率与水分活度显著相关。随着水分活度的降低，脂肪氧化的速率降低。当 A_w 在 0.2～0.4 时，脂肪氧化的速度最低，接近无水状态时，反应速度又增加，且干制品得率降低，柔软性丧失。干制品的水分含量一般控制在 8%～16% 为宜。

② 选用新鲜原料肉，缩短生产周期。脂肪吸氧量与原料肉停留时间成正比，因此原料进厂后，应进行预冷并尽快投入生产，降低水分含量以减缓氧化反应。在生产过程中，要避

免堆积，以防肉块温度升高，否则会加速脂肪的氧化反应。

③ 选择合理的干燥工艺及设备。干肉制品的干燥过程中，若温度过高或时间过长会加速脂肪的氧化速度。干肉制品的干燥工艺要根据肉块的大小、厚薄、形状及糖等辅料的添加量制定出合理的干燥工艺参数，尽可能减少高温烘烤时间。一般在恒速干燥阶段，可采用较高温度除去表面的自由水分。进入降速干燥阶段后，要适当降低烘烤温度，甚至可采用回潮与烘烤交替的工艺烘干，加快脱水速率，减少高温处理时间。另外烘干设备可设计成二段通气型（恒速和减速阶段各一段），这不仅能减少能耗，还能减缓氧化反应的速度。

④ 添加油脂的类型。干肉制品添加油脂可使成品柔软油润。但添加的油脂必须是经过精炼的、酸价很低的、饱和脂肪酸较多的油脂。

⑤ 添加脂类氧化抑制剂。用于肉制品的抗氧化剂种类很多，有合成抗氧化剂和天然抗氧化剂两类。由于合成抗氧化剂在营养和卫生方面的问题，近年来越来越重视天然抗氧化剂的研究和应用。

生育酚在一般情况下对动物油脂的抗氧化性比对植物油的效果大，且热稳定性好。在实际使用时，BHT、没食子酸丙酯与BHA混合涂抹在包装材料内，并以柠檬酸或其他有机酸为增稠剂。抗坏血酸、异抗坏血酸及其盐类不仅能增加制品的抗氧化能力，而且能提高色泽的稳定性。具有抗氧化物质的香辛料有胡椒、小豆蔻、肉桂、丁香、芫荽、姜、肉豆蔻等。其他植物中也含有抗氧化剂，如芝麻中的芝麻酚、芝麻精，米中的米糠素，栎树皮中的栎精。三磷酸盐和六磷酸盐都具有螯合金属离子、防止腌肉脂肪氧化的功能。在碎牛肉中添加 $CuCl_2$ 也具有一定的抗氧化能力。

⑥ 其他抑制抗氧化的方法。控制好环境因素、物理条件和包装材料也能有效抑制脂类氧化。防止氧化的最有效方法是除去氧气或阻止氧气的渗入。使用不透氧的包装膜、真空或气调包装、控制贮藏温度等措施，都可以防止脂肪的氧化。在配方中添加乳或乳清制品，也能改善干肉制品的色泽和抗氧化性能，这与其所含的还原糖具有的还原性和美拉德反应有关，因美拉德反应中类黑精也具有抗氧化作用。

学习单元二　肉干制品加工技术

※【知识目标】

1. 掌握传统肉干的加工技术。
2. 掌握肉干生产的新工艺。

※【技能目标】

1. 正确选择烘烤、炒干、油炸的方法，能对干制过程进行质量控制。
2. 能使用干燥箱、烘烤炉进行烘干。
3. 能进行肉干的加工。

肉干制品是指瘦肉经预煮、切丁（条、片）、调味、浸煮、收汤、干燥等工艺制成的干肉、熟肉制品。由于原辅料、加工工艺、形状、产地等的不同，肉干的种类很多。按原料的不同，肉干分为牛肉干、猪肉干、马肉干、兔肉干等；按风味分为五香、麻辣、咖喱、果汁、耗油等；按形状分为肉粒、肉片、肉条、肉丝等；按产地分更是名目繁多。即使是同一风味的牛肉干，配方也不尽相同。尽管肉干种类很多，但按加工工艺分为两种：传统工艺和改进工艺。

一、肉干的传统加工工艺

1. 工艺流程

原料预处理 → 初煮 → 切坯 → 煮制汤料 → 复煮 → 收汁 → 脱水 → 冷却 → 包装

2. 操作要点

（1）原料预处理　肉干加工一般多用牛肉，但现在也用猪肉、羊肉、马肉等。无论选择什么肉，都要求新鲜，一般选用前后腿瘦肉为佳。将原料肉剔去皮、骨、筋腱、脂肪及肌膜后顺着肌纤维切成 1kg 左右的肉块，用清水浸泡 1h 左右除去血水、污物，沥干后备用。

（2）初煮　初煮的目的是通过煮制进一步挤出血水，并使肉块变硬以便切坯。初煮是将清洗、沥干的肉块放在沸水中煮制。煮制时以水盖过肉面为原则。一般初煮时不加任何辅料，但有时为了去除异味，可加 1%～2% 的鲜姜。初煮时水温保持在 90℃ 以上，并及时撇去汤面污物。初煮时间随肉的嫩度及肉块大小而异，以切面呈粉红色、无血水为宜。通常初煮 1h 左右。肉块捞出后，汤汁过滤待用。

（3）切坯　肉块冷却后，可根据工艺要求放在切坯机中切成小片、条、丁等形状。无论什么形状，要大小均匀一致。

（4）复煮、收汁　复煮是将切好的肉坯放在调味汤中煮制，其目的是进一步熟化和入味。复煮汤料配制时，取肉坯重 20%～40% 的过滤初煮汤，将配方中不溶解的辅料装袋入锅煮沸后，加入其他辅料及肉坯。用大火煮制 30min 左右后，随着剩余汤料的减少，应减小火力以防焦锅。用小火煨 1～2h，待卤汁基本收干，即可起锅。

复煮汤料配制时，盐的用量各地相差无几，但糖和各种香辛料的用量变化较大，无统一标准，以适合消费者的口味为原则。以下是几种常见肉干配方。

① 咖喱肉干配方　以上海生产的咖喱牛肉干为例，100kg 鲜牛肉所用辅料：精盐3.0kg，酱油 3.1kg，白糖 12.0kg，白酒 2.0kg，咖喱粉 0.5kg。

② 麻辣肉干配方　以四川生产的麻辣猪肉干为例，每 100kg 鲜肉所用辅料：精盐3.5kg，酱油 4.0kg，老姜 0.5kg，复合香料 0.2kg，白糖 2.0kg，酒 0.5kg，胡椒粉 0.2kg，味精 0.1kg，辣椒粉 1.5kg，花椒粉 0.8kg，菜子油 5.0kg。

③ 五香肉干配方　以新疆生产的马肉干为例，每 100kg 鲜肉所用辅料：食盐 2.85kg，白糖 4.50kg，酱油 4.75kg，黄酒 0.75kg，花椒 0.15kg，八角 0.20kg，小茴香 0.15kg，丁香 0.05kg，桂皮 0.30kg，陈皮 0.75kg，甘草 0.10kg，姜 0.50kg。

④ 果汁肉干配方　以江苏靖江生产的果汁牛肉干为例，每 100kg 鲜肉所用辅料：食盐2.50kg，酱油 0.37kg，白糖 10.00kg，姜 0.25kg，八角 0.19kg，果汁露 0.20kg，味精0.30kg，鸡蛋 10 枚，辣酱 0.38kg，葡萄糖 1.00kg。

⑤ 蚝油肉干配方　蚝油（蚝，即牡蛎，软体动物，有两个贝壳，肉可食用）牛肉干有鸭胗肝鲜美味。每 100kg 鲜牛肉所用辅料：酱油 9.0kg，白糖 6.5kg，蚝油 0.8～1.2kg，橘子 1.0kg，姜 0.5kg。

（5）脱水　肉干常规的脱水方法有以下三种。

① 烘烤法　将收汁后的肉坯铺在竹筛或铁丝网上，放置于三角炉或远红外烘箱烘烤。烘烤温度可控制在 80～90℃，后期可控制在 50℃ 左右，一般需要 5～6h 则可使含水量下降到 20% 以下。在烘烤过程中要注意定时翻动，以防焦糊。

② 炒干法　收汁结束后，肉坯在原锅中文火加温，并不停搅翻，炒至肉块表面微微出现蓬松绒毛时，即可出锅，冷却后即为成品。

③ 油炸法　先将肉切条后，用 2/3 的辅料（其中白酒、白糖、味精后放）与肉条拌匀，腌渍 10～20min 后，投入 135～150℃的菜油锅中油炸。油炸时要控制好肉坯量与油温的关系。如油温高，火力大，应多投入肉坯；反之则少投入肉坯。油温过高容易炸焦；油温过低，脱水不彻底，且色泽较差。可选用恒温油炸锅，成品质量容易控制。炸到肉质呈微黄色后，捞出后并滤净油，再将酒、白糖、味精和剩余的 1/3 辅料混入拌匀即可。

在实际生产中，亦可先烘干再上油衣。例如重庆丰都的麻辣牛肉干在烘干后用菜子油或麻油炸酥起锅。

（6）冷却、包装　以在清洁室摊晾、自然冷却较为常用。必要时可用机械排风，但不宜在冷库中冷却，否则易吸水返潮。包装以复合膜为好，尽量选用阻气、阻湿性能好的材料。最好选用 PZT/铝箔/PE 等膜，但其费用较高；PET/PE，NY/PE 效果次之，但较便宜。

二、肉干的改进加工工艺

1. 工艺流程

原料肉修整 → 切块 → 腌制 → 熟化 → 切条 → 脱水 → 冷却 → 包装

2. 配方

原料肉 100kg 所需辅料：食盐 3.0kg，蔗糖 2.0kg，酱油 2.0kg，黄酒 1.50kg，味精 0.2kg，抗坏血酸钠 0.05kg，亚硝酸钠 0.01kg，五香浸出液 9.0kg，姜汁 1.0kg。

3. 操作要点

与传统肉干一样，可选用牛肉、猪肉、羊肉或其他肉。瘦肉最好用腰肌或后腿肉的热剔骨肉，冷却肉也可以。剔除脂肪和结缔组织，再切成 4cm 的块，每块约 200g。按配方要求加入辅料，在 4～8℃下腌制 48～56h。腌制结束后，在 100℃蒸汽下加热 40～60min 至中心温度 80～85℃，再冷却到室温并切成 3mm 厚的肉条或其他形状。然后将其置于 85～95℃下脱水至肉表面成褐色，含水量低于 30%，成品的 A_w 低于 0.79（通常为 0.74～0.76）。最后用真空包装，成品无需冷藏。

用改进工艺生产的肉干既保持了传统肉干的特色，无需冷藏、细菌学稳定、质轻方便、富于地方特色，但又在感官品质如色泽、风味上与传统肉干不完全相同。

任务一　肉干的加工

※ 【任务描述】

选取合适的原料和辅料，设计肉干的工艺流程和操作规程并加工为成品。

※ 【工作准备】

（1）材料的准备　新鲜原料肉、食盐、蔗糖、五香粉、辣椒粉、味精、酱油、曲酒、玉果粉、苯甲酸钠。

（2）仪器设备的准备　蒸煮锅、烘箱、锅、台秤、天平、砧板、刀具、不锈钢托盘。

（3）相关工具的准备　计算器、任务工单等。

❋ 【工作程序】

程序1　工艺流程

原料预处理 → 初煮 → 切坯 → 煮制汤料 → 复煮 → 收汁 → 脱水 → 冷却 → 包装

程序2　配方的选择

以 100kg 牛肉计，加入各种辅料：食盐 4kg、蔗糖 15kg、五香粉 250g、辣椒粉 250g、味精 300g、酱油 3kg、曲酒 1kg、玉果粉 100g、苯甲酸钠 50g。

程序3　操作要点

(1) 原料肉的选择　选择符合卫生检验要求的新鲜牛肉为加工原料。

(2) 原料预处理　把选好的牛肉，去脂肪、筋腱等组织，洗净沥干水分，切成 250～500g 左右的肉块。

(3) 初煮、切坯　把肉块放入锅中，用清水煮开，撇去浮沫，煮至肉横切面呈粉红色、无血水时捞出，晾凉后，按要求切成小片、条、丁等形状。不论什么形状，要大小均匀一致。

(4) 复煮、收汁　将切好的肉坯放在调味汤中煮制，用大火煮制 30min 左右后，随着剩余汤料的减少，应减小火力以防焦锅。用小火煨 1～2h，待卤汁基本收干，即可起锅。

(5) 脱水　肉干的脱水可以采用烘箱烘烤的方法。将收汁后的肉铺在竹筛或铁丝网上，置于烘箱烘烤，烘至产品不黏手，表里干燥一致，即为成品。

程序4　产品质量控制

烘干的肉干色泽酱褐泛黄，略带茸毛，咸甜适中，味鲜可口，久食不腻；炒干的肉干色泽淡黄，略带茸毛；油炸的肉干色泽红亮油润，外酥内韧，肉香味浓。

❋ 【注意事项】

(1) 初煮是将清洗、沥干的肉块放入沸水中煮制，水要盖过肉面，水温保持在 90℃以上。

(2) 在烘烤过程中要注意定时翻动，以便受热均匀。

❋ 【任务实施】

详见《肉制品加工技术项目学习册》的任务工单。

学习单元三　肉松制品加工技术

❋ 【知识目标】

1. 掌握传统肉松的加工技术。
2. 掌握肉松生产的新工艺。

❋ 【技能目标】

1. 能对搓松、炒松加工过程进行质量控制。
2. 会熟练操作跳松、拣松的工艺。

3. 科学进行肉松的加工。

肉松是指瘦肉经煮制、撇油、调味、收汤、炒松、干燥或加入食用植物油或谷物粉炒制而成的肌肉纤维蓬松成絮状或团粒状的干肉、熟肉制品，具有营养丰富、味美可口、易消化、食用方便、易于贮藏等特点。根据所用原料、辅料等不同有猪肉松、牛肉松、羊肉松、鸡肉松等；根据产地不同，我国有名的传统产品有太仓肉松、福建肉松等；根据加工工艺不同有肉绒状松和油松两种。

一、肉松的传统加工工艺

我国著名的太仓肉松的生产即采用传统工艺加工而成，下面以太仓肉松为例介绍肉松的传统加工工艺。

1. 工艺流程

原料肉的选择与修整 → 配料 → 煮制 → 炒压 → 炒松 → 搓松 → 跳松 → 拣松 → 包装

2. 操作要点

（1）主料选择　原料是经卫生检疫合格的新鲜后腿肉、夹心肉或冷冻分割精肉。其中后腿肉是做肉松的上乘原料，具有纤维长、结缔组织少、成品率高等优点。夹心肉的肌肉组织不如后腿肉，纤维短、结缔组织多、组织疏松、成品率低。为了取长补短、降低成本，通常将夹心肉和后腿肉混合使用。冷冻分割精肉也可作肉松原料，但其丝头、鲜度和成品率都不如新鲜的后腿肉。

要使成品纤维长、成品率高、味道更鲜美，就得选择色深、肉质老的和新鲜的猪后腿肉为原料。如用夹心肉、冷冻分割精肉作原料，就会出现纤维短和成品率低的现象。

（2）辅料选择　辅料搭配得好能确保肉松的色泽、滋味鲜美、香甜可口。

以 55kg 熟精肉为一锅，配制肉汤 25kg 左右，红酱油 7～9kg，白酱油 7～9kg，精盐 0.5～1.5kg，黄酒 1～2kg，白砂糖 8～10kg，味精 100～200g。由于各地的口味不同，可以适当调整各种辅料的比例。

下面再介绍几种肉松的配方。

① 福建肉松　瘦猪肉 50kg，酱油 5kg，白砂糖 4kg，猪油 200kg。

② 牛肉松　牛肉 100kg，食盐 2.5kg，白砂糖 2.5kg，葱末 5kg，姜末 0.12kg，八角 1kg，绍兴酒 1kg，丁香 0.1kg，味精 0.2kg。

③ 鸡肉松配方　带骨鸡 100kg，酱油 8.5kg，生姜 0.25kg，白砂糖 3kg，精盐 1.5kg，味精 0.15kg，50°高粱酒 0.5kg。

肉汤可以增加成品中的蛋白质含量，提高成品鲜度，延长保存期限。对肉汤的质量有严格要求，新鲜肉汤透明澄清，脂肪聚在表面，具有香味。变质肉汤汤色浑浊，有黄白色絮状物，脂肪极少浮于表面，有臭味。加工时绝对不允许用后者。如成品色泽过深或过淡，需调整辅料中红酱油用量。如红酱油色泽不正，需选择较好的红酱油。

（3）原料修整　原料修整包括削膘、分割等工序。

① 削膘　削膘是将后腿肉、夹心肉的脂肪层与精肉层分离的过程。可以从脂肪与精肉接触的一层薄薄的、白色的衣膜处进刀，使两者分离。要求做到分离干净，也就是肥膘上不带精肉，精肉不带肥膘，剥下的肥膘可以作其他产品的原料。

② 剔骨　剔骨是将已去肥膘的后腿肉和夹心肉中的骨头取出。剔骨的技术性较强，要求做到：骨上不带肉，肉中无碎骨，肉块比较完整。

③ 分割　分割是把肉块上残留的肥膘、筋腱、淋巴、碎骨等修净，然后顺着肉丝切成1.5kg的肉块，便于煮制。如不按肉的丝切块，就会造成产品纤维过短。

（4）煮制　煮制是太仓肉松加工工艺中比较重要的一道工序，它直接影响肉松的纤维及成品率。煮制一般分为以下6个环节。

① 原料过磅　每口蒸汽锅可投入肉块180kg。投料前必须过磅，遇到老的和嫩的肉块要分开过磅，分开投料，腿肉与夹心肉按1∶1搭配下锅。

② 下锅　把肉块和汤倒进蒸汽锅，放足清水。汤中加入所需辅料。

③ 撇血沫　蒸汽锅里水煮沸后，以水不溢出为原则。用铲刀把肉块从上至下，前后左右翻身，防止粘锅。同时把血沫撇出，保持肉汤不浑浊。

④ 焖酥　计算一锅肉焖酥时间可从撇血沫开始至起锅时为止。季节、肉质老嫩程度不同，焖酥时间也不一样，一般肉质较老的焖酥时间在3.5h左右。

每隔一段时间必须检查锅里肉块情况，焖酥阶段是煮制中最主要的一个环节。焖酥影响肉松纤维长短、成品率高低。检查锅里肉块是否焖酥一般要求按下面操作方法进行：把肉块放在铲刀上，用小汤勺敲几下，肉块肌肉纤维能分开，用手轻轻拉肌肉纤维有弹性且不断，说明此锅肉已焖酥。如果肉块用小汤勺一敲，丝头已断，说明此锅肉已煮烂，焖酥时间过长。用小汤勺敲几下肉块仍是老样子，还必须焖一段时间。

⑤ 起锅　把焖酥后的肉块撇去汤油，捞去油筋后，用大笊篱起出放到容器里。

未起锅时，先要把浮在肉块上面一层较厚的汤油用大汤勺撇去，用小笊篱捞清汤里的油筋后，用铲刀把肉块上下翻几个身，让汤油、油筋继续浮出汤面。遇到夹心肉，必须敲碎，后腿肉不必敲。按上述操作方法经过几次反复后，待锅内的汤油及油筋较少时即可起锅。

起锅时熟精肉堆成宝塔形，一层一层叠放在容器里，目的是将肉中的水分压出。留在蒸汽锅里的肉汤必须煮沸后待下道工序撇油时作辅料用。

⑥ 分锅　把堆成宝塔形的熟精肉摊开，净重55kg为一盘，称为分锅。分锅后的熟精肉下次撇油时用。

煮制质量要求：肉块不落地，投料正确，老嫩分开，腿肉、夹心肉搭配，血沫撇净，适当使用蒸汽，以锅内水分、油脂不溢出锅外为原则。熟精肉酥而不烂，纤维长，碎肉每锅控制在3.5kg以内，出肉率控制在49％以上，熟精肉每盘净重55kg。

本工序可能出现的质量问题及原因：煮制过度会造成质烂，成品纤维短，成品率低于32％。成品杂质多是因为煮制时未将油筋等杂质拣去，肉汤浑浊是由于血沫未撇尽、没有煮沸或加入生水造成的。

（5）撇油　撇油是半成品肉松形成的阶段，是肉松加工工艺中重要的工序，也叫浮油，它直接影响成品的色泽、成品率和保存期。油不净则不易炒干，并易于焦锅，使成品发硬、颜色发黑。撇油一般可分为以下6个环节。

① 下锅和第一次加入辅料　把净重55kg的熟精肉倒入蒸汽锅里，加入专用配置的肉汤、红白酱油、精盐、酒和适量的清水，此过程称为下锅。待锅里汤水煮沸后，在下面操作过程中不允许加入生水，否则会影响成品的保存期。

② 勤撇油　摇动蒸汽锅手柄，使蒸汽锅有一个小的倾斜度，便于撇油。

用笊篱把汤中的肉一层一层堆高，汤里如有油筋应及时拣出。这时黄橙色的油脂浮在汤面上，用小汤勺不断地撇去。以蒸汽压力把油脂又一次汇集在汤面上，用小汤勺撇油。然后用铲刀把肉摊平，前后翻两个身，仍用笊篱把肉堆高，按上述操作方法撇去油脂，捞出油筋。撇油时要勤翻、勤撇、勤拣。一锅肉一般堆10次肉，每堆1次撇油2次。这样成品的含油率才基本符合标准。

检查一锅肉油脂是否符合条例标准，一般可用肉眼进行观察，即蒸汽锅的锅底能从红汤里反映出来，而浮在红汤上面的油脂是白色，像雪花飘落在汤上面，油滴细散，不能聚在一起。锅内的油脂基本被撇清，含油率就能控制在8%以内。

撇油时如遇到小块肉，则必须撕成条状，使辅料充分渗透在肉质中，否则会影响成品的品质和保存期，使肉松容易发霉、变质。

撇油时间应掌握在1.5~2h，目的是让辅料充分、均匀地被肉纤维所吸收。

③ 回红汤　肉汤和酱油混在一起，它的颜色是红色的，故称红汤。在撇净油脂的过程中，部分红汤随油脂一起被撇出倒入桶内，将锅内的油脂基本撇净后，把盛浮油的桶内的上层油脂撇出，下面露出的是红汤，红汤内含有一定的营养成分、鲜度和咸度。把这些红汤重新倒回蒸汽锅里，以便被肉质全部吸收，否则将会降低肉松质量。

④ 收汤　油脂撇净后，锅里留有一定量的红汤（包括倒回去的红汤），必须与肉一起煮制，称为收汤。在收汤时蒸汽压力不宜太大，必须不断地用铲刀把肉翻动，主要是使红汤均匀地被肉质吸收，同时也不粘锅底，防止产生锅巴，影响成品的质量。收汤时间一般在15~30min。

⑤ 第二次加入辅料　收汤以后还需要经过30min翻炒，即可第二次加入辅料绵白糖和味精。结块的糖要先捏碎才能放入锅里。半制品肉松极易粘锅底。

⑥ 炒干及过磅　经过45min的翻炒，半制品中的水分减少，把它捏在手掌里，没有汤汁流下来，可以起锅过磅。净重57.5kg合格，一锅半制品肉松分别装在4个盘里，等待炒松。

撇油质量要求：二次称量熟精肉应每一锅净重57.5kg，加入的辅料全部吸收在半制品中。为提高肉松的营养、鲜度和咸度，红汤必须回锅。二次撇油时，肉筋和油脂撇清，要做到勤撇、勤炒。每一锅肉从下锅到半成品操作时间在3h以上，每锅成品含油率8%，半成品水分在36%左右，过磅验收半成品质量不超过57.5kg。

本工序可能出现的质量问题及原因：含油率超过8%，主要原因是没有做到勤翻、勤炒或蒸汽用量较大；成品中油筋、头子多（头子系红汤、糖汁与肉纤维粘在一起形成的细小团粒），主要原因是没有勤拣、勤炒；肉松色泽、味道差的原因是由于红汤没有回锅，锅巴多、成品率低，加入糖后没有勤炒或蒸汽用量较大；成品绒头差的原因是由于油没有撇净，使肉松含油率高。

（6）炒松　炒松的目的是将半制品肉松脱水成为干制品。炒松对成品的质量、丝头、味道均有影响，一定要遵守操作规程。

将半制品倒入热风顶吹烘松机，烘45min左右，使水分先蒸发一部分，然后再将其倒入铲锅或炒松机进行炒松。

半成品肉松纤维较嫩，为了不使其破坏，要用文火烘炒，炒松机内的肉松中心温度以55℃为宜，炒40min左右。然后，将肉松倒出，清除机内锅巴后，再将肉松进行第二次烘炒，烘炒15min即可。分两次烘炒的目的是减少成品的锅巴和焦味，提高成品质量。经过两次烘炒，原来较湿的半制品肉松会变得比较干燥、疏松和轻柔。

烘炒以后还要进行擦松，擦松使肉松变得更加轻柔，并出现绒头，即绒毛状纤维。擦好后的肉松要进行水分测定，测定时采集的样品要取样均匀，有代表性，以保证精度。水分测定合格后，才能进入跳松、拣松阶段。

本工序可能出现的质量问题及原因：炒肉松水分未达到规定标准，就会造成肉松成品率低，纤维短；炒松时如用大火，容易结锅巴，成品率也低，成品有轻度焦味或肉松较硬。

（7）跳松、拣松　跳松是把混在肉松里的头子、筋等杂质，通过机械振动的方式分离出来。拣松是为了弥补上述机器跳松的不足，而采用人工方法，把混在肉松里的杂质进一步拣出来。拣松时要做到眼快、手快，拣净混在肉松里的杂质。

拣松后，还要进行第二次水分测定、含油率测定和菌数测定。各项指标均需符合标准。

太仓肉松呈浅黄色、浅黄褐色或深黄色，具有肉松固有的香味，无焦臭味、无哈喇味等异味，咸甜适口，无油涩味，呈绒絮状，无杂质、焦斑和霉斑。水分含量不高于20%。

（8）包装和贮藏　包装是把检验合格后的肉松按不同的包装规格密封装袋。装袋时要做到分量准确、封牢袋口。肉松的吸水性很强，与保存期限和保管方法有很大关系。用马口铁包装的肉松可以保存半年，用塑料袋包装的肉松能保存3个月，而用纸袋包装的肉松只能保存1个月。由于肉松含水率低，容易吸潮和吸收异味，所以必须放在通风干燥的仓库里，像樟脑丸、香料等绝不能与肉松混放。梅雨、高温季节特别容易使肉松变质，因此每隔一段时间要检查一次。

二、肉松的新加工工艺

传统工艺加工肉松时存在着以下两个方面的缺陷：①复煮后收汁工艺费时，且工艺条件不易控制。若复煮汤不足则导致煮烧不透，给搓松带来困难；若复煮汤过多，收汁后煮烧过度，使成品纤维短碎。②炒松时肉直接与炒松锅接触，容易塌底起焦，影响风味和质量。因此，蒋爱民等人以鸡肉为原料，提出了肉松生产改进工艺、参数及加工中的质量控制方法。

1. 工艺流程

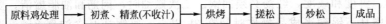

原料鸡处理 → 初煮、精煮(不收汁) → 烘烤 → 搓松 → 炒松 → 成品

传统工艺中精煮结束后要收汁，给生产带来极大不便。改进工艺研究表明只要添加的调味料和煮烤时间适宜，精煮后无需收汁即可将肉捞出，所剩肉汤可作为老汤供下次精煮时使用。这样既能简化工艺，又能达到煮烧适宜和入味充分的目的。同时因精煮时加入部分老汤，能丰富产品的风味。另外，在传统生产工艺中，精煮收汁结束后脱水完全靠炒松完成。若利用远红外线烤箱或其他加热脱水设备，则既有利于工艺条件控制，稳定产品质量，又有利于机械化生产。因此，改进工艺在炒松前添加了烘烤脱水工艺。

2. 操作要点及质量控制

（1）煮烧时间　初煮的目的是初步熟化以便剔骨，而精煮的目的是进一步熟制以利于搓松，并赋予产品风味。初煮和精煮的时间在很大程度上决定了产品的色泽、入味程度、搓松难易程度和形态。在加热煮制过程中鸡肉颜色会发生变化。新鲜鸡肉为浅红色，当加热至80℃左右时，肌纤维由浅红色变为白色。继续加热，肌纤维又由白色变为黄色，最后变为黄褐色。随着煮制时间的延长，成品颜色变深、碎松增加。颜色变深是加热过久，非酶促褐变加剧所致；若煮烧时间过短，成品风味不足、颜色苍白，且不易搓成松散绒状，成品中常出现干棍状肉棒。研究结果表明，初煮2h，精煮1.5h，则成品色泽金黄，味浓松长，且碎松少。

（2）烘烤温度和时间及脱水率　新工艺中精煮后肉松坯的脱水是在红外线烤箱中进行。烘烤温度和时间对肉松坯的黏性、搓松难易程度、颜色及风味都有不同程度的影响，但对其黏性及搓松的难易程度影响最大。

肉松坯在烘烤脱水前水分含量大，黏性很小，几乎无法搓松。随着烘烤时水分的减少，黏性逐渐增加，脱水率达到30%左右时黏性最大，此时搓松最为困难。随着脱水率的增加，黏性又逐渐减小，搓松变得易于进行，脱水率超过一定限度时，由于肉松坯变干，搓松又变得难以进行，甚至在成品中出现干肉棍。研究表明，精煮后的肉松坯70℃烘烤90min或80℃烘烤60min，肉松坯的烘烤脱水率为50%左右时搓松效果最好。

（3）炒松　鸡肉经初煮和复煮后脱水率为25%～30%，烘烤脱水率50%左右，搓松后含水量20%～25%，而肉松含水量要求在20%以下。炒松可以进一步脱水，同时还具有改善风味、色泽及杀菌作用。因搓松后肌肉纤维松散，炒松仅3～5min即能达到要求。

任务二　肉松的加工

※ 【任务描述】

以猪后腿肉为原料，选择一种风味的猪肉松，设计工艺流程和操作规程并加工为成品。

※ 【工作准备】

（1）材料的准备　新鲜原料肉、食盐、50°白酒、白砂糖、八角、味精、酱油、生姜等。
（2）仪器设备的准备　夹层锅、砧板、刀具、搓松机。
（3）相关工具的准备　计算器、任务工单等。

※ 【工作程序】

程序1　工艺流程

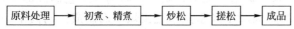

程序2　配方的选择

以100kg瘦猪肉计，各种辅料用量：食盐1.67kg、50°白酒1kg、白砂糖11kg、味精0.17kg、酱油7kg、八角0.38kg、生姜0.25kg。

程序3　操作要点

（1）原料肉的选择整理　选择瘦肉多的后腿肉为原料，剔骨去皮，去脂肪、筋腱及结缔组织，把瘦肉切成3～4cm左右的方块。

（2）初煮、精煮、炒松　把切好的瘦肉块和生姜、香料包放入锅中，加入与肉等量的水，再按以下步骤进行。

① 肉烂期（大火期）　用大火把肉煮烂，用筷子夹住肉块，稍用力肌肉纤维自行分离即可，约需4h左右。肉烂后将其他辅料全部加入，继续煮肉，直到汤煮干为止。

② 炒压期（中火期）　取出生姜和调料包，以中火力，用锅铲进行翻炒，同时要将肉块压散。炒压要适时。过早炒很费工，若过迟，肉太烂，易粘锅炒糊，造成损失，炒至水基本干时即可。

③ 炒松期（小火期）　用小火勤炒、勤翻，操作轻而均匀。当肉块全部炒散和炒干，颜色由灰棕色变为金黄色即可。

（3）搓松　炒好的肉丝用搓松机（无机器可用手搓）搓成蓬松絮状物，即为成品。

程序4　产品质量控制

肉松成品色泽金黄，纤维细长，柔软疏松，味道鲜美，营养丰富，尤其对病弱、产妇及婴儿更好，使用方便。

※ **【注意事项】**

（1）在大火期煮肉时要边煮边撇去油沫，并不断加开水，防止煮干。

（2）肉松吸水性很强，刚加工成的肉松趁热装入已消毒和干燥的复合阻气包装袋中，并贮藏于干燥处，可以半年不变质。

※ **【任务实施】**

详见《肉制品加工技术项目学习册》的任务工单。

学习单元四　肉脯制品加工技术

※ **【知识目标】**

1. 掌握肉脯加工的传统工艺。
2. 掌握肉脯加工的新工艺。

※ **【技能目标】**

1. 能对切片、摊筛等加工过程进行质量控制。
2. 能进行肉脯的加工。

肉脯是指瘦肉经切片（或绞碎）、调味、腌制、摊筛、烘干、烤制等工艺制成的干、熟薄片型的肉制品。与肉干加工方法不同的是肉脯不经水煮，直接烘干而制成。同肉干一样，根据原料、辅料、产地等不同，肉脯的名称及品种不一样。我国比较著名的肉脯如靖江猪肉脯、汕头猪肉脯、湖南猪肉脯及厦门黄金猪肉脯等。

一、肉脯的传统加工工艺

1. 工艺流程

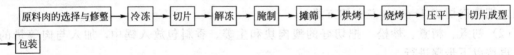

原料肉的选择与修整 → 冷冻 → 切片 → 解冻 → 腌制 → 摊筛 → 烘烤 → 烧烤 → 压平 → 切片成型 → 包装

2. 操作要点

（1）原料预处理　传统肉脯一般是由猪肉、牛肉加工而成（但现也选用其他肉）。选用新鲜的牛后腿肉、猪后腿肉，去掉脂肪、结缔组织，顺肌纤维切成 1kg 大小肉块。要求肉块外形规则，边缘整齐，无碎肉、淤血。

（2）冷冻　将修割整齐的肉块移入 $-20\sim-10℃$ 的冷库中速冻，以便于切片。冷冻时间以肉块深层温度达 $-5\sim-3℃$ 为宜。

（3）切片　将冻结后的肉块放入切片机中或手工切片。切片时须顺肌肉纤维切片，以保证成品不易破碎。切片厚度一般控制在 $1\sim3mm$。但国外肉脯有向超薄型发展的趋势，最薄的肉脯只有 $0.05\sim0.08mm$，一般在 0.2mm 左右。超薄肉脯透明度、柔软性、贮藏性都很好，但加工技术难度较大，对原料肉及加工设备要求较高。

（4）拌肉、腌制　将粉状辅料混匀后，与切好的肉片拌匀，在不超过 10℃ 的冷库中腌制 2h 左右。腌制的目的一是入味，二是使肉中盐溶性蛋白尽量溶出，便于在摊筛时使肉片之间粘连。肉脯配料各地不尽相同。以下是两种常见肉脯配方。

① 上海猪肉脯　肉 100kg，食盐 2.5kg，硝酸钠 0.05kg，白糖 1kg，高粱酒 2.5kg，味精 0.3kg，白酱油 1kg，小苏打 0.01kg。

② 牛肉脯　牛肉片 100kg，酱油 4kg，山梨酸钾 0.02kg，食盐 2kg，味精 2kg，五香粉 0.3kg，白砂糖 12kg，抗坏血酸 0.02kg。

（5）摊筛　在竹筛上涂刷食用植物油，将腌制好的肉片平铺在竹筛上，肉片之间彼此靠溶出的蛋白粘连成片。

（6）烘烤　烘烤的主要目的是促进发色和脱水熟化。将肉片摊放在竹筛上晾干水分后，放入三用炉或远红外烤箱中脱水、熟化。其烘烤温度控制在 55～75℃，前期烘烤温度可稍高。肉片厚度为 2～3mm 时，烘烤时间 2～3h。

（7）烧烤　烧烤是将半成品放在高温下进一步熟化并使质地柔软，产生良好的烧烤风味和油润的外观。烧烤时可把半成品放在烘炉内，将温度调至 200℃ 左右，烧烤 1～2min，至表面油润、色泽深红为止。成品中含水量小于 20%，一般为 13%～16% 为宜。

（8）压平、成型、包装　烧烤结束后用压平机压平，按规格要求切成一定的长方形。冷却后及时包装。冷却包装间须经净化和消毒处理。塑料袋或复合袋需为真空袋，马口铁听装加盖后锡焊封口。

二、肉脯的新加工工艺

用传统工艺加工肉脯时，存在着切片、摊筛困难，难以利用小块畜禽肉及鱼肉，无法进行机械化生产。近几年重组肉脯得到较快的发展，重组肉脯原料来源广泛，营养价值高，成本低，产品入口即化，品质优良，同时也可以应用现代化连续生产，它是肉脯发展的重要方向。

1. 工艺流程

原料肉检验 → 预处理 → 配料斩拌 → 腌制 → 成型 → 烘烤 → 烧烤 → 压平 → 切片 → 质量检验 → 包装

2. 肉脯配方

以鸡肉脯为例，鸡肉 100kg，$NaNO_3$ 0.05kg，浅色酱油 5.0kg，味精 0.2kg，糖 10kg，姜粉 0.3kg，白胡椒粉 0.3kg，食盐 2kg，白酒 1kg，维生素 C 0.05kg，混合磷酸盐 0.3kg。

3. 操作要点

将原料肉经预处理后，与辅料入斩拌机斩成肉糜，并置于 10℃ 以下腌制 1.5～2h。竹筛表面涂油后，将腌制好的肉糜涂摊于竹筛上，厚度以 1.5～2.0mm 为宜，在 70～75℃ 下烘烤 2h，120～150℃ 下烧烤 2～5min，压平后按要求切片、包装。

任务三　肉脯的加工

※ 【任务描述】

以猪后腿肉为原料，设计肉脯加工的工艺流程和操作规程并加工为成品。

※ 【工作准备】

(1) 材料的准备　新鲜原料肉（瘦肉）、特级酱油、白砂糖、白胡椒粉、鸡蛋、味精、精盐。
(2) 仪器设备的准备　烘箱、砧板、刀具、切片机、压平机、搅拌机、空心烘炉等。
(3) 相关工具的准备　计算器、任务工单等。

※ 【工作程序】

程序 1　工艺流程

原料处理 → 配料、腌制 → 摊筛 → 烘烤 → 压平 → 切片成型 → 包装

程序 2　配方的选择

以 100kg 瘦猪肉计，各种辅料用量：特级酱油 9.5kg、白砂糖 13.5kg、白胡椒粉 0.1kg、鸡蛋 3kg、味精 0.5kg、精盐 2kg。

程序 3　操作要点

(1) 原料肉的修整　选用新鲜猪后腿肉，剔骨去皮，去脂肪、筋腱及结缔组织，把纯精瘦肉装模置于冷库使肉块中心温度降至 -2℃，上机切成 2mm 厚肉片。

(2) 拌料　将配料混匀后与肉片拌匀，腌制 50min。不锈钢丝网上涂植物油后平铺腌好的肉片。

(3) 烘烤　肉片铺好后送入烘箱内，保持烘箱温度 50～55℃，烘 5～6h 便成干坯。冷却后移入空心烘炉内，150℃烘烧至肉坯表面出油，呈棕红色为止。烘好的肉片用压平机压平，切成 120mm×80mm 长方形，即为成品。

程序 4　产品质量控制

色泽棕红有光泽，切片薄厚均匀，滋味鲜美无异味，无焦片，无杂质，含蛋白质 46.5%，水分 13%，脂肪 9%，灰分 6.5%。

※ 【注意事项】

(1) 投料顺序：先加固体，再加液体。
(2) 肉片的厚度一般为 2mm 左右。太厚不利于水分的蒸发和烘烤，太薄则不易成型。
(3) 注意控制烘烤温度和烧烤温度。温度过低，费时耗能，且香味不足、色浅，质地松软；温度过高，肉脯表面起泡现象严重，易卷曲，边缘焦煳，质脆易碎，颜色褐变。

※ 【任务实施】

详见《肉制品加工技术项目学习册》的任务工单。

思 考 题

1. 干肉制品有哪些特点？
2. 简述肉品干制的基本原理。
3. 肉品干制的方法有哪些？简述其优缺点。
4. 干制肉品贮藏过程中的质量控制措施有哪些？
5. 简述传统肉松的加工工艺及新加工工艺。
6. 简述肉脯的加工工艺。
7. 干肉制品贮藏期间质量变劣，主要表现在哪些方面？

项目八
肠类制品加工技术

【产品介绍】

　　肠类制品是一种优质的方便食品，其品种繁多，滋味鲜美，营养丰富，食用方便，有着广泛的发展前途。肠类制品是指以畜禽肉为主要原料，经腌制（或未经腌制），切碎成丁或绞碎成颗粒，或斩拌乳化成肉糜，再混合添加各种调味料、香辛料、添加剂，充填入天然肠衣或人造肠衣中，经烘烤、烟熏、蒸煮、冷却、干燥或发酵等工序（或其中几个工艺）制成的肉制品。习惯上把我国传统加工方法制成的肠制品称为香肠，又因过去多在农历12月（腊月）生产，所以，又称其为腊肠；把西方传入的方法加工制成的肠制品叫灌肠；把用膀胱包装的肉制品叫香肚或小肚。肠类制品是一种综合利用肉类的产品，它既可以精选原料制成质量精美、营养丰富的高档产品，又可以利用肉类加工过程中所产生的碎肉、碎油等制成价格低廉、经济实惠的大众食品。这类制品种类繁多，同时，灌肠类制品大多为熟制品，不需加工就可食用，是深受消费者欢迎的方便食品。

学习单元一　肉的绞制与斩拌技术

※ 【知识目标】

1. 掌握绞制与斩拌的机制与作用。
2. 熟悉绞制与斩拌操作的相关设备。
3. 掌握肉类斩拌的影响因素。

※ 【技能目标】

1. 能正常运用绞肉机及斩拌机。
2. 能正确进行肉的绞制与斩拌的操作。

一、肠类制品的种类和特点

1. 肠类制品的种类

肠类制品是肉类制品中品种最多的一类制品。据报道仅法国就有1500多个品种，瑞士的色拉米产品就有 750 多个品种，我国各地生产的香肠至少也有上百种。由于品种繁多，世界各国对肠类制品没有统一的分类方法，现将一般的分类方法介绍如下。

（1）按所用的原料肉　可分为猪肉肠、牛肉肠、鸡肉肠、混合肉肠等。

（2）按原料肉切碎的程度　可分为绞肉型肠和肉糜型肠。

（3）按制品生熟程度　可分为生肠和熟肠。

（4）按加热熟化温度　可分为高温肠和低温肠。

（5）按烟熏程度　可分为烟熏肠和不烟熏肠。

（6）按发酵与否　可分为发酵肠和不发酵肠。

（7）按是否加填充料　可分为纯肉肠和非纯肉肠。

（8）按制品干燥程度　可分为干香肠和半干香肠等。

2. 我国香肠制品的分类及特点

（1）中国香肠　以猪肉为主要原料，经切碎或绞碎成丁，用食盐、硝酸钠、糖、曲酒、酱油等辅料腌制后，充入可食性肠衣中，经晾晒、风干或烘烤等工艺制成的肠制品。食用前需经熟制加工，产品中不含淀粉，具有典型的酒香和腊香味。主要产品有腊肠、正阳楼风干肠、顺香斋南肠、枣肠、香肚等产品。

（2）熏煮香肠　以各种畜禽肉为原料，经切碎、腌制、绞碎、斩拌处理后，充入肠衣内，再经烘烤、蒸煮、烟熏（或不烟熏）、冷却等工艺制成的肉制品。这类产品是我国目前市场上品种和数量最多的一类产品。按照有关的行业标准，熏煮香肠中的淀粉添加量应小于原料肉重的 5%。常见的熏煮肠包括北京蒜肠、哈尔滨红肠等。

（3）发酵香肠　以牛肉或猪肉与牛肉的混合肉为主要原料，经绞碎或粗斩成颗粒，添加食盐、（亚）硝酸钠等辅助材料，充入可食性肠衣中，经发酵、烟熏、干燥、成熟等工艺制成的肠类制品。典型产品有色拉米香肠等。

（4）粉肠　粉肠一般以猪肉为主要原料，配料中含有较多淀粉，其加工工艺与熏煮香肠相近，但原料不需腌制。淀粉添加量一般大于原料肉重的 10%。

3. 国外香肠的分类

（1）生鲜香肠　生鲜香肠通常用未经腌制的新鲜猪肉加工，有时也添加适量牛肉。原料肉不经腌制及细斩或乳化处理，经绞碎后加入香辛料和调味料填充入肠衣而成。这类肠原料中除了肉以外，常混有其他食品原料。比如猪头肉、猪内脏加土豆淀粉、面包渣等制成的生鲜香肠；猪肉、牛肉再加鸡蛋、面粉的混合香肠；猪肉、牛肉加西红柿和椒盐饼干面的西红柿肠等。这类产品未经杀菌处理，需要在冷藏条件下贮存销售，且保质期较短，一般不超过 3d，产品食用前需经加热处理。常见的有意大利鲜香肠、德国生产的一种供油煎的鲜猪肉香肠和图林根香肠等。目前我国这类香肠的生产量很少，大部分该类产品作为一种休闲食品在销售场地经烘烤熟制后现场出售、食用。

（2）生熏香肠　这类产品的原料可以是新鲜的，也可以经盐或硝酸盐腌制。区别于生鲜香肠，该类产品经过烟熏处理，赋予了产品特殊的风味和色泽，但不经煮制加工，消费者在食用前要进行熟制处理。产品的贮存销售同样需要在冷藏条件下进行，保质期一般不超过 7d。

（3）熟制香肠　经过腌制的原料肉采用绞碎、斩拌或乳化处理，充入肠衣，再经蒸煮熟制、烟熏（或不烟熏）加工而成。这类香肠经过了熟制加工过程，消费者可直接食用。该类产品的产量在肠制品中占有的比例最大。

（4）干制和半干制香肠　干制或半干制香肠是以牛肉或牛肉与猪肉的混合肉为原料，用食盐、硝酸盐等辅料腌制，经自然或接种发酵，充填入可食性肠衣中，再经烟熏（一般干制肠不需要烟熏，半干制肠需烟熏）、干燥和长期发酵等工艺制成的一类生肠制品。这类产品也称发酵香肠。根据含水量不同可分为干制香肠和半干制香肠，其中干制香肠干燥脱水后质量减轻 25%～40%，半干制香肠质量减轻 3%～15%。经过发酵，产品的 pH 值较低，一般在 4.7～5.3，从而提高了产品的保藏性，并具有很强的风味。典型产品如意大利的色拉米香肠。

二、绞制与斩拌的作用、设备与操作

肉的绞制与斩拌是指利用机械力克服肉类物料内部的凝聚力，将其碎裂成大小、粗细等符合要求的粒或糊（糜）状的加工过程。一般把肉块碎裂成较小颗粒的操作称为绞碎，而将肉料进一步碎裂成更细的微粒状或糊状的操作称为斩拌。通常在绞肉机与斩拌机中完成绞制与斩拌操作。

1. 绞制与斩拌的机制与作用

肉在绞制与斩拌的过程中，主要是利用挤压力和剪切力的作用。在肉的绞制操作中，肉块受到挤压力作用，先是横向纤维变形，接着肌肉纤维被拉长，在挤压方向上变形减少，横向纤维和纵向纤维趋于一致，当变形达到最大值时，肌肉纤维就会发生瞬间断裂。斩拌时，通过斩刀高速旋转的斩切作用，将肉及辅料在短时间内斩成肉糜状，除了斩刀的剪切力作用外，还有刀片的轴向旋转与料盘水平转动间的相对运动所起到的混合与乳化作用。

绞制与斩拌对肠类制品的加工起着关键作用：首先，便于加工中原料与各种辅料的均匀混合，比如原料肉与调味料、食品添加剂等辅料的均匀混合，从而充分发挥出各种添加物料的作用，改善产品组织结构与风味，提高产品质量；其次，可以增加肉料黏着力，促进肉的乳化，尤其是斩拌操作。通过斩拌，可破坏结缔组织薄膜，使肌肉中盐溶性蛋白释放出来，从而提高吸收水分的能力，增加肉馅的保水性和出品率，同时减少油腻感，提高嫩度，还可以改善肉的结构状况，使瘦肉和肥肉结合更牢固，防止产品热加工时"走油"。

2. 绞制与斩拌的设备

（1）绞制设备与工作原理　绞制的设备为绞肉机，目前常用的绞肉机有一段式绞肉机和三段式绞肉机，现在新型绞肉机除具有绞肉功能外，还有剔除筋腱、嫩骨和混合的作用。根据要求，可配置剔除动物软骨和筋腱的分离装置。

绞肉机主要由机架、绞刀、格板、料斗、减速器、大皮带轮、小皮带轮、电机、三角带、螺旋输送器等部件组成。常见的绞肉机见图 8-1。绞肉机工作是由电机带动大皮带轮，并把力矩传动给减速器，减速器带动螺旋输送器及绞刀转动。螺旋输送器旋转，推进肉料通过粗格板，经过绞刀切碎后，从末端孔板绞成符合工艺要求的肉粒。可通过格板孔的大小来控制肉颗粒的规格，格板规格较多，一般孔直径范围为 1.5～22mm。

（2）斩拌设备与工作原理　斩拌机可用于肉块的斩切，目前常用的斩拌机有普通斩拌机、抽真空斩拌机和充氮斩拌机。大都有电脑程序控制盘、自动装卸料装置。真空斩拌机可在真空状态下对原料肉进行斩切、搅拌和乳化，可减少气泡，增强弹性，充分提取盐溶性蛋白，使物料与辅料及水充分结合，乳化效果较好，同时防止原料肉中肌红蛋白、脂肪及其他营养成分被氧化、破坏，从而最大限度地保留了原有色、香、味及各种营养成分，但它相应减少体积 8% 左右。充氮斩拌机是在抽真空后充入氮气，既具有真空斩拌机的优点，也能保持灌肠制品的体积和密度。

真空斩拌机主要由一组剁刀，一个盛肉转盘，机盖，刀具护罩，上料装置，出料装置，电动机及传动系统，机架，控制装置，真空系统等组成。高速真空斩拌机见图 8-2，其机械

传动结构分为三部分。

① 剁刀机械传动部分　以电机为动力，通过电机皮带轮与三角带带动主轴转动，从而带动主轴切刀高速旋转，斩拌原料肉。

② 剁盘机械传动部分　由剁刀主轴上安装的小皮带轮通过三角带带动剁盘减速器蜗杆轴上安装的皮带轮转动，从而带动蜗轮减速器，并由安装在蜗轮槽上的棘爪盘来驱动剁盘旋转，投入剁盘的肉在旋转的同时被切碎。转盘的转速一般为 4～6r/min。

③ 出料转盘机械传动部分　出料器电机通过两对斜齿轮减速带动出料转盘转动，出料转盘可上下左右摆动。斩拌时，出料转盘向上抬起，出料时，出料转盘放下摆进盛肉转盘，转盘转动，随盘黏附起肉糜，由于出料挡板的阻挡，将转盘上的肉糜刮落至出料斗中。

斩拌机有一个盖子，斩拌时可盖住转盘抽出气体，工作时不能随意打开，盖子上有视孔，便于观察转盘内物料被斩碎程度。

图 8-1　绞肉机

图 8-2　高速真空斩拌机

3. 绞制与斩拌的操作

(1) 肉的绞制操作

① 绞肉机的调整、准备　首先，根据情况需要，进行绞肉机的组装、调整。按照产品要求选择合适孔眼的格板，安装、固定螺杆筒，插入螺杆，装上刀具和金属格板，进行固定，注意不要固定太紧或太松。固定太紧，会妨碍刀具的旋转，同时，还会使刀刃部和格板产生摩擦；固定太松，在刀刃部和格板之间就会产生缝隙，使肌膜和结缔组织容易缠在刀上，不利于肉的绞碎。绞肉机检查组装后要清理干净。

② 肉的绞制　机器开动以后，就可以投料，注意一次投肉量不要太多，应少量多次投入。过量投料会使肉在螺杆内受到过度搅动，造成肉温上升从而影响产品质量。如果肉块较大、较硬或结缔组织含量较多，应在绞制前将肉块适当切小。需要细绞的原料，可以先用大孔眼的格板进行粗绞一次，再用小孔眼的格板细绞，或采用三段式绞肉机。

瘦肉和脂肪应分别绞制，一般脂肪粗绞，瘦肉细绞。因为绞脂肪的负荷较大，绞制时脂肪的投入量要小一些，否则就会出现旋转困难或绞不动，绞肉机一旦绞不动，脂肪就可能熔化，析出油脂，导致脂肪分离。

(2) 肉的斩拌操作

① 影响肉斩拌的因素

a. 斩拌时间　斩拌效果的优劣与斩拌时间有很大关系。斩拌时间不宜过长，也不宜过短，适宜的斩拌时间对于增加原料的细度，改善产品的品质是必需的。如果斩拌时间过短，盐溶性蛋白释放量少，乳化效果差，蛋白质和脂肪没有充分结合，甚至还以相互分离的状态存在，产品易产生脂肪析出和质构不均的问题，肉糜制品的凝胶特性不好；如果斩拌时间过长，易使脂肪粒变得过小，大大增加脂肪球的表面积，使得盐溶性蛋白不能完全包裹脂肪颗粒，未包裹的脂肪颗粒凝聚形成脂肪囊，使乳胶出现脂肪分离现象，从而降低了肉糜制品的质量。

b. 温度　斩拌温度对盐溶性蛋白的溶出有很大的影响。由于摩擦作用，在斩拌过程中会产生大量热量。适当升温可以帮助盐溶性蛋白的溶出，加速腌制色的形成，增加肉馅的流动性。但如果温度过高，则会导致盐溶性蛋白变性而失去乳化作用，乳化物的黏度降低，使分散相中密度较小的脂肪颗粒向肉馅乳化物表面移动，从而降低乳化物的稳定性；高温会导致脂肪颗粒熔化，在斩拌乳化时容易变成体积更小的微粒，表面积急剧增加，使得脂肪颗粒不能被盐溶性蛋白完全包裹，即脂肪不能被完全乳化。这种情况下加工出的馅料，在随后的热加工过程中会出现乳化结构崩溃，造成产品出油问题。斩拌温度一般要控制在 12℃以下。

c. 刀速　斩拌速度对肉品的保水、保油效果及对蛋白质的溶出都有很大的影响。斩拌速度过快和过慢都会严重影响产品的保水和保油性能。斩拌速度过慢或斩刀不锋利，会影响肉糜的乳化。有研究发现，斩拌速度过慢会导致产品淅油。如果斩拌速度过快，由于斩拌过程中刀片与肉品的摩擦，会使肉温升高，进而导致蛋白质变性、蛋白质的网状结构发生变化，蛋白质之间的相互作用降低，导致产品致密性差、保水及保油效果不良。

d. 物料的添加　脂肪的添加对肉的斩拌有影响。由于脂肪密度小，斩拌控制不当容易出现脂肪分离现象。肉的乳化与脂肪添加量也有关系，当添加量为 12％时，乳化较好，当添加量为 22％时，对于熔点高的脂肪乳化较好，低熔点的则不好。在实际操作中，应先斩拌瘦肉，当其产生比较大的黏性后，再添加脂肪。脂肪均匀分散成细粒后，尽早结束斩拌操作，有利于保证产品的质量。

肉中适当的盐溶液可增加肉的黏着性，比如食盐、磷酸盐等。

水的添加也影响斩拌效果，在进行斩拌时，如果只添加肉，就会影响刀的旋转，肉料难以切碎。添加一些冰水，就可以缓解肉的硬度，同时缓解肉温的升高，有利于产品的质量。一般加水量为原料肉的 10％～25％。

此外，原料肉的质量、斩拌机的性能、装载量等也会影响到斩拌的效果。

② 肉的斩拌工艺

a. 斩拌机的检查、清洗　在操作之前，要对斩拌机的刀具进行检查。在装刀的时候，刀刃和器皿要留有两张牛皮纸厚的间隙，并注意刀一定要牢牢地固定在旋转轴上。刀部检查结束后，还要将斩拌机清洗干净。

b. 斩拌　将肉料装入料车，并将其推入上料装置料车架，开动上料装置，使料车提升并翻转，将料倒入转盘，按动回程开关，使料车返回地面并移出料车。斩拌操作时，要掌握好原辅料的添加顺序。首先添加瘦肉，添加时注意不要集中于一处，要全面平铺于整个料盘中。要从最硬的肉开始，依次放入。其次加入碎冰水，（冰水要分几次先后加入）以利于斩拌和防止肉温升高。最后添加调味料、香辛料、食品添加剂等，肉与这些辅料均匀混合后，再添加预先切碎的脂肪。肉和脂肪混合均匀后，即可结束斩拌操作准备出料。

学习单元二 乳化肠制品加工技术

※ 【知识目标】

1. 熟悉蛋白质的凝胶特性及乳化作用。
2. 掌握一般乳化肠类产品的加工技术。
3. 掌握红肠的加工技术。
4. 掌握烤肠的加工技术。

※ 【技能目标】

1. 能正确操作使用绞肉机、斩拌机、搅拌机、灌肠机、烟熏炉等设备。
2. 能进行红肠、烤肠的加工。

一、肌肉蛋白质的凝胶特性及肠类制品的乳化

1. 肌肉蛋白质的凝胶特性

乳化肠类制品生产的成功与否，取决于肌肉蛋白质的功能特性，具体地说就是取决于肌肉蛋白质的凝胶性、保水性和乳化性。肌肉蛋白质的功能特性是决定最终产品品质的关键因素，而蛋白质的溶解性则是完成上述功能性的基础。溶出的肌肉蛋白质在加热过程中，经过分子构型的改变和聚集，最终经胶凝过程而形成凝胶。肌肉蛋白质的凝胶特性决定了乳化型肉糜产品中肉糜间的结合特性和物理稳定性。

肌原纤维蛋白质主要包括肌球蛋白和肌动蛋白，是肌细胞的主要组分，也是肌肉中主要的可萃取性蛋白质。在肌肉的生理离子强度下，肌球蛋白是不溶的，以彼此分离的粗肌丝的形式存在于肌原纤维中。当添加食盐和磷酸盐使肉的离子强度提高至 $0.3\sim0.6\text{mol/L}$ 时，肌球蛋白能被有效地溶解和萃取，且提高肉的 pH（偏离其等电点）能促进肌球蛋白的溶出。在较高离子强度和合适的 pH 条件下，肌球蛋白保持其可溶性。当降低肉的离子强度到 0.3mol/L 以下时，肌球蛋白又变为不可溶。

从肉品加工学的角度出发，萃取肌球蛋白和其他盐溶性蛋白质的最终目的是为了获得乳化肠类制品的良好黏合特性。但不同种类的肉或同种家畜中不同类型的肉，其肌球蛋白的萃取量是不同的。在相同的 pH 和离子强度条件下，鸡胸肉肌原纤维释放的肌球蛋白的量高于腿肉。红肌和白肌中含有的肌球蛋白从结构上是不完全相同的，但是肌球蛋白萃取量的差异则可能是肌原纤维蛋白的超微结构的不同和与肌球蛋白结合的细胞骨架蛋白的不同造成的，而不是源于肌球蛋白自身溶解性的差异。尸僵前的肉中萃取的肌球蛋白的量多于尸僵后的肉，尸僵后的鸡胸肉（不包括腿肉）中可萃取的肌球蛋白的量多于尸僵前，可能是由于尸僵后鸡胸肉中蛋白分解的量较多（蛋白分解酶活性较高）。

萃取的肌球蛋白在加热过程中能形成凝胶，并具有肌肉食品体系所要求的各种流变特性。肌肉蛋白质的凝胶从过程上可以分为蛋白质的变性、蛋白质-蛋白质间的相互作用（聚集）和蛋白质的凝胶三个步骤。肌肉蛋白质凝胶的形成是不可逆的，且是在蛋白质的变性温度之上，由变性蛋白质分子间的相互作用而形成，其最根本的原因是热诱导的蛋白质间相互作用。许多因素能影响肌肉蛋白质的凝胶过程，并可能干扰蛋白质间的交联而导致凝胶过程的失败。影响肌肉蛋白质凝胶的因素见表 8-1。

表 8-1　影响肌肉蛋白质凝胶的因素

pH	猪肉凝胶的最适 pH 在 5.8~6.1
离子强度	结构细腻的凝胶离子强度为 0.25mol/L KCl,结构粗糙的为 0.60mol/L KCl
蛋白质浓度	蛋白质的临界浓度为 2mg/ml,剪切力模数随着蛋白质浓度的平方的增加而增加
温度	44~56℃加热比 58~70℃加热获得的蛋白质凝胶具有更高的剪切力模数和更大的弹性
肌肉类型	红肌形成的凝胶比白肌形成的凝胶更为坚硬且质脆,凝胶的强度与肌球蛋白的含量有关

2. 肠类制品的乳化

乳化肠类制品加工中的乳化问题很重要。乳化效果好,不但可以防止脂肪在产品中的分离,而且可以改善产品的组织状态和品质。目前,肠类制品加工中,普遍存在脂肪过剩问题,经过乳化以后,就能增加肉对脂肪的吸附力,并增加肉的持水性。在乳化肠类制品加工中,借助于斩拌机对肉进行斩拌有利于乳化的形成。添加乳化剂也可以促进乳化,常用的乳化剂有大豆蛋白、酪蛋白酸钠等。

(1) 肉的乳化　乳浊液是指一种或多种液体分散在另一种不相溶的液体中所构成的分散体系。其中一种是分散相,一种是连续相,分散相以小液滴形式分散在连续相中。由于两相间存在着很大的表面张力,因此两相混合后不能形成稳定的乳浊液。如果要使液体均匀混合,必须具有能降低两种液面间的表面张力的物质,这种物质就是乳化剂。乳化剂具有亲水、亲油两种基团,肉中的蛋白质本身就是一种乳化剂,具有乳化性。

乳化是一种液体以极微小液滴均匀地分散在互不相溶的另一种液体中的作用。如果严格按照乳化定义,肉类乳化不是真正的乳化。肉类乳化的定义为:它是由脂肪粒子和瘦肉组成的分散体系,其中脂肪是分散相,可溶性蛋白、水、细胞分子和各种调味料组成连续相。

胶原蛋白的乳化能力很低,或几乎没有乳化性,是因为它本身很稳定,并无可溶性,因此,如果用胶原蛋白比较高的肉进行乳化,乳化将不稳定,并易发生分离。

乳化肉糜是由肌肉和结缔组织纤维(或纤维片段)的基质悬浮于包含有可溶性蛋白和其他可溶性肌肉组分的水介质构成的,分散相是固体或液体的脂肪球,连续相是内部溶解(或悬浮)有盐和蛋白质的水溶液。在该系统中,充当乳化剂的就是连续相中的盐溶性蛋白,整个乳化物是属于水包油型的。由于分散相脂肪球的直径一般大于 $50\mu m$,因此乳化肉糜并不是真正意义上的乳化物。

(2) 影响乳化的因素

① 斩拌的温度和时间　适当的斩拌温度及时间对促进肉糜的乳化是非常必要的,具体关系在影响肉斩拌的因素中已有述及,在此不再重述。

② 原料肉的质量　原料肉的选择对产品的乳化有直接的关系。一般盐溶性的肌原纤维蛋白的乳化力要优于水溶性的肌浆蛋白。研究发现,各种蛋白质的乳化能力依次为:肌动蛋白>肌球蛋白>肌动球蛋白>肌浆蛋白。胶原蛋白的乳化力很低或几乎没有乳化性。当原料肉的骨骼肌减少时,肌肉的乳化力就会降低;胴体的不同部位,肌肉的乳化力也不同,一般内脏肌肉的乳化力远小于骨骼肌;PSE 肉的乳化力也很低。原料肉的乳化力与肉的 pH 也有关系,pH 高时,提取的盐溶性蛋白多,乳化稳定性好。

③ 脂肪　在生产乳化肠类制品时,最好选择背膘脂肪。内脏脂肪(如肾周围脂肪和板油)由于具有较大的脂肪细胞和较薄的细胞壁,在斩拌中更容易破裂而放出脂肪,因此乳化时就需要更多的乳化剂。如果脂肪处于冻结状态,在斩拌或切碎过程中,脂肪更容易游离出来,而未冻结的肉游离出的脂肪较少,有利于产品的乳化。

在乳化过程中,肉糜中脂肪颗粒的大小,也直接影响到了乳化的效果。当脂肪颗粒的体积变小时，其表面积就会增加。例如，一个直径 $50\mu m$ 的脂肪球，当把它斩到直径为 $10\mu m$ 时，就变成了 125 个小脂肪球，其表面积就从 $7850\mu m^2$ 增加到 $39250\mu m^2$，这些小脂肪球就需要有更多的盐溶性蛋白来乳化。

④ 盐溶性蛋白的数量和类型　盐能促进瘦肉中盐溶性蛋白的溶出，盐溶性蛋白越多，肉糜乳化物的稳定性就越好。因此在制作肉糜乳化物时，应在有盐的条件下，先把瘦肉进行斩拌，盐溶性蛋白溶出后，再把脂肪原料加入斩拌。一般肌肉蛋白越多，乳化能力越大。

⑤ 加热条件　在熏蒸烧煮时，如果加热过快或温度过高，会引起乳化液脂肪的游离。在快速加热过程中，脂肪周围的蛋白质变性凝固，而在连续加热中，脂肪颗粒膨胀，蛋白质凝固受热趋于收缩，这样脂肪颗粒外层收缩而内部膨胀，从而导致凝固蛋白囊崩解，脂肪滴游离，使得灌肠表面出现一些分离的脂肪，肠衣变得油腻。

二、乳化肠制品的加工

1. 乳化肠类制品加工原料

（1）原料肉　家禽、家畜及鱼肉均可用于乳化肠的生产，不同的原料肉可用于不同类型的香肠生产，而使产品具有不同的特点和风味。生产乳化肠所使用的原料肉应选择健康畜禽，且经兽医卫生检验合格的肉。最好是新鲜肉，也可以是热鲜肉、冷却肉或解冻肉。

不同的原料或原料的不同部位，因其营养成分的含量不同，颜色不同，结缔组织的含量不同，肉的嫩度、持水性和黏着性不同，所生产的香肠品质也不相同。灌肠制品中加入一定比例的牛肉，既可以提高制品的营养价值，提高肉馅的黏着性和保水性，又可使馅颜色美观，增加弹性。近年来，有很多用禽肉加工的肠制品，由于禽肉相对便宜，且禽肉瘦肉含量高，营养价值高，因而受到生产者和消费者的关注。

肠类制品中使用的脂肪一般是猪脂肪，因为猪脂肪质地柔软、熔点低，容易被人体吸收。一般不会选择牛脂肪，因为牛脂肪熔点高，加入肉馅中会使产品质地硬，难于咀嚼，肠类制品冷食时尤其明显。

肠类制品生产中也经常使用内脏，主要包括：心、舌头、肝、肾、胃等，这对于提高胴体的综合利用程度具有很大意义。这些内脏的使用量和使用类型主要取决于产品的种类和产品的质量。如果使用猪或牛的胃作为原料，因其黏着性很低，要控制使用量不超过 15%，过多使用会对产品质构、风味带来明显影响。

（2）肠衣　肠衣是肠类制品的包装材料。作为灌肠生产的重要辅料，肠衣必须有足够的强度以容纳内容物，且能承受在充填、打结和封口时的机械力。在香肠加工和贮藏过程中肉馅随着温度的变化有收缩和膨胀的现象，要求肠衣也应具有收缩拉伸的特性。肉类工业常用的肠衣包括天然肠衣和人造肠衣两大类。

① 天然肠衣　天然肠衣即是动物肠衣，是由猪、牛、羊的消化器官和泌尿系统的脏器除去黏膜后腌制或干制而成的。常用的有猪、牛、羊的大肠、小肠、盲肠、食管（牛）和膀胱等。天然肠衣弹性好，持水力强，具有一定的韧性和坚实度，能够承受加工过程中热处理的压力，可以随内容物的变化进行相应的收缩和膨胀，具有透过水汽和熏烟的能力，可以食用。天然肠衣的缺点是规格和形状不统一，主要是直径大小不一、厚薄不均、多呈弯曲状。另外，天然肠衣需要在专门的条件下贮藏，数量有限。

② 人造肠衣　人造肠衣是用人工方法把动物皮、塑料、纤维、纸或铝箔等材料加工成的片状或筒状薄膜，按照原料的不同可分为胶原肠衣、纤维肠衣、塑料肠衣和玻璃纸肠衣四种。人造肠衣具有气密性好、热合性好、无味、无臭、无毒、耐热、耐寒、耐油、耐腐蚀、

防潮、防紫外线、适应机械化操作等特性，并且可实现生产规格化，易于充填，加工使用方便。

（3）其他添加成分　在肠类制品生产中，除原料肉外，还需添加一些其他成分，其作用是改善制品的风味和质地、延长贮藏期、提高安全性等。下面介绍几种最常用的添加成分。

① 食盐　食盐具有防腐、促进风味和提高制品黏合性的作用，在现代肠类制品生产中，食盐的防腐作用已不占主要作用（干制香肠除外），主要是以后两项作用为主。大部分肠制品的盐水浓度为 $2\%\sim4\%$。

② 水分　水分在灌肠制品生产中的添加方式往往是在斩拌或搅碎过程中加入碎冰或冰水，其目的一方面是防止肉馅温度上升，另一方面可使产品多汁并促进盐溶性蛋白溶解，增加制品黏合性，改善产品的口味和质地。

③ 硝酸盐和亚硝酸盐　通常以钠盐的形式添加，其目的是促进产品发色，使肉制品呈现红亮的颜色。一般除在干制香肠中使用硝酸钠外，其他制品都直接使用亚硝酸钠。

④ 糖　加入糖的作用是促进风味的产生，缓和咸味，可促进微生物的发酵。通常使用葡萄糖和蔗糖。在发酵肠生产中一般使用葡萄糖，因发酵菌一般利用单糖发酵产生乳酸，添加量为 $0.5\%\sim1\%$。另外，大部分糖在加热过程中会增加肉的褐变（山梨醇除外）。

⑤ 磷酸盐　磷酸盐的主要作用是提高肉的持水性，并具有一定的抗氧化作用，对产品的风味和颜色的稳定性也有一定的作用。通常使用混合磷酸盐，主要是焦磷酸钠、三聚磷酸钠和六偏磷酸钠。混合磷酸盐的用量一般为 $0.2\%\sim0.45\%$。

⑥ 淀粉　在肠类制品中加入适量的淀粉对产品的持水性、组织形态均具有良好的效果。常用的淀粉有玉米淀粉、土豆淀粉、小麦淀粉、大米淀粉等。其用量根据产品要求而定，一般在 $5\%\sim30\%$，高档制品用量不宜过多。

⑦ 大豆蛋白　肠类制品中添加大豆蛋白可以改善制品的营养结构，也可以在一定程度上降低成本。一般用量在 $2\%\sim7.5\%$。

2. 乳化肠类制品加工工艺

（1）工艺流程

原料肉选择与修整 → 腌制 → 绞肉与斩拌 → 灌装 → 烘烤 → 蒸煮 → 烟熏 → 成品

（2）操作要点及质量控制

① 原料肉选择与修整　所用原料可以是新鲜肉、冷却肉或冷冻肉，均需通过相关检验合格，无变质现象。作灌肠的原料肉要去骨、筋腱、血管、淋巴等，肥肉只能用猪的脂肪。

为了提高腌制的均匀性和可控性，原料整理过程中应将肥肉、瘦肉分开，瘦肉中所带肥膘不超过 5%，肥肉中所带瘦肉不超过 3%，瘦肉切成 2cm 厚的薄片，肥肉切成 $1cm^3$ 左右的方丁，分别放置。

② 腌制　腌制的作用：排除肉中残存血液，防止腐败；抑制微生物生长繁殖；提高肉的保水性和肉馅的黏着力；调节口味，改变产品的组织状态；具有明显的发色效果。

腌制用料：食盐 $2\%\sim3\%$、复合磷酸盐 $0.2\%\sim0.45\%$、亚硝酸盐 $0.025\%\sim0.05\%$、抗坏血酸 $0.03\%\sim0.05\%$ 等。

瘦肉腌制时将腌制用料与整理好的瘦肉均匀混合在一起，于 $2\sim4℃$ 腌制 $1\sim3d$。肥肉只加入 $3\%\sim4\%$ 的食盐腌制，于 $2\sim4℃$ 腌制 $2\sim3d$。

腌好的标准是：瘦肉的中心部位和边缘应呈统一的玫瑰红色，而肥膘丁则洁白紧密，肉块表面不黏不滑。

③ 绞肉与斩拌 目的是使肉的组织结构达到某种程度的破坏，同时肌球蛋白在一定的盐含量情况下溶出，与脂肪乳化，形成均一的香肠制品质构。

绞肉是把肉块按照所要求的大小切碎，使肉的组织结构达到一定程度的破坏，以重新组成不同结构的灌肠制品。绞瘦肉之前要将大块瘦肉适当切碎，以免绞时肉温升高，绞肥膘时每次投入的量要少一些。

将绞碎的原料肉置于斩拌机的料盘里，斩成糜糊状称为斩拌。斩拌可产生较好的乳化效果，有利于产品质构的改善，提高黏弹性。

斩拌过程的加料顺序会影响产品质量。生产混合肉肠时，牛肉的结缔组织较多，应先放入斩拌机斩拌，之后再加入猪肉、脂肪、其他肉类及辅料。一部分冰水（约总水量的1/2）在斩拌开始加入，剩余冰水稍后加入以控制升温。这一加水程序可使得斩拌初期盐浓度较高，有利于盐溶蛋白的溶出。斩拌过程中温度对产品质量具有很大影响，应控制该过程温度不高于10℃。斩拌时间一般为6～8min。斩拌程度不够或过度都不利于均相乳化凝胶体的形成，影响产品质构。

④ 灌装 将制好的肉馅移入灌肠机进行灌制填充，灌制时应使肉馅在滚筒中装紧装实，避免肉馅中有空隙，充填时要求松紧适度、均匀，过松易使空气渗入而影响产品品质，过紧容易导致后续加工中肠衣破裂。

灌装好的湿肠按要求打结后，悬挂在烘烤架上，用清水冲去表面的油污，然后送入烘烤室进行烘烤。

⑤ 烘烤 烘烤的目的是使肠衣表面干燥，增加肠衣机械强度和稳定性，使肉馅色泽变红，去除肠衣的异味。烘烤温度和时间视肠衣直径而定，一般烘烤温度50～80℃，时间20～90min，使肠的中心温度达到45～70℃。烘好的灌肠表面干燥、光滑，无流油，肠衣半透明，肉色红润。采用塑料肠衣生产时一般不进行烘烤，而直接进行蒸煮。

⑥ 蒸煮 蒸煮的目的是使肉中蛋白质变性凝固，形成微细结构柔软的肠馅，使其易消化，另外蒸煮可以杀灭微生物，破坏酶的活性，促进风味的形成。

蒸煮的方法有两种：一种是蒸汽煮制，是在坚固而密封的容器中进行，操作方便，破损率低，适合较大的肉制品厂；另一种是水煮制，该法重量损失少，表面无皱纹，大多数肉品厂采用此法。

乳化肠煮制时锅内加水量一般为容重的80%，将锅内水温加热到90～95℃时将灌肠下锅，保持水温在80～85℃，肠体温度72℃以上。水温太低，不易煮透，温度过高易使灌肠破裂，且易使脂肪熔化。煮制时间视肠体粗细而异，一般为10～40min。煮好的判断方法为用手摸肠体硬挺有弹性，肉馅切面光滑有光泽。煮好的肠品出锅后，用自来水喷淋掉表面的杂质，冷却后进行熏制。

⑦ 烟熏 烟熏的目的是赋予肠类制品熏烟的特殊风味，形成特有的烟熏色泽，增强肠衣的韧性，通过脱水作用和烟熏成分增强肠类制品的保藏性。烟熏时，肠体之间要保持一定的距离，以互不接触为原则，烟熏室温度为50～70℃，烟熏时间一般为2～6h。工业上很多产品生产时，将烘烤、蒸煮和烟熏三个工序于熏蒸炉内按次序进行，其中蒸煮与烟熏也可以调换顺序。

⑧ 成品质量 合格的乳化肠应具有以下特征：肠衣干燥完整，与肉馅紧密结合，内容物坚实有弹性，肠体粗细均匀，长短一致，切面平滑光亮、肉色红润，无腐败味，无酸败味。

3. 乳化肠类常见的质量问题

乳化肠的质量问题主要包括外形、切面和风味三个方面。

（1）外形方面的质量问题

① 肠衣破裂　肠衣破裂的原因一般是由以下几方面造成的。

a. 肠衣方面　如果肠衣本身有不同程度的腐败变质，肠壁就会厚薄不均，松弛，脆弱，抗破力差；有盐蚀的肠衣，则收缩时失去弹性。用这类肠衣灌肠，势必造成破裂。多发生于使用天然肠衣的情形。

b. 肉馅方面　若肉馅填充过紧，因肉馅一般含有淀粉，在受热时，淀粉颗粒要吸水膨胀并糊化，体积增大，容易发生肠衣破裂。另外，当原料不新鲜或肉馅变质时，微生物增殖产气，在加热过程中，也容易引起肠衣破裂。

c. 工艺方面　乳化肠煮制时，如果温度控制不当容易导致肠衣破裂。比如，乳化肠下锅后温度迅速升至85℃以上，此时，乳化肠外层的馅料因受热迅速变性、凝结、定型。而中心部分因传热速冻关系，升温较慢，当继续加热时，中心部分发生变性、膨胀，必然将外层撑破。当肠体下锅后，温度忽高忽低大幅度波动时，也可能导致肠衣破裂。在乳化肠烘烤烟熏时，温度过高也会发生肠衣破裂，原因与水煮相同。

② 肠衣外表起硬皮　烘烤或烟熏时火力大、温度高，或者串挂的肠体下端离火源太近，都会使肠体下端起硬皮，严重时会起壳，造成肠馅分离。

③ 肠衣色泽较暗　熏烟时温度不够，或者熏烟的质量较差，以及熏好后又吸潮的灌肠，都会使肠衣光泽差。用不新鲜的肉馅灌制的肠，肠衣光泽也不鲜艳。如果熏烟时所用木材含水分多、是软木或是树脂含量高的木材，常使肠衣发黑。

④ 外表颜色深浅不一　这种现象除了与水煮的差异有关外，与烟熏也有关系。烟熏时温度高，颜色淡；温度低，颜色深。肠体外表干燥时色泽淡，肠体外表潮湿时，烟气成分溶于水中，色泽会加深。如果烟熏时肠体间无间隙，相互搭在一起，粘连处色淡。

⑤ 肠身松软无弹性　可能的原因有以下几个。

a. 原料在预冷腌制的过程中，被细菌污染变质，灌肠的局部以至全部会产气、发渣。

b. 煮得不熟，肠身松软无弹力，这种灌肠在温度过高时还会产酸、产气、发胖，不能食用。

c. 肠馅在加工过程中乳化得不好，如腌制不透，斩拌时肌球蛋白没有全部从凝胶状态转化为溶胶状态，肉馅的吸水性差，黏着力差；当机械斩拌不充分时，肌球蛋白的释放不完全，不能良好乳化；或腌制的温度过高，造成肉馅的游离水外流。另外肉馅中添加淀粉等黏合剂也影响肠体的收缩程度，对灌肠的硬度、弹性也有影响。

⑥ 肠体外表无皱纹　肠身外表的皱纹是由于日晒烘烤、烟熏时肠馅水分减少、肠衣干缩而产生的。皱纹的产生与灌肠本身质量及熏烟工艺有关。肠身松软无弹力的灌肠到成品时一般皱纹形成不好。熏烟时木柴潮湿，烟气中湿度大，温度上不来，或者熏烟程度不够，也会导致熏烤后没有皱纹。

（2）切面方面的质量问题

① 切面色泽发黄　切面色泽发黄，要看是切开就发黄，还是逐渐变黄。如果切开时呈均匀的玫瑰红色，而置于空气中逐渐褪色变成黄色，这是正常的。如果切开后能避免细菌、可见光和氧气的影响，就可防止氧化褪色。若切开后虽有红色，但淡而不均匀，褪色很容易发生，一般是硝盐用量不足。若硝盐使用正常，肉馅仍没有色泽，其原因一是原料肉新鲜度不好，脂肪已氧化，产生过氧化氢，故呈色效果差；二是肉馅的 pH 值偏高，亚硝酸钠不能分解为一氧化氮，不会产生红色的亚硝基肌红蛋白。

② 切面呈环状发色　若腌制不充分，灌制后烘烤或熏制时间短、温度低，肠体内仅边缘发色而中心不发色，此时煮熟的灌肠切面就会形成色环。若用亚硝酸盐作发色剂，发色时间短，加工出来的灌肠往往中心部位较外层发色快，煮制后也会出现色环。

③ 气孔多　切面气孔多不仅影响美观也影响灌肠的弹性，而且气孔周围的色泽发黄发灰。这种现象是由于肠馅中混进了空气而造成的，空气中的氧使一氧化氮肌红蛋白氧化褪色引起。为防止灌肠内空气多形成气孔，除针刺排气外，最好用真空灌肠机灌制。

④ 切面不坚实，不湿润　凡是肠身松软无弹性的灌肠，切面都不好。加水不足，制品少汁，质粗时切面就不够湿润细腻；绞肉或斩拌的温度升高也影响品质；脂肪绞得过细，加热易熔化，也影响切面。

（3）风味方面的质量问题　乳化肠有酸味或臭味。刚生产的乳化肠就有酸味或臭味一般有以下几个原因。

① 原料不新鲜，本身已变质，带有酸败气味　比如原料在高温下，放置时间过长，以致原料"热捂"变质，加工出来的成品就会有酸臭气味。

② 腌制温度过高　腌制的肉在冷库中叠压过厚，以及库温不稳或较高，可使腌制肉变质，表面发黏，成品风味不良。

③ 原料肉在斩拌时温度过高　如果原料肉在斩拌时没有采取降温措施，加上室温也高，当肉馅超过20℃以上时，就会导致产品变质，对成品的质地和风味都不利。

④ 烘烤时，炉温过低，烘烤时间过长，也能使产品产生酸味。

任务一　红肠的加工

※ 【任务描述】

选取适当的原料和辅料，设计工艺流程和操作规程并加工为成品。

※ 【工作准备】

（1）材料的准备　猪肉、牛肉、精盐、硝酸钠（亚硝酸钠）、淀粉、味精、大蒜、胡椒粉、肠衣等。

（2）仪器设备的准备　绞肉机、灌肠机、冷藏柜、烘箱、煮锅、切肉器具等。

（3）相关工具的准备　计算器、任务工单等。

※ 【工作程序】

程序1　工艺流程

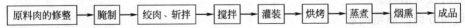

原料肉的修整 → 腌制 → 绞肉、斩拌 → 搅拌 → 灌装 → 烘烤 → 蒸煮 → 烟熏 → 成品

程序2　配方的选择

哈尔滨红肠肉馅的配方很多，下面介绍两种。

配方1：猪瘦肉40kg、肥膘肉10kg、淀粉3.5kg，精盐1.5～2kg，胡椒粉50g，味精50g，大蒜250g，硝酸钠25g。

配方2：猪瘦肉25kg、牛肉13kg、猪肥膘12kg、干淀粉3kg、精盐1.5～2kg、味精45g、胡椒粉45g、大蒜150g、亚硝酸钠5g。

程序3　操作要点

（1）原料肉的修整　将新鲜的猪肉和牛肉剔骨、去皮，修去结缔组织、淋巴、斑痕、淤血等，牛肉须去掉脂肪，然后将瘦肉顺着肌肉纤维切成100g左右肉块，肥膘切成0.6cm³左右的方丁。

（2）腌制　将整理好的瘦肉块加入肉重3%～4%的食盐和适量的硝酸盐（亚硝酸盐），搅拌均匀后装入容器内，在温度4～10℃下，腌制2～3d，肥膘肉用3.5%～4%的食盐，不加硝酸盐，以同样方式腌制3～5d。待瘦肉的切面约有80%的面积变成鲜红的色泽，且有坚实弹力，脂肪有坚实感，色泽均匀一致时，即为腌制完毕。

（3）绞肉、斩拌　将腌制完的瘦肉送入绞肉机中绞碎（猪肉8mm，牛肉肥膘5mm），再将绞好的肉馅放入斩拌机中进一步斩碎，同时添加肉重30%～40%的水，斩拌均匀。

（4）搅拌　斩拌好的肉馅放入搅拌机，同时加入25%～30%的水调成淀粉糊，搅拌均匀后再加入肥肉丁和其他各种配料。拌馅时间应以拌和的肉馅弹力好、包水性强、没有乳状分离为准，一般以10～20min，温度不超过10℃为宜。

（5）灌装　红肠的肠衣一般选用直径30～32mm，灌制前先把肠衣清洗干净。用灌肠机将搅拌好的肉馅灌入肠衣内。灌制时应掌握好松紧度，灌完后每15～20cm扎成1节，用针刺排出气体，挂在杠上。有条件最好选用真空灌肠机进行灌制。

（6）烘烤　将红肠放进烘箱内烘烤，烘烤温度掌握在65～80℃，烘烤时间根据肠衣粗细可控制在30～60min。烘烤标准以肠衣表面干燥光滑，无流油现象，肉馅色泽红润为佳。

（7）蒸煮　将烘烤后的灌肠在煮锅中的水达到95℃时下锅，保持水温85～90℃，红肠中心温度达74℃，用手摸肠体硬挺、弹力强即可。煮制时间主要取决于红肠直径的大小以及配料的不同，一般为20～60min。

（8）烟熏　烟熏通常在固定的熏烟室内进行。熏烟时先用木材垫底，上面覆盖一层锯末，木材与据末的比例大体为1∶2。将灌肠挂入烘房内点燃木材发烟，切忌不能用明火烘烤。熏烟室的温度通常在35～45℃，时间为5～7h，待肠体表面光滑而透出内部肉馅色，并且有类似红枣皱纹时，出烘房，自然冷却，即为成品。

程序4　产品质量控制

红肠成品呈枣红色，熏烟均匀，无斑点和条状黑斑，肠衣干燥，呈半弯曲形状，表面微有皱纹，无裂纹，不流油，坚韧有弹力，无气泡。肉馅为粉红色，脂肪块呈乳白色，味香而鲜美。

※ 【注意事项】

（1）腌制时，精瘦肉和肥膘要分开腌制。先进行原料修割，修割要做到肥肉不带瘦肉，瘦肉不带肥肉。瘦肉腌制时，需将精盐与硝盐混合均匀，将混合盐料涂抹于肉块上，分层放好，于冷藏室（柜）腌制，肥膘肉腌制仅需食盐进行腌制。

（2）哈尔滨红肠属于低温肉制品，蒸煮时肠体中心温度达到74℃以上，就可以使红肠内绝大多数的细菌被杀灭（芽孢除外）、蛋白质变性、淀粉糊化，达到了熟制的目的，一些营养成分也尽量不会被破坏，因此，在煮制的过程中要保持水温85～90℃，温度过高或过低均不合适。

※ 【任务实施】

详见《肉制品加工技术项目学习册》的任务工单。

任务二　烤肠的加工

※【任务描述】

以猪肉为原料，选择一种配方的烤肠制品，设计工艺流程和操作规程并加工为成品。

※【工作准备】

（1）材料的准备　猪瘦肉、猪背膘、猪肠衣、玉米淀粉、大豆分离蛋白、精盐、白砂糖、异抗坏血酸钠、三聚磷酸盐、亚硝酸钠、冰水、姜粉、白胡椒、肉豆蔻、味精等。

（2）仪器设备的准备　绞肉机、搅拌机、灌肠机、烘烤箱、蒸煮锅等。

（3）相关工具的准备　计算器、任务工单等。

※【工作程序】

程序1　工艺流程

原料预处理 → 绞肉 → 腌制 → 滚揉 → 灌装 → 干燥 → 蒸煮 → 冷却 → 成品

程序2　配方的选择

猪瘦肉70kg、猪背膘30kg、大豆分离蛋白3kg、玉米淀粉6kg、卡拉胶0.4kg、三聚磷酸盐0.3kg、冰水40kg、精盐240g、白砂糖1.5kg、异抗坏血酸钠80g、亚硝酸钠10g、姜粉100g、白胡椒120g、肉豆蔻100g、味精300g。

程序3　操作要点

（1）原料预处理　若原料肉为冷冻肉，需经自然解冻或流水解冻至中心温度为0～4℃，然后剔除淤血、软骨、淋巴、大的筋膜及其他杂质，用冷水清洗2～3遍，分割成1kg左右的肉块待用。

（2）绞肉　将符合要求的原料肉用6mm孔板绞制，对于各种原料肉的绞制，要求绞肉刀锋利，以确保颗粒度明显。

（3）腌制　按配料中的添加量，把食盐、腌制剂与原料肉进行搅拌腌制，腌制拌料时以拌匀为好，不能过度。在4～6℃下腌制12～16h。

（4）滚揉　腌好的肉及其他辅料一起加入滚揉机内连续真空滚揉2.5h，真空度为0.08MPa，出料温度控制在6～8℃时为好，肉馅有光泽，无油块及结团现象，肉花散开分布均匀。

（5）灌装　滚揉结束后，即可进行灌装。灌装时要求肠体松紧适度，大小均匀。最好使用真空灌肠机，将馅灌入肠衣中，定量灌装打节，挂杆时两串之间应保持一定空隙，防止粘连，挂满一架后，用清水冲洗肠体表面，以备干燥。

（6）干燥　干燥温度为60～65℃，时间根据肠体大小可设置30～50min。干燥后肠衣紧贴肠馅，表面透出馅料的红色，肠衣干燥且透明。

（7）蒸煮　可采用蒸煮锅，蒸煮温度82～85℃，蒸煮时间20～50min，使肠体饱满有弹性，中心温度达到72℃。蒸煮也可与干燥一起在全自动烟熏炉内完成。

（8）冷却　自然冷却或风冷，肠体中心温度≤20℃时，即可真空包装。

程序4　产品质量控制

（1）形状　肠体外形饱满，粗细均匀一致，无破损。

（2）色泽　外观红润，均匀，有光泽，肉颗粒明显。

（3）质地　有弹性，无孔洞，切片性良好。

（4）风味　香味浓郁，无异味，具有该产品应有的鲜香味。

※【注意事项】

（1）该产品腌制与滚揉工艺可以调整顺序或合并进行，即先将配料及冰水混匀，与原料肉一并加入滚揉机先进行滚揉，然后再静腌，或间歇滚揉长一点的时间，同时也起到了腌制的作用。

（2）该产品也可以进行烟熏工艺，增加产品的烟熏风味。

※【任务实施】

详见《肉制品加工技术项目学习册》的任务工单。

学习单元三　发酵肠制品加工技术

※【知识目标】

1. 熟悉发酵肠的种类、特点。

2. 掌握发酵肠的加工工艺。

3. 熟悉色拉米香肠的加工工艺。

※【技能目标】

1. 能正确进行绞制、灌制、发酵、烟熏等工序的操作。

2. 能够把控发酵与干燥成熟的条件以生产不同的发酵肠。

3. 会正确加工典型的发酵肠制品。

一、发酵肠的概念

发酵肠是以牛肉或猪肉和牛肉混合肉为原料，经绞碎或斩成颗料，用食盐、硝酸盐、糖等辅料腌制，并以自然或人工接种乳酸发酵剂，充填入可食性肠衣内，再经烟熏、干燥和长期微生物发酵将糖转化为酸和醇，使肠内容物的 pH 值和 A_w 下降而制成的一类肠制品。发酵香肠的 pH 值较低，为 4.8～5.5，产品的 A_w 低，货架期长，该产品具有发酵的独特风味，产品质地紧密，切片性好，弹性适宜，深受消费者欢迎。

二、发酵肠的种类、特点

1. 发酵肠的种类

发酵肠类常以酸性高低、原料形态（绞碎或不绞碎）、发酵方法（有无接种微生物或添加糖类）、表面有无霉菌生长、脱水的程度、地名等方式进行命名。

（1）按地名　这是一种传统分类方法，也是最常用的方法。如黎巴嫩大香肠、塞尔维拉特香肠、色拉米香肠等。

（2）按脱水程度　根据脱水程度可分为半干发酵肠（水分含量为 40%～45%）和干发酵肠（水分含量为 25%～40%）。

（3）按发酵程度　根据发酵程度可将发酵肠类分为低酸性发酵肠制品和高酸性发酵肠制品。这种分类方法是根据成品的 pH 进行划分的。成品的发酵程度是决定发酵肉制品品质的最主要因素，因此，这种分类方法最能反映出发酵肉制品的本质。

① 低酸性发酵肠　传统上认为 pH$\geqslant$5.5 的肠为低酸性发酵肠，这类产品是用传统的方法通过发酵、低温干燥而制成，著名的低酸发酵肉制品有法国、意大利、匈牙利等的色拉米香肠，西班牙火腿等。这类产品虽然在烟熏（仅有部分产品烟熏）、霉菌生长（其中几种表面有霉菌生长）和其他特征方面彼此不同，但在以下两方面是一致的：一是发酵干燥时间比较长；二是不添加糖类或温度控制比较低，产品的最终 pH 通常大于 5.5，一般为 5.8～6.2。通过低温发酵，可使产品失重达 40%～50%，由于低温和低 A_w 可有效阻止大肠杆菌和沙门杆菌的繁殖。

② 高酸性发酵肠　不同于传统的低酸性发酵肠，绝大多数高酸性发酵肠是添加糖类并用发酵剂接种或用发酵肠的成品接种而制成的。这类发酵肠的菌种可以利用肠中添加的糖类发酵产酸，使其具有较低的 pH 值，成品的 pH 在 5.4 以下，由于 pH 值接近肌肉蛋白质等电点，因此使肌肉蛋白质凝胶化，并且抑制了大多数不良微生物的生长。同时，发酵剂菌种有分解脂肪的能力，并产生脂肪酸，改善了成品风味。

发酵产酸需要一定的时间和条件，且这些条件往往不易控制。因此有人提出以添加化学添加剂的方法替代发酵产酸。直接加酸会导致肌肉蛋白质凝固，影响成品的结着性。目前，有两种较为成功的酸化方法，一为添加葡萄糖酸-δ-内酯填充几小时后在肉中水解，产生葡萄糖酸；二为添加升温即可熔化的特殊包衣包裹的有机酸，最常用的有柠檬酸和乳酸，不完全氢化的植物油可作包衣。

发酵和酸化相比，酸化降低 pH 值的时间很短，具有微生物安全性，但普遍认为发酵剂发酵的香肠，其感官特性和货架期均比酸化剂生产的香肠好。因此，酸化剂香肠要求在生产后短时间内销售完，以免产生感官变化。

2. 发酵肠的特点

发酵肠与非发酵肠相比，发酵肠的特点有以下几方面。

① 微生物安全性　一般认为发酵肠类制品是安全的，因为低 pH 值和低 A_w 抑制了肉中病原微生物的增殖，延长了产品的货架期。在贮藏期间，成品中有害菌会在高酸环境中死亡。美国肉类工业开发了较好的发酵干香肠和半干香肠的加工技术，他们认为控制发酵肠的 pH<5.3，就能有效控制金黄色葡萄球菌的繁殖，但在 pH 值下降到 5.3 的过程中，必须控制香肠放置在 15.6℃以上温度的时间，以保证其微生物安全性。

② 货架期　发酵肉制品由于降低了产品的 pH 值和 A_w，因此，货架期一般比较长。如美式发酵肠水分/蛋白质$\leqslant$3.1，pH$\leqslant$5.0，故不需冷藏。货架期稳定的肉制品主要有两类：一类是 pH<5.2，A_w<0.95；另一类是 pH<5.0，A_w<0.91，这些产品在货架期间，一般不会因微生物导致变质，但可能发生物理性或化学性变质。

③ 营养特性　由于致癌物质如亚硝基化合物、多环芳烃等的存在，使人们对肉制品越来越不放心。因此，安全的肉制品将会有广阔的发展前景。经研究发现食用乳酸杆菌和含活乳酸菌的食品可以增加乳酸菌在肠道中定殖的概率。乳酸杆菌能减少致癌前体物质的量和降低由转化前体物质生成致癌物的酶活性，因此可减少致癌物质污染的危害。

④ 消化吸收率　有证据表明，发酵香肠在成熟过程中蛋白分解成肽和游离氨基酸，提高了蛋白质的消化率。例如，一种猪肉和牛肉混合香肠经 22d 发酵后，其净蛋白质消化率从 73.8% 提高到了 78.7%，而粗蛋白质的消化率则从 92.0% 提高到了 94.1%。

三、发酵香肠的基本加工工艺

发酵香肠一般都具有相似的加工原理和基本加工工艺，其加工方法随原料肉的形态、发酵方法和条件及辅料不同而异。值得指出的是，干发酵香肠加工过程中的干燥成熟和半干发酵香肠生产过程中的加热，其目的都是杀死产品中的猪旋毛虫，不过并不能杀死产品中的病原菌以及芽孢菌。

1. 工艺流程

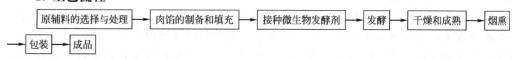

2. 操作要点

（1）原料肉的选择与处理

① 原料　猪肉、牛肉、羊肉、鸡肉都可以用于发酵肠的生产，其中猪肉的使用最为广泛。不管哪一个品种，要求选用优质的鲜肉、冻肉，尽量降低原料肉中的初始菌数，因为产品在生产过程中，要在一定的时期内，置于适当温度下，供微生物生长。即使使用了发酵剂，也会由于原料中较高的微生物含量而造成有害微生物的生长，从而使产品失去风味甚至造成产品腐败变质。最好对每批原料肉进行微生物检验，根据初始菌数采取相应的质量保证措施。合格的原料肉要去除筋腱、血污及腺体等。脂肪通常是单独添加的成分，是发酵肠中的重要组成成分，干燥后的含量有时可以高达 50%。牛脂和羊脂因气味太大，不适于用作发酵肠的脂肪原料。色白而又结实的猪背脂是生产发酵肠的最好原料。

发酵肠制品原料肉中瘦肉一般占到 50%～70%。瘦肉占的比例越大，水分含量就越高，pH 下降就越快，有利于发酵；反之，脂肪的比例越大，则 pH 下降的速度越慢，冻干肉由于干耗和解冻时汁液流失，水分含量降低，延缓了初始发酵速度。

原料肉的持水力、pH 和颜色是影响发酵肠加工适应性的主要因素。当选择猪肉作为原料肉时，初始 pH 应在 5.6～6.0，这样有利于发酵的启动，以保证 pH 的下降。因此，DFD 肉不适合生产发酵肠类，而 PSE 肉可用于生产发酵肠类，但其添加量以不超过 20% 为宜。

② 辅料

a. 食盐　食盐可以抑制原料中的有害微生物的生长，有利于乳酸菌和小球菌的生长。一般情况下，食盐的添加量为 2.0%～3.5%，在某些意大利色拉米肠中其添加量更大一些，干燥后制品中的含量可达到 8% 以上。一般情况下，食盐浓度过高会延长发酵时间，使 pH 下降的速度降低。因此，在发酵肠类生产时，初始配料中食盐添加量不要太多，或后加食盐。

b. 硝酸盐、亚硝酸盐　除了干发酵香肠外，其他类型的发酵香肠在腌制时首先选用亚硝酸盐。亚硝酸盐可直接加入，添加量一般小于 150mg/kg。亚硝酸盐对形成发酵肠类最终的颜色和推迟脂肪氧化是比较重要的，NO_2^- 还能够抑制大多数革兰阴性菌的生长，同时对抑制肉毒梭状芽孢杆菌的生长也尤为重要，此外，还有利于形成腌制肉特有的风味。

在生产发酵香肠的传统工艺中或在生产干发酵香肠过程中一般加入硝酸盐而不加亚硝酸盐，添加量通常为 200～600mg/kg，甚至更大一些。同所有肠类肉制品一样，最终在加工中起作用的仍然是亚硝酸盐，所以加入的硝酸盐必须经微生物或还原剂（如抗坏血酸钠）还原为亚硝酸盐。如果肉馅在腌制时亚硝酸盐的浓度就很高，会明显抑制对产生风味化合物或其前体物有益的微生物的活力。因此，用硝酸盐作腌制剂生产的干香肠在风味上常常要优于直接添加亚硝酸钠的发酵香肠。

在某些地方传统产品中，既不添加硝酸盐也不添加亚硝酸盐，比如西班牙的辣干香肠，其中少量存在的硝酸盐是从其他成分中转化而来的，主要来源是大蒜粉和辣椒粉。

c. 抗坏血酸钠　抗坏血酸钠是发色助剂，起还原剂的作用，能将硝酸根离子还原为亚硝酸根离子，再将后者还原为一氧化氮；或者将高铁肌红蛋白和氧合肌红蛋白还原为肌红蛋白，有利于产品发色。

d. 糖类　糖类如葡萄糖、蔗糖等能影响成品的风味、组织状态和产品特性。同时为乳酸菌提供了必需的发酵基质。

在发酵香肠生产中所添加的糖类一般是葡萄糖与低聚糖的混合物。如果只添加葡萄糖，需要添加的量较大，会导致 pH 下降太快，使肉中的某些酸敏感细菌不能生长，而这些细菌对发酵香肠的成熟和最终产品的特性是有益的；反之，如果添加的葡萄糖数量过少或者只添加降解速度很慢的低聚糖，香肠在发酵后的成熟过程中，由于温度较高（可达近 30℃ 以上），可能导致有害微生物的生长。只有将这两种糖结合使用，才能保证既获得较低的初始 pH，抑制有害微生物的生长，又不会对有益于香肠特性的成熟菌造成损害。两种糖的添加量通常为 0.4%～0.8%，发酵后香肠的 pH 为 4.8～5.0。

添加糖类的量不能过多，否则会使肉馅的初始水分活度较低，再加上所添加的氯化钠也会降低初始水分活度，以至于过低的水分活度使发酵难以进行，影响产酸速率和 pH 值的下降。

e. 酸化剂　添加酸化剂的目的是保证在发酵初期 pH 能够迅速下降。有专家认为，对于不使用发酵剂生产的发酵肠类，使用酸化剂对保证发酵肠产品的安全性非常重要。在涂抹型发酵肠中，发酵剂经常与酸化剂同时使用，这类产品尤其需要 pH 在短时间内降下来，可是，对于其他类型的产品，通常认为，同时使用发酵剂和酸化剂会导致产品质量较差。

目前，许多生产商优先选用的酸化剂是葡萄糖酸-δ-内酯，添加量为 0.5% 左右。在发酵香肠中葡萄糖酸-δ-内酯能够在 24h 内水解为葡萄糖酸，迅速降低肉馅的初始 pH，对干燥成熟初期有害的酸敏感细菌产生抑制作用，但同时也干扰了微生物还原硝酸盐的活力和芳香物质的形成，因此常用于半干发酵香肠的生产，一般不用于干发酵香肠中。

f. 发酵剂　目前，在半干发酵香肠生产中几乎普遍使用发酵剂，但在干发酵香肠生产中只有德国等少数国家越来越多地使用发酵剂，而其他国家和地区则很少使用发酵剂。不过，发酵剂在发酵香肠生产中的作用和价值正在得到越来越广泛的认同。添加发酵剂的主要目的是改进产品质量的稳定性，同时对发酵过程进行控制。当腌制剂中使用的盐类为亚硝酸盐时，发酵剂中常常还要包含一种或两种硝酸盐还原细菌如小球菌或葡萄球菌的菌株。葡萄球菌也可以在无乳酸菌的情况下单独添加。

纯生物发酵剂常用的菌种有：片球菌、微球菌、乳杆菌、霉菌和酵母菌。发酵香肠中使用的发酵剂主要由乳酸菌组成。发酵剂一般在配料阶段加入，注意不能将发酵剂与食盐、亚硝酸盐直接接触，否则会降低其活性。

g. 香辛料及其他组分　配料中的一些香辛料通过刺激细菌产酸直接影响发酵速度，这种刺激作用不伴有细菌的增殖，一般对乳杆菌的刺激作用比片球菌强。如黑胡椒、白胡椒、芥末、大蒜（粉）、辣椒（粉）、肉豆蔻、小豆蔻、姜和肉桂等。几种香辛料混合使用比单独使用一种香辛料的发酵时间短。近年来确认锰是香辛料促进产酸的因素，像胡椒、芥末、肉豆蔻等香辛料中锰的含量较高，而锰是乳酸菌生长和代谢中多种酶所必需的微量元素。香辛料提取物刺激产酸活性随锰浓度增加而增加。无香辛料的发酵香肠添加锰（10^{-6} mg/kg），其产酸活性与添加香辛料的香肠相似。胡椒粒（或粉）是各种类型的发酵肠类制品中使用最普遍的香辛料，其用量一般为 0.2%～0.3%。

香辛料在发酵香肠中发挥以下几方面的作用：赋予产品香味；刺激乳酸的形成；抗脂肪氧化，大蒜等香辛料中含有抗氧化物质，能抑制脂肪的自动氧化作用，从而延长产品的保藏期；抑制细菌生长，某些香辛料如胡椒提取物对细菌有抑制作用。

一些国家还允许在发酵肠中添加抗氧化剂和滋味助剂L-谷氨酸，另外有些国家还允许在发酵肠中添加肉类填充剂，如植物蛋白尤其是大豆蛋白，最常使用的是大豆分离蛋白，添加量可达5%，一般认为当其使用量在2%以下时不会给产品质量带来不好影响。

（2）肉馅的制备和填充　发酵前的肉馅可以看作是均匀分散的乳化体系。肉馅中的水分含量和脂肪含量对发酵肠制品具有重要的影响。水分含量过高，发酵速度过快；而脂肪的含量越高，酸度下降得越慢。一般用鲜肉作为原料肉时，最好在绞肉前将瘦肉冷却到 $-4\sim-2℃$，也可以直接绞碎，绞成较大的颗粒而不能将其斩拌成肉糊状，以免系水力太强。脂肪最好在 $-8℃$ 左右的冻结状态下切碎，这样可以防止脂肪的所谓"成泥"现象，否则泥状的脂肪会包裹在肉粒表面，阻碍干燥过程中的脱水。

将搅碎的瘦肉和脂肪混合好，然后加入腌制剂、糖类和香辛料等混合均匀。肉馅在灌制前应尽量除去肉馅中的氧气，以免对产品的最终色泽和风味产生不良影响，这可以通过使用真空搅拌机来实现。灌装的温度要求不超过2℃，以0～2℃较为适宜。

灌制时应选择肠衣，天然肠衣是加工发酵香肠的最佳选择。如采用天然肠衣生产霉菌成熟的香肠，产品的香味和风味更好且成熟均匀；生产非霉菌香肠时，香肠表面很容易长青霉而且会向香肠内渗透，同时酵母菌的生长也很快，从而导致产品腐败变质。一般肠衣选择的基本要求是要有良好的透水性、透气性和弹性。填充时最好选用真空叶片式填充机，注意松紧适度。

（3）接种微生物发酵剂　传统发酵香肠的发酵环节是依靠原料及环境中所带的微生物进行的自然发酵，存在着不可靠性和不可控性，所以，在发酵香肠的现代加工工艺中，经常采用微生物纯培养物——发酵剂来实现对发酵过程的有效控制。发酵肠中发酵剂接种量一般为 $10^6\sim10^7$ CFU/g 肉馅，采用短时高温发酵时接种量更大一些，可以高达 10^8 CFU/g 肉馅。

霉菌和酵母的接种通常是在灌制之后。灌肠之后立即将霉菌和酵母的培养液喷洒在香肠表面，或者将香肠在预备好的霉菌和酵母的悬浮液中浸一下。

（4）发酵　灌装后，将肠体吊挂在成熟间开始发酵。对于干发酵香肠，控制温度为21～24℃，相对湿度为 75%～90%，发酵 1～3d。对于半干发酵香肠，温度控制在 30～37℃，相对湿度控制在 75%～90%，发酵 8～20h。世界各地加工发酵香肠的条件有很大差异，不能一概而论，例如匈牙利生产的色拉米香肠，发酵时的温度在 10℃左右；而美国生产的低pH 半干熏香肠发酵温度却高达 40℃。一般发酵温度越高，发酵时间越短，一般认为温度每升高 5℃，乳酸生成速率将提高 1 倍。但提高发酵温度也带来致病菌特别是金黄色葡萄球菌生长的危险。

发酵过程中，及时降低肉糜的 pH 十分重要。鲜肉的 pH 一般为 5.6～5.8，发酵香肠的终 pH 一般为 4.8～5.2。发酵初始阶段若不能及时降低 pH，易导致腐败菌的生长繁殖。

（5）干燥和成熟　各种发酵香肠的干燥程度相差很大。它是决定产品的物理化学性质和感官性状及其贮藏性能的主要因素。干燥过程会发生许多化学变化，使产品成熟，其中主要包括脂肪水解和蛋白质水解。这会影响到产品最终的感官性状，尤其是形成这类产品特有的风味和气味。

对于干发酵香肠，发酵结束后再进入干燥间进一步脱水。干燥室温度一般为 7～13℃，相对湿度为 70%～72%。干燥时间依据产品的形状（直径）大小而定，干发酵香肠的成熟时间一般为 10d 到 3 个月。对于半干发酵香肠，一般干燥失重不到 20%，干燥温度通常为

37～66℃，相对湿度为 60％。干燥的时间与干燥温度有关，高温条件下大约数小时即可完成，低温条件下干燥过程需要数天。

（6）烟熏　干发酵香肠大部分不需要烟熏，因干发酵香肠的水分活度和 pH 较低，贮运和销售过程不需冷藏。半干香肠一般需要熏制，可在一定程度上降低因其水分活度高导致的腐败变质。一般熏制温度为 32.2～43℃。现代加工方法也可将液体烟熏液直接添加到配料中，避免自然熏制带来的成分问题。

（7）包装　为了便于运输和贮藏，保持产品的颜色和避免脂肪氧化，成熟之后的香肠通常需要包装。多数传统发酵香肠只采取最简单的包装，如将产品放进纸板箱中。有些类型的产品是放在布袋或塑料袋中，某些半干香肠需采用真空包装，但真空包装容易导致香肠内部水分转移到表面。包装开启后酵母和霉菌会很快生长。

发酵香肠现在常采用切片和预包装然后零售。广泛使用的包装方法是真空包装，这对保持香肠的颜色和防止脂肪氧化是有益的。

任务三　色拉米香肠的加工

※ 【任务描述】

以牛肉、猪肉为原料，选择一种风味的色拉米香肠，设计工艺流程和操作规程并加工为成品。

※ 【工作准备】

（1）材料的准备　牛肉，猪肉，肠衣，精盐，蔗糖，白胡椒粉，胡椒粒，硝酸钠，乳杆菌发酵剂，亚硝酸钠，鲜红葡萄酒，鲜大蒜，全豆蔻、丁香、香樟等。

（2）仪器设备的准备　冷藏柜、烟熏炉、绞肉机、斩拌机、灌肠机、煮锅、台秤、天平、砧板、量筒、刀具、不锈钢盆、不锈钢托盘等。

（3）相关工具的准备　计算器、任务工单等。

※ 【工作程序】

程序 1　工艺流程

原料肉的选择与整理 → 煮酒 → 绞制 → 搅拌 → 灌装 → 初步脱水 → 干燥 → 成品

程序 2　配方的选择

牛去骨肩肉 20kg，猪肩部瘦肉 48kg，猪肩部肥肉 12kg，猪背膘冻肉 20kg，白胡椒粉 13g，胡椒粒 31g，硝酸钠 16g，亚硝酸钠 8g，鲜大蒜（或等量大蒜粉）63g，精盐 3.4kg，鲜红葡萄酒 2.3kg，丁香 16g，全豆蔻 63g，香樟 32g，乳杆菌发酵剂。

程序 3　操作要点

（1）原料肉的选择与整理　选择牛去骨肩肉、猪肩部瘦肉、猪肩部肥肉及猪背膘冻肉，去除肉中的筋腱、淤血、软骨、淋巴及其他杂质，清洗待用。

（2）煮酒　将金豆蔻和香樟放在小口袋中，与酒一起在比沸点稍低的温度下煮 10～15min，然后过滤，冷却。

（3）绞制　将牛肉用孔径 3.2mm、猪肉用孔径 13mm 筛板孔的绞肉机分别绞碎。

（4）搅拌　将肉与冷却的酒、腌制物料、胡椒和大蒜等一起放入搅拌机中，搅拌混合均匀。

（5）灌装　混合好的肉馅用灌肠机填充到猪直肠肠衣中。

（6）初步脱水　灌好的肠坯放到熟化间（温度 20～22℃，相对湿度 90%～94%）干燥 36h，以脱去部分水分。

（7）干燥　当肠表面收干之后，把香肠的小端用细绳结扎起来，每 12.7cm 长系一个扣。然后吊挂在 10℃的干燥室内 9～10 周。

程序 4　产品质量控制

产品质地坚实，外表有皱纹，肉质呈棕红色，味道鲜美，香气浓郁，留有回香。

※【注意事项】

（1）色拉米香肠也称萨拉米香肠，起源于意大利，在德国得到了一定改进，本工艺配方为意大利色拉米香肠。

（2）如果产品在干燥间发霉，那么需要对相对湿度做一些调整，长霉的产品应当用浸油的抹布擦掉霉斑。干燥间需要定期彻底清扫。

※【任务实施】

详见《肉制品加工技术项目学习册》的任务工单。

学习单元四　其他肠类加工技术

※【知识目标】

1. 掌握火腿肠的加工技术。
2. 掌握肉粉肠的加工技术。
3. 掌握香肚的加工技术。

※【技能目标】

1. 能够熟练进行绞肉、斩拌、灌装、杀菌等工序操作。
2. 能进行火腿肠、肉粉肠、香肚的加工。

灌肠类制品种类较多，除了以上介绍的之外，常见的还有腊肠、火腿肠、肉粉肠、香肚、肉糕、肉圆等。其中腊肠的加工在中式腌腊制品中已有介绍，在此不再赘述。

火腿肠最先起源于日本和欧美，引入我国已有近 30 年的历史，高温火腿肠由于味道鲜嫩、食用方便、便于携带与贮藏，因此发展异常迅速，仅仅十几年就成为我国肉制品市场的主导产品之一，一直延续至今。火腿肠是以鲜或冻畜、禽、鱼肉为主要原料，经腌制、绞肉、斩拌、灌入塑料肠衣，高温杀菌加工而成的肠类制品。其具体加工工艺见任务四。

一、肉粉肠的加工

肉粉肠是以畜肉、禽肉为主要原料，添加调味料、香辛料，添加或不添加食品添加剂，经绞肉、搅拌、灌入肠衣，采用熏烤、蒸煮、冷却等工艺加工的淀粉含量大于10％的熟肉制品。

1. 工艺流程

原料选择 → 绞肉 → 配料、拌馅 → 灌装 → 煮制 → 熏制

2. 操作要点

（1）原料选择　选择经过检验的健康二级猪肉，肥瘦比约为30：70。

（2）绞肉　将猪肉用4mm孔板的绞肉机绞碎，备用。

（3）配料、拌馅

① 配方1　猪肉80kg，淀粉20kg，食盐3～4kg，亚硝酸钠12.5g，味精200g，大葱2kg，姜1kg，花椒粉200g，香油2kg。

② 配方2　猪肉70kg，淀粉30kg，食盐3～4kg，亚硝酸钠12.5g，味精150g，大葱1.6kg，姜1kg，花椒粉200g，香油1kg。

将肉与各种配料搅拌均匀。注意加水量，一般1kg淀粉约加水2kg。

（4）灌装　选择猪小肠衣，直径约为50～62cm，用灌肠机进行灌装。注意灌装时松紧适度，每根长100cm，将两头对折，用自身的肠衣头打结系牢。非真空灌装的需要针刺排气。

（5）煮制　将灌装好的生肠放入100℃水温的锅中，之后在90℃温度下煮制30～40min。

（6）熏制　将冷却后的肉肠放入烟熏炉内进行熏制，注意摆放不要相互粘连，留有间隔。熏制温度90℃，时间6～7min。

肉粉肠成品外观呈褐色，内部粉红色，熏色均匀，表面光滑无黑斑，具有肉肠应有的滋味和香气。肠体整齐，没有破损，有弹性。

二、香肚的加工

香肚，又叫小肚，是用膀胱作为包装材料，内装配制好的肉馅加工而成的肉制品。香肚形如苹果，小巧美观，肉质紧实，便于贮藏和携带，食用方便，滋味鲜美，有生肚和熟肚两种类型。

1. 南京香肚加工

南京香肚是南京著名特产之一，创于清同治年间。在1910年举行的南洋劝业会上，南京香肚同南京板鸭一起荣获优质奖，从此名扬四海，畅销各地。

（1）工艺流程

肚皮的准备 → 泡肚 → 配料、拌馅 → 装肚 → 晾晒 → 发酵 → 堆叠贮藏

（2）操作要点

① 肚皮的准备　肚皮因加工方法不同有干制肚皮与盐渍肚皮两种。其中干制肚皮准备工序如下。

a. 膀胱修整　选择新鲜的膀胱，将尿液挤净，洗去外面污物，剪去脂肪、油筋及过长的膀胱颈，注意不要将膀胱壁剪破，适当保留输尿管近端，以便充气。

b. 浸泡膀胱　用烧碱（NaOH）液浸泡膀胱。碱液浓度和浸泡时间根据气候情况灵活把握。夏季每100kg修整好的膀胱用碱6kg（其他季节9kg），加清水180kg。待溶液配好搅拌均匀后，把膀胱放入，使液面浸没膀胱。浸泡时间：夏季5～6h，春秋季10h，冬季18h左右，如果气温低，时间可适当长些。浸泡过程中还要搅拌3～4次。浸泡至膀胱颈呈现紫

红色为止。浸泡后取出滤净，在清水缸中浸泡 10d 左右，每天换一次清水，搅拌 3～4 次，直至肚皮洁白为止。

c. 打气晾晒　将浸泡好的膀胱捞出，挤去水分，用空压机（或打气筒）打入空气，使膀胱膨胀呈球形，然后用细麻绳扎住膀胱颈口，挂起晾干或烘干。

d. 裁剪缝制　将干燥的膀胱剪去颈，把肚皮叠成半球形或月牙形。然后按所需规格大小和形状裁剪，用机器缝制成圆的袋形，上口不缝，以便装肚。大肚皮高 18cm，口径 9.5cm，下弧最宽处 12.5cm；小肚皮高 16.5cm，口径 9.3cm，下弧最宽处 12cm。

盐渍肚皮也是加工南京香肚常用的一种肚皮。首先，选择新鲜的猪膀胱，去掉膀胱上的管子、筋络和脂肪。然后按每 10kg 的肚皮用盐 1kg 的量，分两次擦盐。第一次用盐量约占总用盐量的 70%，在肚皮的内外均匀涂擦干盐，再逐个放在缸中并加盖封严贮藏。经 10d 后，进行第二次擦盐，将剩下的 30% 的盐再内外擦上。擦完盐后重新放入缸中贮藏。腌制 3 个月后，从盐卤中取出膀胱，再使用少量干盐，对膀胱进行揉搓腌制，然后放入蒲包中晾挂，可保藏 2 年左右，作为香肚的基本原料备用，通过盐渍可有效去除膀胱的尿臊味。

② 泡肚　将干制或盐渍的肚皮洗净，在清水中浸泡备用。

③ 配料、拌馅　配方：猪瘦肉 70kg，猪肥膘 30kg，白砂糖 5kg，精盐 5kg，硝酸钠 100g，五香粉 100g。

拌馅时，将瘦肉切成如筷子粗细的细长条，长 3cm 左右，肥膘切成小肉丁，然后将盐、糖、硝及调味品等放入搅拌均匀，静置 30min。

④ 装肚　根据肚皮的大小不同，将肉馅装入肚内，一般每个肚皮装馅 200～250g，较大的可装 300～350g。装馅时用左右手的中指与大拇指捏住肚边，向外翻使肚口张开对着肉堆，随即把肉馅装进肚里，并整揉几下。同时用竹签在四周刺孔，排出肚内空气，用双手紧握肚皮上部，轻轻在砧板上揉搓，使香肚肉馅紧密，然后用细麻线打个活节，套在封口处收紧。

⑤ 晾晒　扎口后的香肚，挂在阳光下通风的地方晾晒。晾晒时间以不同的季节随温度不同而稍有差异，比如冬春季在南京地区平均温度在 16℃ 以下，晾晒 2～3d 即可。晒好的香肚外表干燥，肚皮呈半透明状，肥膘与瘦肉颜色鲜明，肚皮扎口处干透。

⑥ 发酵　晒好的香肚，首先剪去扎口的长头，然后每 10 只吊挂在一起，移入通风干燥的库房内晾挂，肚与肚之间要保持一定的间距，以便于通风。一般经 40d 左右即可变为成品。这时应把库门关闭，防止干燥而引起出油和变形。在南京自然条件下，正常的保藏期间，首先香肚表面长出一层红色霉菌，逐渐由红变白，最后呈现绿色，这是正常发酵鲜化的标志。如只长红霉，而表面发黏，是由于香肚没有晾干或库内湿度较大所致，必须加强通风。

⑦ 堆叠贮藏　将发酵好的香肚，刷掉霉菌，每 4 只连在一起，并以每 100 只香肚用麻油 2kg 加以搅拌，使香肚表面都涂满一层麻油，再堆叠于缸中。一般可保藏半年以上。

香肚食用时应先用清水洗刷，再放入冷水锅中加热煮沸 1h 左右。待冷却后方可切开食用，否则脂肪熔化流失，肉馅松散，失去特色。香肚成品形如苹果，肉质紧密，红白分明，食之香嫩可口，略有甜味。

2. 哈尔滨松仁小肚加工

松仁小肚是哈尔滨正阳楼的一道风味名产，以内含松仁而得名。

（1）工艺流程

原料整理 → 制馅 → 灌制 → 煮制 → 熏制 → 成品

（2）操作要点

① 原料整理　选用新鲜或解冻的猪前后腿肉，去除肉中的淤血、筋腱、碎骨等杂质，肥膘最好选用猪背膘。将瘦肉、肥膘清洗干净，切成4~5cm长、3~4cm宽和2~2.5cm厚的肉块。

② 制馅　配方：猪肉100kg（肥瘦比约为1.5:8.5），绿豆淀粉25kg，松子仁300g，香油3kg，大葱2kg，鲜姜1kg，味精300g，精盐4.5kg，花椒粉120g。

把肉块、淀粉和全部辅料一并放入搅拌机内，加入适量清水溶解拌匀，搅到馅浓稠带黏性为止。每100kg原辅料加水60~65kg。

③ 灌制　选择合格的肚皮（猪膀胱）洗净，沥干水分，用手工或机械将馅灌入其中，灌装馅时不要灌满，以3/4为好，然后针刺排除气体，用竹针缝好肚皮口，用清水冲洗干净。选择的猪肚大小要基本一致。

④ 煮制　下锅前逐个用手将小肚捏一捏，以防肚内淀粉沉淀。下锅时先下大个的，后下小个的，水沸时入锅，保持水温85℃左右。入锅后每半小时左右扎针放气一次，把肚内油水放尽。经常翻动，以免生熟不均，锅内的浮沫随时清出。煮制2h左右即可出锅。

⑤ 熏制　煮好冷却后的小肚在熏炉或熏锅中用糖和锯末进行熏制，糖和锯末的比例为3:1。如果锯末太干时，要加入适量水，使锯末潮湿，以便发烟。小肚不要堆得过紧，间隔3~4cm，便于熏透熏均匀。一般熏7~8min，冷晾后除去竹针，即为成品。

哈尔滨松仁小肚成品外表呈棕褐色，烟熏均匀，光亮滑润，肚内肥肉洁白，瘦肉呈淡红色，淀粉浅灰；外皮无皱纹，不破不裂，结构紧密有弹性，肉质分明，切面有光泽；味鲜美，清香可口，具有松仁独特的香气，无异味。

任务四　火腿肠的加工

※【任务描述】

以猪肉为原料，选择一种配方的火腿肠制品，设计工艺流程和操作规程并加工为成品。

※【工作准备】

（1）材料的准备　猪肉、鸡皮、食盐、淀粉、亚硝酸钠、异抗坏血酸钠、三聚磷酸盐、白砂糖、味精、分离蛋白、卡拉胶、红曲色素、鲜姜、白胡椒粉、酵母味精、PVDC肠衣、冰水等。

（2）仪器设备的准备　绞肉机、搅拌机、斩拌机、天平、灌肠机、杀菌锅等。

（3）相关工具的准备　计算器、任务工单等。

※【工作程序】

程序1　工艺流程

原料肉选择及处理 → 绞肉 → 腌制 → 斩拌 → 充填 → 高温杀菌 → 干燥 → 成品

程序2　配方选择

猪精瘦肉70kg，肥肉20kg，鸡皮10kg，亚硝酸钠10g，异抗坏血酸钠60g，食盐3.3kg，三聚磷酸盐0.5kg，白砂糖2.2kg，味精0.25kg，分离蛋白4.0kg，卡拉胶0.5kg，淀粉20kg，冰水55kg，红曲色素0.12kg，鲜姜2.0kg，白胡椒粉0.25kg，猪肉型酵母味精0.5kg，LB05型酵母味精0.5kg。

程序3 操作要点

（1）原料肉选择及处理 选用经检验符合食品卫生要求的鸡皮及（冻）猪肉，猪肉要肥瘦分开，去除筋腱、血液、结缔组织等成分。冷冻肉需要自然或低温解冻。

（2）绞肉 分别将不同原料肉通过绞肉机，绞成6～8mm直径的肉粒。控制好肉温不超过10℃，否则肉馅的持水力、黏结力就会下降，影响成品的质量。

（3）腌制 将绞碎的肉放入搅拌机中，同时加入食盐、亚硝酸钠、三聚磷酸盐、异抗坏血酸钠以及各种调味料和香辛料等，搅拌5～10min，搅拌均匀。搅拌时注意温度不要超过10℃。搅拌好以后，将肉料放入腌制室腌制24h。腌制室温度0～4℃，相对湿度85%～90%。腌制好的肉应颜色鲜红且均匀，肉料富有弹性和黏性。

（4）斩拌 用斩拌机将肉料进一步斩拌成肉糜状。斩拌是生产火腿肠的重要工序，斩拌的好坏直接决定产品的质量。斩拌前先用冰水将斩拌机降温至10℃左右，然后将瘦肉、鸡皮、食盐、三聚磷酸盐、亚硝酸钠和1/3冰水加入斩拌机，高速斩拌1～2min，接着加入卡拉胶、分离蛋白、1/3冰水等斩拌2～3min，然后再陆续加入脂肪、香辛料、淀粉以及剩余冰水，再斩拌2～5min结束。斩拌时应先慢速混合，再高速乳化，一般用时5～8min。斩拌结束后控制温度在12℃以内。

（5）充填 使用灌肠机将斩拌好的肉充填到PVDC（聚偏二氯乙烯）肠衣中，一般采用连续真空灌肠机充填。

（6）高温杀菌 充填后的火腿肠应在30min内利用杀菌锅进行高温杀菌。

杀菌温度和杀菌时间应根据产品品种及规格不同而有所区别。如45g、60g、75g重的猪肉火腿肠120℃恒温20min；135g、200g重的猪肉火腿肠120℃恒温30min；40g、60g、75g重的鸡肉火腿肠115℃恒温30min；135g、200g重的鸡肉火腿肠115℃恒温40min。一般情况下，从热水进锅升温到冷却结束需要用时1.5h。

（7）干燥 杀菌后，应将火腿肠依次摆入周转箱，送入干燥间，尽快排除火腿肠表面的水分，防止两端结扎处因残存水分引起杂菌污染，发生霉变。在向周转箱摆放产品的同时，应将弯曲、变形、破裂等不合格产品剔出。

程序4 产品质量控制

（1）感官 火腿肠肠衣干燥完整，肠体均匀饱满，肉质紧密，富有弹性，无黏液和霉斑，切面坚实而湿润，肉呈均匀的蔷薇红色，有火腿肠特有的香味，无异味。

（2）理化指标 水分（%）≤76；蛋白质含量（%）≥10；脂肪含量（%）6～16；淀粉含量（%）≤10；食盐含量（%）≤3.5；亚硝酸盐（mg/kg，以 $NaNO_2$ 记）≤30。

（3）微生物指标 菌落总数（个/g）≤20000（出厂），细菌总数（个/g）≤50000（出厂）；大肠菌群（个/g）≤30（出厂），细菌总数（个/g）≤30（销售）；致病菌不得检出。

※ 【注意事项】

（1）火腿肠在绞肉及斩拌过程中要控制温度，不高于12℃，一旦温度过高，不利于肉的乳化，进而影响到产品的品质。比如绞肉时应注意一次填量不要过多，尤其是脂肪，要少量多次加入绞制。斩拌时要注意加料顺序，并分次加入冰水，避免肉的温度升高。

（2）灌制的肉馅要紧密无间隙，防止装得过紧或过松，胀度要适中，以两手指压肠子两边能相碰为宜。

※ 【任务实施】

详见《肉制品加工技术项目学习册》的任务工单。

思 考 题

1. 斩拌的目的是什么? 怎样进行斩拌操作?
2. 简述乳化型香肠的一般加工工艺流程。
3. 简述发酵香肠的一般加工工艺流程。
4. 简述香肠制品在加工过程中常遇到的质量问题。
5. 简述生产香肠制品用的灌制材料。
6. 煮制过程中如何控制温度以达到较高的成品率?

【产品介绍】

　　成型火腿是目前国内外发展最为迅速的肉制品，指用猪腿肉、肩肉、腰肉添加其他部位的肉或其他畜肉、禽肉、鱼肉，经腌制后加入辅料，装入包装袋或容器中成型，水煮后则为成型火腿（又称压缩火腿）。成型火腿包括盐水火腿、烟熏火腿、肉糜火腿等。成型火腿可随市场需求制成各种风味的制品，产品肉嫩多汁，口味鲜美，出品率高，并且适合于机械化连续生产，产品规格化，食用方便，近几年来在国内肉类市场中深受欢迎。

学习单元一　肉的注射与滚揉技术

※【知识目标】

1. 熟悉成型火腿的种类与加工原理。
2. 掌握盐水配制方法及盐水注射要求。
3. 掌握滚揉（按摩）方法与操作规程。

※【技能目标】

1. 能配制盐水并用盐水注射器按要求进行注射。
2. 能按要求进行滚揉（按摩）的操作。
3. 能根据不同产品的需要调整注射机、滚揉机的工作参数。

一、成型火腿的种类

　　（1）根据原料肉的种类　成型火腿可分为猪肉火腿、牛肉火腿、兔肉火腿、鸡肉火腿、混合肉火腿等。

　　（2）根据肉的切碎程度　成型火腿可分为肉块火腿、肉粒火腿、肉糜火腿等。

　　（3）根据杀菌熟化的方式　成型火腿可分为低温长时杀菌火腿和高温短时杀菌火腿。

　　（4）根据成型形状　成型火腿可分为方火腿、圆火腿、长火腿、短火腿等。

（5）根据包装材料　成型火腿可分为马口铁罐装的听装火腿，耐高温复合膜包装的常温下可作长期保藏的火腿肠及普通塑料膜包装的在低温下作短期保藏的各类成型火腿。

二、成型火腿的加工原理

成型火腿的最大特点是具有良好的成型性、切片性，适宜的弹性，鲜嫩的口感和很高的出品率。

1. 良好的成型性、切片性

使肉块、肉粒或肉糜加工后黏结为一体的黏结力来源于两个方面：一方面是经过腌制尽可能促使肌肉组织中的盐溶性蛋白溶出；另一方面在加工过程中加入适量的添加剂，如卡拉胶、植物蛋白、淀粉及改性淀粉。经滚揉后肉中的盐溶性蛋白及其他辅料均匀地包裹在肉块、肉粒表面并填充其空间，经加热变性后则将肉块、肉粒紧紧粘在一起，并使产品富有弹性和良好的切片性。

2. 鲜嫩的口感

成型火腿经机械切割嫩化处理及滚揉过程中的摔打撕拉，使肌纤维彼此之间变得疏松，再加之选料的精良和良好的保水性，保证了成型火腿的鲜嫩特点。

3. 良好的保水性

成型火腿的盐水注射量可达 20%～60%。肌肉中盐溶性蛋白的提取、复合磷酸盐的加入、pH 的改变以及肌纤维间的疏松状都有利于提高成型火腿的保水性，提高了出品率。

因此，经过腌制、嫩化、滚揉等工艺处理，再加上适宜的添加剂，保证了成型火腿的独特风格和高质量。

三、肉的注射与滚揉操作

1. 成型火腿的加工工艺

原料肉预处理 → 盐水注射(切块→湿腌) → 腌制、滚揉 → 装模 → 蒸煮(高压灭菌) → 冷却 → 检验 → 成品

2. 操作要点

成型火腿的加工具有工艺标准化、产品标准化、工业化程度高、可以规模生产的特点。一般生产设备有盐水注射机、滚揉机、斩拌机、灌装机、烟熏蒸煮设备以及各种肉品包装设备等，这些设备自动化程度高，操作方便，适合大规模自动化生产。腌制、滚揉、斩拌、烘烤、烟熏、蒸煮、冷却是成型火腿加工的重要步骤，而腌制、斩拌、烘烤、烟熏、蒸煮等工艺在前面章节中已作介绍，这里只重点学习注射与滚揉技术。

（1）肉的注射　注射法是使用专用的盐水注射机，把已配好的腌制液通过针头注射到肉中而进行腌制的方法。

①盐水注射的目的　加快腌制速度，缩短腌制时间；使腌制更均匀；提高产品出品率。

②注射量　盐水注射量一般用百分比表示。例如：20%的注射量则表示每 100kg 原料肉需注射盐水 20kg。一般情况下注射量控制在 20%～25%，可通过称量肉在注射前后重量的变化了解注射量。盐水的注射量如果提高，出品率也会相应提高，但不能无限度地增加注射量。如果要想注入更多的盐水，就必须加强滚揉、添加卡拉胶等，使盐水得以保留在肉的内部。

③盐水注射的方式　目前盐水注射机大体上分为两类：步移式注射机和滚筒式注射机，其中以步移式为主。根据传动原理的不同，步移式注射机有三种类型：机械式注射、气压式注射和液压式注射。液压式注射其传动原理是通过液压推动油缸活塞来带动针头的上下运行

完成注射。由于液体的不可压缩性，使得针头的压力始终保持一致，保证了注射量的均匀一致，是效果较为理想的一种注射方式。

④ 盐水注射机工作原理　盐水注射机由压力泵、贮液罐、注射针及传送带等部分组成。工作时，把腌制液装入贮液罐中，贮液罐与注射针的针管由压力阀相连接。作业时，称重后的肉片放在喂料传送带上，被推移从注射针下部通过。加压阀使贮液罐中的腌制液进入注射针管中，当针头冲碰到肉片时开始盐水注射，针头恒速下降。针头上升时，停止注射。盐水注射机配有几十至几百只注射针，通过注射针的上下运动（5～120 回/min），把腌制液定量、均匀、连续地注入原料肉中。

⑤ 操作注意事项

a. 针头的高低、盐水的注射量和注射压力，均应调至与输送的速度一致，使肉注射均匀。

b. 注射液在注射前一定要过滤，否则将会使腌制肉出现斑点或注射针头阻塞等。

c. 先启动盐水注射机至盐水能入针内排出后，再注射肉，以免将注射机内的清水或空气注入肉内。

d. 针头的注射速度要慢，不要使肉留下注射痕迹。

e. 注射前后要认真清洗盐水注射机，特别是管道内和针内。注射前后要用清水使机器空转 2～5min。

（2）滚揉　将经过盐水注射的肌肉放置在一个旋转的鼓状容器中，或者是放在有垂直搅拌桨的容器内进行处理的过程称之为滚揉或按摩。滚揉是成型火腿生产中最关键的工序之一，是机械作用与化学作用有机结合的典范，它直接影响着产品的切片性、出品率、口感、颜色。

① 滚揉的作用

a. 疏松肌纤维，加速腌制过程，提高最终产品的均一性；

b. 促进盐溶性蛋白的提取，改善制品的黏结性和切片性；

c. 增强肉的吸水能力，提高产品嫩度和多汁性；

d. 改善制品的色泽，并提高色泽的均匀性；

e. 降低蒸煮损失和减少蒸煮时间，提高产品的出品率。

② 滚揉的作用原理

a. 物理作用　在滚揉机的运转过程中，机械与肉块之间、肉块彼此间发生拉牵和挤压，使肌肉的组织变得疏松，肌纤维分散，结缔组织也有所软化。

b. 化学作用　滚揉使肌肉组织结构压迫、舒张交替进行，导致肉块各个小环境中的压力不断发生不规则变化，从而在不同时间内每个小环境周期性地进行吸入和挤出腌制液的过程，最终达到腌制液在肉块中分布平衡的状态。同时，滚揉使肌纤维疏松，也促进了腌制液的渗透扩散，缩短了化学作用的时间。

③ 滚揉过度与滚揉不足的影响

a. 滚揉不足　滚揉时间短，肉块内部肌肉还没有松弛，盐水还没有被充分吸收，蛋白质萃取少，以致肉块里外颜色不均匀，结构不一致，黏合力、保水性和切片性都差。

b. 滚揉过度　滚揉时间太长，被萃取的可溶性蛋白出来太多，在肉块与肉块之间形成一种黄色的蛋白胨（即变性的蛋白质），从而影响产品整体色泽，使肉块黏结性、保水性变差。

④ 滚揉好的标准和要求

a. 肉的柔软度　手压肉的各个部位无弹性，手拿肉条一端不能将肉条竖起，上端会自动倒垂下来。

b. 肉块表面被凝胶物均匀包裹，肉块形状和色泽清晰可见。肌纤维破坏，明显有"糊"状感觉，但糊而不烂。

c. 肉块表面很黏，将两小块肉条粘在一起，提起一块，另一块瞬间不会掉下来。

d. 刀切任何一块肉，里外色泽一致。

⑤ 滚揉方式　根据滚揉机的性能，滚揉可分为真空滚揉和非真空滚揉；根据滚揉的方式，滚揉可分为连续式滚揉和间歇式滚揉。连续式滚揉是指将注射盐水后的肉块送入滚揉机中连续滚揉 40～100min，然后在冷库中腌制的方法。这种方式通常在灌装前还要进行一次滚揉。间歇式滚揉是指在整个腌制期内定期定时开机滚揉的方法。间歇式滚揉较连续式滚揉具有以下特点。

a. 温度变化小　滚揉过程中，由于摩擦作用会导致肉温升高。间歇式滚揉每次有效滚揉时间较短而间歇时间较长，肉温变化较小。

b. 成品质量好　在间歇期可使提取的蛋白均匀附着而避免在肉块表面局部形成泡沫，使成品结构松散，质地不良。

⑥ 滚揉的技术参数

a. 滚揉时间　滚揉时间并非所有产品都是一样的，要根据肉块大小、滚揉前肉的处理情况、滚揉机的具体情况分析再确定。

b. 适当的载荷　滚揉机内盛装的肉一定要适量，过多或过少都会影响滚揉效果。肉块过多，效果不佳；肉块过少，滚揉时间则应延长。一般设备制造厂都给出罐体容积，建议按容积的 60% 装载。

c. 滚揉期和间歇期　在滚揉过程中，适当的间歇是很有必要的，使肉在循环中得到"休息"。一般采用开始阶段 10～20min 工作，间歇 5～10min，至中后期，工作 40min，间歇 20min。根据产品种类不同，采用的方法也各不相同。

d. 转速　建议转速 5～10r/min。

e. 滚揉方向　滚揉机一般都有正转、反转功能。在卸料前 5min 反转，以清理出滚筒翅片背部的肉块和蛋白质。

f. 真空　"真空"状态可促进盐水的渗透，有助于清除肉块中的气泡，防止滚揉过程中气泡产生，一般真空度控制在 60～90kPa。若真空度太高，肉块中的水反而会被抽出来。

g. 温度控制　较理想的滚揉间温度为 0～4℃。当温度超过 8℃，产品的结合力、出品率和切片性等都会显著下降。

h. 呼吸作用　有些先进的滚揉机还具有呼吸功能，就是通过间断的真空状态和自然状态转换，使肉松弛和收紧，达到快速渗透的目的。

⑦ 滚揉设备　目前常见的滚揉机有两大类：旋转式滚筒滚揉机和固定式搅拌滚揉机。

a. 旋转式滚筒滚揉机　它的外形为卧置的滚筒，筒内装有经盐水注射后需滚揉的肉，由于滚筒的转动，肉在筒内上下往复翻动，使肉相互撞击，从而达到滚揉的目的。

b. 固定式搅拌滚揉机　这种机器近似于搅拌机，外形也是圆筒形，但不能转动，筒内装有能转动的桨叶，通过桨叶搅拌肉，使肉在筒内上下滚动，相互摩擦而变松弛。

目前使用更多的是滚筒式滚揉机。该机器一般与盐水注射机配合使用，能加速盐水注射液在肉中的渗透，缩短腌制时间，使腌制均匀。

任务一　盐水的配制与注射

※ 【任务描述】

某火腿产品中各种成分的含量为盐2.5%，糖2%，磷酸盐0.5%，亚硝酸盐0.015%，异抗坏血酸钠0.015%，注射量为20%，计算腌制液中各成分的含量，并且根据计算结果配制盐水并进行注射。

※ 【工作准备】

(1) 材料的准备　水、食盐、亚硝酸盐、磷酸盐、糖、异抗坏血酸钠及防腐剂、香辛料、调味料等。

(2) 仪器设备的准备　冷藏柜、台秤、天平、量筒、波美度计、盐水注射机等。

(3) 相关工具的准备　计算器、任务工单等。

※ 【工作程序】

程序1　盐水的配制

盐水中的主要腌制成分是食盐、磷酸盐、糖、亚硝酸盐、异抗坏血酸钠及防腐剂、香辛料、调味料等。

盐水配制时各成分的加入顺序非常重要。首先用4℃水溶解磷酸盐，搅拌至完全溶解，再加入异抗坏血酸钠，待完全溶解后，最后加入食盐、亚硝酸盐、糖和调味料，搅拌至完全溶解。盐水配制好后放在7℃以下冷却间内，以防温度升高，细菌增长。若要加入蛋白质，则在注射前1h加入，然后搅拌倒入盐水注射机贮液罐中。配制盐水时，不能最后加入磷酸盐，因为磷酸盐在高浓度溶液中更难溶解，溶解后易形成沉淀。

程序2　盐水的注射

用盐水注射器把8~10℃的盐水定量注入肉块内。大的肉块应多处注射，以达到大体均匀为原则。盐水的注射量一般控制在20%~25%。注射多余的盐水可加入肉盘中浸渍。注射工作应在4~10℃的冷库内进行，若在常温下进行，则应把注射好盐水的肉，迅速转入(2~4)℃±1℃的冷库内。若冷库温度低于0℃，虽对保质有利，但却使肉块冻结，盐水的渗透和扩散速度大大降低，而且由于肉块内部冻结，滚揉时不能最大限度地使蛋白质外渗，肉块间黏合能力大大减弱，制成的产品容易松碎，产品的保水性、切片性、质构特性和感官特性都不能达到设计的要求。腌渍时间控制在16~20h，其腌制所需时间与温度、盐水是否注射均匀等因素有关。

盐水注射的关键是确保盐分准确注入，且剂量能在肉块中均匀分布。为了防止盐水在肉外部泄露，注射机的针头都是特制的，只有针头碰触到肉块产生压力时，盐水开始注射，而且每个针头都具备独立的伸缩功能，确保注射顺利。

※ 【注意事项】

(1) 盐水要求在注射前24h配制以便于充分溶解。

(2) 在注射前，将盐水提前15min倒入注射机贮液罐，以驱赶盐水中的空气。

(3) 盐水注射机应随时保持清洁，不洁的针管最易污染肉块，可导致肉块变色，并降低产品可贮性。针头发钝则将撕裂肉块表面，影响注射效果，应立即更换。

※ 【任务实施】

详见《肉制品加工技术项目学习册》的任务工单。

学习单元二　盐水火腿加工技术

※ 【知识目标】

1. 掌握盐水火腿的加工工艺及质量控制。
2. 掌握腌制液的配制方法。

※ 【技能目标】

1. 能根据成品率指标设计腌制液配方。
2. 能使用注射机、滚揉机进行注射腌制。
3. 能使用绞肉机、搅拌机、嫩化机制馅。
4. 能使用烟熏炉完成烘烤、烟熏、蒸煮熟制，达到成品的质感要求。

盐水火腿是用大块肉经整形修割（剔去骨、皮、脂肪和结缔组织）、盐水注射腌制、嫩化、滚揉、充填，再经熟制、烟熏（或不烟熏）、冷却等工艺制成的熟肉制品。其主要优点是：①生产周期短，从原来的 7～8d 缩短到 2d；②成品率高，从原来的 70% 左右提高到110% 左右；③盐水火腿由于选料精良，且只用纯精肉，加工细腻，辅料中又添加了品质改良剂磷酸盐和维生素 C、葡萄糖、植物蛋白等辅料，所以营养价值高，质量好，切面呈鲜艳的玫瑰红色，色质鲜嫩可口，咸淡适中，风味好；④由于对原料采用滚揉，使肌肉内部的蛋白质外渗，所以成品的黏合性强；⑤成品可直接食用，也可切成片或丁，与其他食品混合烹调；⑥成品率高，降低了成本，具有方便食品的优点。

一、工艺流程

原料的选择及修整 → 盐水的配制及注射腌制 → 嫩化 → 滚揉 → 充填成型 → 蒸煮与整形 → 冷却 → 成品

二、操作要点

1. 原料的选择及修整

（1）原料　应选择经兽医卫生检验，符合鲜售的猪后腿或大排（即背肌），两种原料以任何比例混合或单独使用均可。

（2）剔骨和整理　剔骨时应注意：要尽可能保持肌肉组织的自然生长块形，刀痕不能划得太大太深，且刀痕要少，做到尽量少破坏肉的纤维组织，以免注射盐水时大量外流，让盐水较多地保留在原料内部，使肌肉保持膨胀状态，有利于加速扩散和渗透均匀，以缩短腌制时间。

（3）修肉　除去硬筋、肉层间的夹油、粗血管等结缔组织和软骨、淤血、淋巴结等，使之成为纯精肉，再用手摸一遍，检查是否有小块碎骨和杂质残留。把修好的后腿精肉，按其自然生长的结构块形，大体分成四块。对其中块形较大的肉，沿着与肉纤维平行的方向，中间分成两半，避免腌制时因肉块太大而腌不透，产生"夹心"。然后把经过整理的肉分装在能容 20～

25kg 不透水的浅盘内，每 50kg 肉平均分装三盘，肉面应稍低于盘口为宜，等待注射盐水。

2. 盐水配制及注射腌制

盐水的主要成分包括食盐、亚硝酸盐、糖、磷酸盐、异抗坏血酸钠及防腐剂、香辛料、调味料等。其中盐与糖在腌制液中的含量取决于消费者的口味，而亚硝酸盐、磷酸盐、异抗坏血酸钠等添加剂的量取决于相关法律法规的规定。将上述添加剂用 0～4℃ 的软化水充分溶解，并过滤，配制成注射盐水。

盐水的组成和注射量是相互关联的两个因素。在一定量的肉块中注入不同浓度和不同注射量的盐水，所得制品的产率和制品中各种添加剂的浓度是不同的。盐水的注射量越大，盐水中各种添加剂的浓度应越低；反之，盐水注射量越小，盐水中各种添加剂的浓度应越大。

要确定盐水中各种成分的含量，则必须首先确定出最终产品中各种成分的含量及盐水的使用或注射量。各种成分在腌制液中的含量可由以下经验公式计算：

$$X = \frac{P+100}{P} \times Y$$

式中 X——该成分在腌制液中的含量，%；

P——腌制液注射量，%；

Y——该成分在最终产品中的含量，%。

例如：某产品中各种成分的含量为：盐 2.5%，糖 2.0%，磷酸盐 0.5%，亚硝酸盐类 0.015%，维生素 C 0.015%，注射量为 20%，则腌制液中各成分的含量分别如下。

盐：$X = \frac{20+100}{20} \times 2.5\% = 15\%$

糖：$X = \frac{20+100}{20} \times 2.0\% = 12\%$

亚硝酸盐类：$X = \frac{20+100}{20} \times 0.015\% = 0.09\%$

维生素 C：$X = \frac{20+100}{20} \times 0.015\% = 0.09\%$

磷酸盐：$X = \frac{20+100}{20} \times 0.5\% = 3\%$

各种成分在腌制液中的总量约为 30%，则水量约为 70%。也就是说，若需 100kg 腌制液，则需水 70kg，盐 15kg，糖 12kg，磷酸盐 3kg，亚硝酸盐类和维生素 C 各 0.09kg。

将配制好的盐水由盐水注射机均匀地注射到经修整的肌肉组织中。所需的盐水量可根据产品的配方、所采用的盐水注射设备的类型和大小，调整压力、速度、注射顺序和注射次数，确保按照配方要求，将所有的添加剂准确、均匀地注射到肉中。如果原料肉中盐水分布不均匀，会导致产品颜色和组织结构不良，缺乏味道，保存期短，或局部盐过多、积水多、颜色不稳定等问题。

3. 嫩化

嫩化是利用嫩化机在肉的表面切开许多 15mm 左右深的刀痕。嫩化的作用如下。

① 破坏肌束、肌腱结构的完整性，增加肉块的表面积，以提取足够的蛋白质来增加肉的黏合性和保水性；

② 促进腌制剂发挥作用，使各种添加剂充分吸收。

4. 滚揉

滚揉程序包括滚揉和间歇两个过程。间歇可减少机械对肉组织的损伤，使产品保持良好的外观和口感。一般盐水注射量在25%的情况下，需要16h的滚揉程序。在每小时中，滚揉20min，间歇40min。也就是说在16h内，滚揉时间为5h左右。在实际生产中，滚揉程序随盐水注射量的增加而适当调整。

5. 充填成型

（1）成型方法　滚揉以后的肉料，通过真空火腿压模机将肉料迅速压入模具中成型，不宜在常温下久置，否则蛋白质的黏度会降低，影响肉块间的黏着力。一般充填压膜成型要抽真空，其目的在于避免肉料内有气泡，造成蒸煮时损失或产品切片时出现气孔现象，延长保存期。

（2）成型方式　火腿压膜成型一般包括塑料膜压膜成型和人造肠衣成型两类。人造肠衣成型是将肉料用充填机灌入人造肠衣内，用手工或机器封口，再经熟制成型。塑料膜压模成型是将肉料充入塑料膜再装入模具内，压上盖，蒸煮成型，冷却后脱膜，再包装而成。

6. 蒸煮

蒸煮有蒸汽加热和水煮两种方式。水煮时可用高压蒸汽釜或水浴槽，而蒸汽加热现多用三用炉。金属模具火腿多用水煮加热，充入肠衣内的火腿在三用炉内完成熟制。使用高压蒸汽釜蒸煮火腿，温度121～127℃，时间30～60min。常压蒸煮时一般用水浴槽低温杀菌，将水温控制在75～80℃，使火腿中心温度达到68～72℃（巴氏杀菌法）保持30min即可，一般需要2～5h。一般1kg火腿水煮1.5～2.0h，大火腿煮5～6h。采用低温巴氏杀菌法加工的产品具有消化率高、肉质鲜嫩适口、有效营养成分高、切片性能好的特点。三用炉是目前国内外多用的集烤、熏、煮为一体的先进设备。其烤、熏、煮工艺参数均可控制，在中心控制器上随时显示出炉温和火腿中心温度。

7. 冷却

蒸煮后的火腿应立即进行冷却，采用水浴蒸煮法加热的产品，是将蒸煮篮重新吊起放置于冷却槽中用流动水冷却，冷却到中心温度40℃以下。用三用炉进行煮制后，可用喷淋冷却水冷却，水温要求10～12℃，冷却至产品中心温度27℃左右，送入0～7℃冷却间内冷却到产品中心温度至1～7℃，再脱模进行包装即为成品。

三、火腿生产中常见质量问题

（1）火腿热加工后发散，肉质变硬　产生这种现象的原因可能有：使用的原料肉pH值降低，应要求原料肉的pH值在5.8～6.2；添加的混合盐中食盐过少，导致盐溶蛋白质提取不足；火腿中由于盐水注射量少，以致滚揉的时间不够，滚揉的温度又高，导致火腿中细菌大量繁殖，最终使火腿的pH值降低；火腿的蒸煮温度过高（80℃以上），中心温度也高，蒸煮时间过长；贮存时间过长等。

（2）火腿表面出现似香肠肉糜状样　火腿表面出现似香肠肉糜状样的主要原因为滚揉机速度过快，可通过控制滚揉机速度加以解决。

（3）火腿表面太湿　产生这种现象的原因可能有原料肉的pH值太低，造成原料肉对后一环节的黏结力不强；所用食盐的量不足，原料肉质量差，导致盐溶蛋白提取少，造成产品保水性能差；火腿的盐水注射量过多或过少；火腿的滚揉次数太多，温度过高。

（4）产品的表面或断面存在大量空洞　产生这种现象的原因可能是肉受到细菌的严重污染，产生了大量的气体；火腿滚揉的温度高，以及热加工的蒸煮温度不够，中心温度低等都能产生气体，导致气孔出现，气孔冷却后形成空洞；盐水注入量过多，滚揉机转速快或滚揉前没有抽真空；投入砂糖量多，pH值、A_w（水分活度）高，造成细菌产气而出现气孔。

（5）产品成熟后的出品率低　原料肉中添加的食盐量少，细菌繁殖，滚揉时间短，促使肉的pH下降；蒸煮加热时升温速度太快，中心温度未达到要求；产品成型后，在贮藏库温度太低，造成过分干燥是导致出品率低的主要原因。

（6）产品发色不均匀　原料肉为病畜肉；生产配制的盐水不新鲜，同时注射盐水不均匀；滚揉温度低，发色反应迟缓；在注射盐水中混合粉的用量不充足等。

（7）产品在加工贮藏期表面或切面发绿　产生这种现象的原因可能有产品贮藏的温度过高，湿度太大，包装材料及火腿杀菌消毒不彻底；原料肉中含有芽孢菌多，在加工中食盐的用量不足或滚揉速度太快；混合粉保存太久或用量不足，在生产中盐水贮存时间太长，而滚揉的温度又太低；火腿蒸煮时中心温度过低，在保存过程中的照明灯太亮，保存温度高，包装时要求放置的脱氧剂不足等。

（8）产品加工后香味不足　产生这种现象的原因可能有原料肉注入的盐水量不足或过多；工艺配方的各种辅料比例不合理；热加工工艺的温度都高，以及滚揉时间短等。

（9）产品过度收缩　产生这种现象的原因可能是添加的脂肪过量（溶解比例高）；软脂肪（疏松结缔组织）斩拌过度；冰块添加量过多，从而引起水分超标，最终导致肉糜的持水性下降；在加工过程中，添加的 PSE 肉过多而造成产品收缩；混合盐的成分配比不合适。

任务二　盐水火腿的加工

※ 【任务描述】

以猪后腿肉为原料，设计盐水火腿的工艺流程和操作规程并加工成成品。

※ 【工作准备】

（1）材料的准备　新鲜原料肉、精盐、亚硝酸盐、味精、砂糖、白胡椒粉、复合磷酸盐、生姜粉、苏打、肉豆蔻粉。

（2）仪器设备的准备　冷藏柜、刀具、台秤、蒸煮锅、加热灶、真空滚揉机、盐水注射机、充填机、火腿模具等。

（3）相关工具的准备　计算器、任务工单等。

※ 【工作程序】

程序1　工艺流程

原料选择 → 盐水注射 → 腌制滚揉 → 充填成型 → 蒸煮 → 整形冷却 → 脱模包装 → 贮藏

程序2　配方的选择

按猪后腿肉 10kg 计，腌制液配方：精盐 500g，水 5kg，亚硝酸盐 1.5g，味精 300g，砂糖 300g，白胡椒粉 10g，复合磷酸盐 30g，生姜粉 5g，苏打 3g，肉豆蔻粉 5g，经溶解、拌匀过滤，冷却到 2～3℃备用。其他配料配方：淀粉 0.5～0.8kg，味精 50g。

程序3　操作要点

（1）原料选择　选择检验合格的猪后腿肉或背最长肌作为原料，将肉块上所有可见脂肪、结缔组织、血管、淋巴、筋腱等修除干净，再切成厚度不大于 10cm、重约 300g 的肉块，去除皮和脂肪，再剔去骨头。

（2）盐水注射　将配制好的腌制液由盐水注射机按肉重的 20% 进行肌内注射，使腌制液均匀地渗入肌肉中。

（3）腌制滚揉　将注射好的肉块放入真空滚揉机，滚揉过程即为腌制过程，每小时滚揉20min，正转10min，反转10min，停机40min，腌制24～36h。腌制结束前加入适量淀粉和味精，再滚揉30min，肉温控制在3～5℃。

（4）充填成型　用不同规格的不锈钢模具，充入相应规格的肉料，压制成型。充填间温度控制在10～12℃，充填时每只模具内的充填量应留有余地，以便称量检查时填补。在装填时把肥肉包在外面，以防影响成品质量。

（5）蒸煮　模具分层交叉垛于平底烧煮锅内，放入清水，水面稍高于模具顶部。水温加热至78～80℃后，保持此温度3h左右，至产品中心温度达68℃。加热时间一般取决于蒸煮温度和产品单量。一般蒸煮1h/kg。

（6）整形冷却　整形的目的是将模具的压盖位置加以调整，防止产品形状怪异，影响美观，同时略加压力，使产品内部结构更为紧密。

（7）脱模包装　整形后的火腿即送入2～5℃冷库内继续冷却，时间12～15h，至产品中心温度与库温平衡即可脱模包装，在0～4℃冷藏库中贮藏。

程序4　产品质量控制

优质成品组织致密，有弹性，有良好的切片性、切面无密集气孔且没有直径大于3mm的气孔，切片呈均匀的粉红色或玫瑰红色，有光泽；无汁液渗出，无异味；咸淡适中，滋味鲜美，具固有的风味，无异味。

※ 【注意事项】

（1）生产盐水火腿一般选用pH为5.8～6.2的肉作为原料，PSE肉和DFD肉不能作为火腿加工的原料。

（2）保证足够的滚揉时间。保证滚揉温度在2～4℃，加冷冻水或冰块降温。真空度在60～90kPa。

（3）装模充填致密，无气泡。根据模具大小控制杀菌时间和温度，保证肉中心温度在68℃。

※ 【任务实施】

详见《肉制品加工技术项目学习册》的作务工单。

任务三　烟熏火腿的加工

烟熏火腿是将优质猪后腿肉经注射、嫩化、滚揉、烟熏等工艺精制而成。产品采用纤维素肠衣包装，外观具有诱人的烟熏色，切面显色性好，肉香味饱满、纯正，果木烟熏风味浓郁。

※ 【任务描述】

以瘦猪肉为原料，设计烟熏火腿的工艺流程和操作规程并加工为成品。

※ 【工作准备】

（1）材料的准备　瘦肉、食盐、磷酸盐、味精、混合乳化剂、胡椒粉、肉豆蔻粉、异抗坏血酸钠、桂皮粉、亚硝酸钠、纤维素肠衣等。

（2）仪器设备的准备　冷藏柜、刀具、台秤、蒸煮锅、加热灶、真空滚揉机、盐水注射机、烟熏炉、灌肠机等。

（3）相关工具的准备　计算器、任务工单等。

※【工作程序】

程序1　工艺流程

原料选择 → 腌制(盐水注射) → 滚揉 → 灌肠 → 蒸煮 → 烟熏 → 冷却 → 成品

程序2　配方的选择

瘦肉 50kg，食盐 1.1kg，磷酸盐 0.15kg，味精 0.1kg，混合乳化剂 1kg，胡椒粉 30g，肉豆蔻粉 15g，异抗坏血酸钠 25g，桂皮粉 10g，亚硝酸钠 5g。

程序3　操作要点

（1）原料选择　选择合适的原料肉是生产优质火腿的决定性因素。一般选用猪的后腿肉，色泽要鲜亮，尽可能剔除肥肉、筋、嫩骨和软组织部分。原料肉应充分冷却，pH 值在 5.8～6.2，中心温度达 3～4℃。

（2）腌制　用清水将所有的辅料溶解后进行过滤，用盐水注射机将辅料溶液注入肉内，然后送入 4℃左右冷库中腌制 12～16h。

（3）滚揉　经腌制后的肉需嫩化和滚揉 2～3h，滚揉温度要求在 8℃以下。

（4）灌肠　用真空气压灌肠机将肉料灌入纤维素肠衣中，并结扎封口。

（5）蒸煮　在 75～80℃条件下煮制 1～2h，当中心温度达到 68℃时即可。

（6）烟熏　在 50℃条件下熏制 30～60min，使火腿外表面呈现棕褐色，具有烟熏风味。

（7）冷却　冷却工序在水中效果比较好。水温要求在 10～12℃，冷却 4h 后产品中心温度 27℃，然后送入 2～4℃的冷藏间冷却 12h，待产品温度降至 1～2℃时，即得成品。最后采用双向拉伸膜包装。

程序4　产品质量控制

产品色泽外观呈棕褐色；具有火腿应有的鲜美、酥香的滋味，还有烟熏的特殊风味；肉质紧密、柔嫩、有弹性、肉块明显、无杂质存在；肠衣干燥完整，并与内容物紧密结合，富有弹性，肉质紧密，无黏液和霉斑，切面坚实而湿润，肉呈均匀的蔷薇红色，脂肪为白色，有西式火腿特有的香味。

※【注意事项】

（1）要尽量少破坏肉的组织结构，力求保持肉的原结构块形，这样注入的盐水才可以较多地保留在肌肉内。

（2）火腿生产所用的设备如腌制容器、滚揉机、模具等往往反复交替使用。如每次使用后不及时清除污垢、清洗消毒，则会积聚大量的微生物，成为火腿生产的主要污染源之一。

（3）严格控制腌制、烟熏的工艺条件，保证产品质量。

※【任务实施】

详见《肉制品加工技术项目学习册》的任务工单。

学习单元三　其他成型火腿加工技术

※【知识目标】

1. 掌握方火腿的加工技术。
2. 掌握日本成型火腿的加工技术。
3. 掌握水晶火腿的加工技术。

※【技能目标】

1. 能解决腌制过程中出现的一般问题。
2. 能使用充填机、结扎机、压膜机进行灌装、结扎。
3. 能根据不同的产品调整蒸煮温度和时间。

一、方火腿的加工

成品呈长方形，故称方火腿，有简装和听装两种。简装每只3kg，听装每听5kg。

1. 工艺流程

原料选择 → 去骨修整 → 盐水注射 → 腌制滚揉 → 充填成型 → 蒸煮 → 冷却 → 包装贮藏

2. 操作要点

（1）原料选择　选用猪后腿，经2～5℃排酸24h。不得使用配种猪、黄膘猪、二次冷冻和质量不好（如PSE肉和DFD肉）的腿肉。

（2）去骨修整　去皮和脂肪后，修去筋腱、血斑、软骨、骨衣。剔骨过程中避免损伤肌肉。为了增加风味，可保留10％～15％的肥膘。整个操作过程温度不宜超过10℃。

（3）盐水注射　盐水配制：混合粉10kg，食盐8kg，白糖1.8kg，水100kg。先将混合粉加入5℃的水中搅匀溶解后加入食盐、白糖溶解。必要时加适量调味品。配成的腌制液保持在5℃条件下，浓度为16°Bé，pH为7～8。

混合粉主要成分有布拉格粉盐、亚硝酸钠、磷酸盐、抗坏血酸及乳化剂等。

盐水注射：用盐水注射机注射，盐水注射量为20％。可用称量注射前后肉重的方法控制注射量。

（4）腌制滚揉　间歇式腌制滚揉，每小时滚揉20min，正转10min，反转10min，停机40min，腌制24～36h，腌制结束前加入适量淀粉和味精，再滚揉30min。腌制室温度控制在2～3℃，肉温3～5℃。

（5）充填成型　充填间温度控制在10～12℃，在装填时把肥肉包在外面，以防影响成品质量。

（6）蒸煮　水温控制在75～78℃，中心温度达68℃时保持30min，一般蒸煮时间为1h/kg。

（7）冷却　将产品连同蒸煮篮一起放入冷却池，由循环水冷却至室温，然后在2℃冷却间冷却至中心温度4～6℃，即可脱模、包装，在0～4℃冷藏库中贮藏。

3. 产品质量控制

产品结实、有弹性、切片性好、无孔隙、色泽微红、味道鲜美、口感柔嫩。

二、日本混合成型火腿的加工

混合成型火腿是日本开发的一种具有特色的肉制品，其原料肉不仅可选用生产高档火腿和培根时的碎猪肉，而且还可以用牛肉、马肉、山羊肉、兔肉和鸡肉等。

1. 工艺流程

原料肉整理 → 腌制 → 混合调味 → 充填 → 干燥 → 烟熏 → 水煮 → 冷却 → 包装

2. 操作要点与质量控制

（1）原料肉选择　在日本，猪后腿、里脊等肉通常用于生产去骨火腿和里脊火腿。肩肉中结缔组织较多、肉质较硬、色泽较深，是猪肉中较差的部位。但因其结着力强，非常适宜做混合火腿。日本的混合成型火腿就是随着肩肉的利用而发展起来的。

牛肉的价格较高，只能用肩肉等质量较差的部位。小牛肉水分较多，是常用的原料肉。马肉较便宜，但其筋腱、肌膜较多，结着力较差，用量不宜过大。羊肉及山羊肉没有大块肉，是较常用的原料肉。但羊肉有膻味，要除去脂肪，仅用精瘦肉较好。兔肉结着力非常强，绞碎的兔肉常用来做黏结剂。家禽肉块小，结着力强，是混合火腿的理想原料。金枪鱼、旗鱼类等的鱼肉结着力强，一直是混合火腿的原料肉，主要做黏结剂，用量在15%左右。

（2）原料肉的处理和配方　按肉色的深浅、肌肉的软硬等将切成小块的猪精肉分为四个等级。色浅肉硬的为一级，比一级色深肉软的为二级，再差为三级、四级。混合火腿最好选用一级肉，二级也可以，三级以下的肉只能做灌肠用。

将选好的肉切成$3cm^3$正方体，每块不超过$20g$，沿肌纤维方向切割，厚度可稍薄，肉块大小间不宜相差太大。另外，还需加$20\%\sim30\%$猪脂肪，常用背脂或其他皮下脂肪，切成$1\sim2cm^3$的立方体。其他肉的配比见表9-1。

表9-1　混合火腿原料肉的配比　　　　　　　　　　　　单位：%

原料肉	I	II	III	IV
猪精肉（一级）	40	40	30	20
猪脂肪	20	25	25	20
牛精肉（一级）	—	10	10	—
马精肉（一级）	20	20	20	10
羊精肉（一级）	20	—	10	50
兔精肉（一级）	—	5	5	—
合计	100	100	100	100

猪肉的黏结性较差，在混合火腿中一般要加$5\%\sim10\%$结着力强的肉糜作黏合剂。用作黏合剂的肉最常用的是兔肉，其次是牛肉。如果全是猪肉，则用肩肉作黏合剂。

（3）腌制　按肉重3%加入混合盐进行干腌。一般在3℃左右腌制$3\sim4d$，其腌制时间取决于肉块大小。混合盐中各成分比例为：食盐100，亚硝酸盐0.5，砂糖10。另外，还需要加入肉重$0.1\%\sim0.3\%$的磷酸盐、0.03%的抗坏血酸及0.02%的烟酰胺。

（4）混合调味　将调味料、香辛料和冰水按比例加入肉中，在搅拌机中混合直至肉馅黏结性良好为止。常用调味料及其配比见表9-2，该用量与表9-1各组对应。

表 9-2　混合火腿中常用调味料的配比　　　　　　　单位:%

I	II	III	IV
白胡椒 0.3	—	白胡椒 0.3	—
小豆蔻 0.1	白胡椒 0.3	百味胡椒 0.1	—
肉豆蔻 0.1	小豆蔻 0.1	生姜 0.1	白胡椒 0.3
豆蔻花 0.1	洋葱 0.1	鼠尾草 0.05	羊肉香精 0.2
洋葱 0.1	化学调味料 0.3	大蒜 0.01	化学调味料 0.3
化学调味料 0.3	—	洋葱 0.1	—
		化学调味料 0.3	—

在腌制结束前可加入 5% 以下的植物蛋白和 3% 以下的淀粉。也可添加适当的小麦粉、脱脂乳粉。

(5) 充填　调味料混合后最好在 2～3℃ 下冷藏 12h 后再充填。肠衣可用牛、猪、羊等的盲肠，但日本不多用。最初用玻璃纸作肠衣，后采用塑料薄膜肠衣。但又因塑料肠衣不透气，无法烟熏而改用人造纤维素肠衣。这种肠衣既可烟熏，又可染色。

(6) 干燥、烟熏　充填后吊于烟熏架，移入烟熏室，在 50℃ 左右干燥 30～60min，使肠衣表面干燥，肉表面形成孔洞，利于烟熏成分的渗入。干燥后 60℃ 左右热熏 2～3h。烟熏材料和熏培根等制品一样，常用樱、栎等硬木屑或木片。为避免长时间烟熏造成的严重损耗，现倾向于轻度烟熏。

(7) 水煮、冷却　烟熏结束后在 75℃ 热水中煮制，水煮时间依制品大小而异。1.5～2.0kg 需煮 2.0～2.5h，中心温度达 65℃ 后保持 30min 即可。水煮后用冷水冷却，可防止重量损失及表面皱纹形成。

三、水晶火腿的加工

水晶火腿是在盐水方火腿生产工艺基础上发展起来的新产品。与盐水火腿相比，水晶火腿的产品外观、内在质量、成品规格以及口味等方面有以下特点。

① 水晶火腿外观洁白晶莹。其外层是半透明的肉皮，内层是肉块，两者结合紧密。透过肉皮，可看到内层淡红色的肌肉。肉块肉皮红白分明。

② 水晶火腿的原料除纯精肉外，还采用一般西式肉制品中极少用的肉皮。肉皮有韧性、耐咀嚼、风味独特，颇受一部分嗜好食用胶质蛋白者的青睐。部分消费者甚至认为，在水晶火腿中，肉皮的滋味更胜于精肉。

③ 水晶火腿外层致密的肉皮组织在一定程度上能阻挡细菌的入侵，起屏障作用。因此，其保藏期较盐水方火腿略长。

1. 工艺流程

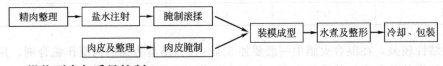

2. 操作要点与质量控制

(1) 选料　原料肉选择同方火腿。肉皮修尽油脂，并刮去毛根，然后按规格划块。

(2) 盐水注射　同方火腿。

(3) 肉皮腌制　配成密度为 1.090g/cm³ (12°Bé) 的盐水溶液后再将肉皮浸入，移入 2～4℃ 冷库内腌制 24h 左右。

(4) 装模　先用两块垫布一横一竖摊在模型底部，将腌制好的肉皮衬里，然后填充。当肉面低于模口 2~5cm 时，将模口两边的肉皮合拢，覆盖在肉块上，盖上衬布，放下模型盖头，用力压紧。

（5）水煮　水温维持在 78~80℃，持续 3h 左右，淋浴、整形后，迅速放入 2~5℃冷却室内冷却，经 12~15h 中心凉透后，即可出模包装、贮藏。

任务四　肉糜火腿的加工

※【任务描述】

选取合适的原料和辅料，设计肉糜火腿的工艺流程和操作规程并加工为成品。

※【工作准备】

（1）材料的准备　原料肉、淀粉、食盐、白胡椒粉、味精、白糖、五香粉、亚硝酸钠、清水和冰屑等。

（2）仪器设备的准备　绞肉机、斩拌机、灌肠设备、夹层锅、刀、菜板、肠衣或模具等。

（3）相关工具的准备　计算器、任务工单等。

※【工作程序】

程序 1　工艺流程

原料的选择与处理 → 腌制 → 绞碎复腌 → 斩拌制馅 → 充填装模 → 煮制 → 冷却 → 成品

程序 2　配方的选择

原料肉 100kg，淀粉 7kg，食盐 3.5kg，白胡椒粉 0.25kg，味精 240g，白糖 1.5kg，五香粉 100g，亚硝酸钠 2.5g，清水和冰屑 12kg。

程序 3　操作要点

（1）原料的选择与处理　在符合卫生要求的前提下，选料部位和规格均无特殊要求，前后腿肉和排肌、方肉以及其他高档产品加工下来的或需保持原结构块形的产品上修整下来的边角碎肉，均可使用。前后腿肉、方肉切成 5~7cm 宽的长条，以待腌制。边角碎肉应侧重于拣出各种杂质、碎骨屑和伤斑。整理好后需加一道漂洗工序，以确保卫生质量。

（2）腌制　按配方要求将辅料与肉拌匀，送入 2~4℃的冷库内腌制 2~3d。

（3）绞碎复腌　绞肉是要控制好肉粒的粗细程度。瘦肉根据规格需要一般分别选用下列四种不同孔径的筛眼板来绞碎，即 3mm、7mm、16mm 和三眼板；方肉因肥瘦互相间隔，用 4mm 孔径的筛板绞制。绞碎兼有拌和作用。绞好的肉仍置于冷库内腌制 1d，即可使用。

（4）斩拌制馅　斩拌是生产肉糜火腿的重要工序。先启动斩拌机，待其运转正常后，加入原料，然后加入水和其他辅料。辅料应先用少许清水溶解后再徐徐加入。斩拌 3~5min 即可。斩拌结束时肉糜的温度应保持在 10℃以下。斩拌后要求肉质鲜红，具有弹性，斩拌均匀，无冰屑，抹涂后无肉粒状。

（5）充填装模、煮制、冷却　操作方法与盐水火腿相同。

程序 4　产品质量控制

具有产品固有的色泽；组织致密，有弹性，切片良好，无软骨及其他杂质，无密集气孔；咸淡适中，鲜香可口，具固有的风味，无异味。

※ 【注意事项】

（1）斩拌肉馅时要按照辅料的添加顺序，最后加入肥膘、各种辅料，并在斩拌过程中分次加水，始终将温度控制在10℃左右，防止斩拌温度过高使部分蛋白质变性，影响制品的弹性。

（2）要求真空充填机灌装，力求密实但又不过分紧胀，以保证煮制不破坏，肠体富有弹性而使切面无空洞。

※ 【任务实施】

详见《肉制品加工技术项目学习册》的任务工单。

思 考 题

1. 试述成型火腿的种类及加工原理。
2. 如何控制成型火腿加工中的盐水注射工序？
3. 成型火腿生产中滚揉的目的是什么？影响滚揉效果的因素有哪些？
4. 简述盐水中各成分的计算及其配制。
5. 盐水火腿具有哪些优点？
6. 简述盐水火腿加工工艺及操作要点。
7. 在肉糜类火腿加工过程中，斩拌的作用有哪些？斩拌时应注意哪些事项？
8. 简述成型火腿生产中常见的问题及质量控制。
9. 学习本项目后，归纳总结西式火腿与中式火腿的区别。

肉类罐头加工技术

【产品介绍】

　　罐头食品就是将食品密封在容器中，经高温处理，使绝大部分微生物消灭，同时在防止外界微生物再次侵入的条件下，借以获得在室温下长期贮藏的保藏方法。凡用密封容器包装并经高温杀菌的食品称为罐头食品。肉类罐头是指各种符合标准要求的原料肉经处理、分选、烹调（或不烹调）、装罐、密封、杀菌、冷却、检验等制成的具有一定真空度的食品。肉类罐头是提供一种仍然保持诱人风味、口感和外观的安全肉制品，具有保存时间长、容易运输、便于携带、使用方便、味道好等特点。

学习单元一　罐头的杀菌与品质检验技术

※ 【知识目标】

1. 了解肉类罐头的种类。
2. 熟悉罐头的杀菌技术与方法。
3. 掌握罐头的品质检验方法与内容。

※ 【技能目标】

1. 能熟练操作不同包装形式的罐头杀菌。
2. 能熟练应用感官检验方法检验罐头的质量。

一、肉类罐头的分类

1. 按产品的包装容器和规格分类

（1）硬罐头

① 听装罐头　听装罐头是采用金属罐为容器进行装罐和包装的罐头。金属罐中目前最常用的材料是镀锡薄钢板以及涂料铁等，其次是镀铬薄钢板以及铝合金薄板等。

a. 镀锡薄钢板　是一种具有一定金属延展性，表面经过镀锡处理的低碳薄钢板。镀锡板是它的简称，俗称马口铁。现在用于制罐的镀锡板都是电镀锡板，即由电镀工艺镀以锡层的镀锡板。它与过去用热浸镀锡板相比，具有镀锡均匀、耗锡量低、质量稳定、生产率高等优点。镀锡板由钢基、锡铁合金层、锡层、氧化膜和油膜等构成。

b. 涂料铁　用镀锡板罐包装食品时，有些食品容易与镀锡板发生作用，引起镀锡板腐蚀，这种腐蚀主要是电化学腐蚀，其次是化学性腐蚀。在这种情况下，单凭镀锡板的镀锡层显然不能保护钢基，这就需在镀锡板表面设法覆盖一层安全可靠的保护膜，使罐头内容物与罐壁的镀锡层隔绝开。还可采取罐头内壁涂料的方法，即在镀锡板用于内壁的一面涂印防腐耐腐蚀材料，并加以干燥成膜。对于铝制罐和镀铬板罐，为了提高耐蚀性，内壁均需要涂料。

随着国际市场上锡资源的短缺，锡价猛涨，镀锡板的生产转向低镀锡量，但是镀锡量低往往不能有效地抵制腐蚀，这就要采用罐内涂料的办法来提高耐蚀性。此外目前有的国家对食品内重金属的含量制定了法规，为了商品贸易的需要，罐头内壁加以涂料势在必行。

c. 镀铬薄钢板　镀铬薄钢板是表面镀铬和铬的氧化物的低碳薄钢板。镀铬板是20世纪60年代初为减少用锡而发明的一种镀锡板代用材料。镀铬板耐腐蚀性较差，焊接困难，现主要用于腐蚀性较小的啤酒罐、饮料罐以及食品罐的底、盖等，接缝采用熔接法和黏合法结合，它不能使用焊锡法。镀铬板需经内外涂料使用，涂料后的镀铬板的涂膜附着力强宜用于制造底盖和冲拔罐，但它封口时封口线边锋容易生锈。

d. 铝合金薄板　它是铝镁、铝锰等合金经制造、热轧、冷轧、退火等工序生产的薄板。其优点为轻便、美观和不生锈，用于鱼类和肉类罐头无硫化铁和硫化斑，用于啤酒罐头无浑浊和风味变化等现象。缺点为焊接困难，对酸和盐耐蚀性较差，所以需涂料后使用。

e. 焊接及助焊剂　目前使用的金属罐容器中，使用量最大的是镀锡板的三片接缝罐。三片罐身接缝必须经过焊接（或粘接），才能保证容器的密封，焊接工艺中现在基本上采用电阻焊。

f. 罐头密封胶　罐头密封胶固化成膜作为罐藏容器的密封填料，填充于罐底盖和罐身卷边接缝中间，当经过卷边封口作业后，由于其胶膜和二重卷边的压紧作用将罐底盖和罐身紧密结合起来。它对保证罐藏容器的密封性能，防止外界微生物和空气的侵入，使罐藏食品得以长期贮藏而不变质是很重要的。

罐头密封胶除了能起密封作用外，必须符合罐头生产上一系列机械的、化学的和物理的工艺处理要求，同时还必须具备其他一系列特殊条件。具体要求如下：

（a）要求无毒无害，胶膜不能含有对人体有害的物质；

（b）要求不含有杂质，并应具有良好的可塑性，便于填满罐底盖与罐身卷边接缝间的空隙，从而保证罐头的密封性能；

（c）与板材结合应具有良好的附着力及耐磨性能；

（d）胶膜应有良好的抗热、抗水、抗油及抗氧化等耐腐蚀性能；

（e）作为罐藏容器的密封材料，除了某些玻璃罐的金属盖上使用塑料溶胶制品外，基本上均使用橡胶制品。目前就我国来说，密封胶几乎全部采用天然橡胶，而不用合成橡胶，因为我国在合成橡胶的制造上和使用上还有很多困难。但在国际上则以采用合成橡胶为主，因其性能易于控制，使用方便。

② 玻璃罐罐头　是采用玻璃罐为容器进行装罐和包装的罐头。玻璃罐（瓶）是以玻璃作为材料制成，玻璃为石英砂（硅酸）和碱及中性硅酸盐溶化后在缓慢冷却中形成的非晶态固化无机物质。玻璃的特点是透明、质硬而脆、极易破碎。使用玻璃罐包装食品既有优点，

也有许多缺点。其优点为玻璃的化学稳定性较好，和一般食品不发生反应，能保持食品原有的风味，而且干净卫生。

（2）软罐头　软罐头是指高压杀菌复合塑料薄膜袋装罐头，是用复合塑料薄膜袋装置食品，并经杀菌后能长期贮藏的袋装食品。它质量轻，体积小，开启方便，耐贮藏，可供旅游、航行、登山等需要。国外目前已大量投入生产，代替了一部分镀锡板或涂料铁容器，以后还将有更大的发展。

① 复合薄膜的构成　这种复合塑料薄膜通常采用三种基材黏合在一起，外层是 $12\mu m$ 左右的聚酯，起到加固及耐高温的作用；中层为 $9\mu m$ 左右的铝箔，具有良好的避光、阻气、防水性能；内层为 $70\mu m$ 左右的聚烯烃（改性聚乙烯或聚丙烯），符合食品卫生要求，并能热封。

由于软罐头采用的复合薄膜较薄，因此杀菌时达到食品要求温度的时间短，可使食品保持原有的色、香、味；携带方便；由于使用铝箔，外观具有金属光泽，印刷后可增加美观，但目前缺乏高速灌装热封的机械设备，生产效率低，一般为 $30\sim60$ 袋/min。

② 软罐头的特点　目前软罐头之所以发展很快，是因为软罐头具有以下几大优点：a. 能进行超高温 135℃ 杀菌，实现高温短时间杀菌；b. 不透气及水蒸气，内容物几乎不发生化学作用，能较长期地保持内容物的质量；c. 袋膜，接触面积大，传热性好，可以缩短加热时间；d. 密封性好，不透气、氧、光；e. 食用方便，容易开启，包装美观。

2. 按罐头的加工方法和风味分类

肉类罐头按加工及调味方法可分为以下几类。

（1）清蒸类罐头　清蒸类罐头是将原料经过初加工后不经烹调而直接装罐制成的罐头，最大限度地保持了原来的特有风味。如清蒸猪肉罐头、原汁猪肉罐头、白烧鸡罐头、白烧鸭罐头等。

（2）调味类罐头　调味类罐头是将原料整理后经预煮、油炸或烹调之类的加工，或于装罐后加入调味汁液而制成的罐头。调味方式不同，各具风味。如各种红烧肉类罐头、红烧鱼类罐头、五香酱鸭罐头、五香风味鱼罐头等；加注调味番茄汁的茄汁鱼类罐头、茄汁黄豆猪肉罐头、茄汁兔肉罐头等。

（3）腌制类罐头　腌制类罐头是将处理后的原料经食盐、亚硝酸钠、砂糖等按一定配比组成的混合盐腌制后，再加工制成的罐头。如午餐肉罐头、咸牛肉罐头、咸羊肉罐头、猪肉火腿罐头等。

（4）烟熏类罐头　烟熏类罐头是将处理后的原料经腌制、烟熏后制成的罐头。如火腿肉罐头和烟熏肋肉罐头等。

（5）香肠类罐头　香肠类罐头是将肉腌制后加香料斩拌、制成肉糜，直接装入肠衣，经烟熏、预煮装罐制成的罐头。

（6）内脏类罐头　将猪、牛、羊的内脏及副产品，经处理调味或腌制加工后制成的罐头即为内脏类罐头，如猪舌罐头、牛舌罐头、猪肝酱罐头、牛尾汤罐头、卤猪杂罐头等。

二、罐头的杀菌

1. 杀菌的意义

罐头杀菌的目的是杀死食品中所污染的致病菌、产毒菌、腐败菌，并破坏相关的酶，使食品贮藏 2 年以上而不变质，即杀灭罐内存留的绝大部分微生物，利用罐内一定的真空度和酸碱度等条件抑制残留微生物和芽孢的发育，从而使罐内食品在一定的贮藏期内不腐败变质。

罐头杀菌与医疗卫生、微生物学研究方面的"灭菌"概念有一定的区别。它并不要求达到"无菌"水平，但不允许有致病菌和产毒菌存在，罐内允许残留有微生物或芽孢，只是它们在罐内特殊环境中，在一定的保质期内，不会引起食品腐败变质。

罐头的杀菌对罐内食品也起到一定的调煮作用，从而改进食品的风味，调整食品的组织，以符合食用要求。

杀菌的温度越高，时间越长，则杀菌的程度越彻底，但罐内食品的质量损失也越大。因此，罐头在加热杀菌时，杀菌条件（即温度和时间）的合理制订，对产品质量影响很大。

2. 杀菌的方法

根据罐头食品原料品种的不同及所采用的包装容器的不同，其杀菌操作要求也不同。目前常用的有常压杀菌、高压蒸汽杀菌及加压水杀菌等几种。

（1）常压杀菌　该法是将罐头放在常压热水或沸水中进行杀菌，杀菌的温度不超过100℃，大多数水果和部分蔬菜罐头采用常压杀菌。间歇式常压杀菌适合于小规模生产的企业，设备成本较低；连续式常压杀菌适合大规模生产的企业，设备造价较高。

间歇式常压杀菌需注意，在将待杀菌的罐头放入杀菌锅内沸水（热水）中时，可将罐头预热到50℃后，再放入杀菌锅内杀菌，以免锅内水温的急速下降和玻璃罐的破裂。待锅内热水再次升至预定的杀菌温度时，才开始计算杀菌时间，并保持杀菌温度至终点。罐头应全部浸没在水中，最上层的罐头应在水面以下10～15cm。水的杀菌温度以温度计的读数为准。杀菌结束后，立即将罐头取出，并迅速冷却，一般采用水池冷却法。

常压连续杀菌时，一般以水为加热介质。罐头从预热、杀菌至冷却全过程均在杀菌机内完成，杀菌时间可由调节输送带的速度来控制。自动化程度较高，罐头杀菌连续进行。

（2）高压蒸汽杀菌　低酸性食品，如大多数蔬菜、肉类及水产类罐头食品，都需采用100℃以上的高温杀菌，一般使用高压蒸汽来达到高温。由于设备类型不同，杀菌操作方法也不同，现介绍常用的高压蒸汽杀菌方法。

将装完罐头的杀菌篮放入杀菌锅。关闭杀菌锅的门或盖，并检查其密封性。关掉进水阀、排水阀，开足排气阀和泄气阀。检查所有的仪表、调节器和控制装置。然后开大蒸汽阀使高压蒸汽迅速进入锅内，迅速而充分地排出锅内的全部空气，同时使锅内升温。在充分排气后，需将排水阀打开，以排出锅内的冷凝水。排尽冷凝水后，关掉排水阀，随后再关掉排气阀，泄气阀仍开着，以调节锅内压力。待锅内压力达到规定值时，必须认真检查温度计读数是否与压力读数相应。若温度偏低，说明锅内还有空气存在，此时需要打开排气阀，继续排尽锅内的空气，然后再关掉排气阀。当锅内蒸汽压力与温度相应，并达到规定的杀菌温度和压力时，开始计算杀菌时间，并通过调节进气阀和泄气阀，来保持锅内恒定的温度，直至杀菌结束。恒温杀菌延续到预定的杀菌时间后，关掉进气阀，并缓慢打开排气阀，排尽锅内蒸汽，使锅内压力降至大气压力。若在锅内常压冷却，即按锅内常压冷却法进行操作，或将罐取出放在水池内冷却。

（3）加压水杀菌　凡肉类、鱼类的大直径扁罐、玻璃罐以及蒸煮袋都可采用加压水杀菌或称高压水杀菌。此法的特点是能平衡罐内外压力，对于玻璃罐及蒸煮袋而言，可以保持罐盖及封口的稳定，同时能够提高水的沸点，促进传热。高压由通入的压缩空气来维持，不同压力，水的沸点就不同，其关系见表10-1。必须注意，高压水杀菌时，压力必须大于该杀菌温度下相应的饱和蒸汽压力，一般大于21～27kPa，否则可能产生玻璃罐的跳盖及蒸煮袋封口爆裂现象。高压水杀菌时，其杀菌温度应以温度计度读数为准。

表 10-1　高压锅压力与相应温度计温度的关系

压力(表压)/kPa	相当于饱和水蒸气温度/℃	压力(表压)/kPa	相当于饱和水蒸气温度/℃	压力(表压)/kPa	相当于饱和水蒸气温度/℃
6.9	101.8	45.1	110.6	109.8	122.0
9.8	102.8	48.1	111.3	117.7	123.1
13.7	103.6	52.0	112.0	124.5	124.1
17.7	104.5	54.9	112.6	131.4	125.1
20.6	105.3	61.8	114.0	138.2	126.0
24.5	106.1	68.6	115.2	145.1	127.0
27.5	106.9	75.5	116.4	152.0	127.8
31.4	107.7	82.4	117.6	158.7	128.8
34.3	108.4	89.2	118.8	165.7	129.8
38.2	109.2	96.1	119.9		
41.2	109.9	103.0	120.9		

　　高压水杀菌的操作过程如下：将装好罐头的杀菌篮放入杀菌锅，关闭锅门或盖，保持密闭性。关掉排水阀，打开进水阀，向杀菌锅内注水，使水位高出最上层罐头 15cm 左右。对玻璃罐来说，为防止玻璃罐遇冷水破裂的现象，一般可先将水预热至 50℃ 左右，再通入锅内。进水完毕后，关掉所有的排气阀和溢水阀，进压缩空气，使罐内压力升至杀菌温度相应的饱和蒸汽压，为 21～27kPa，并在整个杀菌过程中维持这个压力。进蒸汽，加热升温，使水温升到规定的杀菌温度，以插入水中的温度计来测量温度。升温时间一般是随蒸汽进入量的大小及产品要求等条件而定，一般为 25～60min。当锅内水温达到规定的时间、温度时，开始恒温杀菌，按工艺规程维持规定的杀菌条件。杀菌结束，关掉进气阀，打开压缩空气阀，同时打开进水阀进行冷却。对于玻璃罐，冷却水须预热到 40～50℃ 后再通入锅内，然后再通入冷却水进行冷却。冷却时，锅内压力由压缩空气来调节，必须保持压力的稳定。当冷却水灌满后，打开排水阀，并保持进水量与出水量的平衡，使锅内水温逐渐降低。当水温降至 38℃ 左右，即可关掉进水阀、压缩空气阀，继续排出冷却水。冷却完毕，打开锅门取出罐头。降温冷却的全部时间可控制在 25～60min。

3. 各种杀菌方法的进展情况

　　目前杀菌方法可分为加热杀菌、冷杀菌、冷热结合杀菌。冷杀菌即射线照射杀菌和抗菌剂杀菌。射线照射杀菌进展不大，仅有少数国家用于个别品种的小批量生产。抗菌剂杀菌又可分为人工合成抗菌剂和天然抗菌剂杀菌，天然抗菌剂杀菌的研究最近比较活跃，即利用天然中药达到抗菌、抑菌的目的。但批量应用于食品的生产还未见报道。冷热结合杀菌有一定的发展，但也尚未在生产中大量应用。发展最快且有显著效果的是加热杀菌。现介绍几种杀菌方法的发展情况。

　　(1) 静置杀菌　静置杀菌是杀菌方法中最古老的方法，它的特点是设备简单，操作方便，但由于罐头在杀菌过程中是静置不动的，故热传导性能差，罐头受热不均匀，容易产生蒸煮过度或杀菌不足的质量问题。

　　(2) 回转杀菌　回转杀菌是使罐头在杀菌过程中做回转运动，罐内形成机械对流，从而提高热传导性能，加快罐头中心温度的上升，可以大大改进食品罐头的质量。

较先进的回转杀菌设备是德国创制的一种称为"罗麦脱"（Rotamt）的杀菌设备，这种杀菌锅是由上面的热水贮存锅及下面的高压杀菌锅两个主要部分组成。上锅用作加热热水用，下锅装置有两套带动杀菌篮回转的传动装置。锅前配有自动锁紧装置及安全锁紧装置；管道部分配有冷水泵供进水冷却用；热水循环泵供下锅热水循环用，前端配有一套自动控制仪表及温度、压力、转动记录仪表。

杀菌开始时，将罐头连篮送入下锅，拧紧自动锁紧装置及安全锁紧装置，再由上锅注入比杀菌温度高的热水进行杀菌，其杀菌温度、压力、时间、转动等均为自动控制。按规定时间完成后，一边用泵将杀菌锅内热水抽回上锅，一边注入冷水冷却。

该设备由于采用热水加压杀菌，且罐头在杀菌过程中回转运动，故热传导快速均匀且具有一定的反压作用，用于玻璃罐杀菌，能减少破碎、跳盖。由于热水循环使用，因此可节约蒸汽。缺点是不能连续出罐。

在回转杀菌中，影响杀菌效果的因素有回转的方式和速度以及罐头内容物黏稠度等。较好的回转方式有头顶头回转，罐头顶隙流遍罐头全身，能够起到充分搅拌的作用，达到缩短杀菌时间、提高罐头质量的目的。回转速度以 20～30r/min 为宜，最好是间歇回转。内容物的黏稠度以杀菌前较稀、杀菌后较稠为好（特指添加淀粉的罐头食品）。

（3）水静压杀菌　水静压杀菌的最大特点是在高压下进行连续杀菌，是利用水在不同的压力下有不同的沸点的原理设计的杀菌方法。其特点是利用水柱的压力可防止蒸汽外逸，缺点是设备庞大笨重，且使用不经济，易受罐型限制。

（4）螺旋泵杀菌　螺旋泵杀菌是一种新型高压连续杀菌设备。此设备由三组水静压工作机构组成，外形是一排卧式盘管，两端是螺旋泵，中间由盘管连接，此盘管部分组成了具有一定压力的流动蒸汽杀菌区。罐头从一端的螺旋泵开口处进入，通过盘管的回转运动，使罐头沿着盘管内壁前进。通过升温、杀菌、冷却三个阶段，然后从另一端的螺旋泵出口处卸出，以完成罐头的高压连续杀菌。螺旋泵杀菌的优点是设备紧凑、体积小、使用经济、操作方便。缺点是受罐型限制，只适用于小罐型，且生产能力较小。

（5）高温短时杀菌　应用高温短时杀菌，能提高罐内食品质量。其主要方法为微波杀菌。微波有穿透性，可从食品里外同时加热，因此加热速度快且受热均匀，罐头质量好。但目前尚存一些问题，如受食品包装材料的限制，成本较高等。

（6）流化床杀菌　流化床杀菌是使罐头通过以砂粒为介质的气体流化床进行杀菌，然后又通过气体流化床冷却，完成杀菌过程。在此过程中，完全避免了罐头与水的接触，从根本上排除了上述热杀菌的潜在问题，即杀菌后冷却水的污染问题。

4. 不同包装形式杀菌操作的特点

罐头从包装形式上可分为：软包装和硬包装。软包装品种很多，比如多层塑塑复合包装、多层塑铝复合包装、PVC肠衣（或袋）包装、多层共挤塑料包装等。硬包装分为金属罐包装和玻璃罐包装。金属罐又分为铁罐包装和铝罐包装。

（1）软罐头的杀菌操作要点　软罐头的杀菌重点要关注杀菌压力变化。

① 杀菌开始　为避免产品变形，软包装产品达到90℃以上应有压力。因此，为防止产品局部过热，无论蒸汽杀菌，还是水杀菌，在加热前均应先加压再加热。一般来说压力0.01MPa 即可。

② 杀菌压力　一般无需过高，控制在 0.16～0.2MPa 为好。

（2）玻璃罐罐头的杀菌操作要点　玻璃罐罐头的杀菌重点要关注冷却水温度。

① 玻璃罐包装必须防止温度骤升、骤降造成的破裂。因此，要求升温前加入温水，水的温度与罐头温度相当或略高（不高于 20℃）。一般来说，玻璃罐包装前要经过清洗、消

毒，灌装时大多是热灌装，这样玻璃罐也有一定的温度。

② 冷却时要加入低于高压釜内水温的热水进行冷却。刚开始，冷却水温度 80～90℃，不断加入冷却水，不断排出热水。随着釜内温度的降低，加入冷却水的温度可以不断降低：釜内温度降到 100℃ 以下，可以用 60℃ 左右的温水来降温；釜内温度降到 80℃ 以下，可以用 40℃ 左右的温水来降温；釜内温度降到 60℃ 以下，相对比较安全，可以用 20℃ 左右的凉水来降温；一般产品冷却到 40℃ 以下就可以出锅。

（3）金属罐罐头的杀菌操作要点　金属罐罐头的杀菌操作要求相对比较宽松，金属的冷热变形对产品没有影响，金属包装具有一定的抗内外压差变化能力。需要注意的是，产品温度降到 100℃ 以下，高压釜内只需少许压力（0.05MPa）即可。具体操作：冷却操作刚开始加反压，不断通入冷水，不断排热水，不断通高压空气；维持几分钟反压，之后关闭高压空气阀，继续通冷水、排热水，进一步冷却。冷却反压过大、空隙余度过大、罐体强度不足等，均会造成罐体变形（瘪罐）。

三、罐头的品质检验

1. 罐头品质检验方法

罐头品质检验的方法包括感官检验、理化指标检验、微生物指标检验及保温检验。

（1）感官检验　主要是罐头内容物的组织形态及色、香、味的检验。广义的感官检验还包括罐头密封结构的检查（主要是二重卷边的检查）和罐头真空度的测定。

（2）理化指标检验　物理性指标主要是指容器的外观、内壁的检验和重量检验三个方面。容器的外观主要是观察商标纸及罐盖硬印是否符合规定，底、盖是否膨胀，罐外是否清洁。内壁的检验主要是观察罐身及罐底、盖内部镀锡层是否有腐蚀和露铁情况，涂膜有无脱落，有无铁锈、内流胶现象等。重量检验是指净重和固形物两项的检验。化学检验项目较多，具体项目和方法可参见国家相关标准规定。

（3）微生物指标检验　微生物指标检验主要是平酸菌和致病菌的检验。

（4）保温检验　罐头在杀菌冷却并经第一次检选后，需进行保温检验，以排除一切由于微生物生长繁殖而造成内容物腐败变质的可能性，保证罐头食品能长期存放。保温检验可按一定比例抽样进行，如果结果是好的，那么同一批罐头是好的。也可全部进行保温检验，这样结果更加可靠。目前国内对于肉禽类、水产类及蔬菜类罐头规定为全部保温检验，其温度为 37℃±2℃，保温 7d，室内四周温度均匀一致。如罐头从杀菌锅内取出，冷却至 40℃ 左右即送入保温室，保温时间可缩短为 5d。但是随着工业技术水平的提高，工艺卫生条件不断改善和微生物的控制等一系列试验研究成果的进展，对保温检验罐头质量的方法提出了异议，认为并不完全可行，应加以废除。国外一些罐头工业较发达的国家，对罐头已不实行保温检验或只抽样保温检验。

2. 罐头品质检验项目

罐头食品的发证、定期监督检验和出厂检验按照表 10-2 中所列出的相应检验项目进行。

表 10-2　罐头品质检验项目

序号	检验项目	发证	监督	出厂	备注
1	净含量(净重)	√	√	√	
2	固形物(含量)	√	√	√	

序号	检验项目	发证	监督	出厂	备注
3	氯化钠含量	√	√	√	有此项目要求
4	脂肪(含量)	√			
5	水分	√			
6	蛋白质	√			
7	淀粉(含量)	√	√		
8	亚硝酸钠	√	√	*	
9	糖水浓度(可溶性固形物)	√	√	√	
10	总酸度(pH)	√	√		
11	锡(Sn)	√	√	*	
12	铜(Cu)	√	√	*	
13	铅(Pb)	√	√	*	
14	砷(As)	√	√	*	
15	汞(Hg)	√	√	*	果蔬类罐头不检
16	总糖量	√	√	√	有此项目的,如果酱罐头
17	番茄红素	√		*	有此项目的,如番茄酱罐头
18	霉菌计数	√			
19	六六六	√	√	*	仅限于食用菌罐头
20	滴滴涕	√	√	*	
21	米酵菌酸	√			仅限于银耳罐头
22	油脂过氧化值	√	√		有此项目的,如花生米罐头、核桃仁罐头等
23	黄曲霉毒素 B_1	√	√	*	
24	苯并[a]芘	√			有此项目的,如猪肉香肠罐头、片装火腿罐头
25	干燥物含量	√			有此项目的,如八宝粥罐头
26	着色剂	√	√	*	有此项目的,如糖水染色樱桃罐头、什锦果酱罐头、苹果山楂型罐头、西瓜酱罐头
27	二氧化硫	√	√	*	
28	商业无菌	√	√	√	
29	标签	√	√		

注：出厂检验项目中注有"＊"标记的，企业应当每年检验两次。

3. 罐头品质检验规程

（1）目的与使用范围

① 目的　本规程包含成品各检验项目的质量标准、抽样方式、检验方法、判定标准等，用于罐头成品检验作业指导。

② 范围　用于铁听装罐头、玻璃罐装罐头、软罐头等包装形式产品的终成品检验。

（2）检测依据和基本术语

① 相关标准

GB/T 10786—2006　罐头食品的检验方法

GB/T 15171—1994　软包装件密封性能试验方法

GB/T 14251—1993　镀锡薄钢板圆形罐头容器技术条件

QB/T 1006—1990　罐头食品检验规则

GB 14939—2005　鱼类罐头卫生标准

SN/T 0400.1—2005　进出口罐头食品检验规程　第1部分　总则

SN/T 0400.4—2005　进出口罐头食品检验规程　第4部分：容器

SN/T 0400.7　进出口罐头食品检验规程　第7部分：成品

SN/T 0400.10—2002　出口罐头检验规程　蒸煮袋食品

SN/T 0400.11—2002　进出口罐头食品检验规程：玻璃容器

GB/T 4789.2　食品卫生微生物学检验　菌落总数测定

GB/T 4789.3　食品卫生微生物学检验　大肠菌群测定

GB/T 4789.4　食品卫生微生物学检验　沙门菌检验

GB/T 4789.5　食品卫生微生物学检验　志贺菌检验

GB/T 4789.10　食品卫生微生物学检验　金黄色葡萄球菌检验

GB/T 4789.11　食品卫生微生物学检验　溶血性链球菌检验

GB/T 4789.12　食品卫生微生物学检验　肉毒梭菌及肉毒毒素检验

GB/T 4789.26　食品卫生微生物学检验　罐头食品商业无菌的检验

GB/T 5009.11　食品中总砷及无机砷的测定

GB/T 5009.12　食品安全国家标准　食品中铅的测定

GB/T 5009.13　食品中铜的测定

GB/T 5009.15　食品中镉的测定

GB/T 5009.16　食品中锡的测定

GB/T 5009.17　食品中总汞及有机汞的测定

GB/T 5009.33　食品安全国家标准　食品中亚硝酸盐与硝酸盐的测定

NY 5073—2006　无公害食品　水产品中有毒有害物质限量

SN/T 2131.2—2010　进出口贝类腹泻性贝类毒素检验方法

国家质检总局［2005］第75号令《定量包装商品计量监督管理办法》

② 缺陷分类

a. 严重缺陷　指影响人体健康，消费者无法接受，加工过程中可以避免的缺陷。

b. 一般缺陷　指感官性能或物理指标中一项或几项不符合产品标准，加工过程中难以避免而不影响食用的缺陷。

③ 检验分类

a. 交收检验

（a）产品出厂前由生产厂的检验部门按产品标准逐批进行检验，符合标准方可出厂。

（b）交收检验项目为常规检验项目，指每批产品必检项目，包括感官性能、部分理化指标（净重、固形物含量、氯化钠等）和商业无菌指标。

b. 型式检验

（a）一般情况下，一年至少两次送有资质的检验机构检验。

（b）以下情况也应进行型式检验：更改主要原辅材料；更改关键工艺；国家质量监督

机构提出型式检验要求时。

(c) 型式检验项目包括全部检验项目。

④ 抽样标准

a. 一般要求　应在检查批次中的不同部位、不同箱中随机抽取外观正常样品。

b. 物理感官和容器密封性检验抽样方案　一般缺陷的检查水平（1L）为 S-1 或 S-2，合格质量水平（AQL）为 6.5，正常和加严抽样方案见表 10-3 或表 10-4，选用抽样方案应遵照 QB/T 1006 中的"转移规则"。

表 10-3　1L 为 S-1 和 AQL 为 6.5 时正常和加严检查抽样方案

批量/罐	抽样量/罐	正常检查		加严检查	
		Ac[①]	Re[②]	Ac	Re
1～50	2	0	1	↓[③]	
51～500	3	1/i=1/3		0	1
501～35000	5	1/i=1/2		1/i=1/3	
≥35001	8	1	2	1/i=1/2	

① 合格判定数。

② 不合格判定数。

③ 使用箭头下面第一个抽样方案。

表 10-4　1L 为 S-2 和 AQL 为 6.5 时正常和加严检查抽样方案

批量/罐	抽样量/罐	正常检查		加严检查	
		Ac[①]	Re[②]	Ac	Re
1～25	2	0	1	↓[③]	
26～150	3	1/i=1/3		0	1
151～1200	5	1/i=1/2		1/i=1/3	
1201～35000	8	1	2	1/i=1/2	
≥35001	8	0	3	0	2
	8	3	4	1	2

① 合格判定数。

② 不合格判定数。

③ 使用箭头下面第一个抽样方案。

(3) 罐头品质检验内容

① 真空度测定　有破坏罐头密封和非破坏罐头密封两种测定方法。

② 顶隙度测定　主要有金属罐顶隙度测定和玻璃罐顶隙度测定。

③ 净重的测定　按 GB/T 10786—2006 要求测定。

④ 固形物含量的测定　按 GB/T 10786—2006 要求测定。

⑤ pH 测定　涉及 pH 计的校正、样品的测定、结果计算和重现性检测。

⑥ 感官检验　主要有色泽、味、气味、组织与形态检验。

⑦ 容器内壁检验　清水冲洗黏附在容器内壁的内容物后观察容器内壁，包括金属容器内壁检验、玻璃罐容器内壁检验和复合材料容器内壁检验。

⑧ 容器密封性检验

a. 铁听装罐头密封性检验：可选择减压或加压试漏法进行检测，减压法又包括直接减压试漏法和间接减压试漏法，建议选用间接减压试漏法。

b. 玻璃罐装罐头密封性检验：通常有外观检测和开盖检测两种类型，还可分为非破坏性检查和破坏性检查。

c. 蒸煮袋罐头密封性检验：由外观检验、热封强度试验、跌落试验和耐压强度试验四部分组成。

⑨ 化学检验　主要有重金属检验：锡、铜、铅、砷、汞、镉的含量按 GB/T 5009.16、GB/T 5009.13、GB/T 5009.12、GB/T 5009.11、GB/T 5009.17、GB/T 5009.15 等规定的方法测定；亚硝酸钠检验：按 GB/T 5009.33 规定的方法检测；腹泻性贝类毒素检验：按 SN/T 0294 规定的方法检测。

⑩ 微生物检验

a. 商业无菌　判定方法是保温检验法，保温时间和温度见表 10-5。检验步骤有审查生产操作记录、保温、留样、pH 测定、感官检查、涂片染色镜检、接种培养和微生物培养检验程序及判定等。

表 10-5　样品保温时间和温度

项目	温度/℃	时间/d
常温贮存	36±1	10
预定要输往热带地区（40℃以上）	55±1	5～7

将接种的培养基管分别放入规定温度的恒温箱进行培养，每天观察生产情况。

结果判定如下。

（a）该批罐头经审查生产操作记录，属于正常；抽取样品保温试验未胖听或泄漏；保温后开罐，经感官检查、pH 测定或涂片染色镜检，或接种培养，确证无微生物增殖现象，则为商业无菌。

（b）该批罐头经审查生产操作记录，未发现问题；抽取样品经保温试验有一罐及一罐以上发生胖听或泄漏；或保温后开罐，经感官检查、pH 测定或涂片染色镜检和接种培养，确证有微生物增殖现象，则为非商业无菌。

b. 菌落总数　按 GB/T 4789.2 规定的方法检验。

c. 大肠菌群　按 GB/T 4789.3 规定的方法检验。

d. 沙门菌　按 GB/T 4789.4 规定的方法检验

e. 志贺菌　按 GB/T 4789.5 规定的方法检验。

f. 金黄色葡萄球菌　按 GB/T 4789.10 规定的方法检验。

g. 溶血性链球菌　按 GB/T 4789.11 规定的方法检验。

h. 肉毒梭菌及肉毒素　按 GB/T 4789.12 规定的方法检验。

⑪ 判定与处置

a. 缺陷分类　SN/T 0400.1。

b. 缺陷计数　缺陷按罐计数，每一罐的缺陷只计一个最严重的缺陷。然后根据缺陷的性质确定是严重缺陷还是一般缺陷。

c. 判定规则　交收检验判定规则如下。

（a）按规定的抽取样本对成品进行化学检验、微生物检验、物理感官检验、容器密封性能检验、容器内壁检验，发现任意一项严重缺陷，均应判整批不合格。

(b) 如物理感官、容器密封性能、容器内壁检验中发现一般缺陷数等于或小于相应样本中的允许缺陷数则判定整批罐头合格；如其一般缺陷数等于或大于相应样本中的拒收缺陷数则判定整批罐头不合格。因净重不符合标准判为不合格时，允许适当处理后再行复验，复验项目、检验水平和合格质量水平仍按原要求，以复验结果作为最终判定依据。

(c) 当物理感官、容器密封性能、容器内壁检验结果均为合格时，判定整批产品合格。

当采用 $1/i$（$i=2$，3）型抽样方案时，应按下列程序判定结果。

• 不合格品数为 0，判整批罐头为合格；不合格品数大于 1，判整批罐头为不合格。

• 不合格品数为 1，且相连的前 i 批产品的样本中未发现不合格品，判整批罐头为合格。

• 不合格品数为 1，且该批属最初 i 批中的一批，判整批罐头为不合格。

• 不合格品数为 1，且相连的前 i 批产品的样本中至少有一个不合格品，判整批罐头为不合格。

d. 转移规则　除非另有规定，在检查开始时进行正常检查。

（a）从正常检查到加严检查　当进行正常检查时，若在连续不超过五批中有两批经初次检查（不包括再次提交检查批）不合格，则从下一批检查转到加严检查。

（b）从加严检查到正常检查　当进行加严检查时，若连续五批经初次检查（不包括再次提交检查批）合格，则从下一批检查转到正常检查。

（c）检查的暂停和恢复　加严检查开始后，若不合格批数（不包括再次提交检查批）累计到五批，则暂停生产，待采取措施整改后，使提交检查批达到或超过产品标准规定的质量要求，经公司总经理同意后，可恢复检查。一般从加严检查开始。

任务一　罐头的感官检验

※ 【任务描述】

以红烧牛肉罐头、五香牛肉罐头等为原料，选择两种以上的罐头肉制品，设计感官检验流程和操作规程，比较两类产品。

※ 【工作准备】

（1）材料的准备　成品肉罐头。

（2）仪器设备的准备　白瓷盘，匙，不锈钢圆筛（丝之直径 1mm、筛孔 2.8mm×2.8mm），烧杯，量筒、开罐刀等。

（3）相关工具的准备　计算器、任务工单等。

※ 【工作程序】

程序 1　工艺流程

色泽 → 滋味、气味 → 组织与形态

程序 2　操作要点

（1）色泽　在白瓷盘中观察其色泽是否符合标准，将汤汁注入量筒中，静置 3min 后，观察其色泽和澄清程度。

（2）滋味、气味　检验其是否具有该产品应有的滋味与气味，有无哈喇味及异味。

（3）组织与形态　将内容物倒入白瓷盘中，观察其组织、形态是否符合标准。

程序3　产品质量控制

（1）色泽标准　具有新鲜肉的光泽，油应清晰，汤汁允许有轻微浑浊及沉淀。

（2）滋味、气味标准　具有肉罐头应有的滋味及气味，无哈喇味及异味。

（3）组织与形态标准　其组织紧密适度，肉块不碎散，无黏罐现象，块形大小均匀，无杂质存在。

※ 【注意事项】

（1）参加感官检验人员须有正常的味觉与嗅觉。

（2）感官鉴定过程不得超过2h。

（3）严格按照国家感官检验标准进行检验。

※ 【任务实施】

详见《肉制品加工技术项目学习册》的任务工单。

学习单元二　硬罐头加工技术

※ 【知识目标】

1. 了解常见硬罐头的加工工艺和操作要点。
2. 熟练硬罐头的装罐与排气操作。
3. 能掌握硬罐头杀菌与冷却技术。

※ 【技能目标】

1. 能将肉修割成块状，达到罐头的标准要求。
2. 能正确地进行装罐、排气密封操作。
3. 能熟练操作硬罐头的杀菌与冷却。

一、工艺流程

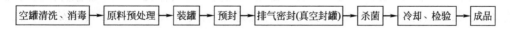

空罐清洗、消毒 → 原料预处理 → 装罐 → 预封 → 排气密封(真空封罐) → 杀菌 → 冷却、检验 → 成品

二、操作要点

1. 空罐的清洗和消毒

（1）空罐的种类及要求　肉类罐头所使用的空罐种类及大小均应按照国家标准中罐头部分的规定执行。为防止内容物与罐内壁起反应，有时需在内壁涂布各种涂料。涂料必须无臭、无味并与内容物不起任何反应。涂料还需对加热和机械冲击具有抵抗性。

（2）清洗消毒　检验合格的空罐，用沸水或0.1%的碱溶液充分洗涤，再用清水冲洗，然后烘干待用。

2. 原料预处理

（1）肉类原料的预处理方法及要求　原料肉应来自非疫区健康的畜（禽），肉尸放血良好，表面不再有破碎组织、内脏残留物、血液、胃肠内容物、污物等。肌肉深层的温度不应超过4℃，夏天不应超过6℃。整个肉尸表面，应有坚固的干燥硬皮。原料的预处理包括洗涤、去骨、去皮（或不去骨、不去皮）、去淋巴以及切除不宜加工的部分。

各种产品所使用的原料用清水清洗干净，除净表面的污物，砍去腿圈、分段。一般猪片分为前后腿及肋条三段；牛片沿十三根肋骨处横截成前腿和后腿二段；羊肉一般不分段，通常为整片剔骨或整只剔骨。若分段则需进行剔骨去皮，将分段后的肉顺次剔除脊椎骨、腿骨及其他全部硬骨和软骨。剔骨刀要锋利，剔肋骨时下刀的深度应与骨缝接近一致，不得过深；剔除肋骨、腿骨时，必须注意保证肋条肉、腿部肉的完整，避免碎肉及碎骨；若要留做排骨、元蹄、扣肉等的原料，则在剔骨前后按部位选取，切下留存。去皮时刀面贴近皮，要求皮上不带肥肉，肉上不带皮，然后按原料规格要求割除全部淋巴、颈部刀口肉、奶脯部位泡肉、黑色素肉、粗组织膜和淤血等，并除净表面油污、毛及其他杂质。

（2）原料的预煮　肉类在预煮时，肌肉中的蛋白质受热后逐渐凝固，使属于肌浆部分的各种蛋白质发生不可逆的变化，而成为不可溶性的物质。随着蛋白质的凝固，亲水的胶体体系遭到破坏而失去持水能力，因而发生脱水作用。由于蛋白质的凝固，使肌肉组织紧密，变成具有一定程度的硬块，便于切块，同时肌肉脱水后，能使调味液渗入肌肉内，使成品的固形物含量增加。此外，预煮处理能杀灭肌肉上附着的一部分微生物，有助于提高杀菌效率。

预煮时水与肉之比一般约为1.5∶1，以淹没肉块为度。预煮时间一般为30～60min。为了减少有效物质的流失，在肉类罐头的原料预煮过程中，可用少量原料分批投入沸水的办法，使表面蛋白质立即凝固，形成保护层而减少损失。一般是将原料投入夹层锅中用沸水预煮，预煮时间随产品的不同和块状的大小而异，一般为30min左右。

（3）原料的油炸　油炸不但能达到预煮的目的，而且能使产品增添特有的风味。目前我国一般采用开口锅放入植物油熬熟，然后根据锅的容量将原料分批放入锅内进行油炸。油温160～180℃，时间依原料的组织密度、形状、块的大小、油炸温度和成品质量要求等而有所不同，一般油炸时间为1min左右。大部分产品在油炸前都要求涂上焦糖色液，待油炸后，其表面色泽呈酱黄色或酱红色，这是判断油炸时间标志的一个重要方面。

（4）切块　将预煮或油炸后的肉，按各种罐头的标准要求，切成适当大小的肉块。

3. 肉类罐头的装罐

原料肉经预处理、腌制、预煮、油炸等工艺后，要迅速装罐密封。

（1）对罐藏容器的要求

① 对人体无害　罐藏容器的首要条件是安全卫生，对人体无害，罐藏容器存放食品时直接接触食品，因此只有无毒无害的容器，才能避免食品受到污染，保证食品安全可靠。

② 密封性能良好　食品的腐败变质往往是自然界微生物活动与繁殖，促使食物分解发酵所致。罐头食品容器如果密封性能不良，就会使杀菌后的食品重新被微生物污染造成腐败变质。因此容器必须具有良好的密封性能，使内容物与外界隔绝，防止外界微生物污染。

③ 适合工业化的生产　随着罐头工业的不断发展，罐藏容器的需要量与日俱增，因此要求罐藏容器能适应工厂机械化和自动化生产，质量稳定，在生产过程中能够承受各种机械加工，材料资源丰富，成本低廉。

④ 耐腐蚀性能良好　由于罐头食品含有机酸、蛋白质等有机物质，以及某些人体必需的无机盐类，会使容器腐蚀。有些物质在罐藏容器生产过程中会产生一些化学变化，释放出具有一定腐蚀性的物质，而且罐藏食品在长期贮藏过程中内容物与容器接触也会发生缓慢的变化，使罐头容器出现腐蚀，因此作为罐藏食品容器须具备优异的抗腐蚀性。

⑤ 开启方便，便于携带和运输。

（2）装罐时应注意的问题　根据罐头的种类和规格标准，进行称重，将肥瘦、大小搭配后进行装罐。目前，装罐多用自动或半自动式装罐机，速度快，称量准确，节省人力。但小规模生产和某些特殊品种仍需用人工装罐，无论采取哪种方式装罐，均应注意以下几点。

① 迅速及时　经过预处理的原料必须迅速装罐，不应堆积过多，停放时间不能过长，一般不宜超过 2h，以防微生物污染而变质，造成损失。装罐迅速及时，趁热装罐排气，则排气效果好，杀菌效果也好。

② 食品品质一致、质量一定　装罐的食品质量必须同属于一个等级，罐内装量要保证不能过多或过少，罐头食品的净重和固形物含量必须达到要求。净重是指罐头食品重量减去容器重量后所得的重量，包括液体和固体在内，每罐净重允许公差为±3％。固形物含量是指固态食品在净重中所占的百分比，对肉类罐头还包括熔化油和添加油。固形物含量一般要求占 45％～65％，最常见的为 55％～60％。

③ 留有适当的顶隙　顶隙是指罐内食品表面层或液面和罐盖间的空隙。装罐时顶隙过小，罐内食品杀菌时受热膨胀而压力增大，将造成罐形永久膨胀并损害罐缝的严密度。顶隙过大，罐头杀菌后冷却时罐身将自行凹陷。通常罐内空隙不得超过 10％。

④ 原料要合理搭配，排列整齐　搭配合理不仅可以改善成品品质，还可提高原料利用率，降低成本。有的罐头食品装罐时有一定的式样或定型要求，如红烧扣肉装罐时必须排列整齐，皱面向上，这样就提高了产品品质。原汁、清蒸类以及生装产品，主要是控制好肥瘦、部位的搭配以及汤汁或猪皮胶的加量，以保证固形物的含量达到要求。瘦肉含水分较高，经杀菌后，水分排出易使固形物含量不足。

⑤ 保持罐口清洁，不得有小片、碎块或油脂等残留罐口边缘，否则影响卷边的密封性。

⑥ 装罐完毕后要进行注液，就是加入一定量的肉汤，其目的：增进风味，因为许多风味物质都存在于汤汁中；利于杀菌的热传导，提高杀菌效率；排除罐内空气，降低罐内压力，防止内容物氧化变质。

4. 预封

在装罐后排气之前有些产品要进行预封，使罐盖的盖钩与罐身翻边稍稍弯曲连接起来而不脱落，用手可以转动罐身上的盖。预封的好处是不仅可以预防排气时水蒸气落入罐内污染食品，避免罐内处于表层的食品直接受高温蒸汽的影响而损失，更重要的是保持罐内顶隙温度，在罐盖的保护下，避免外界冷空气的侵入，使罐头在高温时封罐，从而提高了罐头的真空度，减少"氢胀罐"的可能性，此外还可防止受热后食品过度膨胀引起汁液外溢或食品胀落罐外。

预封采用的预封机类型有手扳式、J 型、阿斯托里亚型等。手扳式预封机结构简单，生产率较低，20～25 罐/min，J 型预封机的生产率为 70～80 罐/min，阿斯托里亚型预封机 100罐/min。一般要求预封速度不要超过 100 罐/min，以免转速太快，汤汁外溅。

5. 排气

罐头进行预封后须迅速排气，才能保证一定的真空度。

（1）排气的目的

① 防止内容物，特别是维生素、色素以及与风味有关的微量成分氧化变质。罐头生产中，维生素的破坏程度与维生素的种类、加热温度及时间、氧气的存在与否有关，罐头食品未经排气或排气不完全，其内容物易产生氧化反应而导致色香味变劣。

② 防止或减轻罐头高温杀菌时发生变形或损坏。未经排气的罐头，在高温杀菌时，因

罐内食品的受热膨胀，水蒸气的产生和罐内空气的膨胀，使罐内的压力急剧增高。当罐内压力比罐外压力（即杀菌锅电蒸汽压力）大时，就有可能使罐头漏气，甚至报废。

③ 防止和抑制罐内残留的杂菌繁殖。从罐头中所检验出来的微生物看，以好氧性芽孢菌最多。充分的排气是防止罐头食品中杂菌生长而导致腐败变质的重要措施。

④ 防止或减轻贮藏过程中罐内壁的腐蚀。罐内壁常出现腐蚀现象，而罐内有氧时会使腐蚀作用加剧。

（2）排气的方法　目前罐头厂常用的排气方法大致分为三类：热力排气法、抽真空排气法和蒸汽排气法。热力排气法是罐头工厂使用最早，也是最基本的排气法。抽真空排气法是后来发展起来的，并有普遍被采用的趋势。蒸汽排气法最近才出现，国内罐头厂也开始采用。

① 热力排气法　是利用空气、水和食品受热膨胀的基本原理，通过对装罐后的罐头进行加热，使罐内水分汽化、水蒸气分压提高来驱赶罐内的气体，密封杀菌冷却后水蒸气冷凝成水而获得一定的真空度。在罐头厂根据产品的具体情况分为热装罐排气法和加热排气法。

a. 热装罐排气法　就是先将食品加热到一定的温度（一般为 70～75℃）后立即装罐密封的方法。采用这种方法，一定要趁热装罐、密封，不能让食品温度下降。此法只能应用于部分产品，如制造去骨鸭罐头时，鸭块在一定温度下装入罐内，然后立即加入 90℃的汤汁，可不再加热排气，立即密封。

b. 加热排气法　指食品装罐后经预封或不经预封而覆有罐盖的罐头在用蒸汽或热水加热的排气箱内，在预置的排气温度（一般 82～96℃，有的高达 100℃）下经一定时间的热处理，使罐内中心温度达到 70～90℃，并在允许食品内空气有足够外逸时间的情况下，立即封罐的排气法。

热力排气法的优点是能排除骨组织内的气体，对肉类和水产类罐头有脱臭作用，有预杀菌作用，可提高罐头的初温，比较适合特大型罐、带骨畜禽类和水产类罐头的排气。但由于热力排气法既花费劳动力，又占用了车间面积，同时多了一道热处理工序，往往对产品质量有影响，生产能力较低，故能用真空封罐机抽气密封的产品，尽量用抽真空排气法。

② 抽真空排气法　是借助于真空封罐机，在抽气的同时进行密封的排气方法。这种方法操作简单，生产效率高，占地面积小，能提高产品质量，使用越来越多。真空封罐时真空封罐机密封室内的真空度和罐内食品温度是控制罐内真空度的基本因素。

③ 蒸汽排气法　是在罐头密封前，向罐内顶隙部喷射蒸汽，用蒸汽将顶隙内空气全部取代，立即密封，顶隙内水蒸气冷凝后，形成一定的真空度。蒸汽排气法的蒸汽喷射装置的蒸汽流应能有效地将顶隙内的空气排除出去，并在罐身和罐盖接合处周围维持一个大气压的蒸汽，以防止空气窜入罐内，直到罐头密封后为止。喷蒸汽密封时，顶隙大小必须适当。顶隙小，密封冷却后几乎完全得不到真空度；如果其他情况准确，顶隙较大时，可以得到较好的真空度，其一般只限于氧溶解量和吸收量极低的一些食品罐头。

6. 密封

罐头食品之所以能长期保存，主要是罐头经杀菌后完全依赖容器的密封性使食品与外界隔绝，不再受到外界空气及微生物的污染而引起腐败。罐头容器的密封性则依赖于封罐机及操作的正确性或可靠性。密封前，根据罐型及品种不同，选择适宜的罐中心温度或真空度，防止成品真空度过高或过低而引起杀菌后的瘪罐和物理性胀罐。密封后的罐头，用热水或洗涤液洗净罐外油污，迅速杀菌。要求密封至杀菌时间，不超过 60min 为宜。严防积压，以免引起罐内细菌繁殖败坏或风味恶化、真空度降低等质量问题。

7. 杀菌

杀菌技术可参考学习单元一中的罐头的杀菌。

8. 冷却

（1）冷却的作用　罐头杀菌完毕后，应迅速进行冷却，罐头的冷却是在生产过程中决定产品质量的最后一个环节。冷却不当，能造成食品的色泽和风味变差，组织变烂，甚至失去食用价值，也会促进罐内残存的嗜热性细菌活动而发生平酸腐败和增强罐头内壁的腐蚀作用。

罐头以冷却到内部温度降低到 38～40℃、不烫手为宜，这时罐头尚有余热，有利于在冷却时罐面水分的蒸发。若冷却温度过低或贮存温度过高，则罐面水分不易蒸发，易使罐头外表生锈。

罐头杀菌后的冷却速度越快，对于食品的质量影响越小，但要注意保持容器在这种温度变化的处理中，不受到物理的破坏作用。冷却速度的快慢，与食品的性质、容器的大小、形状、质料以及罐头与其周围环境的温差有关。

（2）冷却的方法　按冷却时的位置，可分为锅外冷却和锅内冷却；按冷却媒介物质，可分为空气冷却与水冷却。不过空气冷却速度极其缓慢，除特殊要求外，对于玻璃罐或扁平而体积较大的罐型应用少。水冷却又分为喷水冷却与浸水冷却，以喷水冷却方式较好，最好先喷冷再浸冷。对于玻璃罐或扁平而体积大的罐型，宜采用反压冷却，防止容器变形或跳盖爆破，特别是玻璃罐，冷却速度不能太快，一般用热水或温水分段冷却（每次温差不超过25℃），最后用冷水冷却。罐头在冷却过程中，因机械原因或密封橡胶暂时软化，易造成罐头暂时性或永久性的漏隙。这种罐头在冷却时由于食品内容物收缩，罐内压力下降，内外的压差大，而将冷却水吸入罐内，如冷却水水质差，会引起罐头变质，这种情况称为罐头的"二次污染"。故所有冷却水必须符合饮用水标准，最好使用经氯处理过的冷却水。在冷却水中加入漂白粉，使冷却水中含游离氯 3～5mg/kg，可减少罐头因微生物"二次污染"引起的败坏。

罐头杀菌冷却后即应进行一次检查，拣选出突角、瘪罐、有封口缺陷的罐头和外流胶等外观不合格的罐头。

9. 检验、包装和保管

（1）罐头的检验　罐头的检验参考学习单元一中的罐头品质检验技术。

（2）包装与保管　罐头经过检验后，在出厂前还须涂防锈油、粘贴商标纸和装箱包装。罐头贮藏的适宜温度为 0～10℃，在此温度下罐头食品的质量变化较小。温度过高、过低都会引起内容物品质的变化。罐头贮藏温度过高，罐内残留的细菌芽孢就会发育繁殖，使食品变质，甚至发生腐败膨胀。此外温度升高也会加速食品对马口铁的腐蚀作用，产生斑点，甚至造成穿孔现象。贮藏温度低于 0℃以下，易发生冻结而影响食品的组织结构，最适贮藏温度为 5℃。罐头在保管时，由于金属容器与空气中氧的相互作用，铁皮可能被腐蚀，有水存在时腐蚀更加剧烈。罐头贮藏的仓库应干燥、通风良好，相对湿度一般不超过 80％。在雨季时应做好防潮、防锈、防霉工作。

任务二　硬罐头的加工

※ 【任务描述】

以猪肉为原料，选择合适的辅料和加工条件，设计工艺流程和操作规程并加工为成品。

※ 【工作准备】

(1) 材料的准备　猪肉、植物油、黄酒、饴糖、酱油等。
(2) 仪器设备的准备　锅、盆、刀、纱布、天平、杀菌锅、真空封罐机等。
(3) 相关工具的准备　计算器、任务工单等。

※ 【工作程序】

程序 1　工艺流程

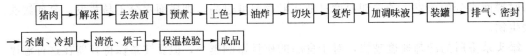

程序 2　操作要点

(1) 解冻　冻肋肉采用自然解冻。解冻时温度不超过 20℃，冻肉不得用水解法。

(2) 去杂质　剔除残留碎骨、灰肉、淋巴腺，拔净猪毛，用水冲洗干净。

(3) 预煮　将整理好的肉放在沸水中预煮。预煮时每 100kg 肉加鲜葱及碎的生姜各 200g（葱、姜用布袋包好）。预煮时，加水量与肉量之比为 2∶1，肉块必须全部浸没水中。每锅投料要少些，预煮时间为 30min，煮至肉皮发软、有黏性时取出。预煮得率为 90% 左右。肉皮不易煮软者，可移入 80℃ 的肉汤中保温至皮软后取出，进行油炸，以减少油脂析出。

(4) 上色　上色液配比：黄酒 6kg，饴糖 4kg，酱油 1kg。将肉皮表面揩干，在皮面上涂抹一层上色液，稍停几秒钟，再抹一次，使着色均匀。上色时注意不要涂在瘦肉的切面上，以防油炸后瘦肉发焦、发黑。

(5) 油炸　上色后立即油炸，当油温达到 190～210℃ 时，将上色的肉块投入油锅中油炸。油炸时间 45～60s。炸至肉皮呈棕红色、发脆，瘦肉转黄色即可捞出。稍滤油后投入冷水中，冷却 1～2min，待肉皮回软后即可捞出，时间不宜过长，以免降低成品油炸风味。

(6) 切块　切块时要求厚薄均匀、切块要整齐、皮肉不分离，并修去焦烟边缘。

(7) 复炸　切好的块肉再投入 190～210℃ 的油锅中复炸 30s 左右。复炸时要小心翻动，炸后再浸一下冷水（约 1min），可避免肉块黏结，并冲去焦屑。

(8) 加调味液　装罐前应配制好调味液，调味液中骨汤要先准备好。

骨汤熬制方法是：每锅水 300kg 放肉骨头 150kg，猪皮 30kg 进行焖火熬煮。时间不少于 4h，取出过滤后备用。

调味液配方：肉汤（3%）100kg，酱油 20.6kg，生姜（切碎）0.45kg，青葱（切碎）0.45kg，精盐 2.1kg，砂糖 6kg，黄酒 4.5kg，味精（80%）0.15kg。

调味液配制方法：除黄酒、味精外，其他各料放入夹层锅中（香辛料用布包好），煮沸 5min，出锅前加入黄酒和味精，搅匀过滤备用。

(9) 装罐　装罐时肉块大小、色泽大致均匀，块皮面向上，排列整齐，添秤肉可衬在底部。

(10) 排气及密封　装罐后立即排气、密封。加热排气，罐中心温度应达 65℃ 以上。真空密封，真空度为 (4.7～5.3)×10⁴Pa。

(11) 杀菌及冷却　密封后应尽快进行杀菌，杀菌温度为 121℃，杀菌时间为 65min。杀菌后立即冷却到 40℃ 以下。

程序 3　产品质量控制

产品质量控制见表 10-6。

表 10-6　产品质量控制

项目	优级品	一级品	合格品
色泽	肉呈酱红色或棕红色,有光泽	肉呈酱红色或棕红色,稍有光泽	肉呈酱红色或棕红色
滋味 气味	具有红烧肉罐头应有的滋味和气味,无异味		
组织 形态	组织柔嫩,软硬适度;块形大小大致均匀,允许添秤小块 1 块;不允许粗组织膜及淤血存在	组织较柔嫩,软硬较适度;块形大小较均匀,允许添秤小块 2 块;不允许粗组织膜及淤血存在	组织软硬尚适度;块形大小尚均匀,允许添秤小块 2 块;允许个别肉块有粗组织膜及淤血

※ 【注意事项】

（1）扣肉应具有明显的皱纹。若预煮不足,油炸时不发生皱纹;若预煮过度,油炸时会产生大泡,出现皮肉分离和颜色变黑的现象。油炸时间也不能过长,以免色泽发黑。

（2）装罐时注意外观,肉块排列整齐,皮向上,小块肉应衬在底部,肥瘦搭配均匀。

（3）净重要严格控制,封口前要复秤。

※ 【任务实施】

详见《肉制品加工技术项目学习册》的任务工单。

学习单元三　软罐头加工技术

※ 【知识目标】

1. 了解软罐头与硬罐头的不同。
2. 熟悉软罐头的加工工艺和操作要点。
3. 掌握五香牛肉软罐头的加工工艺和操作要点。

※ 【技能目标】

1. 会选择合适的内容物和适当的分量进行装袋。
2. 能正确地用封口机进行封口密封。
3. 会正确进行软罐头杀菌操作。

软罐头肉制品是将各种不同的畜禽肉等原料加工处理后,装入蒸煮袋内,经热熔封口和适度的加热杀菌,使之成为能长期贮藏、食用方便的食品。软罐头的生产过程类似于硬罐头的生产过程,但包装材料和包装形式的多样性,使得其填充、封口、杀菌工艺都具有特殊性。

一、工艺流程

原辅料验收及选择 → 加工处理(清洗、预煮、调味等) → 装袋 → 封口 → 杀菌 → 包装

二、操作要点

1. 原辅料验收、选择与加工处理

软罐头装袋前的工艺如原辅料验收及选择、清洗、预煮、调味等加工处理均与硬罐头相同，不再重复。下面介绍与硬罐头生产不同的装袋、封口、杀菌等工艺与设备。

2. 装袋

装袋工艺的主要要求是适当的装袋量和合适的内容物，保持袋内一定的真空度，保持袋子封口处清洁无污染。

（1）对装袋量及内容物的要求　软罐头食品的装袋量与其杀菌效果有直接的关系，这主要是与装袋后袋的厚度有关。在一定的装袋量下，袋厚度的增加一方面往往导致杀菌时间的不足，杀菌不彻底，造成成品败坏；另一方面有可能因封口时袋子拉得太紧，造成袋封口处污染，因此装袋量与蒸煮袋的容量要相适宜，通常控制内容物离袋口至少 3～4cm。另外，对内容物质地也有要求，内容物不能带骨和棱角，防止影响封口强度和刺透包装袋，造成渗漏而致内容物腐败。

（2）对真空度的要求　软罐头装袋与硬罐头的灌装类似，装袋时应尽量排除袋内空气，以防止袋内食品颜色褐变、香味变异、维生素损失，同时也防止因空气热膨胀而导致破袋发生。减少袋内空气，保持一定真空度，通常有以下四种方法。

① 蒸汽喷射法　此法可达到较高的真空度。

② 抽真空法　依内容物的特性决定抽真空的大小，由真空度决定袋内空气的残留量。

③ 压力排气法　使用机械或手工挤压，把袋内空气排出。

④ 热装排气法　内容物温度较高时装袋，利用其热蒸汽排除袋内空气。

（3）对封口处的要求　装袋时不污染蒸煮袋封口处是保证封口强度的关键。如果封口部分内侧有汁液、水滴等附着，热封时封口部分内侧易产生蒸汽压，当封口外侧压力消除时，封口处会因瞬间产生气泡而局部膨胀，导致封口不紧密。如果封口部分内侧有油或纤维、颗粒等附着，封口部分不能密封。

防止蒸煮袋袋口污染的方法有以下几种。

① 严格控制袋口的构型，使用夹钳或抓手来定向，使用真空吸嘴和空气喷射使袋口完全张开，以便装袋。

② 使用适合于产品特性的灌装器，可使用往复式泵、螺杆泵推进或齿轮泵灌装器进行灌装。

③ 防止汁液滴点污染封口，在灌装汁液时，在喷嘴尖上装一个环形的吸管，以回吸由于惯性而滴下的液体，并用同步金属片作保持装置，以防止滴点污染封口处。另外，在灌装时使用翼状保护片，将其插入袋内，以保护内层封口表面不受污染。

④ 控制装袋量，内容物与袋口要保持一定距离，至少 4cm 左右。

⑤ 控制排气所用的真空度。真空度视不同的产品而定，尤其要防止真空度过高而导致汤汁外溢，污染袋口。

3. 封口

软罐头的封口采用热熔密封，即电加热及加压冷却使蒸煮袋内层薄膜熔融而密封，封口的关键是合适的封口温度、压力、时间及良好的袋子封口状况。

目前，国内外普遍采用电加热密封法和脉冲封口法。电加热密封主要是由金属制成的热封棒（表面用聚四氟乙烯涂覆作保护层），通电后发热到一定温度时蒸煮袋内层薄膜熔融加压黏合。为了提高密封强度，热熔密封后再加压一次，但也有通电后即通冷却水进行冷却密

封。而脉冲封口是通过高频电流发热密封，自然冷却。

封口的温度、压力、时间视蒸煮袋的构成材料、薄膜的熔融温度、封边的厚度等条件而定。在一定的封口时间内，温度过低会造成薄膜熔融不完全，不易使之黏合；温度过高又会使薄膜熔融过度而改变其物理化学性质，也造成封口不牢。同样，压力过低亦造成熔融的薄膜连接不够紧密，压力过高可能造成熔融的薄膜材料挤出而封口不牢。封口时间决定了生产能力的大小。在保证封口质量的前提下，封口时间短则生产能力大，反之相反。最适热封温度 $180\sim220℃$，压力 294kPa，时间 1s，在此条件下封口强度 $\geqslant7$kgf/20mm^2（1kgf/mm^2 = 0.980665kPa）。

封口时袋子封口处平整程度是否一致也是影响封口质量的因素之一。要保持袋子封口处平整，封口后无皱纹产生。

4. 杀菌

装袋密封好的软罐头必须经过合理杀菌，以达到长期保存的目的。软罐头的杀菌与金属罐、玻璃罐等硬罐头类似，其工艺过程也分为升温阶段、杀菌阶段和冷却阶段。软罐头的杀菌值（F_0）、D 值和 Z 值等的微生物耐热性参数及其概念与硬罐头食品相同，所以硬罐头的杀菌理论及杀菌计算也可以直接用于软罐头。

软罐头杀菌的特点：软罐头的杀菌时间比硬罐头的杀菌时间短。由于软罐头具有传热面积大、呈扁平状、横截面小、传热快、冷点不明显等特点，因此在相同的加热杀菌条件下，其杀菌值比一般的硬罐头大。这种特点在传导型的传热过程中尤为显著。

通过试验可以证明，在相同的杀菌工艺条件下，软罐头比硬罐头在升温阶段内升温快。因此在相同的升温时间内软罐头的杀菌值大于硬罐头的杀菌值，软罐头的杀菌时间比金属罐可缩短约 1/3，比玻璃罐缩短 2/5 以上。

软罐头在高温杀菌过程中，袋内残留气体膨胀及内容物体积变大，使得袋内压力上升，当袋内压力与杀菌锅中的压力之差大于袋子所能承受的内压时，袋子就会胀破。为了保证软罐头在杀菌过程中不破袋，通常采用加压杀菌及加压冷却。

任务三　软罐头的加工

※ 【任务描述】

以牛肉为原料，选择软包装形式，设计工艺流程和操作规程并加工成软罐头。

※ 【工作准备】

（1）材料的准备　牛肉、精盐、蔗糖、淀粉、香辛料等。

（2）仪器设备的准备　锅、盆、刀、纱布、天平、盐水注射机、滚揉机、封口机、杀菌锅等。

（3）相关工具的准备　计算器、任务工单等。

※ 【工作程序】

程序1　工艺流程

原料肉的选择 → 切块 → 注射腌制 → 滚揉 → 预煮 → 冷却 → 切块定量装袋 → 抽真空密封 → 高压杀菌 → 成品

程序 2　操作要点

（1）原料肉的选择与修整　选择新鲜牛后腿肉或牛辗（牛腱），洗涤干净，沥去水分，修去表层脂肪、肌膜，剔去残存的碎骨及软骨，修去淤血部分，切成 1kg 左右的肉块供注射。

（2）注射腌制　配制的腌制液冷却到 2～4℃，用盐水注射机进行注射，注入量为肉重的 20%。

（3）滚揉　用间歇式滚揉，滚动 20min，休息 20min，有效滚揉 40min 后再静置腌制 1d。滚揉温度 2～4℃。

（4）预煮　用煮牛肉的老汤进行煮制，煮制温度 90～95℃，时间 40min。若使用新汤，按 50kg 牛肉计，汤中加的香辛料以配制注射腌制液所用香辛料的 2 倍加入，食盐用量控制在 2.5%～3%。牛肉出锅前，加适量红曲色素调色。

（5）切块定量装袋　牛肉出锅后，趁热加入 1% 的卡拉胶拌匀，冷却后切块定量装入耐高温复合铝箔袋。装袋时先将袋撑开，将牛肉装入，然后用干净纱布将袋口内侧擦干净，以免封口时不牢固。

（6）抽真空封口　用真空封口机封口时，先将装牛肉的铝箔袋的袋口用双手向两侧拉展后放入封口机内，用压力条压在热合线外，盖上盖即可完成抽真空封口工序。要求铝箔袋封口处外观平展，不起皱。

（7）高压杀菌　杀菌公式 15min-45min-反压冷却/121℃（反压 0.17MPa）。

程序 3　产品质量控制

产品质量控制见表 10-7。

表 10-7　产品质量控制

项目	优级品	一级品	合格品
色泽	呈棕黄色、褐色或黄褐色,色泽均匀	呈棕黄色、褐色或黄褐色,色泽基本均匀	呈棕黄色、褐色或黄褐色
滋味气味	具有该品种特有的香气和滋味,甜咸适中		
组织形态	组织软硬适度;形状大小均匀,表面可带有细微小纤维或香辛料	组织软硬较适度;形状大小基本均匀,表面可带有细微小纤维或香辛料	组织软硬尚适度;形状大小大致均匀,表面带有细微小纤维或香辛料

※【注意事项】

（1）牛肉先调味腌制，再卤制更佳。

（2）牛肉卤熟后需晾冷切片，切片厚薄要均匀。

※【任务实施】

详见《肉制品加工技术项目学习册》的任务工单。

思　考　题

1. 肉罐头加工中什么情况下会发生跳盖现象？

2. 肉罐头加工最常用的杀菌方法是什么？条件是什么？

3. 肉罐头品质检验一般包括哪些方法？
4. 肉罐头的出厂检验项目主要有哪些？
5. 肉罐头的微生物检验主要包括哪些指标？
6. 在做肉罐头的感官检验时应注意哪些事项？
7. 简述硬罐头加工与软罐头加工的异同。
8. 硬罐头的冷却方法有哪些？
9. 软罐头对装袋量及内容物的要求是什么？
10. 软罐头的封口技术有哪些？需要注意什么问题？

项目十一

其他肉制品加工技术

【产品介绍】

　　油炸制品是以油脂为介质对处理后的肉料进行热加工而生产的一类产品。油炸使用的设备简单，产品制作简便。油炸制品具有香、脆、松、酥，色泽美观等特点。油炸除达到熟制的目的外，还有杀菌、脱水和增进风味等作用。

　　肉丸泛指以切碎了的肉类为主而做成的球形食品，在世界各地都有不同特色的肉丸制法，例如西方国家的有些种类的肉丸会混有面包碎、洋葱、香料或鸡蛋。在中国台湾，有台湾肉丸，亦有较类似的食品，被称为贡丸。

学习单元一　油炸肉制品加工技术

※ 【知识目标】

1. 了解油炸及油炸肉制品的概念。
2. 理解油炸的分类和油炸对食品质量的影响。
3. 掌握各种油炸食品的加工工艺及操作要点。

※ 【技能目标】

会正确加工生产炸乳鸽、油淋鸡、炸猪排、西式炸鸡。

一、油炸肉制品基本知识

1. 油炸肉制品的概念

油炸肉制品是指经过加工调味或挂糊后的肉（包括生原料、半成品、熟制品）或只经过干制的生原料以食用油为加热介质，经过高温炸制或浇淋而制成的熟肉类制品。

2. 炸油的选择

油炸用油一般要求是熔点低、过氧化值低的新鲜植物油，如使用不饱和脂肪酸含量较低的花生油、棕榈油，亚油酸含量低的葵花子油，在油炸时可以得到较高的稳定性。未氢化的大豆油炸出的产品带有豆腥味，但炸后马上食用，异味并不大。大豆油如果进行氢化，去掉一些亚麻酸，更易被消费者所接受。目前肉制品炸制用油主要是大豆油、菜子油和葵花子油。

3. 油炸的作用

油可以提供快速而均匀的传导热。油炸传热的速率取决于油温与食物内部之间的温度差和食物的热导率。将食物置于一定温度的热油中，食物表面温度迅速升高，水分汽化，表面出现一层干燥层，形成硬壳，水分汽化层便向食物内部迁移，当食物表面温度升至热油的温度时，食物内部的温度慢慢趋向100℃，同时表面发生焦糖化反应及蛋白质变性，产生独特的油炸香味。

在油炸热制过程中，食物表面干燥层具有多孔结构特点，其孔隙的大小不等。油炸过程中水和水蒸气首先从这些大孔隙中析出。由于油炸时食物表层硬化成壳，使其食物内部水蒸气蒸发受阻，形成一定蒸汽压，水蒸气穿透作用增强，致使食物快速熟化，因此油炸肉制品具有外脆里嫩的特点。

油炸还可以杀灭食品中的微生物，延长食品的货架期。同时，改善食品风味，提高食品营养价值，赋予食品特有的金黄色泽。

4. 油炸温度及油炸时间

油炸的有效温度一般控制在100~230℃。手工生产通常根据经验来判断油温。根据油面的不同特征，可分为温油、热油、旺油和沸油。一般温油温度为70~100℃，油面较平静，无青烟、无响声；热油温度为110~170℃，油面微有青烟，四周向中间翻动；旺油温度为180~220℃，油面冒青烟，搅动时有爆裂响声；沸油温度达到230℃以上，全锅冒青烟，油面翻滚并有较剧烈的爆裂响声。油温的控制最好是使用自动控温装置。

油炸时应根据成品的质量要求和原料的性质、切块的大小、下锅数量的多少来确定合适的油炸温度和油炸时间。只有恰当地掌握油炸温度和油炸时间，才能生产出合格的产品，否则就会出现产品不熟、不脆不嫩、过焦等情况。

5. 油炸对食品的影响

油炸对食品的影响主要包括三个方面。

（1）感官品质的变化　油炸的主要目的是改善食品色泽和风味。在油炸过程中，食品发生美拉德反应和部分成分降解，同时，可吸附炸油中挥发性物质而使食品呈现金黄色或棕黄色，并产生明显的炸制芳香风味；食品表面形成一层硬壳，从而构成了油炸食品的外形。但当持续高温油炸时，常产生挥发性的羰基化合物等，这些物质会产生不良风味，甚至出现焦煳味，导致品质低劣，商品价值下降。

（2）营养价值的变化　油炸对食品营养价值的影响与油炸工艺条件有关。油炸温度高，食品表面形成干燥层，这层硬壳阻止了热量向食品内部传递和水蒸气外逸，因此，食品内部营养成分保存较好，含水量较高（表11-1）。同时，制品含油量明显提高。

表11-1　油炸前后肉制品的成分分析（以炸前100g样品为基准）　　　　单位：%

肉品种类	处理	水分	蛋白质	脂肪
牛肉	油炸前	75.57	21.54	2.04
	油炸后	39.59	20.00	4.48
鳕鱼	油炸前	79.46	18.09	1.03
	油炸后	46.98	18.46	4.08
鲭鱼	油炸前	62.94	18.97	13.75
	油炸后	58.88	22.74	12.42

肉制品在油炸过程中，维生素的损失较大，食物中的脂溶性维生素在油中的氧化会导致营养价值的降低，甚至丧失；视黄醇、类胡萝卜素、生育酚的变化会导致风味和颜色发生变化；水溶性维生素在油炸的过程中也会发生不同程度的损失，例如维生素 B_1 在不同种类的油炸肉制品中损失率是不相同的（表 11-2）。维生素 C 在油炸过程中也很容易被氧化，不过维生素 C 的氧化对油脂起了一定的保护作用。

表 11-2　肉品在油炸过程中维生素 B_1 的损失率　　　　　　单位：%

肉品种类	牛排	牛肉馅饼	猪排	羊排	鸡肉	平均
维生素 B_1 的损失率	15	8	40	32	35	26

蛋白质消化系数是评价食品营养价值的重要指标之一。油炸对蛋白质消化系数的影响与产品组成和肉品种类有关，例如，对牛肉、猪肉之类的肉制品如果不加辅料进行油炸，则制品的蛋白质消化率一般不会改变。但如果肉品中加入辅料（如淀粉等）后进行油炸，则制品的蛋白质消化率会降低。采用西班牙莫雷拉斯等的研究结果为例进行说明（表 11-3 和表 11-4）。

表 11-3　肉制品在油炸前后蛋白质消化系数

肉品种类	鳕鱼	猪肉	牛肉	鱼丸	肉丸
油炸前	0.92	0.92	0.93	0.92	0.90
油炸后	0.91	0.92	0.93	0.89	0.80

表 11-4　肉制品在油炸前后蛋白质代谢利用情况

食品种类	食品状态	生理价值（BV）	净蛋白利用率（NPN）
剑鱼	油炸前	0.67	0.63
	油炸后	0.66	0.64
肉丸	油炸前	0.72	0.65
	油炸后	0.68	0.60
猪肉	油炸前	0.78	0.72
	油炸后	0.80	0.73

6. 油炸食品的安全性

在一般烹调加工中，加热温度不高而且时间较短，对油炸用油的卫生安全性影响不大。但是，在肉品油炸过程中若加热温度高，炸油反复使用，致使油脂在高温下发生热聚反应，可能形成有害的多环芳烃类物质，如环状单聚体、二聚体及多聚体。这些物质会导致人体麻痹，产生肿瘤，诱发癌症。

为了防止油脂在高温长时间下产生的热变作用，油炸食品时，应避免温度过高和时间过长，最好不超过190℃，时间以 30～60s 为宜。同时，在使用中应去除油脂中的漂浮物和底部沉渣，减少使用次数，及时更换新油，保证油炸肉制品的食用安全。

二、油炸的方法及其特点

根据油炸压力不同可分为常压油炸、真空油炸和高压油炸。

1. 常压油炸

常压油炸是在常压、开放式容器进行。常压油炸根据油炸介质的不同分为纯油油炸和水油混合式油炸。

（1）纯油油炸　油炸容器内全部是食用油，油温根据产品的要求有所不同。所以纯油油炸又可分为以下几种。

① 清炸 取质嫩的肉，适当处理后，切割成一定的形状，按配方称取精盐、料酒及其他香辛料与肉制品混合腌制，主料不挂糊，用急火高温油炸三次。成品外脆里嫩，清爽利落。

② 干炸 取原料肉，经过加工成型，用调料入味，加水、淀粉、鸡蛋，挂硬糊，用190～220℃热油炸熟即可。如干炸里脊，干炸猪排等。特点是干爽利落，外脆里嫩，色泽红黄。

③ 软炸 选用质嫩的猪里脊、鲜鱼肉、鲜虾等经细加工成型后，上浆入味，蘸干粉面、挂蛋白糊，放入90～120℃的热油内炸熟即可。成品表面松软，质地细嫩、清淡，味咸麻香，色白微黄美观。

④ 酥炸 将原料肉经刀工处理后，入味、蘸面粉、挂全蛋糊、蘸面包渣，入150℃的热油内，炸至表面呈深黄色起酥。成品外酥里软熟，细嫩可口。如酥炸带鱼、香酥仔鸡。酥炸技术是要严格掌握好火候和油的温度，油温不能太高或太低，太低原料入锅易脱糊；太高原料入锅易粘连，外表易煳。

⑤ 松炸 松炸是将原料肉加工成一定几何形状后，经入味蘸面粉挂上全蛋糊，放入150～160℃的热油内，慢炸成熟的一种加工方法。成品表面金黄，质地饱满，口感松软质嫩，味咸不腻。

⑥ 卷包炸 卷包炸是把质嫩的肉料切成大片，入味后卷入各种调好口味的馅，包卷起来，根据要求有的挂上蛋粉糊，有的不挂糊，放入150℃热油内炸制成熟的一种方法。成品外酥脆、里鲜嫩，色泽金黄，滋味鲜美。应注意的是，凡需改刀的成品，包装或装盘要整齐。凡需挂糊者必须卷紧封住口，以免炸时散开。

⑦ 脆炸 将光禽除去内脏洗净，再用沸水烧烫，使表皮胶原蛋白遇热缩合绷紧，然后在表皮上挂一层含少许饴糖的淀粉水，经过晾坯后，放入200～210℃高热油锅内炸制，至禽体表面呈红黄色时出锅。产品皮脆、肉嫩，故名脆炸。如脆皮鹌鹑，脆皮鸡，脆皮乳鸭等。

⑧ 纸包炸 将质地细嫩的猪里脊、鸡鸭脯等高档原料肉切成薄片、丝或细泥子，入味上浆，用糯米纸或玻璃纸等包成一定形状（如三角形，长方形，包袱形等）后投入80～100℃的温油中炸熟捞出。特点是形状美观，包内含鲜汁，质嫩不腻，味道香醇，风味独特。操作应注意：包得好，不漏汤汁。

（2）水油混合式油炸 纯油油炸在加热过程中常常造成局部油温过热，加速油脂氧化，并使部分油脂挥发、发烟，污染严重。另外，油炸过程中产生的大量食品残渣沉入油锅底部，使其反复油炸，不但使炸油变得污浊，缩短了炸油使用寿命，污染油炸食品，还会生成一些致癌物质，严重影响消费者的健康。而水油混合式油炸从根本上解决了上述难题，使油炸食品向着节油、健康、环保方向发展。

① 水油混合式油炸的原理 水油混合式油炸是指在同一容器内加入油和水，相对密度小的油占据容器的上半部，相对密度大的水则占据容器的下半部，在油层中部水平装置加热器。加热管采用调温器、温控器自动调整火力使油温恒定在预设温度，有效地控制炸制过程中上下油层的温度，避免食品在炸制中发生过热干烧现象，减缓了炸油的氧化程度。在炸制过程中油炸食品处于上部油层中，食品的残渣则沉入底部的水中，同时残渣中所含的油可经过分离后返回油层中，这样，残渣一旦形成便很快脱离高温区油层进入低温区水中，随水放掉，不会发生焦化、炭化现象。

② 水油混合式油炸的特点

a. 制品风味好、质量高 水油混合式油炸通过限位控制、分区控温，科学利用植物油与动物油的相对密度关系，使所炸肉类食品浸出的动物油自然沉入植物油下层，这样中上层工作油始终保持纯净，可同时炸制各种食物，互不串味，一机多用。该工艺能有效控制食品含油量，所炸食物不但色、香、味俱佳，外观干净漂亮，而且提高了产品品质，延长货架期。

b. 节省油炸用油　该方法采取从油层中部加热的方式，控制上下油层的温度，有效缓解炸油的氧化程度，抑制酸价的产生，从而延长炸油的使用寿命。更重要的是，没有与食物残渣一起弃掉的油，也没有因氧化变质而成为废油，从而所耗的油量几乎等于被食品吸收的油量，补充的油量也接近于食品吸收的油量，节油效果显著，比传统油炸机节省炸油50％以上。

c. 健康及环保　该方法使炸制食品过程中产生的食物残渣很快脱离高温区沉入低温区，随水排掉，所炸食品不会出现焦化、炭化现象，能有效控制致癌物质的产生，保证食用者的健康。同时，水油混合式油炸所排油烟很少，利于操作者的健康；对大气污染减少，有利于环境保护。

2. 真空油炸

常压油炸食品一系列问题的提出与发现，使低温真空油炸技术脱颖而出。该技术将油炸和脱水作用有机地结合在一起，使其具有许多独到之处和对加工原料的广泛适应性。

（1）真空油炸的原理　真空油炸其实质是在负压条件下，食品在食用油中进行油炸脱水干燥，使原料中的水分充分蒸发掉的过程。随着压力的降低，水的沸点亦显著下降。在1330～13300Pa真空度下，纯水的沸点在10～55℃。假使油炸时油温采用80～120℃，食品中水分汽化温度降低，能在短时间内迅速脱水，实现在低温低压条件下对食品的油炸。因此，真空油炸工艺可加工出优质的油炸食品。

（2）真空油炸的特点

① 温度低、营养损失少　一般常压深层油炸的油温在160℃以上，有的高达230℃以上，这样高的温度对食品中的一些营养成分具有一定的破坏作用。但真空深层油炸的油温只有100℃左右，因此，食品中内外层营养成分损失较小，食品中的有效成分得到了较好的保留，特别适宜于含热敏性营养成分的食品油炸。

② 水分蒸发快、干燥时间短　在真空状态下油炸，产品脱水速度快，能较好保持食品原有的色泽。采用真空油炸，由于油炸时油温低，故油炸食品不易褪色、变色、褐变。采用真空油炸的制品，其色泽要较一般的鲜丽，这是因为制品表面覆盖有油脂层的缘故。

③ 原料风味保留多　采用真空油炸，原料在密封状态下被油脂加热，原料中的呈味成分大多为水溶性，在油脂中并不溶出，并且随着脱水，这些呈味成分进一步浓缩。所以真空油炸制品可很好地保存原料本身具有的香气和风味。

④ 产品复水性好　在减压状态下，食品组织细胞间隙中的水分急剧汽化膨胀，体积增大，水蒸气从孔隙中冲出，对食品具有良好的膨松效果，因而，经真空深层油炸的食品具有良好的复水性。如果在油炸前，进行冷冻处理，效果更佳。

⑤ 油耗少　真空油炸的油温较低，且缺乏氧气，油脂与氧接触少，因此，炸油不易氧化，其聚合分解等劣化反应速度较慢，减少了油脂的变质，降低了油耗。

⑥ 产品耐藏　常压油炸产品的含油率高达40％～50％，但真空油炸产品含油率则在20％以下，故产品保藏性较好。

3. 高压油炸

高压油炸是使油釜内的压力高于常压的油炸方法。由于压力提高，炸油的沸点也提高，从而提高了油炸的温度，缩短油炸时间，解决了常压油炸因时间长而影响食品品质的问题。

该法温度高，水分和油的挥发损失少，产品外酥里嫩，最适合肉制品的油炸。如炸鸡，炸鸡腿，炸羊排等。但该法要求设备的耐高压性能必须好。

三、典型油炸肉制品的加工

1. 休闲炸鸡腿

（1）工艺流程

选料 → 腌制液制备 → 注射 → 腌制 → 预煮 → 卤煮 → 上色 → 油炸 → 冷却 → 包装

（2）腌制液配方（以 50kg 原料鸡腿计，单位：g）　食盐 1000，卡拉胶 40，淀粉 100，大豆蛋白 200，亚硝酸钠 7.5，山梨酸钾 22，复合磷酸盐 44。

（3）卤水配方（以 50kg 水计，单位：g）　良姜 300，葱 100，花椒 150，陈皮 100，丁香 50，八角 100，草果 100，山奈 150，白芷 150，胡椒 150，姜黄 150，冰糖 10000（部分用作上色），白砂糖 5000，味精 1500，食盐 1000，精炼油 4000，猪骨 2 块。

（4）操作要点

① 注射腌制　首先配制腌制液：用 20kg 水将腌制液配方中所列物质充分混合溶解。采用盐水注射机注射，注射后的鸡腿置于 4℃温度下腌制 24h。

② 预煮、卤煮　将腌制好的鸡腿放入沸水中预煮 10min 左右，以刚煮透为准，俗称"紧肉"。然后以小火卤煮预煮后的鸡腿，保持卤汤微沸状态，卤煮 1h。

③ 上色、油炸　调配柠檬黄色素液刷在鸡腿上（或用蛋清、蜂蜜、精炼油调配上色也可）。在油温 180℃时下锅，油炸 1min，迅速出锅。

④ 冷却包装　冷却后鸡腿采用热收缩膜真空包装。

（5）产品质量控制（卫生标准符合 GB 2726—2005）　鸡腿饱满规整，色泽鲜艳均匀，口感香甜鲜美，油炸风味浓郁。

2. 真空低温油炸牛肉干

（1）工艺流程

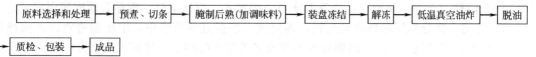

原料选择和处理 → 预煮、切条 → 腌制后熟(加调味料) → 装盘冻结 → 解冻 → 低温真空油炸 → 脱油

→ 质检、包装 → 成品

（2）配方（麻辣味，单位：kg）　牛腿肉 100，盐 1.5，酱油 4，白砂糖 1.5，黄酒 0.5，葱 1，姜 0.5，味精 0.1，辣椒粉 2，花椒粉 0.3，白芝麻粉 0.3，五香粉 0.1。

（3）操作要点

① 原料选择和处理　选择肉质新鲜、切面致密有弹性且不带脂肪的牛肉，剔除对产品质量有不良影响的伤肉、黑色素肉、筋腱以及碎骨等，分切成 500g 左右大小的块（切块需保持均匀，以利于预煮），用清水冲洗干净。

② 预煮、切条　将切好的肉块放入锅中，加水淹没，水肉之比约为 1.5：1，以淹没肉块为度。煮制过程中注意撇去浮沫，预煮要求达到肉块中心无血水为止。预煮后捞出冷却，切成条状，要求切割整齐。

③ 腌制后熟　肉切成条后，放入配好的汤料液中进行后熟。可根据不同风味要求确定配方。

④ 冻结、解冻　取出后熟的肉条装盘，沥干汤液，放入冷冻机内冷冻。冷冻 2h 后取出，再置于 5～10℃的环境条件下解冻 6h。

⑤ 真空油炸、脱油　解冻后的肉送入带有筐式离心脱油装置的真空油炸罐内，关闭罐门，检查密闭性。打开真空泵将油炸罐内抽真空，然后向油炸罐内泵入 200kg、120℃的植

物油，进行油炸处理。泵入油时间不超过 2min，然后使油在油炸罐和加热罐中循环，保持油温在 125℃左右。经过 25min 即可完成油炸全过程。之后将油从油炸罐中排出，将物料在 100r/min 的转速条件下离心脱油 2min，控制肉干含油率小于 13%。关闭真空泵，解除油炸罐真空，开罐取出肉干。

⑥ 质检、包装　油炸完成后即进行感官检验，然后进行包装。由于制品呈酥松多孔状结构，所以极易吸潮，因而包装环境的湿度应小于 40%。包装过程要求保证卫生清洁，操作要快捷。包装采用复合塑料袋包装。

3. 高压油炸鸡

以热油为媒介，把经过近 20 种具有保健功能的香辛料、调味料等辅料预处理好的仔鸡，在低温高压油炸条件下速熟。产品具有外酥里嫩，色鲜、味浓，香而不腻，爽口健胃及耐贮藏等特点。

（1）工艺流程

（2）配方　100kg 麻辣炸鸡腌制用料配比如下。

八角 90g，小茴香 80g，丁香 70g，白芷 80g，肉豆蔻 80g，草果 60g，辛夷 60g，山奈 70g，砂仁 70g，桂皮 60g，白胡椒 90g，花椒 100g，陈皮 100g，生姜 1kg，大蒜 1kg，味精 300g，白砂糖 2kg，黄酒 1kg，食盐 3kg。

（3）操作要点

① 原料鸡的选择　选用饲养 60d 左右，毛重为 1.5～2kg，健康无病的肉用仔鸡。

② 鸡的屠宰　按项目三相关内容要求进行。把净膛清洗好的鸡体割除翅、脚掌和鸡腿。

③ 浸卤腌制　腌制卤液的制备：先按配方比例准确称取全部香辛料，放入盛有 25kg 水的浸提锅中加热煮沸后再熬煮约 30min。然后用双层纱布过滤去渣，滤液入浸料缸。再把配方中的白砂糖、黄酒、味精、食盐等调味料一起加入，搅拌溶解，冷却后即成腌卤料液。

④ 腌制　将分割好的鸡腿或光鸡，逐只放入浸料缸的卤液中，用压盖将鸡压入卤液液面下，然后让其静腌 4～8h。腌制好的鸡腿或光鸡挂在晾架上，将其表皮水分晾干。

⑤ 烫皮、晾干　先将腌制残剩卤液烧开，用勺浇淋到晾干的鸡腿或光鸡上进行烫皮。烫皮后皮肤紧缩，使皮内气体最大程度地膨胀，鸡体胀满，皮肤光亮，外表美观，表面水分容易晾干，炸制时着色均匀，炸制后外表具有酥感。烫皮好的鸡坯晾干表皮水分。这样利于涂料上色均匀，炸后表皮不会出现花斑。

⑥ 涂料、晾干　将配制好的上色涂料均匀涂于鸡坯上。涂料时应注意鸡面不沾水、油，以免涂布不均，出现炸后花斑。涂料后应将鸡挂于架上稍许晾干，以免糖液焦黏锅底，产生油烟味，影响产品质量。据不同产品种类分别配制上色涂料。有关上色涂料配料百分比如下：饴糖 40%，蜂蜜 20%，黄酒 10%，精面粉 10%，腌卤料液 18%，辣椒粉 2%。

⑦ 高压油炸　先将高压锅中的油温升至约 150℃，把涂料晾好的鸡坯放入专用炸筐中，放入锅内，旋紧锅盖开始定时定温定压炸制。一般炸制温度可定为 190℃左右，时间 5～7min，压力小于额定工作压力。炸制完毕，马上关掉加热开关，开启排气阀，待压力完全排除后，开盖提出炸筐。

⑧ 真空包装　将油炸好的鸡坯趁热移入包装车间，根据不同的包装规格切分装袋，真空包装后即为成品。

（4）产品质量（卫生标准符合 GB 2726—2005）　成品表面呈枣红色，肌肉切面鲜艳发亮、色白；鸡皮松脆，肌肉软嫩，鸡骨酥脆；鲜香味浓，爽口不腻，无异味及异臭；不允许杂质存在。

4. 西式炸鸡

在各种快餐中，西式炸鸡的整个制作过程采用机械化或半机械化操作，加工速度快、品质易于控制，每一道工序都制定了严格的操作工艺，便于标准化工业生产。

（1）工艺流程

（2）原料的制备和配方

① 鸡的制备　鸡龄在 45d 左右，重 1.05～1.15kg，除去内脏、头、脚的甲级鸡，将其切成如下部分。

两只整翅——带有 3.8cm 直径的胸脯肉。

两只小腿——带有 0.3cm 的大腿骨。

两只大腿——沿骨干从关节处切掉。

两边肋骨——脖子的残根不大于 1.3cm。

胸脯——沿对角线切，留下整个软骨部分。

去掉脖子及多余的脂肪和鸡皮；检查肋骨部分以确保所有肺脏、肾脏和动脉血管都已被去除；将大腿骨从其骨窝中卸掉以便烹炸时能熟透；切成块的备用鸡必须置于 0～1℃ 的温度中冷藏，并在 72h 内使用。

② 蛋白浸液的制备　蛋白粉 1kg，清水 3.75kg。先在浸槽中放入清水，将蛋白粉徐徐倒入水中，边倒边搅动直至均匀，盖好盖子置于冰箱中待用。使用后随时添满备用的蛋白浸液。不连续使用时，要盖好盖放入冰箱内。当天用剩的蛋白浸液要当作废料倒掉。

③ 裹粉的制备　面粉 10kg，细盐 1.4kg，八角 15g，白砂糖 150g，丁香 10g，姜粉 80g，肉豆蔻 5g，味精 40g，黑胡椒 5g，八角 25g，桂皮 5g，陈皮 15g。将磨成粉末的调料与细盐调匀，再与置于搅拌槽中的面粉混合拌匀，过筛两遍，放入加盖容器中待用。

（3）操作要点

① 炸油升温　将起酥油加至炸锅油标线下约 1cm 处，将油温加热至 204℃，将炸篮置于炸锅内。

② 鸡块浸液　将两袋（36 块）融化、控净水的鸡块分别倒入浸篮中，在装有蛋白浸液的浸槽中上下抖动 5 次，使鸡块均匀蘸取适量蛋白浸液，将浸篮提出液面抖动 3 次控掉多余液体。

③ 鸡块裹粉　在搅拌槽中放入 3kg 裹粉，将蘸好蛋白浸液的鸡块倒入搅拌槽中，将鸡块与裹粉拌匀，使鸡块均匀裹上一层裹粉。分别取出鸡块，轻轻抖掉多余裹粉，将鸡块摆在托盘中，把鸡小腿与鸡翅分开，把鸡翅折起。裹好粉的鸡块稍放一会儿，以使鸡块表面的潮气渗透。

④ 高压油炸　将鸡块放入炸锅中的炸篮内入油中炸约 10s，如此重复，依次放入鸡大腿、胸、肋骨、鸡翅，每次放入 2 块。敞开锅炸 2min，当鸡块变成微黄色时立即盖上压力炸锅锅盖，上紧手柄打开定时器，炸制时间定为 12min，关掉定时器后炸锅内压力降至零位时打开锅盖，取出炸篮把鸡块倒入盛鸡盘中。

⑤ 鸡块控油　将鸡块从左至右整齐摆放，鸡小腿"X"形交叉；鸡翅"V"形向下；鸡肋骨"C"形向下；鸡大腿后骨摆平；胸脯小面向下。这样摆放易于控油。

⑥ 鸡块柜存　鸡块一经做好，即应放入保温柜中，此时质量最佳，这种最佳状态能维

持 40min。保温柜存放温度 66℃，存放时间 1.5h，出售时应先进先出。

（4）产品质量（卫生标准符合 GB 2726—2005） 成品表面呈金黄色、肌肉切面新鲜呈白色，表皮酥脆，肉质细嫩；外酥里嫩，香而不腻，具有西式风味。

5. 炸猪排

炸猪排选料严格，辅料考究，全国各地均有制作，是带有西式口味的肉制品。

（1）工艺流程

原料选择与整理 → 腌制 → 上糊 → 油炸 → 成品

（2）配方 猪排骨 50kg，食盐 750g，黄酒 1.5kg，白酱油 1～1.5kg，白砂糖 250～500g，味精 65g，鸡蛋 1.5kg，面包粉 10kg，植物油适量。

（3）操作要点

① 原料选择与整理 选用猪脊背大排骨，修去血污杂质，洗涤后按骨头的界线，一根骨一块剁成 8～10cm 的小长条状。

② 腌制 将除鸡蛋、面粉外的其他辅料放入容器内混合，把排骨倒入翻拌均匀，腌制 30～60min。

③ 上糊 用 2.5kg 清水把鸡蛋和面包粉搅成糊状，将腌制过的排骨逐块地放入糊浆中裹布均匀。

④ 油炸 把油加热至 180～200℃，然后一块一块地将裹有糊浆的排骨投入油锅内炸制，炸制过程中要经常用铁勺翻动，使排骨受热均匀，约炸 10～12min，炸至黄褐色发脆时捞起，即为成品。

（4）产品质量（卫生标准符合 GB 2726—2005） 炸排骨外表呈黄褐色，内部呈浅褐色，块形大小均匀，挂糊厚薄均匀，外酥里嫩，不干硬，块与块不粘连，炸熟透，味美香甜，咸淡适口。

6. 纸包鸡

纸包鸡是用纸（糯米纸）包住腌渍好的鸡肉，用花生油烹炸而成，能保持原汁，味道鲜嫩，是酒席上的佳品。

（1）工艺流程

原料选择 → 宰杀与整理 → 腌制 → 包纸 → 烹炸 → 成品

（2）配方 鸡肉 500g，火腿肉 50g，食盐 12g，白酒 5g，酱油 10g，味精 3g，香菇 25g，小麻油、葱、姜及花生油等适量。

（3）操作要点

① 原料选择 选用肉鸡或当年健康肥嫩的小母鸡作为原料。

② 宰杀与整理 将活鸡宰杀，放净血，热水烫毛后煺净毛，取出所有内脏，把鸡体内外冲洗干净，晾挂沥干水分。然后去掉骨头，取鸡的胸肉或腿肉，切成小片，每片约重 15g。

③ 腌制 火腿肉和香菇切成丝状，将切好的鸡肉片和火腿、香菇放入盆中，加入其他辅料并拌匀，腌渍 10～15min。

④ 包纸 取 8～10cm 见方的糯米纸或玻璃纸铺在砧板上，放入腌渍好的鸡肉一块和适量的调料，将纸包成长方形。

⑤ 烹炸 把包好的鸡块投入 150～170℃ 的花生油锅里炸 5min 左右，当纸包浮起略呈黄色便捞出，稍凉即为成品。拆开纸包即可食用（糯米纸可食，不用拆包）。

（4）产品质量（卫生标准符合 GB 2726—2005） 成品外表呈金黄色，外皮酥脆，肉质鲜嫩，咸淡适宜，美味可口。

任务一　炸鸡块的加工

※【任务描述】

以生鲜鸡为原料，选择一种风味的炸鸡块制品，设计工艺流程和操作规程并加工为成品。

※【工作准备】

(1) 材料的准备　花椒，肉桂，小茴香，丁香，八角，白芷，食盐，白砂糖，味精，姜，淀粉，面包渣，鸡蛋等。

(2) 仪器设备的准备　电炸炉，各种炊具。

(3) 相关工具的准备　任务工单等。

※【工作程序】

程序1　原料肉的选择及整理

肉用鸡分割为大腿肉2块、小腿肉2块、翅2块、胸脯肉4块。将切割的肉块清洗干净。

程序2　腌制

配制腌制液：先把花椒0.15%、肉桂0.2%、小茴香0.2%、丁香0.15%、八角0.3%、白芷0.15%、姜1%用纱布包好入锅与水同煮，烧沸10min后，再加入食盐3%、白砂糖1%、味精0.1%，溶解均匀，冷却后即成腌制液。

腌制时将大小腿肉、翅及胸脯肉分别入腌制液中，肉块要全部淹没在液面下，大小腿肉10min、翅5min、胸脯肉8min。

程序3　滚粉

肉腌好后，放在砧板上，撒入优质淀粉，将肉块在淀粉上揉搓按摩，以利于配料向肉组织内部渗入，同时使肉块表面蘸上一层淀粉。

程序4　挂糊及蘸面包渣

淀粉28.5%、鸡蛋液28.5%、白砂糖13.6%、花生油13.6%、水15.8%，将以上材料按比例混合，拌匀即成。每5kg鸡块约需糊糊1kg，将滚粉后的鸡肉块放入糊糊中，使肉块均匀挂上一层糊糊，然后用镊子夹起，随后放在面包渣上，使其表面均匀蘸上一层面包渣，立即进行油炸。

程序5　油炸

热油炸，150℃左右，油温不要波动太大，油炸5～7min，注意翻动肉块，待表面金黄时捞出即成。

程序6　感官评定

颜色金黄，口感外焦里嫩，块形完整，不掉渣。

※【注意事项】

(1) 分割肉块时，确保肉块上面不要有碎渣。

（2）腌制时，肉块要全部淹没在液面下。

（3）滚粉和挂糊要均匀。

❋ **【任务实施】**

详见《肉制品加工技术项目学习册》的任务工单。

学习单元二　肉丸制品加工技术

❋ **【知识目标】**

1. 了解肉丸的概念。

2. 理解肉丸的加工原理。

3. 掌握肉丸的加工方法及加工工艺操作要点。

❋ **【技能目标】**

会正确加工生产香菇贡丸、牛肉贡丸和鱼肉丸。

一、肉丸加工基本知识

1. 肉丸加工原理

肉丸脆、香为特点，在加工过程中基本的原理具体如下。

（1）肉中盐溶性蛋白析出　　肉中的盐溶性肌纤维蛋白主要是肌球蛋白和肌动蛋白，在外加食盐和磷酸盐的双重作用下，如斩拌或者搅拌，使肉中的这两种蛋白质抽提出来，肉馅能够形成稳定的胶体状结构。在肉丸制作过程中，高速的打浆是很必要的，肉中的盐溶性蛋白质被完全抽提后，使瘦肉、水、脂肪及其他物质能够形成稳定的胶体状，为肉浆在加热过程后的"脆"提供基础。但注意一点，在盐溶性蛋白质抽提过程中，肉馅的温度控制很关键，当温度在 6～8℃时，肉馅温度会在高速打浆状态下升高很快，这时盐溶性蛋白质即使抽提出来，也不能形成很好的结构。

（2）脂肪的乳化　　肉丸加工过程中脂肪的加入目的有两个：增加风味和提高乳化质量。加入的脂肪必须是颗粒状的，这样利于肉馅加工时分散均匀，并被盐溶性蛋白质乳化包裹。在高速打浆过程中，脂肪颗粒会均匀地分散在盐溶性蛋白质中，与蛋白质形成稳定的胶凝状态，经过热定型之后，肉丸结构比较稳定，水煮时不析出脂肪油。在乳化过程中，温度同样很重要，原则上温度是不能超过 12℃。温度越高，蛋白质与脂肪颗粒的乳化凝胶作用将越弱，肉馅的结构稳定性将很差。

（3）肉浆的热稳定　　肉浆在制作完成后，需要静置一段时间，使得肉浆的内部网络结构更加牢固与稳定；在 90℃的水中定型，促进盐溶性蛋白质与脂肪颗粒形成的凝胶变性；再以冰水进行冷却，至丸子中心温度在 15℃以下，从而进一步稳定肉丸的内部结构。

（4）风味成型　　肉丸一般不需要进行特别调味，通过水煮呈现猪肉特殊的肉香味，尤其是猪肉中的脂肪直接用水煮后呈现的是非常香的风味。但鉴于猪肉在水煮过程中会产生一些不良的腥膻气味，可以在肉馅中适当加入食盐和香精，以遮盖不良气味。

2. 加工机械

肉丸的加工很早以前是使用木棒将肉打成肉酱，手工成团，水煮成型，没有加工机械设备和温度控制设备。但随着中式肉制品加工设备的日益完善，肉丸的加工已经完全能够实现机械化作业。目前，主要的设备有：碎肉机、绞肉机、搅拌机、擂溃机、丸子成型机、水煮槽及冷冻机，其中搅拌机和擂溃机自身可以带有制冷装置，这样有利于加工过程中的温度控制。

3. 加工方法

肉丸的加工方法依据使用设备的不同大致分为三种，即擂溃法、搅打法和绞肉机混碎法。具体如下。

（1）擂溃法

① 将瘦肉进行修整去除筋腱、脂肪及其他淤血、软骨等杂质，肥肉冷冻后绞碎。

② 将瘦肉置于擂溃机锅体中，在擂溃过程中加入食盐、冰片及磷酸盐等，擂打至肉变成黏性很高的肉泥。

③ 将此肉泥及其他调味料和绞碎的肥肉混合搅打成乳凝状态。

④ 将肉馅置于低温库内冷却至4℃以下为止。

⑤ 成型、水煮。

（2）搅打法

① 将瘦肉去除筋腱、脂肪及其他淤血、软骨等杂质，脂肪切成方块，分别加以冷冻降温，至冻硬。

② 将冻结过的瘦肉及肥肉分别用装着3mm孔径筛板的绞肉机绞碎。

③ 先将绞细的瘦肉置于搅拌机中，并加入食盐、聚合磷酸盐、糖、味精等搅打成浆。

④ 加入绞细的肥肉，继续搅拌使其成为乳凝状态。

⑤ 成型，并以90℃左右水煮20min。

⑥ 冷却，包装，如果冻藏则将包装好的成品冻结、贮藏。

（3）绞肉机混碎法

① 将猪瘦肉置于碎肉机中，并加入食盐、聚合磷酸盐、味精、糖等，混合碎成肉泥。

② 加入冻好的肥肉，继续混碎直至成乳凝状态。

③ 成型、水煮、冷却、包装同前。

以上三种方法中，第一、二种方法是现在工厂比较多用的。三种方法都是将猪瘦肉和肥膘搅打成凝胶状态，在低温下完成乳化工艺，并通过水煮定型实现肉丸特殊的脆和香。

4. 影响肉丸质量的关键点

要实现肉丸的脆和香，离不开原料肉的选择和工艺过程的良好控制，其中工艺控制中突出地体现在温度控制和打浆中辅料的添加顺序。

（1）原料肉的选择　原料肉中不论是瘦肉还是肥膘一定是新鲜的，不可使用贮存时间过久的鲜肉或者冻肉；最好使用冷却肉，当然冻肉也可以。修整是关键，尤其是猪瘦肉的修整，不能带有筋腱、淤血、软骨等杂质，脂肪必须修整干净。在使用前，肉的温度比较关键，直接关系着绞制后肉颗粒的大小及搅打过程中肉馅混合与乳化的均匀程度。一般肉温控制在−5℃最好，能使原料肉在绞制和打浆时温度得到充分的控制。

（2）几个关键温度的控制　首先是原料肉的温度控制，严格控制在−5℃左右；其次是打浆过程中，温度不能过高也不能过低，最好在0～4℃间，肉馅出锅温度不能超出10℃；最后是肉丸水煮成型时肉浆的温度严格控制在4℃左右，热水温度严格控制在90℃左右。肉馅温度的控制，主要是依靠原料肉温度的控制和使用过程中冰片的使用量。

（3）肉馅乳化的程度　肉馅在乳化过程中，应严格控制原料肉打浆的程度。打浆时间不够、乳化效果不好时，对肉丸口感影响很大，也就是不脆。但打浆时间过长也是不可行的，时间过长会导致肉浆温度上升过快，同样会导致肉丸弹性、脆度降低，就是我们常说丸子食用时口感出现"糠"的感觉。试验证明，当肉馅在打浆过程中温度超过 5.5℃时，肉馅的红润色泽会迅速转变成灰白色，有光亮感的肉馅会变得灰暗，肉纤维明显，丸子弹性下降。肉馅乳化的程度一是依据温度来控制，二是依靠打浆的速度来控制，速度快温度不易控制，但速度慢又不能使肉馅乳化充分。

（4）磷酸盐的选择　磷酸盐在加工肉丸过程中的作用非常关键，一般使用专用的复合磷酸盐。磷酸盐在肉制品中的作用主要是延长分子链、稳定原料肉馅的 pH 值。通过磷酸盐的缓冲能力来稳定 pH 值，络合肉结构中的钙、镁、铁、铜等金属离子，起到保持蛋白质凝胶体的稳定性，为肉中盐溶性蛋白质的完全析出提供条件。通过延长分子链的特殊功能，改变蛋白质的表面张力，促进蛋白质与水分子、脂肪的结合，形成更为有效、紧密的凝胶结构。

（5）水煮加热过程中蛋白质变性是关键　通过打浆使原料肉形成比较稳定的凝胶结构，要使这种凝胶结构熟化固定，水煮加热过程中的蛋白质变性是关键。水温过低，蛋白质变性时间延长，会影响肉丸的弹性和脆度；水温过高，蛋白质变性速度加快，但这样会流失肉浆中的物质。一般水煮时水温控制在 85～90℃，水不能处于沸腾状态。

（6）水煮定型　肉丸在水煮定型过程中会遇热膨胀，造成丸子结构的松软、弹性的降低，可通过以下方法措施来解决：

① 尽量减少肉浆中残留的气体量，主要通过高速的打浆、搅拌减少肉浆中的气体；

② 肉浆在成型过程中温度的控制是减少丸子遇热膨胀的一个因素；

③ 水温的控制，水温不能沸腾，不能过低，最好在 90℃，利于肉浆中的蛋白质迅速变性；

④ 肉浆在打浆结束后，在水煮定型时的最佳状态是：呈胶体状、有光泽和亮度、不粘手；

⑤ 丸子在水中定型后，最好状态是不膨胀、不出油；

⑥ 用于定型的热水呈现的最好的状态是：没油花、不起泡沫，但水中可以有少量的絮状蛋白物质。

二、肉丸的加工

1. 香菇猪肉贡丸

（1）工艺流程

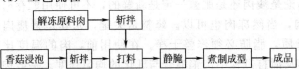

（2）配方　猪 4# 肉 100g，肥膘 30g，三聚磷酸钠 0.5g，香菇 15g，淀粉 18g，大豆组织蛋白 8g，白砂糖 2g，食盐 6g，味精 1g，姜粉 0.3g，卡拉胶 0.4g，冰水 40g。

（3）操作要点

① 斩拌　用斩拌机将猪 4# 肉、肥膘、香菇分别斩拌好备用。

② 打料　将斩拌好的猪 4# 肉和肥膘投入打料机内，在 400r/min 转速下混合均匀，同

时加入食盐，再在 600r/min 的转速下打料 2min 后，把转速调至 400r/min，加入淀粉、大豆组织蛋白、冰水、香菇、卡拉胶、三聚磷酸盐和调味料，混合均匀后，把转速调至 600r/min，打料 2min，最后把转速调至 400r/min，继续打料 1min 即可。

③ 静腌　将打好的料装入桶内盖好，推入腌制库静腌 7～12h。

④ 煮制成型　用贡丸成型机把腌制好的肉馅加工成直径 1.5～2cm 的肉丸，在 80～90℃水中煮制成型后捞出，冷却。

（4）产品质量　成品有香菇和猪肉固有滋味，咸淡适中，无异味，外形呈规则圆球形，无裂痕，组织均匀，香菇粒分布均匀，色泽正常均匀，无异色，有该产品正常色泽特征；弹性好，有嚼劲，软硬适中，不发黏，不油；有香菇和猪肉固有香味，无异味。

2. 牛肉贡丸

（1）工艺流程

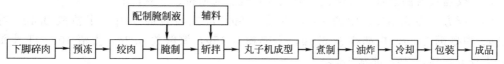

（2）配方　牛肉 100kg，大豆蛋白 3kg，淀粉 8.5kg，胡椒粉 0.1kg，大蒜 0.33kg，猪肥肉 5kg，冰屑 24kg。

（3）操作要点

① 选料　选择经卫生检验合格的下脚碎肉，剔除筋腱、骨头等。

② 预冻、绞肉　先将下脚碎肉预冻到 −4～0℃，放在绞肉机中绞碎。

③ 腌制　下脚碎肉腌制剂的配方和配制方法如下。

a. 腌制剂的配方（以 100.0kg 的牛肉计）　精盐 1.8kg，白砂糖 1.5kg，味精 0.4kg，亚硝酸钠 30g，三聚磷酸盐 0.2kg，焦磷酸盐 0.1kg，异抗坏血酸钠 0.04kg。

b. 腌制方法　先将磷酸盐用少量的热水溶解，然后冷却在 10℃ 以下，然后将绞碎的牛肉与腌制剂混合均匀，在 0～4℃ 的条件下腌制 12～16h。

④ 斩拌　将腌制好的下脚碎肉放在斩拌机中斩拌 3～5min，使肌肉组织中的蛋白质不断释放出来，与脂肪、水进行乳化，从而形成稳定的弹性胶体。斩拌的同时放入以上配方辅料，使温度保持在 10℃ 以下，以保证形成的肉料稳定而富有弹性。

⑤ 丸子机成型　将肉料放入丸子成型机中，调节孔径，使所制出的丸子大小符合要求。

⑥ 煮制　将从丸子成型机中得到的圆球状丸子直接送入 90℃ 的热水中，煮制 15min，待其中心温度达 80℃，肉丸浮于水面，手捏有弹性，光滑，呈灰白色时，捞出牛肉丸置于洁净的塑料筐中沥干水分。

⑦ 油炸　牛肉丸蛋白糊配方：鸡蛋 0.5kg，牛乳 0.15kg，奶油 0.015kg，白砂糖 0.012kg，面粉 0.05kg，碳酸氢钠 0.01kg。将沥干水分的牛肉丸放入 0.5% 的氯化钙溶液中浸渍后，在牛肉丸表面均匀裹上一层面粉，再放入蛋白糊中浸滚一下，然后将挂好蛋白糊的牛肉丸投入 170～180℃ 的油中，炸 8～12min，炸至金黄色为止，置冷却间冷却至 4℃。

⑧ 包装　将冷却好的牛肉丸装入塑料袋内，抽真空密封，真空度为 0.01MPa。包装后的牛肉丸在 0～4℃ 的条件下贮藏。

（4）产品质量　牛肉丸表面均匀一致、干燥、无损伤；肉质紧密、富有弹性，呈金黄色。

任务二 鱼肉丸的加工

※ 【任务描述】

以鱼肉为原料，选择合适的辅料，设计工艺流程和操作规程并加工为成品。

※ 【工作准备】

（1）材料的准备 鱼肉、肥膘、肉丸增脆剂、卡拉胶、海鲜粉、白胡椒粉、生姜粉、大豆分离蛋白、玉米淀粉等。

（2）仪器设备的准备 绞肉机、肉丸打浆机、成型机、水煮锅等。

（3）配方 鱼肉 80g，肥膘 10g，食盐 1.8g，肉丸增脆剂 0.4g，卡拉胶 0.4g，味精 0.25g，白砂糖 1.5g，白胡椒粉 0.1g，生姜粉 0.15g，海鲜粉 0.2g，蛋清 10g，玉米淀粉 5g，大豆分离蛋白 2g，冰水 12.3g。

※ 【工作程序】

程序 1 原料肉的选择及整理

选用冷冻鱼糜（咸水鱼或淡水鱼经预处理，用绞肉机除去鱼皮和骨之后，经斩拌冷冻后的制品），要求冻结良好，无异味。肥膘选用背膘、碎膘均可。

程序 2 绞制

将冷冻鱼糜用刀具切成小块，经过冻结的肥膘或碎膘用 3mm 的孔板绞制。原料预处理后放在 0～4℃ 的环境中备用。

程序 3 打浆

将冷冻的鱼糜切块放于打浆机中，加入肉丸增脆剂、食盐、味精、生姜粉、白胡椒粉、蛋清、卡拉胶等高速打浆，至肉糜均一，加入通过 3mm 绞制孔板的肥膘打浆，加入玉米淀粉，以低速搅匀即可。在打浆过程中用冰水控制肉浆温度在 12℃ 以下。肉腌好后，放在砧板上，撒入优质淀粉，将肉块在淀粉上揉搓按摩，以利于配料向肉组织内部渗入，同时使肉块表面蘸上一层淀粉。

程序 4 成型

用肉丸成型机或手工成型。将成型后的鱼丸立即放入 35～45℃ 温水中浸泡 40～60min 进行二次成型。

程序 5 煮制

成型后肉丸在 80～90℃ 热水中煮 15～20min 即可。

程序 6 冷却

肉丸经煮制后立即放于 0～4℃ 的环境中冷却至中心温度 8℃ 以下。

程序 7 感官品质

成品颜色为白色；切面密实，气孔小且分布均匀；指压，明显凹陷不裂，凹陷复原快；具鱼肉鲜味，香味纯。

※ 【任务实施】

详见《肉制品加工技术项目学习册》的任务工单。

思 考 题

1. 油炸对食品有哪些影响?
2. 简述油炸的方法及其特点。
3. 简述典型油炸食品的加工工艺及工艺要点。
4. 简述肉丸加工原理。
5. 简述肉丸加工方法及其特点。
6. 简述常见肉丸加工工艺及工艺要点。

参 考 文 献

[1]   浮吟梅，吴晓彤．肉制品加工技术．北京：化学工业出版社，2010.
[2]   李慧东，严佩峰．畜产品加工技术．北京：化学工业出版社．2008.
[3]   负建民，张卫兵，赵连彪．调味品加工工艺与配方．北京：化学工业出版社，2007.
[4]   展跃平．肉制品加工技术．北京：化学工业出版社，2006.
[5]   杨瑞．食品保藏原理．北京：化学工业出版社．2006.
[6]   张学全．肉制品加工技术．北京：中国科学技术出版社，2013.
[7]   袁仲．肉品加工技术．北京：科学出版社，2012.
[8]   车云波，林春艳．肉制品加工技术．北京：中国标准出版社，2011.
[9]   孔保华，韩建春．肉品科学与技术．北京：中国轻工业出版社，2011.
[10]   马兆瑞，李慧东．畜产品加工技术及实训教程．北京：科学出版社，2011.
[11]   高翔，王蕊．肉制品生产技术．北京：中国轻工业出版社，2010.
[12]   张凤宽．畜产品加工学．郑州：郑州大学出版社．2010.
[13]   张雁，黄水品．肉类与水产食品加工技术．北京：中国轻工业出版社，2009.
[14]   周光宏．畜产品加工技术．北京：中国农业出版社，2007.
[15]   严佩峰，邢淑婕．畜产品加工．重庆：重庆大学出版社．2007.
[16]   章建浩．食品包装技术．北京：高等教育出版社，2006.
[17]   杜克生．肉制品加工技术．北京：中国轻工业出版社，2006.
[18]   王玉田．畜产品加工．北京：中国农业出版社，2005.
[19]   郝利平．食品添加剂．北京：中国农业出版社，2004.
[20]   章建浩．食品包装学．北京：中国农业出版社，2002.
[21]   周光宏．畜产品加工学．北京：中国农业出版社．2002.
[22]   葛长荣，马美湖．肉与肉制品工艺学．北京：中国轻工业出版社，2002.
[23]   马美湖．现代畜产品加工学．长沙：湖南科学技术出版社，2001.
[24]   张富新，杨宝进．畜产品加工技术．北京：中国轻工业出版社，2000.
[25]   王璋．食品化学．北京：中国轻工业出版社，1999.
[26]   刘希良，孔保华．肉品工艺学．哈尔滨：东北农业大学出版社，1993.
[27]   闵连吉．肉类食品工艺学．北京：中国商业出版社，1992.